Bernhard Glaeser · Parto Teherani-Krönner (Hrsg.)

Humanökologie und Kulturökologie

Bernhard Glaeser · Parto Teherani-Krönner (Hrsg.)

Humanökologie und Kulturökologie

Grundlagen · Ansätze · Praxis

Westdeutscher Verlag

Die Deutsche Bibliothek - CIP-Einheitsaufnahme

Humanökologie und Kulturökologie: Grundlagen, Ansätze, Praxis / Bernhard Glaeser; Parto Teherani-Krönner (Hrsg.).
- Opladen: Westdt. Verl., 1992
ISBN 978-3-531-12375-2
NE: Glaeser, Bernhard [Hrsg.]

ISBN 978-3-531-12375-2 ISBN 978-3-322-93594-6 (eBook)
DOI 10.1007/978-3-322-93594-6

Der Westdeutsche Verlag ist ein Unternehmen der Verlagsgruppe Bertelsmann International.

Softcover reprint of the hardcover 1st edition 1992

Umschlaggestaltung: Horst Dieter Bürkle, Darmstadt
Umschlagbild: Manfred Kästner: Freude auf Osterspaziergang (1986)
Satz: Angelika Zierer-Kuhnle, Berlin
Druck und buchbinderische Verarbeitung: Lengericher Handelsdruckerei, Lengerich
Gedruckt auf säurefreiem Papier

Inhaltsverzeichnis

Seite

Vorwort

Der vorliegende Band »Humanökologie und Kulturökologie« beabsichtigt, Pflöcke zu setzen zur Bestimmung eines Forschungsfeldes, das es - zumindest so - noch nicht gibt. Sowohl Humanökologie als auch Kulturökologie blicken mittlerweile auf einige Jahrzehnte Forschung und Lehre zurück, wobei allerdings ein wechselseitiger Austausch bisher so gut wie nicht stattfand. Dies mag angesichts der thematischen Nähe beider Gebiete mit Recht verwundern.

Während Humanökologie sich als Lehre der Mensch-Umwelt-Interaktionen versteht, deren Traditionen in verschiedenen Natur- und Sozialwissenschaften wurzeln, untersucht Kulturökologie die besondere Ausgestaltung der Mensch-Natur-Beziehungen als Folge kultureller Leistungen. In beiden Fällen werden Gesellschaft und Kultur als unabhängige Variablen angesprochen, womit eine weitgehende Überlappung deutlich wird. Der Unterschied - abgesehen von der auch vorhandenen biologisch-naturwissenschaftlichen Tradition der Humanökologie - besteht vor allem darin, daß Kulturökologie als Teilgebiet der Anthropologie und der Ethnologie sich stets - von der Thematik bis zur Methodologie - auf diese etablierten Fachwissenschaften berufen kann, während Humanökologie weniger eine Fachdisziplin vorstellt als ein in verschiedenen Wissenschaften angesiedeltes Erkenntnisinteresse. Sie ist somit disziplinär weniger gefestigt als Kulturökologie, divergenter, aber eben auch weiter und offener für unterschiedliche Ansätze. Überdies vertreten Humanökologen oft eine ethisch-normative Ausrichtung und verknüpfen gesellschaftliches, auf Natur bezogenes Handeln mit einer moralischen Begründung, etwa der Verantwortung für Natur, und deren Umsetzung in Politik.

Seinen Ursprung nahm dieser Band in der Tagung der Deutschen Gesellschaft für Humanökologie (DGH), die zum gleichen Thema vom 17. bis 19. Mai 1990 in Sommerhausen bei Würzburg stattfand. In Vorträgen und Diskussionen wurden Gemeinsamkeiten und Unterschiede zwischen beiden Wissensgebieten ausgelotet, zugleich der Bogen geschlagen von eher theoretischen Kulturkonzepten der Natur zu mehr praxisorientierten Anwendungen der beiden Denk- und Forschungsrichtungen. Beteiligt waren die Fachdisziplinen Kultur- und Sozialanthropologie, Soziologie, Bevölkerungswissenschaft, Geographie und Medizin.

Im Austausch der Argumente sollten die Tragfähigkeit der Ansätze geprüft und Fortschrittschancen sichtbar gemacht werden. Es zeigte sich, daß bei allen Unterschieden in den wissenschaftlichen Traditionen bisweilen hochgespielte Gegensätze sich als vermeintliche entpuppten, die auszugleichen waren.

Das Konzept dieses Bandes steht somit in der Tradition der Arbeit der DGH. Seit Gründung der Gesellschaft im Jahre 1975 bewegte sich deren wissenschaftlicher Schwerpunkt zwischen den Polen Medizin und Sozialwissenschaft. Hinzu traten in den letzten Jahren eine planerische und eine umweltpolitische Komponente. In allen Themenbereichen wird versucht, nicht nur die sozial- und naturwissenschaftlichen Aspekte der Mensch-Umwelt-Beziehungen zu integrieren, sondern auch Theorie und anwendungsorientierte Praxis in unterschiedlicher Schwerpunktsetzung miteinander zu verknüpfen.

Bei der Vorbereitung zu diesem Band stand das Bestreben im Vordergrund, die verschiedenen und auch unterschiedlichen Positionen pointiert herauszustellen und prägnante Argumentationslinien gut sichtbar werden zu lassen. Diesem Ziel diente die Bearbeitung der ursprünglichen Tagungsbeiträge. Zugleich aber wurden dort, wo Lücken erkennbar waren - seien es historische, disziplinäre, argumentative oder schlicht beispielorientierte Anwendungslücken -, zusätzliche, ergänzende Beiträge erbeten, so daß schließlich eine ausgewogene Übersicht entstand.

Die Gliederung des Buches folgt drei Motiven. Nach der einleitenden historischen »Klammer« in Teil I stellt Teil II - durchaus mit Freude an theoretischen Aspekten und Facetten - kulturell orientierte Naturkonzepte heraus, die aus der Sicht und der Überlieferung unterschiedlicher Wissensbereiche gedacht und beschrieben sind.

Teil III, wiewohl noch grundlagen- und paradigmenorientiert, wendet sich - über die pure Analyse und historische Rekonstruktion hinausweisend - neuen Wegen und Verfahren zu, die das Gefüge wissenschaftlicher Forschung auf dem Gebiet der Human- und Kulturökologie, mittelbar vielleicht gar das Gefüge einer gesellschaftlichen Umsetzung, in Bewegung bringen könnten. Zugunsten innovativer Vorstellungen wurden hier auch eher skizzenhafte Ausführungen aufgenommen.

In Teil IV werden zur Verdeutlichung und Ergänzung der theoretischen und im weitesten Sinne methodischen Überlegungen empirische Fallbeispiele angefügt, die human- und kulturökologische Forschungen aus Agrar- und Industriekultur, aus ruralen und urbanen Lebensräumen, Entwicklungsländer eingeschlossen, in den Mittelpunkt stellen.

Im abschließenden Glossar, zusammengestellt aus exemplarischen Definitionen und Einsichten aller Beiträge, geht es zusammenfassend darum, Perspektiven einer Denkrichtung, wie sie hier angeregt und umrissen wird, so knapp und übersichtlich wie möglich herauszustellen.

Berlin, im Juni 1992 Bernhard Glaeser

Teil I

Humanökologie und Kulturökologie

Von der Humanökologie der Chicagoer Schule zur Kulturökologie

Parto Teherani-Krönner

Inhalt

1. Humanökologie und Kulturökologie: Renaissance oder Neubeginn?

Um es gleich vorwegzunehmen: Humanökologie und Kulturökologie sind keine Modeerscheinungen, die im Zuge neuzeitlicher Erkenntnisse über ökologische Belastungen der Umwelt kreiert wurden. Sowohl die Humanökologie als auch die Kulturökologie können auf Forschungsstraditionen zurückblicken, die älter sind als der Diskurs über »ökologische Krisen« bzw. »Krisen der Natur und der Gesellschaft« (vgl. Glaeser in Teil II und Lachenmann, Teil IV im vorliegenden Band). Dennoch stellt sich die Frage, warum diese Forschungstraditionen über lange Zeit wenig beachtet wurden bzw. unbekannt geblieben sind.

Die folgenden Ausführungen sollen Hinweise auf die Entstehungsgeschichte und theoretische wie methodische Ansätze der Humanökologie und Kulturökologie geben; dabei wird auch die »new human ecology« als Renaissance der früheren »human ecology« der zwanziger Jahre angesprochen. Im wesentlichen aber geht es um die Wiederentdeckung und Neubelebung alter ökologischer Forschungstraditionen in den Sozialwissenschaften, die über lange Zeit in Vergessenheit geraten sind. Eine Rückschau erweist sich auch als lohnend in bezug auf die zukünftigen Aufgaben der Forschung und praktische Umsetzung umweltschutzbezogenen Handelns angesichts lokaler und globaler Belastungen der Umwelt.

Aus den Beiträgen dieses Sammelbandes insbesondere im Teil II wird ersichtlich, wie Geschichte mit Blick auf die Zukunft in einem gewandelten Licht erscheinen kann und auch neue Perspektiven bietet. Dabei erweisen sich Exkurse sowohl in die eigene kulturelle Geschichte als auch über die eigenen gesellschaftlichen Grenzen hinaus (Teil IV) als aufschlußreich und inspirierend. Andere historische und kulturelle Erfahrungen können helfen, Handlungsspielräume für Veränderungsprozesse einschätzbar zu machen und zu verstehen.

2. Die Humanökologie der Chicagoer Schule

2.1 Stadtökologie und Sozialökologie

Um die Jahrhundertwende waren Armut und Kriminalität, Marginalisierung und Gettobildung, Zusammenleben vieler Minoritäten, unterschiedlicher Ethnien und religiöser Gruppen Begleiterscheinungen des zunächst sich als Chaos darbietenden Lebens wachsender Großstädte in den USA. Chicago gehörte mit zu den Zentren, die eine Vielzahl von Menschen, z. B. Schwarze aus den Südstaaten und anderen Teilen des Landes wie auch Emigranten, angezogen hatten (vgl. König 1978: 56 f.). Das rapide Bevölkerungswachstum in den Metropolen brachte bis dahin unbekannte soziale Probleme mit sich, denen die administrative Verwaltung und Politik kaum gewachsen waren.

Burgess erkannte aufgrund seiner Untersuchungen der Stadt Chicago, daß sich das städtische Leben vom Kern aus in konzentrischen Kreisen mit jeweils spezifischen Funktionen ausbreitet. Der Kampf um die wirtschaftlichen Zentren mit steigenden Bodenpreisen und die Besetzung der Stadtteile durch Gruppen mit besonderen Merkmalen ließen eine Reihe von Regelmäßigkeiten entdecken. Bezogen auf Chicago schreibt Louis Wirth in seiner Dissertation zum Thema Getto:

> »Each racial and cultural group tends to settle in the part of the city which, from the point of view of rents, standards of living, accessibility, and tolerance, makes the reproduction of the Old World life easiest. In the course of the invasion of these tides of immigrants the Ghetto has become converted from the outskirts of an overgrown village to the slum of a great city in little more than one generation. The Jews have successively displaced the Germans, the Irish, and the Bohemians, and have themselves been displaced by the Poles and the Lithuanians, the Italians, the Greeks, the Turks, and finally the Negro.« (Wirth 1927, zit. in König 1978: 62)

Doch auch in anderen Großstädten Nordamerikas konnten ähnliche Prozesse beobachtet werden:

> »In the history of New York the significance of the name Harlem has changed from Dutch to Irish to Jewish to Negro.« (J. W. Johnson, zit. in Park 1925/1952: 19)

Die zeitweilige Homogenität der Bewohner in einigen Stadtteilen, die dem einzelnen Areal ein besonderes Gesicht verlieh, verlief unabhängig von administrativen Bezirksgrenzen - obwohl nicht geplant und gelenkt - nach einem bestimmten Muster. Die zum Teil heftigen Auseinandersetzungen, die sich im Zuge dieser Umwälzungen ergaben, wurden als Kampf um territoriale Ansprüche auch in Analogie zu Prozessen in der Bioökologie - Invasion, Sukzession und Klimax - beschrieben und die sich dabei herausbildenden Stadtteile als »natural areas« bezeichnet.[1]

---

1 Zu beachten ist, daß »natural« im Angelsächsischen, insbesondere aber in den USA, zum Teil mit anderen Konnotationen verbunden ist, als es das deutsche Wort »natürlich« vermuten läßt. So bedeutet z. B. »naturalize« (einbürgern) das Heimischwerden, das historisch für die Vereinigten Staaten eine wichtige Rolle beim Aufbau des Staatswesens gespielt hat und für das Zusammenbringen der verschie-

Park, seine Schüler und Mitarbeiter, darunter Burgess, McKenzie, Wirth und andere, die eine Vielzahl von Beobachtungen wie Konkurrenzkampf, aber auch Nachbarschaftsbeziehungen, Interaktions- und Kommunikationsformen gesammelt und aufgezeichnet hatten und deren Gesetzmäßigkeiten zu erfassen suchten, bezeichneten ihre Forschung als »human ecology«. Die Bezeichnung »human ecology« taucht auch in anderen Disziplinen auf, so z. B. in der Geographie bei Barrows: »Geography as Human Ecology« (1922; vgl. auch McKenzie 1934/1968: 47).

Park, der als Begründer der Humanökologie anzusehen ist, hatte in dem soziologischen Lehrbuch »Introduction to the Science of Sociology«, das er gemeinsam mit Burgess verfaßt hat, bereits 1921 »human ecology« im Rahmen theoretischer Ansätze in die Soziologie eingeführt und erläutert. Dieses umfangreiche Werk, das noch zwanzig Jahre nach seinem Erscheinen als Standardwerk unter amerikanischen Studenten kursierte, wurde auch als »Grüne Bibel« bezeichnet.

> »The *Introduction to the Science of Sociology* rapidly came to represent the Chicago school of sociology wherever sociology was taught or debated.« (Janowitz 1969: VI)

Diese Arbeit ist jedoch in der Nachkriegssoziologie kaum noch rezipiert worden. Im Vorwort der 1969 wiederaufgelegten Ausgabe der »Grünen Bibel« betont Janowitz die konflikttheoretische Dimension dieses Werkes gegenüber harmonistischen Ordnungsmodellen (Parsons):

> »Nevertheless, this volume is a powerful refutation of the argument that the American sociological tradition avoided a concern with the analysis of conflict. In the approach that Park and Burgess were striving to construct, the notion of interaction is crucial. It is the counterpart of Parsons' theory of action. It is not merely a social psychological term connected with the subjective definition of the self, as derived from the writings of George Herbert Mead. Interaction is a process to be seen at all the levels of sociological analysis: ecological, social organizational, and the normative as well.« (ebenda, S. VIII)

Dies ist der Grund, weshalb Janowitz die konflikttheoretische Dimension der »Grünen Bibel« von Park und Burgess hervorhebt. Er möchte damit

---

denen Ethnien und nationalen Gruppen bedeutend wurde. Hierzu gibt es direkte Erläuterungen von Park und Burgess, die allerdings in der Rezeption dieser Arbeiten nicht erwähnt werden.

»Naturalization, which in its original sense means the process by which a person is made 'natural', that is, familiar and at home in a strange social milieu, is a term used in America to describe the legal process by which a foreigner acquires the rights of citizenship. Naturalization, as a social process, is naturally something more fundamental than the legal ceremony of naturalization. It includes accommodation to the folkways, the mores, the conventions, and the social ritual (Sittlichkeit).« (Park/Burgess 1921/1969: 666) den an die amerikanische Soziologie erhobenen Vorwurf zurückweisen, sie sei nur auf Ordnungsmodelle und Gleichgewicht (Parsons) hin konzipiert worden.

Die Humanökologie entwickelte sich als eigenständiger Zweig der Chicagoer Schule der Soziologie, die auch weiterhin eine wichtige Quelle für die sozialwissenschaftliche Methodendiskussion ist (vgl. Hopf/Weingarten 1979). Zwar schildert Joas die Entwicklung der Chicagoer Schule in seinem Aufsatz »Symbolischer Interaktionismus« (1988), schenkt der Humanökologie hingegen keine besondere Beachtung. Arbeiten von Park und seinen Mitarbeitern werden pauschal als deterministisch und evolutionistisch abgetan (Joas 1988: 434).

Im deutschsprachigen Raum wurde die Bezeichnung »Humanökologie« weitgehend vermieden und durch »Sozialökologie« oder »Stadtökologie« ersetzt (vgl. Atteslander/Hamm 1974). Zwar liegt das empirische Forschungsgebiet im städtischen bzw. großstädtischen Bereich. Hierzu schreibt Hawley: »The urban studies and human ecology were two sides of the same coin.« (Hawley 1968: XI) Damit ist aber noch nicht gesagt, aus welchem Amalgam die Münze geprägt ist. Denn meist werden die theoretischen Leistungen und konzeptionellen Überlegungen der Humanökologie nicht beachtet und aufgegriffen.

Der Terminus »Sozialökologie« hat sich in deutschsprachigen Texten mittlerweile so verfestigt, daß auch in den Übersetzungen der Werke von McKenzie oder Hawley und anderer Autoren der Begriff »Sozialökologie« verwendet wird, obgleich im Originaltitel »human ecology«, also »Humanökologie«, steht (vgl. Aufsätze von McKenzie und Hawley u. a. in Atteslander/Hamm 1974). Auch im Sonderheft der Kölner Zeitschrift für Soziologie und Sozialpsychologie (KZfSS 29/1988) vermeidet Musil die Bezeichnung Humanökologie wegen einer »heutzutage meist biologischen Interpretation« (Musil 1988: 19 [Fußnote], Friedrichs 1977: 28).

Das ist einer der häufigen Kritikpunkte gegenüber der Humanökologie der Chicagoer Schule. Doch ist bei einer genaueren Betrachtung der frühen Arbeiten in diesem Bereich festzustellen, daß deren Verurteilung als »biologistisch« verallgemeinernd nicht zutreffend ist. Zwar gibt es eine Vielzahl von Untersuchungen, die mit Analogiebegriffen zur Ökologie arbeiten, doch befinden sich gerade unter den Pionieren der Humanökologie in Chicago auch Autoren, die sich bewußt zu biologischen Modellen bei der Untersuchung der kulturellen Interaktion mit der Umwelt abgrenzen, wie im folgenden gezeigt wird.

2.2 Nähe und Distanz zu biologischen Modellen

2.2.1 Nähe zu ökologischen Modellen

Das Besondere an den Anfängen der »human ecology« in den zwanziger Jahren war das Bemühen, in den Wirren der städtischen Agglomerationen Regelmäßigkeiten aufzuzeigen und diese im Zusammenhang mit Raum und Zeit zu konkretisieren (vgl. König 1978: 56 ff.). Die Grundaussage lautet: Die Entwicklung der Gesellschaft im Prozeß der Industrialisierung und Verstädterung folgt bestimmten Mustern. Um diese Regelhaftigkeit zu demonstrieren, wurde auf Entwicklungen in der Natur - den angenommenen Gesetzen der Ökologie von Pflanzen und Tieren, nämlich die Sukzession und das Klimax-Konzept - verwiesen. Durch den Verweis auf die Biologie und auf bestimmte Prozesse, wie sie in der Pflanzenökologie beschrieben sind, versucht die Humanökologie die von ihr entdeckten Gesetzmäßigkeiten zu verdeutlichen und zu bestärken. Dabei ist zunächst zu vermerken, daß in der Pflanzensoziologie - wie auch in der Biologie bis hin zur Evolutionstheorie - Begriffe wie Pflanzengemeinschaften wiederum aus dem Bereich der Sozialwissenschaften entliehen sind. Park selbst beschreibt die Beeinflussung Darwins durch sozialwissenschaftliche Modelle und spricht von der Übernahme einer »sociological idea within the biological realm« (Park 1936/ 1952: 146).

In seinem Aufsatz aus dem Jahre 1924 betont McKenzie vor allem die Analogien zwischen den Prozessen in der Biologie bzw. der Ökologie und den sozialen Prozessen innerhalb der Gesellschaft. Er deutet auf Pflanzengemeinschaften hin und spricht von Segregation und Zusammenschluß, die auch bei menschlichen Gemeinschaften das Ergebnis von Invasionsprozessen sind.

> »The resistance to invasion depends upon the type of the invader together with the degree of solidarity of the present occupants.« (McKenzie 1924/ 1968: 15)

Zwar wird ein Ausdruck wie »Invasion« auch in der Ökologie bzw. bei einer Biotopuntersuchung angewandt, ein Begriff wie »Solidarität« jedoch bleibt stark sozial kollektiv geprägt und ist nur schwer auf biologische Prozesse übertragbar.

Nach Aussage jener Arbeiten, die in Annäherung an biologische Modelle konzipiert wurden, durchlaufen Invasionen - entsprechend der Sukzessionstheorie der Ökologie - drei Stadien. Die erste Phase wird durch brutale Konkurrenz gekennzeichnet. Ihr folgt eine transitorale Phase des

Ausbaus und der Konsolidierung. Schließlich mündet dieser Prozeß in das Stadium der Reife, der Ruhe bzw. der Klimax mit Vorstellungen von Gleichgewicht und Harmonie.

> »The general effect of the continuous processes of invasions and accommodations is to give to the developed community well-defined areas, each having its own peculiar selective and cultural characteristics.« (ebenda, S. 17)

Für diese Räume wurde dann der Begriff »natural area« verwendet und geprägt (vgl. Fußnote 1, S. 18). Daß es solche Analogien gab, ist nicht abzustreiten; kritisiert wird aber eine ausschließlich biologistische Interpretation der Humanökologie, der es vor allem darauf ankommt, die menschliche Gesellschaft in ihrer Auseinandersetzung mit der Umwelt und ihren Organisationsformen zu analysieren und zu verstehen.

Hawley kommentiert die gezogenen Parallelen zu biologischen Modellen bei McKenzie als übertriebene Dramatisierung:

> »But McKenzie was fully aware of the limitations of analogical reasoning, as indicated by his frequent reminders of the uniqueness of man among other forms of life. He found bio-ecological analogies useful sometimes for the purpose of stating a problem and sometimes as a means of dramatizing his presentations of findings.« (Hawley 1968: XII)

Wichtig erscheint es, auf die Grenzen solcher Analogien zu verweisen, wie sie von Humanökologen selbst aufgezeichnet werden, und ihre bewußte Distanzierung zu biologischen Modellen genau zu beachten.

2.2.2 Distanzierung zu biologischen Prozessen

Auch McKenzie, der selbst Analogien zu biologischen Modellen konstruiert hatte, zieht an anderer Stelle eine scharfe Trennungslinie zwischen der Bioökologie und der Humanökologie.

> »Stated in general terms, plant and animal communal types are related to conditions imposed by the physical environment, whereas human communal types are more closely associated with the characteristics of the cultural setting.
>
> The human ecologist, therefore, unlike his fellow workers in the biological sciences, must always take cognizance of the culture complex in which the symbiotic relations manifest themselves. And since culture is a more dynamic and variable factor than physical environment the task of the human ecologist is much more complicated than that of the plant or animal ecologists.« (McKenzie 1936/1968: 104)

McKenzie verweist in einer Reihe von späteren Arbeiten auf spezifische Merkmale einer Humanökologie in Abgrenzung zur Tier- und Pflanzenökologie. Er plädiert für eine eigenständige »human ecology«, weil die Mensch-Umwelt-Beziehung von grundlegend anderer Qualität ist.

> »The main reason for considering human ecology as a separate discipline is that man has so gained in dominance over the lower organisms that his relationships with them have, to a large extent, become consciously regulated and controlled. On the other hand, the most significant and least understood aspects of man's symbiotic relations are those which he effects with his fellow men. It is within this latter sphere of activity that the major problems of human ecology present themselves.« (McKenzie 1936/1968: 102 f.)

Dieser Passus verdeutlicht einerseits die Besonderheit der Humanökologie in Abgrenzung zur Ökologie der Pflanzen- und Tierwelt, andererseits wird die Interaktion der Menschen untereinander und damit das soziokulturelle System als Untersuchungsbereich der Humanökologie angesprochen.

McKenzie strebt einen disziplinübergreifenden Ansatz zur Erforschung der Mensch-Umwelt-Beziehungen an, um Zusammenhänge, die durch die spezialisierten Wissenschaftsdisziplinen in ihrer Ganzheit nicht erfaßt werden, zu ermitteln. Seine Vorstellungen über die Aufgaben einer humanökologischen Forschung sind recht deutlich aus seinen beiden Aufsätzen »The Ecology of Institutions« (1936) und »Demography, Human Geography, and Human Ecology« (1934) zu entnehmen:

- Zum einen erfolgt eine Differenzierung zwischen der Humanökologie zur Bioökologie von Pflanzen und Tieren;
- zum anderen geht es um eine Abgrenzung bzw. Ergänzung zu den raumbezogenen Wissenschaftsdisziplinen der Geographie und der Demographie.
- Schließlich beschreibt McKenzie die Aufgabenstellung der Humanökologie innerhalb der sozialwissenschaftlichen Disziplinen, nämlich der Ökonomie, der politischen Wissenschaften und der Soziologie, indem er den Schwerpunkt auf die Erforschung gesellschaftlicher Insititutionen legt.

Was im Rahmen der Humanökologie vermieden werden soll, war der Determinismus, der von einzelnen Faktoren ausging oder mit einzelnen Disziplinen einherging. Hierzu schreibt Hawley im Vorwort zu der Arbeit »On Human Ecology« von McKenzie:

> »Of one conclusion he could be certain: a sociological determinism was no more acceptable than was an environmental, a biological, or any other kind of determinism. The fact of institutional specialization might explain but did not justify the carving up of man into economic, political, social, and biological segments.« (Hawley 1968: XII)

Damit wendet sich die Humanökologie gegen eine segmentierte Betrachtung der Gesellschaft. Ihr fällt die Aufgabe zu, das Beziehungsgeflecht zwischen Institutionen und Umwelt zu erfassen und Verbindungen zwischen unterschiedlichen Forschungsdisziplinen herzustellen. Die Humanökologie strebt nach einem disziplinübergreifenden Ansatz, der zunächst sehr breit konzipiert war; später jedoch kommt es nur noch zu Untersuchungen der Bevölkerungsentwicklung in städtischen Gebilden. Untersuchungen wurden verkürzt in der Raumplanung durchgeführt, weitgehend technokratisch angewandt und aus den Sozialwissenschaften fast völlig - bis hin zur Umbenennung - verdrängt.

Park wendet sich in der gemeinsam mit Burgess herausgegebenen »Grünen Bibel« bereits deutlich gegen eine einfache Übertragung biologischer Modelle, z. B. der Evolutionstheorie in die Humanökologie. Das ist auch der Grund für die begriffliche Klarstellung und Abgrenzung zwischen »adaptation« und »accommodation« mit der Anmerkung »the environment transforms the animal, while man transforms the environment« (Park/Burgess 1921/1969: 718). Diese konzeptionelle und begriffliche Differenzierung, die Park bereits 1921 vornahm, aber wenig Beachtung gefunden hat, soll im folgenden rekonstruiert werden.

2.3 Anpassung oder Akkommodation

Bei Park und Burgess führte die Kritik an der Übertragung von biologischen Modellen auf die menschliche Gesellschaft zur konzeptionellen Abgrenzung und Spezifizierung der Begriffe »adaptation« und »accommodation«. Themen wie Konsens und Konflikt werden als soziale Kategorien in deutlicher Unterscheidung zu biologischen Prozessen, Begriffen und Modellen und der Ökologie von Pflanzen und Tieren behandelt:

> »But human societies, although providing for the expression of original tendencies, are organized about tradition, mores, collective representations, in short, *consensus*. And consensus represents, not biological adaptations, but social accommodations.« (Park/Burgess 1921/1969: 664)

Ein solcher Konsens, der auf Lernprozessen und Traditionen beruht, ist genuin menschlicher und damit kultureller Natur. Mit Akkommodation wird eine labile soziale Ordnung beschrieben. In ihren theoretischen Überlegungen gehen Park und Burgess von Widersprüchen und Konflikten aus, die zwar von der Gesellschaft kontrolliert werden können, als latente Kraft aber weiterwirken. Ein unter den Gesellschaftsmitgliedern hergestellter Konsens kann daher auch immer wieder in Frage gestellt und umgestoßen werden.

> »With a change in the situation, the adjustment that had hitherto successfully held in control the antagonistic forces fails. There is confusion and unrest which may issue in open conflict. Conflict, whether a war or a strike or a mere exchange of polite innuendoes, invariably issues in a new accommodation or social order, which in general involves a changed status in the relations among the participants.« (Park/Burgess 1921/1969: 665)

Damit umfaßt Akkommodation zweierlei: zum einen - handlungsbezogen - den (konfliktreichen) Prozeß der Findung einer sozialen Ordnung und Organisation; zum anderen - strukturbezogen - das Produkt dieses Prozesses und damit die spezifische (räumlich, zeitlich, historische) Sozialstruktur einer (lokalen) Gesellschaft.

Mit der Distanzierung vom Begriff »adaptation«, der für Park und Burgess zu eng mit der Biologie, insbesondere aber auch mit Darwins Evolutionstheorie verknüpft ist, kreieren sie grundlegende Kategorien einer soziologischen Humanökologie. Die Evolutionstheorie hat für Park und Burgess sogar den Beigeschmack einer Modeerscheinung, von der sie sich bewußt absetzen wollen.

> »The term *adaptation* came into vogue with Darwin's theory of the origin of species by natural selection. This theory was based upon the observation that no two members of a biological species or of a family are ever exactly alike. [...] The individuals best fitted to live under the conditions of life which the environment offered, survived and produced the existing species. The others perished and the species which they represented disappeared [...]. Adaptations were the variations which had been in this way selected and transmitted. The term *accommodation* is a kindred concept with a slightly different meaning. The distinction is that adaptation is applied to organic modifications which are transmitted biologically, while accommodation is used with reference to changes in habit, which are transmitted, or may be transmitted, sociologically, that is, in the form of social tradition.« (ebenda, S. 663)

Betont werden damit die besonderen Eigenschaften und Fähigkeit der Menschen in der Auseinandersetzung mit der sozialen und natürlichen Umwelt, die sie »accommodation« nennen.[2] Der Unterschied zu »adaptation« wird weiter verdeutlicht:

---

2 In der »Grünen Bibel« werden unter dem Kapitel »Accommodation« Themen wie (a) »forms of accommodation«, (b) »subordination and superordination«, (c) »conflict and accommodation«, (d) »competition, status, and social solidarity« behandelt. Hierbei beziehen sie sich auf Texte von Simmel, Coser und anderen (vgl. Park/Burgess 1921/1969: 663-733).

»The term accommodation, while it has a limited field of application in biology, has a wide and varied use in sociology. All the social heritages, traditions, sentiments, culture, technique, are accommodations - that is, acquired adjustments that are socially and not biologically transmitted. They are not a part of the racial inheritance of the individual, but are acquired by the person in social experience. The two conceptions are further distinguished in this, that adaptation is an effect of competition, while accommodation, or more properly social accommodation, is the result of conflict.« (ebenda, S. 663 f.)

Wichtig ist, daß der Terminus »Anpassung« oder »adaptation« dem Individuum oder der Art eine passive Rolle zuschreibt und entsprechend dem biologischen Evolutionsmodell von einer »natürlichen Auslese« und der Vererbung ausgeht, wohingegen »accommodation« den Individuen bzw. der Gruppe eine aktive Funktion bei der Formierung, Gestaltung und Veränderung der Umwelt zuspricht. Aufbauend auf soziokulturellen Traditionen sind Formen der Auseinandersetzung der Menschen mit ihrer Umwelt durch Wechselwirkung, Interaktion und Kommunikation Bestandteil eines auf Modifikation und Abstimmung angelegten Arrangements, das mit dem Begriff »accommodation« durch die soziologisch orientierte Humanökologie gefaßt wird.

Mit der Abgrenzung zu biologischen Prozessen in der Pflanzen- und Tierökologie gewinnt die Humanökologie und auch der Begriff Akkommodation an Profil. Deutlich wird, daß mit der begrifflichen Klarstellung bei Park/Burgess und der Betonung ökologischer Institutionen bei McKenzie bewußte inhaltlich-konzeptionelle Überlegungen in Richtung auf eine sozialwissenschaftliche Formulierung des Untersuchungsbereichs der Humanökologie verbunden sind. Die Differenzierungen und Abgrenzungen sind jedoch in der sozialwissenschaftlichen Diskussion nicht zur Kenntnis genommen worden.

2.4 Die humanökologische Pyramide von Park

Das Forschungsgebiet der Humanökologie wird von Park 1936 in seinem Aufsatz »Human Ecology« modellhaft beschrieben. Er konstruiert eine hierarchisch strukturierte Pyramide auf vier Ebenen: Das Fundament wird von der Ökologie (»ecological order«), auch »biotic substructure« genannt, gebildet. Darauf aufbauend entsteht die Ökonomie (»economical order«) und über dieser die Politik (»political order«); die Spitze der Pyramide wird von der weltanschaulich-moralischen Ordnung (»moral order«) geformt. Auf dem ökologischen Fundament baut sich die Kultur bzw. die Gesellschaftsstruktur auf, die er »cultural superstructure« nennt.[3] Diesen beiden Bereichen werden unterschiedliche Eigenschaften zugesprochen. In der ökologischen Ordnung dominiert die Konkurrenz; kennzeichnend für die kulturellen Bereiche sind Kommunikation, Konsens und Kooperation.

> »There is a symbiotic society based on competition and a cultural society based on communication and consensus. As a matter of fact the two societies are merely different aspects of one society, which, in the vicissitudes and changes to which they are subject remain, nevertheless, in some sort of mutual dependence each upon the other.« (Park 1936/1952b: 157)

Beide, sich gegenseitig beeinflussenden Bereiche der Gesellschaft (Natur und Kultur) sind im Rahmen humanökologischer Untersuchungen zu beachten. Die unterschiedlichen Ordnungsstufen der Kultur (»economical, political and moral order«) lassen sich auch als analytische Ebenen interpretieren. Für die Humanökologie liegt die Betonung auf gesellschaftlichen Institutionen und soziokulturellen Normen.

> »In a society of human beings, however, this communal structure is reinforced by custom and assumes an institutional character. In human as contrasted with animal societies, competition and the freedom of the individual is limited on every level above the biotic by custom and consensus.« (ebenda, S. 156)

Die individuelle Freiheit - das Konkurrenzverhalten - erfährt auf der letzten Ebene der »moral order« durch soziokulturelle Normen, Regeln und Gesetze die stärkste Limitierung.

> »On the cultural level, this freedom of the individual to compete is restricted by conventions, understandings, and law. The individual is more free upon the economic level than upon the political, more free on the political than the moral.« (ebenda, S. 157)

In Anlehnung an das humanökologische Modell kann gesagt werden, daß das Handeln der Individuen eine ökologische Grundlage hat, durch wirtschaftliche und politische Strukturen gelenkt und schließlich durch normative sowie weltanschauliche Einflüsse, die den Sozialisationsprozeß begleiten, geprägt wird. Durch die Abnahme der individuellen Freiheit auf den unterschiedlichen Ebenen der Kultur (»cultural superstructure«) unter-

3 Linde (1970) spricht auch von einem Basis-Überbau-Schema bei Park, was jedoch meines Erachtens nicht ohne weiteres zu übernehmen ist, da die Differenzierung zwischen einer »biotic substructure« und einer »cultural superstructure«, wenn überhaupt, ein sehr abgewandeltes Basis-Überbau-Schema abgibt. Das Fundament der Pyramide ist die Natur bzw. die biologische Grundlage des Lebens; »cultural superstructure« aber umfaßt sowohl materielle als auch immaterielle Bereiche der Gesellschaft.

scheidet sich Parks Modell von der Maslowschen Bedürfnispyramide.[4] Das humanökologische Modell beinhaltet individuelles und kollektives Handeln, denn konstituierend für die pyramidische Form ist die abnehmende Handlungsfreiheit der Individuen. Demnach sind die Ausführungen von Park bezüglich der Einschränkung der Handlungsfreiheit von Individuen, eingebettet in institutionelle Strukturen, relevant für die Ausprägung des gesellschaftlichen Handelns. Aussagen im Kontext der humanökologischen Pyramide kennzeichnen das grundlegende Prinzip der Interaktion zwischen Natur und Kultur. Die abnehmende Handlungsfreiheit läßt sich auf gesamtgesellschaftliche Prozesse übertragen und als Handlungsspielraum für kulturökologische Veränderungen definieren (vgl. Teherani-Krönner 1992: 169).

Abbildung 1: Die humanökologische Pyramide

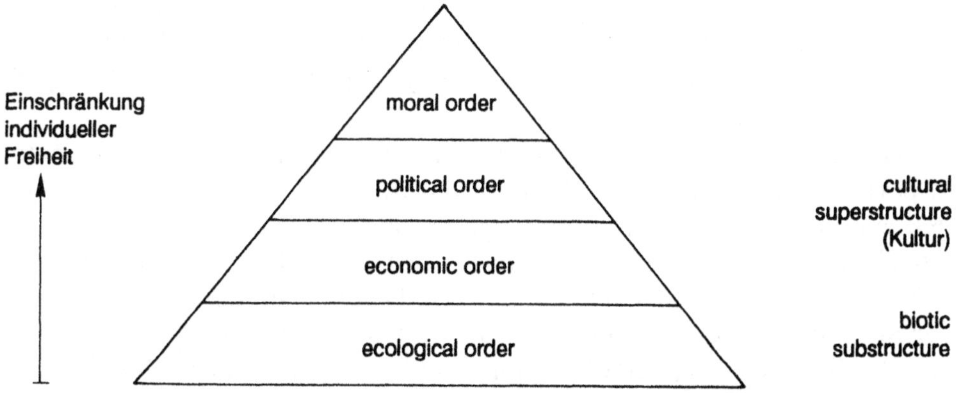

Quelle: Darstellung nach Angaben aus Park (1936/1952b: 157)

Neben der humanökologischen Pyramide, die Park als Aufbau der Gesellschaft bzw. als eine strukturierte Beziehung von Natur und Kultur mit lenkenden Funktionen beschreibt, benennt er auch die Elemente, aus denen sich die Gesellschaft konstituiert.

4 In der Maslowschen Bedürfnispyramide wird eine stärkere individuelle Freiheit im Sinne zunehmender Selbstverwirklichung durch Erfüllung der »höheren« Bedürfnisse im Aufstieg von ökonomischen Notwendigkeiten zu politischen und kulturellen Entfaltungsmöglichkeiten postuliert. Dieses Modell wurde entweder bezogen auf die historische Entwicklung der westlichen Welt oder im interkulturellen Vergleich in Modernisierungstheorien eingesetzt. Nach dem Parkschen Modell jedoch ist dies umgekehrt, wobei Park insbesondere das Konkurrenzverhalten im Auge hat (vgl. auch das AGIL-Schema von Parsons 1958: 6 f.).

>»Reduced to its elements the human community, so conceived, may be said to consist of a population and a culture, including in the term culture (1) a body of customs and beliefs and (2) a corresponding body of artefacts and technological devices.
>To these three elements or factors - (1) population, (2) artefact (technological culture), (3) custom and beliefs (non-material culture) - into which the social complex resolves itself, one should, perhaps, add a fourth, namely, the natural resources of the habitat. It is the interaction of these four factors that maintain at once the biotic balance and the social equilibrium, when and where they exist.« (Park 1936/1952: 158)

Demnach läßt sich bei Park (1936) ein humanökologisches Modell mit vier Elementen erkennen:

1. Bevölkerung
2. materielle Kultur (Technologie)
3. immaterielle Kultur (Brauch und Sitten)
4. Natur (natürliche Ressourcen des Lebensraums).

Diese vier Elemente tauchen später in abgewandelter Form im »ökologischen Komplex« von Duncan auf. Duncan konstruiert den ökologischen Komplex aus den Elementen: Bevölkerung, Technik, Umwelt und Organisation (Duncan 1959).[5]

Humanökologische Untersuchungen müßten entweder diese Elemente berücksichtigen oder auf die Ordnungsstufen der humanökologischen Pyramide eingehen. Die meisten - später als humanökologisch bezeichneten Untersuchungen - berücksichtigen aber nicht den wichtigen Bereich kultureller Werte und Normen, der »moral order«, sondern verharren auf der Stufe einer »ecological order«, beschränken sich weitgehend auf »natürliche Ressourcen«, »Bevölkerung«, und dringen kaum in den Bereich vor, den Park als »cultural superstructure« bezeichnet. Nicht einmal die angegebenen vier Elemente werden vollständig oder gar im Zusammenhang behandelt - so auch im »ökologischen Komplex« von Duncan, in dem Kultur nicht mehr gesondert in Erscheinung tritt. Die Position »immaterielle Kultur« wird im Duncanschen Modell ausgeblendet bzw. durch »Organisation« ersetzt.

Das Forschungsgebiet der Humanökologie formulieren Park und Burgess wie folgt:

>»Human ecology is, fundamentally, an attempt to investigate the processes by which the biotic balance and the social equilibrium (1) are maintained once they are achieved and (2) the processes by which, when the biotic balance and the social equilibrium are disturbed, the transition is made from one relatively stable order to another.« (Park/Burgess 1936/1952: 158)

5 Vgl. auch die Beiträge von Schmid, Teil III, und Tretter, Teil IV in diesem Band.

Diesem Zitat ist zu entnehmen, daß sowohl ökologische als auch gesellschaftliche Probleme im Rahmen dieses Modells als humanökologische Forschungsaufgaben definiert und konzeptualisiert wurden, auch wenn von einer »ökologischen Krise« nicht die Rede war. Auf diese herzustellende oder zu erhaltende Balance im Bereich Natur und Kultur richtet sich der Begriff Akkommodation, der jedoch in den späteren Arbeiten der Humanökologie, aber auch der Sozialökologie wie auch der Kulturökologie weitgehend unbeachtet geblieben ist (vgl. Teherani-Krönner 1992).

3. Die neue Humanökologie

Die »new human ecology« knüpft zum einen an die Humanökologie der Chicagoer Schule, zum anderen an die Ökologiediskussion an, die seit Ende der sechziger Jahre durch das Bekanntwerden von Belastungen der Natur (Carson 1962/1987, Meadows u. a. 1972) entstanden ist. Umweltprobleme konfrontieren uns mit der Zerstörung der Grundlagen menschlicher Existenz, sie sorgen immer wieder für neue Schlagzeilen und haben zu sozialen Bewegungen und politischen Aktionen geführt (wie sie in diesem Band, insbesondere unter der Bezeichnung »Ökologismus«, von Eder und Eisel behandelt werden). Die neue Humanökologie zeichnet sich dadurch aus, daß sie sich weder räumlich, z. B. auf Stadt, Land oder Staaten, noch thematisch auf bestimmte Grenzen oder Fachdisziplinen festlegen läßt, sondern die Vernetzung globaler, fachübergreifender Probleme artikuliert. Sehr deutlich wurde die Breite humanökologischer Forschungsansätze in fast allen Wissenschaftsdisziplinen bei der Internationalen Tagung zur Humanökologie in Wien 1975 (vgl. Knötig 1976). Die dritte Tagung dieser Art ist für den August 1993 in Wien geplant. In der Zwischenzeit wurden weltweit regionale und überregionale Tagungen zur »Humanökologie« veranstaltet.[6] Zu verweisen ist auch auf die verschiedenene Beiträge im Sammelband »Humanökologie: Grundlagen präventiver Umweltpolitik« (Glaeser 1989), in dem die Forderung nach einem neuen »ökologischen Paradigma« gestellt wird.

Die »new human ecology«, die zum Zweck der Formulierung einer Umweltsoziologie bei Catton und Dunlap (1978 und 1980) umrissen wird,

6 Unter anderem gab die Tagung der Deutschen Gesellschaft für Humanökologie 1990 in Sommerhausen den Anlaß zur Erstellung dieses Sammelbandes.

stellt alle bisherigen soziologischen Theorien in Frage. Die Kritik richtet sich auf das »westliche Weltbild« und die damit verbundene anthropozentrische Weltanschauung (»human exemptionalism paradigm«). Dem setzen sie ein »new ecological paradigm« entgegen (Cattan/Dunlap 1980). Frühere Forschungsansätze werden aufgrund ihrer mangelnden Berücksichtigung der ökologischen Dimensionen verworfen (vgl. Buttel 1987, Teherani-Krönner 1992). Damit aber wird das Kind mit dem Bade ausgeschüttet.

Gegenüber der fundamentalen Kritik und den abstrakten Betrachtungen der »neuen Humanökologie« bei Catton und Dunlap wendet Buttel ein, sie seien zu theoretisch und ihnen fehle die Verbindung zur Empirie. Als anders dagegen erweisen sich Ansätze der Kulturökologie, die im folgenden noch aufgegriffen werden. Sie sind eng mit der Empirie verbunden und aus dieser generiert worden. Jedoch liegt ihr primärer Bezugsrahmen nicht in industrialisierten, sondern in agrarischen Gesellschaften. Als zukunftsweisend für die neue Humanökologie sieht Buttel in seiner Rückschau auf die zehn bis fünfzehn Jahre Umweltsoziologie jene Arbeiten an, die sich im Rahmen der Entwicklungssoziologie der Interaktion zwischen biophysikalischer Umwelt und der »peasant economy« der Dritten Welt widmen (Redclift 1984, Buttel 1987).[7] Zumindest viele noch räumlich begrenzt auftauchende Umweltprobleme, z. B. eine überdurchschnittlich hohe Belastung von Gewässern, in einem See oder im Grundwasser einer Region, lassen sich als Entwicklungsproblem betrachten, analysieren und behandeln (Batisse 1989).[8]

In einigen Arbeiten, die sich in den letzten Jahren mit Umweltproblemen aus einer sozialwissenschaftlichen Perspektive befassen (siehe auch Beiträge im vorliegenden Band), lassen sich Anknüpfungspunkte für neue theoretische Überlegungen unter Hinzuziehung verschiedener Wissen-

7 Auch im Sammelband zur Humanökologie von Glaeser (1989) ist auffallend, daß fast alle Beiträge ihre empirischen Beispiele aus Dritte-Welt-Ländern entnehmen (Huber 1989, Teherani-Krönner 1989a, Weichhart 1989b), als gäbe es diese Beispiele nicht auch in Industrieländern. Möglicherweise ist es für Forscher einfacher, in der fremden Kultur die Interaktionen zwischen Natur und Kultur zu erkennen und konkret darzustellen. Ein ethnozentrischer Blick mag eventuell für die Aufnahme kultureller Besonderheiten in der eigenen Gesellschaft hinderlich sein (kulturelle Blindheit). Dabei fällt es leichter, über andere Kulturen zu urteilen und Rezepte zu verteilen, als »gute Ratschläge« selbst zu beherzigen.

8 In seinem Vortrag zur Tagung »Les experts sont formels« in Arc-et-Senans (1989) verwies Batisse auf strukturelle Ähnlichkeiten von Umwelt- und Entwicklungsproblemen sowohl in der Diagnose als auch in der Behandlung.

schaftstraditionen finden, die Grundlagen für zukünftige Forschungsansätze sein können. Allgemeine theoretische Entwürfen der Soziologie sind weitgehend gekennzeichnet durch eine »ökologische Abstinenz«. Aufbauend auf Ansätzen aus dem 18. und 19. Jahrhundert, z. B. Evolutionstheorien, bis zu Theorien des sozialen Wandels und Modernisierungstheorien des 20. Jahrhunderts geht es in diesen Gesellschaftsentwürfen weniger um einen »human exemptionalism«, sondern um den »cultural exemptionalism« der Industriekultur. Gäbe es die Bereitschaft, diese zweite Ausnahmebestimmung aufzugeben, dann böten Erfahrungen und Forschungsergebnisse aus anderen Kulturen eine Fülle von Anknüpfungspunkten und Anregungen, die auch bei der Analyse von Umweltproblemen der Industriekulturen hinzugezogen werden könnten.[9]

Da kulturökologische Arbeiten in der Soziologie (Umweltsoziologie) noch wenig Beachtung gefunden haben, auch nicht in Ansätzen einer »new human ecology« (vgl. Buttel 1987), werden sie hier besonders betont. In der Kulturökologie und der »neuen Humanökologie« bestehen ähnliche Überlegungen, die sich nebeneinander, aber kaum in Annäherung entwickeln. Wenn im folgenden die Kulturökologie hinzugezogen wird, erfolgt dies nicht nur, weil sie sich früher zur Natur-Kultur-Beziehung geäußert hat, sondern da positive Anknüpfungspunkte aus der anthropologischen Forschungstradition bestehen und nicht die gesamte Wissenstradition in Frage zu stellen ist. Ergebnisse anthropologischer und ethnologischer Forschungen über »Naturvölker« - vom eurozentrischen Hochgefühl (Bendix 1979, Bosse 1979, Hettlage 1979, Otte 1981, Teherani-Krönner 1982b) und dem industriekulturellen Exzeptionalismus abstrahiert - können aufschlußreich sein auch im Hinblick auf theoretische Überlegungen zur sozialwissenschaftlichen Behandlung von Umweltproblemen, einschließlich der Überlegungen zur methodischen Vorgehensweise für empirische Untersuchungen.[10] Ferner sind Arbeiten des Anthropologen Marvin Harris über Eßgewohnheiten in USA und Beobachtungen von E. T. Hall als kulturökologische Beispiele in Industrielän-

9 Verwiesen sei beispielhaft auf Mary Douglas (1966/1973), die als Anthropologin ihre Erkenntnisse aus nicht-industrialisierten tribalen und agrarischen Gesellschaften auch auf die Analyse der Situation in Industrieländern überträgt, um verallgemeinernde Aussagen über die Perzeption und die Behandlung von Umweltproblemen zu erarbeiten.

10 Vgl. hierzu insbesondere auch meine Arbeit »Human- und kulturökologische Ansätze zur Umweltforschung: Ein Beitrag zur Umweltsoziologie . . .«, die sich auf eine empirische Fallstudie in einem agrarindustriellen Raum der Bundesrepublik Deutschland bezieht (Teherani-Krönner 1992).

dern zu nennen, aber auch Mary Douglas, die Rituale der Industriekultur aus anthropologischer Sicht erfaßt (vgl. Fußnote 9; siehe auch Chruscz, Teil III in diesem Band, sowie die Beiträge im Teil IV, die eine Verbindung zwischen der Theorie und Empirie der Human- und Kulturökologie herstellen und methodische Anregungen für weitere Recherchen bieten).

4. Die Kulturökologie

4.1 Interaktion von Natur und Kultur

Der Begriff »cultural ecology«, im weiteren »Kulturökologie« genannt, wird auf den Anthropologen Julian H. Steward zurückgeführt.[11] Steward hatte diesen Begriff zwar bereits 1937 in seiner Arbeit »Ecological Aspects of Southwestern Society« aufgegriffen, eine Konkretisierung des Forschungskonzepts aber erst in den fünfziger Jahren, nach Abschluß seiner empirischen Untersuchungen, formuliert (Bennett 1976: 24). Grundlagenwerk ist seine 1955 erschienene Publikation »Theory of Culture Change. The Methodology of Multilinear Evolution« (Steward 1955/1972). Die Kulturökologie soll sich bewußt von früheren ökologischen Forschungstraditionen absetzen.

> »In order to distinguish the present purpose and method from those implied in the concepts of biological, human, and social ecology, the term cultural ecology is used.« (Steward 1955/1972: 30)

Kritisiert wird wiederum die Nähe der »human ecology« zu biologischen Modellen, wobei sich Steward vorwiegend auf Arbeiten von Hawley (1950) bezieht. Betont wird, daß das Konzept zur Untersuchung der Kultur oder des Kulturwandels ein anderes sein muß als das der Biologie. In

11 Bei Treinen (1978) wird die Bezeichnung »Kulturökologie« der Sozialgeographie (Hard 1973) entnommen und zur stärkeren Betonung der Symbolisierung räumlicher Umgebungen im Rahmen siedlungsökologischer Untersuchungen in der Tradition human- bzw. sozialökologischer Ansätze verwandt. Von Glaser (1978) wird wiederum »Kulturökologie« als neuer Terminus für Stadtentwicklungsplanung und Kulturpolitik eingeführt, worunter Fragen der Kulturtopographie, Kulturpsychologie und Kulturpädagogik behandelt werden. Demgegenüber wird im vorliegenden Beitrag mit Kulturökologie - »cultural ecology« - eine Forschungsrichtung verstanden, die, eingebunden in anthropologische und ethnologische Traditionen, in der Nachfolge von Steward sich zunächst von der Humanökologie, aber auch von früheren kulturwissenschaftlichen Ansätzen bewußt absetzt.

der Biologie sind Gesetze der Evolution nach Steward universell anwendbar, unabhängig von den Spezies und physikalischen Umwelten. In den Sozialwissenschaften gibt es ähnliche Bemühungen, um universelle Gesetze des Kulturwandels ausfindig zu machen, diese jedoch können nicht durch biologische Modelle konzeptualisiert werden. Die Erklärungen ungleicher Verhaltensweisen in verschiedenen menschlichen Gesellschaften sind grundlegend anders als Probleme biologischer Evolution. »Each requires its own concepts and methods.« (Steward 1955/1972: 31)

Die grundlegende Schwierigkeit sozialwissenschaftlicher Ökologiekonzepte - so Steward - liegt in der mangelnden Klarheit über die Interaktionen zwischen physikalisch-biologischen zu kulturellen Merkmalen einer lokalen oder territorialen Einheit. Gegenüber humanökologischen Ansätzen der Mensch-Umwelt-Beziehung wird in der Kulturökologie eine besondere Gewichtung der Kultur vorgenommen.

> »Human beings do not react to the web of life solely through their genetically-derived organic equipment. Culture, rather than genetic potential for *adaptation, accommodation*, and survival, explains the nature of human societies.« (Steward 1955/1972: 32; Hervorhebung PT-K)

Seine Ausführungen zur Kulturökologie weisen auf die Notwendigkeit einer Unterscheidung zwischen einer biologischen Anpassung, »adaptation«, und der kulturellen Auseinandersetzung der Menschen mit ihrer Umwelt im Sinne der zuvor besprochenen Definition von »accommodation« hin. Diese inhaltliche Differenzierung kennzeichnet den kulturökologischen Ansatz. Eine Unterscheidung zwischen Anpassung und Akkommodation wird durch Arbeiten zur Kulturökologie verstärkt, auch wenn die Autoren (Steward 1955/1972, Bennett 1976, Sahlins 1964/1977) von dieser bereits in den zwanziger Jahren von Park und Burgess angebotenen terminologischen Klarstellung keinen Gebrauch machen und diesbezügliche Anmerkungen von Park und Burgess (1921/1969) übersehen.

Steward kritisiert Arbeiten der Chicagoer Schule wegen der Verwendung eines Begriffs wie »human community« als Untersuchungseinheit in Analogie zur »community« von Pflanzen und Tieren, die zu allgemein gehalten und auf einer Abstraktionsebene angesiedelt sind, auf der sie gehaltlos werden. Auch sind Verallgemeinerungen vorgenommen worden, die er für unzulässig hält. Erkenntnisse der zahlreichen humanökologischen Untersuchungen, so Steward, können nur von begrenzter Tragweite sein, da sie sich auf die spezifische Situation euro-amerikanischer Großstädte beziehen.

»They do not, however, necessarily throw any light on world-wide ecological urban adaptations, for in other cultures and periods city zoning followed very different culturally prescribed principles.« (Steward 1955/1972: 33)

Das Forschungsfeld der »human ecology« der Chicagoer Schule war die Stadt bzw. die Entwicklung der Großstädte in Nordamerika im frühen 20. Jahrhundert. Das empirische Untersuchungsfeld der Kulturökologie ist überwiegend in agrarischen, nicht-industrialisierten Gesellschaften angesiedelt. In ihren Anfängen, so in den Arbeiten von Steward und Sahlins, stehen Umweltbelastungen noch nicht im Blickwinkel der Überlegungen zu einem neuen Ansatz.

Gegenüber der Human- bzw. Sozialökologie grenzt Steward seinen Ansatz ab, indem er auf originäre Eigenschaften der Kultur verweist, die einer historischen Betrachtung bedürften, wobei er sich auf anthropologische Forschungstraditionen berufen kann. Doch auch gegenüber kulturhistorischen und früheren anthropologischen Arbeiten distanziert er sich, um eine deterministische Ausrichtung entweder durch Betonung der Umwelt oder der Kultur nicht zu übernehmen.

4.2 Zwischen Umweltdeterminismus und Possibilismus

Im Rückblick auf die Geschichte der Anthropologie in den USA stellen Vayda und Rappaport (1968) fest, daß bis in die zwanziger Jahre Umweltbedingungen eine starke Erklärungskraft für kulturelle Phänomene zugesprochen wurde.[12] Forscher dieser Zeitperiode, die eine dominante Rolle in der Anthropologie gespielt haben, werden daher als »Umweltdeterministen« bzw. »Environmentalisten« bezeichnet. Nach Vayda und Rappaport distanzieren sich anthropologische Forschungen seit dieser Zeit von umweltdeterministischen Ansätzen; auch wird die Verbindung zur biologischen Forschung abgebrochen, die sich von da an insbesondere auf Fragen der Genetik konzentriert.

12 So ist z. B. in den Arbeiten von Huntington aus dem Jahre 1915 das Klima nicht nur bestimmend für Vegetation und Landnutzung, sondern beeinflußt die Physiologie und Psyche der Menschen (vgl. auch Vayda/Rappaport 1968: 480). Eine Klassifizierung von »cultural areas«, die 1917 von Wissler, American Museum of National History, vorgenommen wurde, unterscheidet zwischen neun nordamerikanisch-indianischen Kulturgebieten auf der Grundlage naturräumlicher Gegebenheiten (Vayda/Rappaport 1968: 481). In dieser Tradition wurde dann auch ein »cultural area file« in den USA aufgebaut, in dem umfangreiche Datensätze zu verschiedenen Gesellschaften zusammengebracht wurden (Murdock 1960).

Wie zuvor dargestellt, ging es zunächst um eine Gegenposition zum possibilistischen bzw. kulturalistischen Ansatz vorangegangener anthropologischer Arbeiten. Der Stewardsche Ansatz, der auf eigenen Feldforschungen gründete, erweist sich dann als Fundament für eine neue Theorie, die sowohl kulturelle als auch umweltbezogene Aspekte gesellschaftlicher Entwicklungen zu berücksichtigen vermag. Damit bietet er einen konzeptionellen Rahmen, um Ausbeutung und Zerstörung natürlicher Ressourcen auch in der sozialwissenschaftlichen Forschung zu thematisieren und zu behandeln, wie dies ansatzweise dann auch den Arbeiten von Rappaport (1967), Vayda/Rappaport (1968), Bennett (1976), Greverus (1978) und Bargatzky (1986) zu entnehmen ist.

Hervorzuheben ist, daß Steward der Umwelt eine aktive, sogar kreativitätsfördernde Rolle zuschreibt. Zum Teil in Anknüpfung und wiederum in Distanzierung zur Humanökologie schreibt er, indem er sich auf Hawley bezieht:

> »Hawley is uncertain in his position regarding the effect of environmental adaptations on culture. He states: 'The weight of evidence forces the conclusion that the physical environment exerts but a permissive and limiting effect' (Hawley, 1950: 90), but he also says that 'each habitat not only permits but to a certain extent necessitates a distinctive mode of life' (Hawley, 1950: 190). The first statement closely conforms with the widely accepted anthropological position that historical factors are more important than environmental factors, which may be permissive or prohibitive of culture change but are never causative. The second is nearer to the thesis of this paper that *cultural ecological adaptations* constitute creative processes.« (Steward 1955/1972: 34; Hervorhebung PT-K)

Das, was Steward als »cultural ecological adaptation« bezeichnet, kann in der Konsequenz seiner eigenen Ausführungen zur notwendigen Unterscheidung zwischen der Untersuchung von biologischen und kulturellen Prozessen »Akkommodation« genannt werden. Die Akkommodation wirkt kreativ und kulturkonstituierend und damit auch verändernd auf die Umwelt, die Natur, die durch Anpassung von Fauna und Flora eine aktive Rolle im Austausch mit der Kultur übernimmt. In dieser Interaktion wird eine Quelle für Innovationen und Kulturwandel gesehen, die Steward für bedeutender hält als Erklärungsversuche, die kulturellen Erscheinungen auf die Diffusion von Innovationen zurückführen.

> »Cultural diffusion, of course, always operates, but in view of the seeming importance of ecological adaptations its role in explaining culture has been greatly overestimated.« (ebenda, S. 42)

Sahlins, der sich in der Nachfolge von Steward in gleicher Weise sowohl vom Determinismus der Umwelt als auch von jenem der Kultur absetzt, sieht im Kulturwandel einen dialektischen Prozeß, in dem die Umwelt ebenso wie die Kultur eine aktive, gestalterische Rolle übernimmt:

> »There is an interchange between culture and environment, perhaps continuous dialectic interchange, if in adapting the culture transforms its landscape and so must respond anew to changes that it had set in motion. I think the best answer to the received controversy over which is the determinent, culture or environment, should be this: both - the answer lies at both extremes.« (Sahlins 1964/1977: 216)

Auf die Dichotomisierung zwischen Natur und Kultur, die auf eine lange epistemologische Tradition im abendländischen Denken zurückgeht, verweist Bargatzky in seiner »Einführung in die Kulturökologie. Umwelt, Kultur und Gesellschaft« (vgl. Bargatzky 1986 sowie seinen Beitrag in Teil II dieses Bandes).

4.3 Der Kulturkern-Ansatz: Theorie und Forschungsprogramm

Zu erinnern ist, daß für Steward die Kulturökologie Problemformulierung und Methode zugleich ist (Steward 1955/1972: 36). Dies spiegelt sich im Kulturkern-Konzept wider. Bei Steward umfaßt der Kulturkern (»culture core«) drei miteinander verbundene Vorgänge bzw. Verfahren (»procedures of cultural ecology«), die als fundamental angesehen werden:

I. materielle Kultur
II. soziale Organisation
III. immaterielle Kultur.

Der Kulturkern konzentriert sich auf den Produktionsbereich, Sicherung der Existenz der jeweiligen Gruppe und deren Techniken in der Auseinandersetzung mit der natürlichen Umwelt, deren Ressourcen und Engpässen I , die mit der Produktion zusammenhängenden Formen der Kooperation und sozialer Organisation II und schließlich auf die immaterielle Kultur, sofern sie mit den anderen beiden Bereichen in enger Verbindung steht (III). Hervorzuheben am Kulturkonzept Stewards ist, daß es die alte Dichotomisierung von Basis-Überbau überwindet und die drei Elemente als kulturkonstituierend in ihrer Verwobenheit und gegenseitigen Bedingtheit zum Ausgangspunkt einer Untersuchung macht. Zwischen materieller, sozialer und geistiger Kultur (Greverus 1978) wird keine linearkausale Kette gezogen, noch werden Prioritäten gesetzt:

> »Die Kultur (oder Kultur und Lebensweise) einer bestimmten Gruppe kann nur unter Beachtung der Gesamtheit und Verflochtenheit aller Bereiche ihres Lebensvollzugs analysiert werden.« (Greverus 1978: 92)

Auch wenn die beiden ersten Elemente des Kulturkerns bei Steward über analytische Verfahren zugänglich werden, so empfiehlt er doch für die Erfassung des dritten Vorgangs (»procedure«) bzw. des dritten Elements im Kulturkern eine eher ganzheitliche (holistische) Betrachtungs- und Vorgehensweise.

> »The third procedure requires a genuinely holistic approach, for if such factors as demography, settlement pattern, kinship structures, land tenure, land use, and other key cultural features are considered separately, their interrelationships to one another and to the environment cannot be grasped.« (Steward 1955/1972: 42)

Als ein Beispiel für Untersuchungen, die an diesen Forschungsansatz anknüpfen, ist Rappaports »Pigs for the Ancestors« zu erwähnen. Darin wird geschildert, wie das gesamte wirtschaftliche Handeln der Menschen auf Neu-Guinea religiös geprägt und stark ritualisiert ist. Mit den Opferzeremonien von Schweinen für die Vorfahren wird ein zu starkes Anwachsen der Wildschweinpopulation verhindert und dadurch das ökologisch labile Gleichgewicht auf der Insel immer wieder hergestellt (Rappaport 1967). Damit werden die Rituale vorwiegend ökologisch begründet. Auf ähnliche Weise zeigt Harris das Zusammenspiel von ökologischen und soziokulturellen Prozessen, wenn er die »Heiligen Kühe« in Indien oder das Tabu des Verzehrens von Schweinefleisch in jüdischen und islamischen Gesellschaften behandelt (vgl. Harris 1989a, b, c; Chruscz in Teil III dieses Bandes).

Dabei stellt sich die Frage, inwieweit im jeweiligen Arrangement einer Kultur mit der Umwelt Grenzen und Handlungsspielräume für Variationen und für kulturellen Wandel bestehen. Zwar entwickelt Steward sein heuristisches Modell des Kulturkerns aus seinen Untersuchungen in nichtindustrialisierten Gesellschaften, doch auch bezogen auf Gesellschaften mit einem hohen Grad der Technisierung fragt er, inwiefern für diese Länder ideologische Alternativen möglich und ob regionale (umweltbezogene und historische) Einflüsse ausschlaggebend und prägend sind.

> »If it can be established that the productive arrangements permit great latitude in the sociocultural type, then historical influences may explain the particular type found. The problem is the same in considering modern industrial civilizations. The question is whether industrialization allows such latitude that political democracy, communism, state socialism, and perhaps other forms are equally possible, so that strong historical influences, such as diffused ideology - e.g., propaganda - may supplant one type with another, or whether each type represents an adaptation which is specific to the area.« (Steward 1955/1972: 41)

Stewards eigene Ausführungen zum Kulturkern mit seinen drei prozeduralen Vorgängen, die als Ebenen der Untersuchung und als »Handlungskomplex« verstanden werden können, werden weniger theoretisch dargelegt und abgeleitet, als vielmehr recht pragmatisch und nur punktuell mit verschiedenen Beispielen aus unterschiedlichen Gesellschaften erläutert. Sie sind induktiv aus Erfahrungen generiert.

Es ist offenkundig, daß Stewards Kulturkern sowohl Elemente aus dem Bereich der Basis als auch des Überbaus umfaßt. Gegenüber dem gängigen Diochotomie-Modell mag es zunächst etwas befremdend erscheinen, diese Elemente als zusammengehörendes, miteinander verwobenes Kernstück einer Kultur auszuweisen. Das Besondere des Kulturkern-Ansatzes bei Steward ist nicht so sehr die Ausweisung dieser drei Kulturbereiche, sondern die prozedurale Verknüpfung, die er unter ihnen herstellt.

Ähnliche Dreiteilungen der Kultur sind nicht selten in den Sozialwissenschaften, sie sind in vielen Arbeiten von Soziologen und Anthropologen wiederzufinden (vgl. Greverus 1978, Teherani-Krönner 1992: Tabelle A 4). Jene Prozeduren, die Steward in das Konzept des Kulturkerns aufnimmt und als konstitutiv ansieht, erscheinen wie die Konstruktion eines Mikrokosmos, in dem die Quintessenz der jeweiligen Kultur ihre Konkretisierung und Objektivation erfährt.

Auch wenn Steward im Kulturkern Basis- und Überbauelemente zusammenfügt, wird ihm Kulturmaterialismus nachgesagt (Bargatzky 1986), nicht zuletzt deshalb, weil er die immaterielle Kultur zur Herauskristallisierung des Kulturkerns an die materiellen Ressourcen, die Produktion und die Organisation der Arbeit bindet.

Dazu ist zum einen anzumerken, daß die Konzeption des Kulturkerns eine Sache der Ermittlung im Forschungsfeld bleibt. Welche Gewichtung die einzelnen prozeduralen Elemente innerhalb der jeweiligen Natur-Kultur-Konstellationen erfahren, ist eine empirisch zu erforschende Aufgabe und keine theoretisch festzulegende Prämisse. Zum anderen aber ist es auch ein Problem der methodischen Vorgehensweise zur Aufschlüsselung der immateriellen Kultur, die sich meist als komplexer erweist, nicht linear-kausal zu ergründen ist und eine holistische Betrachtungsweise erfordert. Damit kann die Reihenfolge der aufgeführten Prozeduren auch als methodische Hilfestellung gesehen werden, um aufbauend auf I und II die Zusammenhänge mit III herzustellen, die schwieriger erfaßbar und zugänglich sind.

Die Grenzziehungen zwischen Kern und Peripherie sowie unter den prozeduralen Elementen des Kulturkerns erweisen sich als nicht unproblematisch. Angesprochen ist damit ein Problem, das es allerdings nicht nur im Rahmen dieses Ansatzes zu bedenken gilt, da Abgrenzungsschwierigkeiten jeder System-Umwelt-Konstruktion, insbesondere im Fall der Konkretisierung und empirischen Umsetzung, inhärent sind. Ferner bleibt zu betonen, daß die eigentliche Aufgabe in der Ergründung des Zusammenspiels der drei Prozeduren liegt und nicht in der Suche nach dem primären Faktor. Im Kulturkern geht es nicht so sehr um die einzelnen Bereiche, sondern vielmehr um die Beziehungen und Wechselwirkungen zu den anderen Prozeduren und damit zur Umwelt. Schließlich bildet deren Verzahnung und Zusammenspiel den Schlüssel zur Kulturökologie. Voraussetzung dazu ist, daß Dynamik und Wandel der Prozeduren im Kulturkern mit aufgegriffen werden.

5. Perspektiven human- und kulturökologischer Forschung

In der Tradition der Humanökologie und Kulturökologie lassen sich wertvolle Beiträge für eine sozialwissenschaftliche Umweltforschung entdekken. Sowohl in den theoretischen Konzepten der Humanökologie der Chicagoer Schule und ihrer Begriffsdefinitionen als auch in Ansätzen der Kulturökologie sind fruchtbare Anregungen für die Untersuchung der Natur-Kultur-Beziehung zu gewinnen. Obwohl Belastungen der Umwelt zum Zeitpunkt der Entwicklung der Human- und Kulturökologie nicht im Vordergrund standen, ist der Umweltbezug dieser Ansätze eine hilfreiche Ausgangsbasis für ihre Weiterentwicklung. In der Kombination der Humanökologie und Kulturökologie und der Frage ihrer Kongruenz oder Konkurrenz ergeben sich reichhaltige Anknüpfungspunkte für den ökologischen Diskurs. Die Beiträge im vorliegenden Sammelband sind ein Anfang, um diese Diskussion zu eröffnen und auf neue Zukunftsperspektiven der Umweltforschung hinzuweisen.

Literatur

Atteslander, P./Hamm, B. (1974) (Hg.): *Materialien zur Siedlungssoziologie*. Köln

Atteslander, P./Hamm, B. (1974): »Grundzüge einer Siedlungssoziologie«. In: P. Atteslander/B. Hamm (Hg.): *Materialien zur Siedlungssoziologie*. Köln, S. 11-32

Bargatzky, Th. (1986): *Einführung in die Kulturökologie. Umwelt, Kultur und Gesellschaft*. Berlin

Bendix, R. (1979): »Westeuropa als Gegenstand und Quelle sozialwissenschaftlicher Forschung«. In: J. Matthes (Hg.): *Sozialer Wandel in Westeuropa*. Frankfurt a. M., S. 11-24

Bennett, J. W. (1976): *The Ecological Transition: Cultural Anthropology and Human Adaptation*. New York

Bennett, J. W. (1977): »Anthropological Contributions to the Cultural Ecology«. In: K. W. Deutsch (Hg.): *Ecosocial Systems and Ecopolitics, a Reader on Human and Social Implications of Environmental Management in Developing Countries*. Paris: UNESCO, S. 131-168

Bosse, H. (1979): *Diebe, Lügner, Faulenzer*. Zur Ethnohermeneutik von Abhängigkeit und Verweigerung in der Dritten Welt. Frankfurt a. M.

Buttel, F. H. (1987): »New Directions in Environmental Sociology«. *Ann. Rev. Sociology*, 13, S. 465-488

Carson, R. (1962/1987): *Der stumme Frühling*. München

Catton, W. R. Jr. (1984): »Human Ecology and Social Policy«. In: M. Micklin/H. M. Choldin (Hg.): *Sociological Human Ecology: Contemporary Issues and Applications*. Boulder, S. 385-426

Catton, W. R. Jr./Dunlap, R. E. (1978): »Paradigms, Theories, and the Primacy of the HEP-NEP Distinction«. *Am. Sociol.*, 13, S. 256-259

Catton, W. R. Jr./Dunlap, R. E. (1980): »A New Ecological Paradigm for Post-Exuberant Sociology«. *Am. Behav. Sci.*, 24, S. 15-47

Clifton, J. A. (Hg.) (1968): *Cultural Anthroplogy*. Essays in the Scope and Methods of the Science of Man. Boston

Deutsch, K. W. (Hg.) (1977): *Ecosocial Systems and Ecopolitics*. A Reader on Human and Social Implications of Environmental Management in Developing Countries. Paris: UNESCO

Deutsche UNESCO-Kommission (Hg.) (1978): *Stadtökologie*. Bericht über ein Kolloquium der Deutschen UNESCO-Kommission veranstaltet in Zusammenarbeit mit der Werner-Reimers-Stiftung vom 23. bis 26. Februar 1977 in Bad Homburg. München

Douglas, M. (1966/1976): *Purity and Danger*. An Analysis of Concepts of Pollution and Taboo. London

Douglas, M. (1970/1973): *Natural Symbols*. Explorations in Cosmology. New York

Duncan, J. Jr. (1976): »Landscape and the Communication of Social Identity«. In: A. Rapoport (Hg.): *The Mutual Interaction of People and Their Built Environment.* A Cross-Cultural Perspective. The Hague, Paris, S. 392-401

Duncan, O. D. (1959): »Human Ecology and Population Studies«. In: Ph. Hauser/ O. D. Duncan (Hg.): *The Study of Population.* An Inventory and Appraisal. Chicago, S. 678-716

Friedrichs, J. (1977): *Stadtanalyse.* Soziale und räumliche Organisation der Gesellschaft. Reinbek

Glaeser, B. (Hg.) (1989): *Humanökologie: Grundlagen präventiver Umweltpolitik.* Opladen

Glaser, H. (1978): «Kulturökologie«. In: Deutsche UNESCO-Kommission (Hg.): *Stadtökologie.* Bericht über ein Kolloquium der Deutschen UNESCO-Kommission veranstaltet in Zusammenarbeit mit der Werner-Reimers-Stiftung vom 23. bis 26. Februar 1977 in Bad Homburg. München, S. 49-55

Greverus, I.-M. (1978): *Kultur und Alltagswelt.* München

Hall, E. T. (1959): *The Silent Language.* New York

Hard, G. (1973): *Die Geographie.* Eine wissenschaftstheoretische Einführung. Berlin

Harris, M. (1968): *The Rise of Anthropological Theory.* New York

Harris, M. (1989a): *Wohlgeschmack und Widerwillen.* Die Rätsel der Nahrungstabus. Stuttgart

Harris, M. (1989b): »Heilige Kühe«. In: M. Harris: *Wohlgeschmack und Widerwillen.* Die Rätsel der Nahrungstabus. Stuttgart, S. 44-65

Harris, M. (1989c): «Das abscheuliche Schwein«. In: M. Harris: *Wohlgeschmack und Widerwillen.* Die Rätsel der Nahrungstabus. Stuttgart, S. 66-88

Hettlage, R. (1979): »Modernität als Post-Traditionalität«. *Die Dritte Welt,* 1, S. 38-57

Hopf, Ch./Weingarten, E. (1979): *Qualitative Sozialforschung.* Stuttgart

Huber, J. (1989): »Eine sozialwissenschaftliche Interpretation der Humanökologie«. In: B. Glaeser (Hg.): *Humanökologie: Grundlagen präventiver Umweltpolitik.* Opladen, S. 57-75

Janowitz, M. (1969): »Vorwort« zu: R. E. Park/E. W. Burgess: *Introduction to the Science of Sociology.* Chicago, S. I-X

Joas, H. (1988): »Symbolischer Interaktionismus«. *KZfSS,* 3 (40), S. 417-446

König, R. (1978): »Die Pioniere der Sozialökologie in Chicago«. In: Deutsche UNESCO-Kommission (Hg.): *Stadtökologie.* Bericht über ein Kolloquium der Deutschen UNESCO-Kommission veranstaltet in Zusammenarbeit mit der Werner-Reimers-Stiftung vom 23. bis 26. Februar 1977 in Bad Homburg. München, S. 56-68

Linde, H. (1970): »Raumbezogene und raumplanungsorientierte Konzeptionen in der Soziologie«. In: *Handwörterbuch der Raumforschung.* Akademie für Raumforschung und Landesplanung. Hannover, Sp. 3007-3018

Mackensen, R. (1978): »Ökologische Aspekte der Stadtplanung«. In: Deutsche Unesco-Kommission (Hg.): *Stadtökologie.* Bericht über ein Kolloquium der Deutschen UNESCO-Kommission veranstaltet in Zusammenarbeit mit der Werner-Reimers-Stiftung vom 23. bis 26. Februar 1977 in Bad Homburg. München, S. 159-179

McKenzie, R. D. (1924/1968): »The Ecological Approach to the Study of the Human Community«. In: R. D. McKenzie (1968): *On Human Ecology*. Chicago, S. 3-18

McKenzie, R. D. (1934/1968): »Demography, Human Geography, and Human Ecology«. In: R. D. McKenzie (1968): *On Human Ecology*. Chicago, S. 33-48

McKenzie, R. D. (1936/1968): »The Ecology of Institutions«. In: R. D. McKenzie (1968): *On Human Ecology*. Chicago, S. 102-117

McKenzie, R. D. (1968): *On Human Ecology*. Chicago

Meadows, D. L. u. a. (1972): *Die Grenzen des Wachstums*. Stuttgart

Merton, R. K./Broom, L./Cottrell, L. S. (Hg.) (1958): *Sociology Today*. New York

Micklin, M./Choldin, H. M. (Hg.) (1984): *Sociological Human Ecology: Contemporary Issues and Applications*. Boulder

Murdock, G. P. (1960): *Ethnographic Bibliography of North America*. Human Relations Area Files. New Haven

Musil, J. (1988): »Der Status der Sozialökologie«. *KZfSS*, Sonderheft 29, Soziologische Stadtforschung, S. 18-34

Otte, W. (1989): »Ihr Ziel sind Götter auf Erden . . .« *E + Z*, 7/8

Park, R. E. (1916/1952): »The City: Suggestions for the Investigation of Human Behavior in the Urban Environment«. In: R. E. Park (1952): *Human Communities*. The City and Human Ecology. Glencoe, Ill., S. 13-51

Park, R. E. (1923/1952): »Magic, Mentality, and City Life«. In: R. E. Park (1952): *Human Communities*. The City and Human Ecology. Glencoe, Ill., S. 102-117

Park, R. E. (1925/1952): »The Urban Community as a Spatial Pattern and a Moral Order«. In: R. E. Park (1952): *Human Communities*. The City and Human Ecology. Glencoe, Ill., S. 165-177

Park, R. E. (1933/1952): »Newspaper Circulation and Metropolitan Regions«. In: R. E. Park (1952): *Human Communities*. The City and Human Ecology. Glencoe, Ill., S. 210-222

Park, R. E. (1936/1952a): »The City and Civilization«. In: R. E. Park (1952): *Human Communities*. The City and Human Ecology. Glencoe, Ill., S. 128-141

Park, R. E. (1936/1952b): »Human Ecology«. In: R. E. Park (1952): *Human Communities*. The City and Human Ecology. Glencoe, Ill., S. 145-164

Park, R. E. (1952): *Human Communities*. The City and Human Ecology. Glencoe, Ill.

Park, R. E./Burgess, E. W. (1921/1969): *Introduction to the Science of Sociology*. Chicago

Parsons, T. (1958): »General Theory in Sociology«. In: R. K. Merton/L. Broom/L. S. Cottrell (Hg.): *Sociology Today*. New York, S. 3-38

Rappaport, R. A. (1967): *Pigs for the Ancestors*. Ritual in the Ecology of a New Guinea People. New Haven

Redclift, M. (1984): *Development and the Environmental Crisis*. Red or Green Alternatives. London

Sahlins, M. (1964/1977): »Culture and Environment: The Study of Cultural Ecology«. In: S. Tax/G. Freeman (Hg.): *Horizons of Anthropology*. Chicago, S. 215-231

Steward, J. H. (1955/1972): *The Theory of Culture Change*. The Methodology of Multilinear Evolution. Urbana

Tax, S./Freeman, G. (Hg.) (1964/1977): *Horizons of Anthropology*. Chicago

Teherani-Krönner, P. (1989) »Humanökologisch orientierte Entwicklungsprojekte«. In: B. Glaeser (Hg.): Glaeser, B. (Hg.) (1989): *Humanökologie: Grundlagen präventiver Umweltpolitik*. Opladen, S. 194-208

Teherani-Krönner, P. (1992): *Human- und kulturökologische Ansätze zur Umweltforschung*. Ein Beitrag zur Umweltsoziologie - mit einer Fallstudie zur Grundwasserbelastung, zur Problemperzeption und Güllereguliening im Landkreis Vechta. Wiesbaden

Treinen, H. (1974): »Symbolische Ortsbezogenheit«. In: P. Atteslander/B. Hamm (Hg.): *Materialien zur Siedlungssoziologie*. Köln, S. 234-259

Vayda, A. P./Rappaport R. A. (1968): »Ecology, Cultural and Noncultureal«. In: J. A. Clifton (Hg.): *Cultural Anthroplogy, Essays in the Scope and Methods of the Science of Man*. Boston, S. 477-497

Teil II

Natur- und Kulturkonzepte: Traditionen und Perspektiven

Übersicht

Der Rückgriff auf kulturhistorische Traditionen eröffnet ein breites Feld möglicher Anknüpfungspunkte für eine Neudefinition der Beziehung zwischen Natur und Kultur. Mit der Rückschau auf unterschiedliche Denktraditionen in der abendländischen Kultur werden theoretische Konzepte der Natur wiederentdeckt und aktualisiert.

Glaeser und Bargatzky blicken auf das Naturkonzept in der griechischen Philosophie. Das Ineinandergreifen von Natur und Kultur in der nachgriechischen Tradition wird von *Glaeser* ins Zentrum seiner kulturökologischen Betrachtung für zukünftige Entwicklungsprozesse gerückt. *Bargatzky* hingegen plädiert für die Wiederbelebung der Vielfalt von Wissenssystemen und der Rekonstruktion von Natur in der griechischen Tradition, die auch auf Ästhetik und Kunst aufbauen und nicht nur auf einen eingeengten Wissenschaftsbegriff der Neuzeit reduziert werden sollten.

Im Gegensatz und in pointierter Absetzung von der griechischen Dominanz verweist *Eder* auf die Wurzeln einer stets vorhandenen, aber marginalisierten jüdischen Denktradition, die er in der gegenwärtigen Umweltbewegung wiedererkennt. Im »Ökologismus« (environmentalism) sieht er den neuen Geist des Kapitalismus durchschimmern. Dieser macht sich bemerkbar in der stärkeren Betonung der Reinheitssymbolik gegenüber dem Gerechtigkeitsgedanken, der für frühere soziale Bewegungen maßgeblich war.

Umfassend ist der Rückblick auf Kultur- und Naturkonzepte von *Eisel*, der verschiedene geschichtsphilosophische Strömungen in ihrer Widerspiegelung auf das Gebiet der Geographie herausstellt. Hier wie auch bei *Eder* wird die historische Analyse zur Einschätzung der politischen Perspektive des »Ökologismus« aufgegriffen und darüber hinaus einer kritischen Analyse für zukünftige gesellschaftliche Entwicklungen unterworfen.

In weitgehender Abgrenzung zu den Naturwissenschaften kommt somit in unterschiedlichen Nuancierungen die Bedeutung philosophischer und sozialwissenschaftlicher Ansätze für die neuen Aufgaben der Human- und Kulturökologie zum Ausdruck. Im Beitrag von *Teherani-Krönner* wird dagegen ersichtlich, daß auch in der biologisch orientierten Ökologie ein für die Umweltforschung bedeutender Ansatz nahezu vollständig ausgeblendet wurde. Die subjektbezogene Umweltlehre von Uexküll, die ein neues ökologisches Paradigma kreiert hatte, wurde zugunsten des dominanten »objektiven« Wissenschaftsverständnisses und der Instrumentalisierung von Natur verdrängt. Uexkülls Umweltlehre dagegen versteht Natur als Konstrukt des Subjekts. Dieser Ansatz wird als methodologische Anregung für neue Perspektiven des Zusammenwirkens von Natur- und Sozialwissenschaften aufgegriffen und für die Kulturökologie fruchtbar gemacht.

Natur in der Krise?
Ein kulturelles Mißverständnis

Bernhard Glaeser

Inhalt

1. Aufklärung, Emanzipation und ihre historischen Grenzen

1.1 Was heißt Umweltkrise?

Ist die sogenannte Umweltkrise eigentlich eine Kulturkrise? Was heißt Umweltkrise in diesem Sinne, und welches sind ihre auslösenden Faktoren? Sind sie ideologischer Herkunft - in der ideengeschichtlichen und nicht in der interessengebundenen Bedeutung? Ist die Umweltkrise folglich eine »ideologische Krise« und in diesem Sinne (auch) kulturell bedingt? Welches sind die Verknüpfungen zwischen Umwelt und Natur und die Abhängigkeiten zwischen Natur und Kultur, ohne die die Rede von Krise vermutlich gar nicht entstehen könnte? Der folgende Gedankengang versucht, einen Schritt zur Beantwortung der obigen Fragen zu tun.

Aufklärung und Emanzipation, identifiziert als naturwissenschaftliche und sozialwissenschaftliche Utopie, werden als Motor der erfolgreichen Entwicklung des neuzeitlichen Europa gesehen (Abschnitt 1.2). Nach dem Zusammenbruch des utopischen Impetus tritt als Kehrseite der erfolgreichen Entwicklung zutage, daß diese auf Kosten der Natur stattgefunden hat und jetzt den Menschen ebenfalls bedroht (Abschnitt 1.3).

In dieser Situation der Gefährdung wird die Zwitterstellung der Spezies Homo sapiens zwischen Natur und Kultur offenbar (Abschnitt 2.1). Nach Befragen der Naturphilosophie ebenso wie der lebensweltlichen Praxis wird deutlich, daß es für den Menschen »die Natur« nicht gibt, sondern immer nur spezifische Vorstellungen von ihr, mit denen unterschiedliche Verhaltensvorschriften, formalisiert als Ethiken, korrespondieren (Abschnitt 2.2). Diese Vorstellungen werden als kulturell geprägte Konzepte der Natur identifiziert, deren Möglichkeit mit der begrenzten menschlichen Erkenntnisfähigkeit, die gleichsam eine filternde Wirkung ausübt, erklärt wird. Am Ende der ersten Runde der Überlegungen steht die Aporie, daß Kultur ein Produkt der natürlichen Evolution, zugleich aber Natur kulturelles Konstrukt sei (Abschnitt 2.3).

Um die Aufhebung dieses Widerspruchs geht es in der zweiten Runde der Gedankenführung. Die »Einheit von Natur und Kultur« wird einerseits »universalgeschichtlich« mit Hilfe des Evolutionsbegriffs (Abschnitt 3.1), andererseits »kulturökologisch« mit Hilfe des Kulturbegriffs (Abschnitt 3.2) thematisiert. Der hiermit verwandte humanökologische Ansatz wird auf Überschneidungen und Divergenzen hin abgeklopft (Abschnitt 3.3).

In einer letzten Runde wird auf der Grundlage der vorhergehenden Überlegungen die These entwickelt, daß es keine »Krisen der Natur« gibt. Vielmehr ist das Reden von Naturkrise Indikator einer Kulturkrise. Gleichwohl gebietet anthropozentrisches Überlebensinteresse, das gesellschaftliche Verhalten gegenüber Natur neu und das heißt schonend zu gestalten. Die Botschaft dieses Beitrages in ironischer Zuspitzung ist, daß richtiges Handeln gegenüber Natur nicht auf falschem Denken von der Natur beruhen muß (Abschnitt 4).

1.2 Die Utopien der Neuzeit

Die Geschichte der Neuzeit hat zwei große Utopien hervorgebracht, die sich in ihrem Aufklärungsgehalt und zugleich in ihrer Hybris von allen früheren Menschheitsräumen grundlegend unterscheiden.

Die erste Utopie, nennen wir sie die *naturwissenschaftliche*, besagt, daß die Menschheit sich mit Hilfe der von ihr geschaffenen naturwissenschaftlichen Technik von der Natur, ihrem Erzfeind und Unterdrücker seit der Vertreibung aus dem Paradies, emanzipieren könne. Als Hauptzeuge für die naturwissenschaftliche Utopie läßt sich Descartes heranziehen, der mit einer Strenge ohne Vorbild das Zweiklassenmodell alles Seienden, des ausgedehnten und des denkenden, schuf und als einer der Begründer der mathematischen Naturwissenschaft die Voraussetzung für die Umkehrung der Herrschaftsverhältnisse, nämlich des denkenden Seienden über das ausgedehnte, des Menschen über die Natur, begründete.

Die zweite Utopie, sie soll die *sozialwissenschaftliche* heißen, postuliert, daß sich ein Teil der Menschheit, nämlich die Besitzer von Arbeitskraft, sich von dem anderen Teil, den Besitzern von Produktionsmitteln, ihren Unterdrückern seit Einsetzen der technisch-ökonomischen Industrialisierung, in der Selbstbestimmung der Arbeit befreien könne. Die sozialwissenschaftliche Utopie ist vor allem mit dem Namen Karl Marx verbunden, der nach dem naturwissenschaftlichen ein sozialwissenschaftliches Zweiklassenmodell, das des Besitzes und Nichtbesitzes an Produktionsmitteln, entworfen hat und mit Hilfe der Arbeitswertlehre die theoretischen Voraussetzungen für die Aufhebung der Herrschaftsverhältnisse mit Hilfe des Klassenkampfes geschaffen hat.

Naturwissenschaftliche und sozialwissenschaftliche Utopie hatten aufklärerischen Charakter, ihr Ziel war Emanzipation und Befreiung. Ihre Gegner wurden mit den Waffen der Ideologiekritik - hier die Lehre vom

Priestertrug, dort die Lehre von der Determiniertheit des Bewußtseins durch das gesellschaftliche Sein - als Unterdrücker entlarvt.

Beide Utopien erwiesen sich als entscheidende Motoren gesellschaftlicher Entwicklung bis weit in das 20. Jahrhundert hinein, nicht nur in Europa, nicht nur in den Ländern, die am Ende der ersten technisch-ökonomischen Industrialisierung stehen, sondern weltweit. Hoffnung auf ein besseres Leben, das größte Glück für die größte Zahl oder nachholende Entwicklung, waren das Motiv.

Mitterweile sind die Utopien brüchig geworden. Zweifel werden laut an ihrem Aufklärungscharakter ebenso wie an ihrem Emanzipationsziel. Welches sind die Auslöser der Kritik?

Gegen Ende des 20. Jahrhunderts stehen wir vor einer allgemeinen Gefährdung der Lebenswelt. Unkontrolliertes Wettrüsten machte lange Zeit vor der Kernwaffenverbreitung nicht halt. Umweltbelastungen zerstören auch die bisher noch verschonten letzten natürlichen Reservate. Wirtschaftliche Stagnation, Arbeitslosigkeit und wachsende soziale Ungleichgewichte kennzeichnen die Industrieländer, insbesondere die des Ostens, in denen sich Mutlosigkeit breitmacht. Noch stärker betroffen sind die über Modernisierung und Weltmarktankoppelung in ökonomische Abhängigkeit geratenen Entwicklungsländer, deren Verschuldung einen akzelerierender Effekt hat und die strukturell verarmen. Großtechnologische Entwicklungen lassen den Menschen zum peripheren Objekt im gesellschaftlichen Prozeß schrumpfen; Gleichschaltung droht durch Informations- und Kommunikationstechnologien.

Zeit ist nicht mehr der gemächlich dahinfließende Strom, der Glück verheißende Innovationen bereitstellt, sondern »knappe Ressource für die zukunftsorientierte Bewältigung von Problemen« (Habermas 1985: 141).

1.3 Das Ende der Geschichte der Natur? Drei Thesen

Wie konnte es so weit kommen? Was war geschehen? Hierzu drei Thesen, die jeweils anschließend erläutert werden:

These 1: Die Folgen der Technikentwicklung sind zwiespältig; Technik als Herrschaftsinstrument konkurriert mit dem ursprünglich emanzipatorischen Ansatz.

Je höher die Systemkomplexität, desto uneindeutiger die Steuerung: Die Steuerungskompetenz sinkt, dysfunktionale Folgen nehmen überhand.

Die Waffentechnik setzt Destruktivkräfte bisher nicht gekannten Ausmaßes frei; ihre schiere Existenz bedroht trotz politischer Entspannung das Überleben der Biosphäre. Gen- und Biotechnik werden bald in der Lage sein, nicht nur die Ernährungsbedingungen des Menschen, sondern diesen selbst zu verändern. Kommunikations- und Informationstechnik sind bereits in der Lage, den totalen Überwachungsstaat einzurichten. Naturentwicklung ebenso wie die Entfaltung menschlicher Gesellschaften werden gegängelt oder können gegängelt werden. Zwar wurde die Befreiung von Naturzwängen in erstaunlichem Umfang Wirklichkeit, das Ziel der Emanzipation des Menschen jedoch vielfach nicht nur nicht erreicht, sondern mittels sozialer Herrschaft in ihr Gegenteil verkehrt. Die naturwissenschaftliche Utopie *als Aufklärung* ist zu einem großen Teil gescheitert.

These 2: Die Befreiung der Arbeit von Fremdbestimmung ist steckengeblieben; die Arbeitsgesellschaft stagniert.
Naturwissenschaftliche Technik hat die Voraussetzungen für Massenproduktion und damit Wohlstand der Massen geschaffen, zugleich aber den Grundstein für heteronome Arbeit und »Entrechtung« der Natur gelegt. Hohe Produktivität auf Kosten der Autonomie der Arbeit und der Ausbeutung der Natur ist das Kennzeichen industrieller Produktion. Ziel der sozialwissenschaftlichen Utopie war Selbstbestimmung *in* der Arbeit, später im gewerkschaftlichen Reformismus Selbstbestimmung *außerhalb* der Arbeit in einem wachsenden Freizeitbereich. Marx' ursprüngliches Modell scheiterte, da die Expropriation der Expropriateure keineswegs automatisch zur Befreiung der Arbeitenden von Fremdbestimmung führte. Auch das reformistische Modell wird zunehmend skeptisch beurteilt, da im heteronomen Bereich (Selbstbestimmung außerhalb, nicht in der Arbeit) Arbeit für alle (Vollbeschäftigung) und soziale Sicherheit doch nicht garantiert werden kann (»Sozialstaatsillusion«: Koslowski 1985: 801), während der Freizeitbereich Autonomie vielfach nur vorgaukelt und zugleich zu einer neuen Quelle der Naturausbeutung (Freizeitindustrie, Massentourismus) wird. Vom aufklärerisch-emanzipatorischen Impetus der sozialwissenschaftlichen Utopie ist wenig geblieben.

These 3: Je effektiver Natur kontrolliert werden kann, desto massiver schlägt ihre Ohnmacht auf die Kontrolleure zurück.
Statt dessen ist ein neues Problem entstanden, das seit den sechziger Jahren des 20. Jahrhunderts nicht mehr zu übersehen ist. Die Massenproduktion der Arbeitsgesellschaft auf der Basis naturwissenschaftlicher Technik

hat im Verbund mit anderen Ursachen zu einer Gefährdung der Natur geführt, begonnen bei lokalen und regionalen Ökosystemen bis hin zur Biosphäre in ihrer Gesamtheit. Nun haben wir die kartesische Dichotomisierung alles Seienden beibehalten und spalten Natur daher in den Menschen, den denkenden Teil der Natur, und in seine Umwelt, deren ausgedehnten Teil. Gefährdung der Umwelt, oft verharmlosend Umweltverschmutzung genannt, impliziert Gefährdung des arbeitenden Menschen: in seinen Lebensgrundlagen oder seiner Gesundheit. Die Bedrohung des »Friedens mit der Natur« (Meyer-Abich 1984) schließt die Bedrohung des Menschen ein, sei es durch Waffengewalt, wirtschaftliche Ausbeutung oder Vergiftung. Das Ende der Geschichte der Natur wäre auch das Ende der Menschheitsgeschichte. Insofern steht die Furcht vor der Existenzbedrohung der Menschheit am Ende der naturwissenschaftlichen und der sozialwissenschaftlichen Utopie der Neuzeit.

2. Die Zwitterstellung des Homo sapiens

2.1 Das Naturparadox des Menschen

Natur, lateinisch *natura*, stammt von *nasci*: geboren werden, entstehen. Die griechischen Korrespondenzbegriffe *physis* und *phyein* stehen in demselben Sinnzusammenhang. Natur ist demnach »alles, was ohne fremdes Zutun wird und sich nach den ihm innewohnenden Kräften und Gesetzen entwickelt« (Hoffmeister 1955: 421 f.). Aus diesem sprachlichen Ursprung resultiert die bisweilen Verwirrung stiftende Doppeldeutigkeit des Naturbegriffs. Zum einen bedeutet Natur das Gewordene eines Gegenstandes, was ihm wesentlich ist, der Kern der Sache (innere Natur). Zum anderen umfaßt Natur die Gesamtheit der Wirklichkeit, sofern sie ohne menschliches Zutun entstanden und nur den Naturgesetzen unterworfen ist (äußere Natur).

Im Zusammenhang mit der Umweltkrise interessiert vor allem die äußere, die »physische Natur« - eigentlich ein pleonastischer Begriff. Auch hier sind theoretische Komplikationen bereits im Begriffsursprung angelegt. Äußere Natur wird verstanden im Gegensatz zu »Menschenwerk«, somit im Gegensatz zu allem, was dem Menschen in spezifischer Differenz zu anderen Organismen zueigen ist: Geist, Kultur, Zivilisation, Geschichte. Die Komplikation entsteht nun daraus, daß der Mensch qua

Spezies selbst Teil der äußeren Natur ist, daß jedes seiner Individuen ohne eigenes Zutun den Bauplan zu seiner Entwicklung und die erforderliche Wachstumspotenz enthält.

> »Solange ich selbst mit der Natur identisch bin, verstehe ich was eine lebendige Natur ist so gut, als ich mein eigenes Leben verstehe; ... sobald ich aber mich ... von der Natur trenne, bleibt mir nichts übrig als ein todtes Objekt und ich höre auf, zu begreifen, wie ein *Leben außer* mir möglich sey.« (Schelling 1797: 47 f.)

Insofern steht die Auffassung der Trennung von Kultur und Natur auch logisch gesehen auf äußerst schlüpfrigem Grund, wenn sie postuliert: Kultur ist das Nicht-Natürliche, da vom Menschen Geschaffene - des Menschen, der seinerseits Teil der Natur ist.

An dieser Stelle behalf man sich mit den diversen Dichotomien alles Seienden, entweder der »ausgedehnten« oder der »denkenden« (Descartes) Klasse zuzugehören, und ließ den Menschen - ähnlich zweigeteilt - hieran teilhaben: als Materie *und* Geist, als Leib *und* Seele.

Nun erscheinen derartige gedankliche Krücken schon deswegen obsolet, weil unsere Ontologie offenbar komplexer geworden ist. Ausgedehnt versus denkend zur Einordnung all dessen, was da »ist«, mutet aus heutiger Sicht geradezu abenteuerlich naiv an.

> »Weil die Quantentheorie ernst damit macht, daß die Materie als ausgedehnte Substanz durch Wissbarkeit definiert ist und das Bewußtsein als denkende Substanz durch das Wissen, rennt sie unausweichlich in das Problem, was diese angeblich verschiedenen Substanzen miteinander zu tun haben.« (von Weizsäcker 1989: 22 f.).

Hinzu kommt, daß der Schöpfergott eine zunehmend geringere Rolle spielt: Natura naturans, die aktiv schaffende Natur, muß sich selbst organisieren. Die fiktive Nachzeichnung, die Rekonstruktion dieses Prozesses nennt man Evolution, Geschichte der Natur. Noch schärfer tritt hier das Naturparadox des Menschen zutage: Er entsteht als Produkt des evolutiven Prozesses, seine *differentia specifica* als Art Homo sapiens - Geist, Geschichte, Kultur - sollen jedoch von diesem Prozeß völlig abgekoppelt sein, ja den Inbegriff des Gegensatzes darstellen. An diesem Punkt stellt sich die Frage: Kultur versus Natur?

2.2 Natur als Kulturkonzept

Konsultieren wir zunächst die Naturphilosophie (Diemer/Frenzel 1967: 186-209, Stöckler 1989: 1-18). Naturphilosophen wollen die Natur deuten und erklären. Ihr Gegenstandsbereich bestimmt sich als die Vereinheitlichung des Wissens von Natur, Klärung der naturwissenschaftlichen Grundbegriffe und der Gesetzmäßigkeiten natürlicher Abläufe, zusammengefaßt in der Frage: »Was ist wirklich?« (Drieschner 1981: 4, 14). In diesem Bemühen sind sie zunächst einmal vom Stand der Naturwissenschaften, die aus der Naturphilosophie hervorgegangen sind, abhängig. So versteht man im englischen Sprachgebrauch unter »natural philosophy« die mathematisch-theoretische Grundlegung der quantitativ-empirischen Naturwissenschaft.

Zum Fundus der zeitgenössischen Naturwissenschaften zählt neben Relativitätstheorie und Quantenmechanik - denjenigen physikalischen Theorien, die das Nachdenken über Natur entscheidend angeregt haben - die Evolutionstheorie. Aus der Perspektive der Biologie gibt es keinen angebbaren Grund, »Geist« aus der Evolution auszuklammern. Im Gegenteil: Die »Evolution des Geistes« gilt als »besondere Leistung der Evolution« (Drieschner 1981: 125 f.). Kultur ist danach, zumindest im Prozeß ihrer Enstehung, eindeutig Teil des Naturgeschehens.

Auf dreifache Weise ist der Mensch, folgt man der biologischen Sichtweise, in die Natur eingebettet: als ihr Produkt, aber auch als Nutzer und Beherrscher (Markl 1986: 7). Damit »ergibt sich« als Auftrag an den Menschen, für die Erhaltung der Natur zu sorgen: Natur als »Kulturaufgabe« (Markl 1986: 9).

> »Die Erde ist seit mehr als drei Milliarden Jahren das Haus des Lebens. Einer der Bewohner - die Spezies Mensch - hat sich des Gebäudes nun zusammen mit seinen biologischen Sklavenarten bemächtigt ... Dieser Erfolg ist jedoch ... nicht umsonst: Er verpflichtet uns dazu, die tätige Verantwortung dafür zu übernehmen, daß das Haus Erde bewohnbar bleibt.« (Markl 1986: 354)

Interpretieren wir aus dem Erfahrungshorizont einer westlichen Industriegesellschaft, daß die permanente Umweltkrise Reaktionen bei einzelnen bzw. in Teilen der Gesellschaft hervorgerufen hat, die Natur zu respektieren, die »Schöpfung zu bewahren« - kurz: Pflichten der Menschen gegenüber Natur zu etablieren. Nennen wir derartige Vorstellungen »ethisierte Naturkonzepte«. Diese zeichnen sich dadurch aus, daß sie »der Natur als solcher moralischen Status zuschreiben« und die Korrektur gängiger Modernisierungsmuster fordern. Hiermit korrespondiert die Abkehr von der anthropozentrischen Moral und der kulturellen Orientierung an der Naturwissenschaft (van den Daele 1991: 47).

Daß diese Auffassung keineswegs das herrschende Naturkonzept in den Industriegesellschaften vorstellt, ist bekannt. Natur als Rohstoffreservoir, seine wirtschaftliche Verwertung im Rahmen sich stetig erweiternder technischer Fähigkeiten, die soziale Illusion des unbegrenzten Wachstums materiellen Wohlstands, das Ganze gestützt und abgesegnet durch die neuzeitliche Wissenschaft, vor allem die Naturwissenschaft - dies ist das noch immer wirkungsmächtigere und mit vielerlei Interessen verknüpfte Konzept.

Dominantes Naturkonzept einer erfolgreichen industriellen Entwicklung einerseits und ethisierendes Naturkonzept als Reaktion auf die Schadkonsequenzen des Erfolgs für die Natur andererseits sind nur zwei Seiten einer Medaille, die zwei Seiten der Alternative, deren Gemeinsamkeit durch die erfolgreiche Überstülpung der mathematischen Naturwissenschaft über natürliche Phänomene begründet wird. Herrschaft von Zahl, Zeit und Raum über Natur: Natur und Technik werden deckungsgleich.

Natur als Kulturaufgabe zu proklamieren ist ein ethisches Postulat. Es setzt eine bestimmte Vorstellung von Natur voraus, der wiederum eine bestimmte gewünschte Verhaltensweise ihr gegenüber entspricht. Beidem kann man zustimmen oder auch nicht. Diese Ambivalenz impliziert, daß andere Vorstellungen von Verhaltensweisen gegenüber Natur denkbar sind.

Völlig andere Naturkonzepte entstehen mit der Benutzung anderer »Sprachen« und damit anderer Zugangsweisen zu Natur. Solche andersartigen Natursemantiken finden sich beispielsweise in der ästhetischen Naturanschauung, auch der magischen oder religiös orientierten Kommunikation mit Natur. Auch Natur als Bedrohung, von der Konzentration auf das Herrschaftsparadigma in den Hintergrund gedrängt, ist ein nach wie vor realer *topos*. Das offene Meer, Erdbebengebiete, deichgeschützte Landschaft - um nur wenige zu nennen - legen Zeugnis ab von den Schrecken, die Natur verbreiten kann.

Das Paradigma der Herrschaft über Natur findet seine gesellschaftliche Grenze bereits beim Bauern gemäßigter Breiten, dessen Erträge trotz aller Hilfsmittel vom Wetter abhängen und der zu entscheiden hat, ob er sein Korn am heutigen Sonnentag einbringt oder noch stehen und reifen läßt - auf die Gefahr hin, daß der morgige Regen die Ernte verdirbt. Naturnah, das heißt mit und von der Natur lebende Menschen in allen Kontinenten, wie Almhirten in den Alpen, Campesinos im Amazonas, Nomaden im Sahel, Kleinbauern auf den nur scheinbar üppigen, dafür erosionsgefährdeten tropischen Böden, haben eher den *topos* der Furcht vor als den der Herrschaft über Natur verinnerlicht - gerade weil sie auf unmittelbare Naturnutzung angewiesen sind. Kulturell unterschiedliches Umgehen mit Natur als Lebensgrundlage prägt verschiedenartige Vorstellungen von Natur: Natur ist ein kulturelles Konzept.

2.3 Der Kulturfilter und die Erneuerung des Naturparadoxon

Die Antwort auf die Frage »Was ist Natur?« muß anders ausfallen als in der philosophischen Tradition, da die Frage sich mittlerweile neu stellt. »Natur an sich« gibt es nicht, sondern ist das Ergebnis des Zugangs zu ihr. »Natur« ist der Erfahrungsprozeß mit Natur, ist somit ein Konstrukt der Kultur.

Dies bedeutet nicht, daß Natur nicht »real« ist, doch alle Realität ist »erfahrene« Realität, die menschliches Fühlen, Anschauen und Denken einschließlich wissenschaftlicher Experimente zuvor passiert hat. Vergleicht man die menschliche Erfahrungskompetenz, das Vermögen jeglicher Art äußerer und innerer Wahrnehmung, mit einem Netz, so ist Realität für den Menschen nur das, was mit Hilfe dieses Netzes auffangbar ist (Dürr 1989: 29 f.). Bei Popper (1982: 31) heißt es entsprechend:

> »Die Theorie ist das Netz, das wir auswerfen, um 'die Welt' einzufangen, - sie zu rationalisieren, zu erklären und zu beherrschen. Wir arbeiten daran, die Maschen dieses Netzes immer enger zu machen.«

Es mag darüber hinaus weitere oder andere Realitäten geben, doch sind hierüber keine Aussagen möglich. Literarisch gewendet, klingt das beispielsweise so: »Immerzu auf den Wellenkämmen unserer ungesunden logischen Gewohnheiten surfend und unserer planetarischen Beschränktheit, unserer Angepaßtheit an eine Temperaturskala, innerhalb derer man von so etwas wie 'festen Körpern' und Dingen reden kann« (Gustafsson 1989: 104) - was bedeutet, daß wir auf die uns biologisch vorgegebene Erkenntnisfähigkeit angewiesen sind. Das Erfahrungsnetz, um im Bild zu bleiben, ist jedoch mit Hilfe kulturell vielfältiger vielfarbiger Fäden gewebt. Dies ist gemeint mit der Aussage, daß Natur ein kulturelles Konstrukt ist, nämlich das kulturell eingefärbte Konzept von Natur, das jede Naturerfahrung filtert. Und wiederum in der Sprache des Dichters:

> »Kein Wunder, daß die Welt überraschend farbig, abwechslungsreich, unheimlich und sinnvoll geworden ist. Wir selbst haben sie so bunt gemacht.

> Welch erschreckende Monotonie hat nicht die wirkliche Welt im Vergleich zu der unseren! Sie hat Farbe bekommen, doch wir waren die Koloristen! Der menschliche Verstand hat es ermöglicht, daß die Welt der Phänomene auftauchte, hat sie exportiert in die graue Welt des Seienden ...« (Gustafsson 1989: 104)

Somit haben die bisherigen Überlegungen zu zwei einander *widersprechenden Resultaten* geführt:

1. *Kultur ist Teil der Natur.*
2. *Natur ist ein Konstrukt der Kultur.*

Ein logischer Zirkel scheint vorzuliegen: Kultur als Teil von Natur macht Natur für uns erfahrbar, indem sie sie konstruiert. Ist das ein Widerspruch?

Was hier auf den ersten Blick als Widerspruch erscheint, hängt zusammen mit der jeweiligen Perspektive, aus welcher die beiden Aussagen entstanden sind. Sie bedeuten nichts anderes als spezifische Konzepte von Kultur und Natur in ihrem Bezug zueinander.

Interessanter als die Differenz ist jedoch die bei der Gegenüberstellung zutage getretene Gemeinsamkeit. Gemeinsam ist die Annahme, daß Natur und Kultur in der Weise miteinander verknüpft sind, daß das jeweils eine Konzept ohne das andere sinnlos ist, wobei die Prioritäten unterschiedlich verteilt werden. Die *Einheit von Natur und Kultur* ist die gemeinsame Generalthese, die sich diametral abhebt von dem seit dem 19. Jahrhundert vorherrschenden Wissenschaftskonzept. Die prinzipiell möglichen Perspektiven hierbei sind zum einen das Konzept der Einheit von Natur und Kultur in der Natur, zum anderen das der Einheit von Natur und Kultur in der Kultur. Bemerkenswerte Versuche, die Einheit zu denken, stellen der »universalgeschichtliche« Ansatz einerseits und der »kulturölogische« andererseits dar.

3. Versuche zur Aufhebung des Widerspruchs

3.1 Einheit von Natur und Kultur in der Natur: Der universalgeschichtliche Ansatz

Der »universalgeschichtliche« Ansatz verknüpft Natur mit Kultur über den Evolutionsbegriff (Sieferle 1989: 44-46). Im Vordergrund steht hierbei der Ökosystembegriff als heuristisches Konzept, das es erlaubt, systemtheoretische Überlegungen auf belebte Natur anzuwenden. In Übereinstimmung mit der naturwissenschaftlichen Ökologie wird angenommen, daß der »Wandel« ökologischer Systeme erdgeschichtliche Normalität darstellt, so daß ökologisches »Gleichgewicht« gegenüber »Ungleichgewicht« keinen privilegierten Status genießt. Wandel kann biotisch oder abiotisch verursacht sein; biotisch ist die Evolution der Organismen, die neodarwinistisch mit Hilfe des Zusammenspiels von genetischer Variation (Kopierfehler) und umweltbedingter Selektion (Kampf ums Dasein) erklärt wird.

Eine neue Qualität wird durch den Menschen in den evolutiven Prozeß eingebracht: die »kulturelle Evolution«. Der Mensch lernt durch Versuch und Irrtum und kann seine Erfahrungen unmittelbar, unter Umgehung genetischer Veränderung, an seine Nachkommen »vererben«. Dies ist die Basis kultureller Entwicklung, deren Rapidität immer mehr »desynchron« mit der Evolutionsgeschwindigkeit aller anderen Arten verläuft. Damit entsteht die Möglichkeit des Eingriffs in Ökosysteme, der zu einem derart raschen und umfassenden Wandel führen kann, so daß das Ergebnis Zerstörung ist.

Kultur ist somit ein Konzept innerhalb der organischen Evolution, ein Konzept der Einheit mit der Natur *in* der Natur. Kultur, ähnlich wie Natur, organisiert sich selbst. Die atemberaubende Geschwindigkeit des kulturellen Prozesses der Selbstorganisation ist der Grund für die Sonderstellung des Menschen. Innerhalb des globalen Ökosystems, der Biosphäre, und ihrer wesentlich gemächlicheren Selbstorganisationsgeschwindigkeit bewirkt die Sonderstellung zugleich Reibung und Zerstörung. In diesem doppelten Sinn ist Kultur das Subjekt des Evolutionsprozesses, nicht der zoologische Mensch. »Eine elementare Leistung der Kultur muß darin bestehen, ihre humanen Träger materiell zu erhalten.« (Sieferle 1989: 47)

Kritik hat die universalgeschichtliche Betrachtungsweise erfahren, weil sie Naturgeschichte und Menschengeschichte »parallelisiere« und ihre spezifische Differenz »verwische«. Der Geschichtsbegriff werde »konturenlos«, damit entfalle das Spezifikum menschlicher Geschichte, »Raum für Veränderung« zu sein (Kluge/Schramm 1989: 57 f.). Kurz: Universalgeschichte als Einheit von Natur und Kultur in der Natur wird abgelehnt als eine Naturalisierung der Geschichte, deren naturaler Kern ihre kulturelle Ausstattung in die Schranken der Kontingenz, des Zufälligen und Randständigen, verweist.

Die Kritiker der Universalgeschichte diagnostizieren, »daß sich die Krise der gesellschaftlichen Naturbeziehung weder rein geistes- bzw. sozialwissenschaftlich noch naturwissenschaftlich angemessen erfassen läßt«, weil Natur und Gesellschaft im industriellen Prozeß zu einer unauflöslichen Einheit verschmolzen seien. Zur Lösung des scheinbaren Konflikts schlagen sie vor, die »Fiktion der Wesensdifferenz von Natur und Gesellschaft« aufzugeben (Kluge/Schramm 1989: 63).

Da jedoch Sieferles universalhistorischer Ansatz genau dieses, nämlich die Einheit von Kultur und Natur, behauptet, kann nur die oben bereits erwähnte perspektivische Verschiebung vorliegen: Einheit von Kultur und Natur in der kulturell verfaßten Geschichte und nicht in der Natur bzw. der Geschichte der Natur qua Evolution. Diese Vermutung wird bestätigt, wenn es bei Kluge und Schramm weiter heißt, die Unterscheidung von Natur und Gesellschaft sei »als eine historische« zu entschlüsseln; Technik und Naturwissenschaft seien als gesellschaftliches Projekt und »kulturelle Modernisierung« zu verstehen (ebenda).

3.2 Einheit von Natur und Kultur in der Kultur: Der kulturökologische Ansatz

Als eine solche Möglichkeit, die Einheit von Natur und Kultur in der Kultur zu denken, kann der kulturökologische Ansatz aufgefaßt werden. Kulturökologie untersucht explizit die »Beziehungen zwischen Kultur und Natur« (Bargatzky 1986: 13), genauer die »Beziehungen zwischen sozialen Systemen und ihren natürlichen Umwelten« (ebenda, S. 92). Derartige Beziehungen schließen schlichte Rückkopplungsprozesse ein, müssen aber nicht - wie bei Bennett - auf sie beschränkt bleiben.

Im Gegensatz zur Ökologie, die sich als Naturwissenschaft mit den Beziehungen der Organismen zur belebten und unbelebten Umwelt befaßt, bezieht Kulturökologie den Menschen ein und betrachtet die besondere Ausgestaltung der Mensch-Natur-Beziehungen als Folge kultureller Leistungen. Natur wird demnach thematisiert, doch nicht die vom Menschen unberührte, die »intakte« Natur, sondern die vom Menschen gestaltete, veränderte, kurz: die »kulturierte« Natur. Das Thema ist Einheit von Natur und Kultur, und zwar in der Kultur.

Eine so verstandene Kulturökologie verknüpft Kultur und Natur mit Hilfe der sozialen Verfaßtheit, der sozialen Organisation des Menschen, was sehr viel weiter greift im Sinne differenzierter kultureller Autonomie als Stewards bloße Umweltanpassung der Kultur. Hier spielen neben den »objektiven Komponenten« wie Felsen, Wasser, Tiere, Pflanzen, Stoffwechsel, Entropie die »subjektiven Komponenten» wie Absichten, Motive,

Gefühle, Verstehen, Werte eine mindestens gleichbedeutende Rolle; die Beziehungen beider gilt es aufzuklären (Bargatzky 1986: 19) - dies ist kulturökologische Programmatik.

Umfassender wäre mit Meyer-Abich zu formulieren, das »Thema der Kulturwissenschaften« sei »der Mensch in seinem Verhältnis zur Natur, damit aber auch diese selbst«. Diese Aussage impliziert den Anspruch, »das menschliche Verhältnis zur Natur ... als einen Teil der kulturellen Wirklichkeit wahrzunehmen und kulturwissenschaftlich zu reflektieren«. Als explizite Voraussetzung hierzu gilt, daß der Mensch »als Sozial- und als Naturwesen verstanden« wird (Meyer-Abich 1988: 103).

Nun ist gegen eine solche Auffassung, was sinnvollerweise kulturwissenschaftlich zu reflektieren sei, aus kulturökologischer Sicht wohl kaum etwas einzuwenden. Fraglich ist allerdings, ob ein solcher Ansatz, der im übrigen mit holistischem Anspruch vorgetragen wird, zum Programm der Kulturwissenschaften insgesamt erhoben werden sollte. Möglicherweise sind die Vertreter der Kulturwissenschaften der Meinung, es gebe da noch weitere Themenbereiche als nur den speziellen Aspekt der kulturell bestimmten Mensch-Natur-Beziehung. Was also ist Kulturwissenschaft?

Der Begriff der Kulturwissenschaft wurde von Heinrich Rickert alternativ zu dem der Geisteswissenschaft geprägt und propagiert. Kultur ist nach Rickert mit Werten behaftet, Kulturobjekte sind Güter im Gegensatz zu Natur als dem »Inbegriff des von selbst Erstandenen«, dem bedeutungsfreien, nur wahrnehmbaren und unverständlichen Sein. Kultur ist somit das bedeutungsvolle und verstehbare Sein. Hierzu gehören »die Religion, die Kirche, das Recht, der Staat, die Sitten, die Wissenschaft, die Sprache, die Literatur, die Kunst, die Wirtschaft und auch die zu ihrem Betrieb notwendigen technischen Mittel ...« Ausdrücklich erwähnt werden in diesem Zusammenhang die Betriebsmittel der Landwirtschaft, Maschinen und chemische Hilfsmittel (Rickert 1926: 18-22).

Definiert wird Kultur schließlich als »die Gesamtheit der realen Objekte, an denen allgemein anerkannte *Werte* oder durch sie konstituierte Sinngebilde haften, und die mit Rücksicht auf diese Werte *gepflegt* werden« (ebenda, S. 28). Hervorgehoben sind hierbei »Werte« und »Pflege«. Dieser Kulturbegriff ist recht umfassend, und entsprechend weit ist Kulturwissenschaft ganz operational die Bezeichnung für nichtnaturwissenschaftliche Disziplinen (ebenda, S. 22). Wir würden heute sagen: die Gesamtheit der Sozial- und Geisteswissenschaften. Nur eine Subdisziplin ist demnach die Kulturökologie, deren Anspruch nichtsdestoweniger sehr hoch ist: die Einheit von Natur und Kultur in der Kultur.

3.3 Handeln mit Natur: Der humanökologische Ansatz

Es erscheint somit kaum sinnvoll, die Gesamtheit der nichtnaturwissenschaftlichen Disziplinen auf das eine Themenfeld der Mensch-Natur-Beziehungen festzulegen. Andererseits stellt dieses Themenfeld ein vereinigendes Erkenntnisinteresse in vielen dieser und auch in naturwissenschaftlichen Disziplinen dar. Nennen wir dieses Erkenntnisinteresse - einer bereits bestehenden Tradition folgend - das »humanökologische«, dann können wir im Anschluß an Haeckels Ökologiedefinition (Haeckel 1866: 286) feststellen, daß sich Humanökologie mit den besonderen Beziehungen zwischen dem Menschen und seiner natürlichen Umwelt auseinandersetzt (Glaeser 1989).

Ebenfalls in Anlehnung an Haeckel, der »Ökologie« im Sinne der griechischen, ursprünglichen Wortbedeutung auch als Lehre vom Haushalt (Ökonomie) der tierischen Organismen beschrieben hat (Haeckel 1870: 364 f.), definiert Meyer-Abich Humanökologie noch gezielter als Wirtschaftslehre, in der »die Gesetze der menschlichen Ökonomie in Einklang mit denen der Natur gebracht sind« (Meyer-Abich 1988: 96). Hierzu ist anzumerken, daß die genannte Definition zwar eine wichtige humanökologische Thematik benennt, aber eben nur eine unter vielen (siehe Glaeser 1989, insbesonders die Teile II und IV).

Humanökologie als Lehre von den Mensch-Umwelt-Interaktionen hat eine mittlerweile reiche Tradition und reichhaltige Fundierung in den verschiedensten Natur- und Sozialwissenschaften. Aus naturwissenschaftlicher Sicht werden die starken Wurzeln in der biologischen Ökologie betont. Biologisch orientierte Humanökologie stellt die Evolution, ihre Prozesse und systemischen Gesetzmäßigkeiten in den Vordergrund. Natur ist die unabhängigige Variable.

Sofern Humanökologie in der Tradition der Sozialwissenschaften steht, betont sie die historisch-gesellschaftliche Einbettung und Vermittlung der Naturinteraktion sowie die Handlungskomponente, die von der umweltethischen Normensetzung bis zur politischen Umsetzung reicht. Die unabhängige Variable ist Kultur bzw. Gesellschaft - womit deutlich wird, daß eine weitgehende Überlappung mit Kulturökologie besteht. Der wesentliche Unterschied liegt wohl darin, daß Kulturökologie als spezialisierte Ethnologie sich immer auf den etablierten Status dieser akademischen Disziplin - vom Gegenstand bis zur Methodik - berufen kann, während Humanökologie offener, divergenter, damit aber auch weniger gefestigt als Fachdisziplin ist.

Darüber hinaus verfügt Humanökologie - wie bereits erwähnt - über eine normative Komponente, die die ethisch-rationale Grundlegung gesellschaftlichen Handelns mit seiner politischen Verwirklichung verbindet. Betrachtet Kulturökologie die Einheit von Natur und Kultur in der Kultur, so tut dies sozialwissenschaftlich orientierte Humanökologie zwar auch, doch tritt bei ihr noch die Perspektive bewußten Handelns und seine Steuerung hinzu: die Steuerung des Handelns zwischen Kultur und Natur durch Kultur.

Handeln zwischen Kultur und Natur erfolgt auf verschiedenen Handlungsebenen. In Anlehnung an die philosophische Tradition lassen sich folgende Handlungsebenen und Handlungstypen unterscheiden:

Handlungsebene	*Handlungstypen*
Theorie	Erkenntnis
Ästhetik	Anschauung
Ethik	Normbegründung
Politik	Normumsetzung
Planung	Steuerung
Ökonomie und Technik	Produktion

Mit dieser Aufstellung wird weniger auf den Nachweis der Vollständigkeit Wert gelegt als auf die Verdeutlichung der Spannweite kulturellen Handelns. So wird beispielsweise Naturwissenschaft (wie andere Wissenschaften auch) der kulturellen Handlungsebene »Theorie« zugeordnet, die den Handlungstyp »Erkenntnis« produziert. Obwohl konventionelle Deutungen von Wissenschaft ebenso wie der Wortursprung »theoria« eine kontemplativ-aufnehmende Haltung suggerieren, die sich als passives Entgegennehmen von aktiven Tätigkeiten grundsätzlich unterscheide, wollen wir festhalten, daß neuzeitliche Erkenntnistheorien immer wieder das aktive Subjekt hervorgehoben haben, das sich den Gegenstand der Erkenntnis regelrecht erkämpft.

Überdies kommt in speziellen Fall der (physikalischen) Naturwissenschaft verdeutlichend hinzu, daß Technik auf mathematischer Grundlage in ihr und durch sie präformiert ist und daß beide mit Theorie und Praxis des Wirtschaftens im Sinne der Naturverwertung zur Befriedigung menschlicher Bedürfnisse kompatibel sind: Was wir herstellen, erkennen wir; doch was wir erkennen, können wir auch herstellen und schließlich in Wert setzen. So betont Picht, »daß neuzeitliche Wissenschaft und Technik einschließlich der industriellen Produktion als eine Einheit zu betrachten sind« (Picht 1989: 10). Die Strukturidentität von Erkennen, Machen, Werten und Normieren wird deutlich - und zwar aus der Perspektive kulturellen Handelns.

Das Handeln zwischen Kultur und Natur wird gesteuert durch kulturelle Instrumente. Derartige Steuerung nennt man Planung. Planung ist zukunftsgerichtetes, auf Umsetzung bezogenes Handeln. Die kulturellen Instrumente der Planung sind Wissenschaft, Technik, Wirtschaft und Recht entnommen. Zweifel an der Planbarkeit der Interaktion zwischen Mensch und Natur, also an der Durchführbarkeit oder an der Glaubwürdigkeit der Planung, ändert nichts daran, daß sie betrieben wird. In diesem Sinne steht auch Humanökologie in der Tradition des Handelns durch Wissen, Umsetzen, Bewerten und Planen - wenn auch mit anderen Zielen. So könnte folgende Feststellung ein humanökologischer Satz sein: Planungen, welche die Zerstörung der Biosphäre in Kauf nehmen, ziehen auch den Untergang globaler Kultur nach sich. Doch was heißt Globalkultur, und was bedeutet ihr Untergang im Zusammenhang mit Naturkrisen?

4. Naturkrise als Kulturkrise: Zur Bedingung des Gegensteuerns

Das Gemeinsame der Globalkultur liegt in der industrialisierten Verwertung von Natur mit Hilfe von Wissenschaft und Technik. Globalkultur ist Industriekultur. Diese kann zur Sackgasse kultureller Evolution werden, wenn sie ihre eigenen Variationsmöglichkeiten und damit kulturellen Wandel untergräbt. »Genbanken« für kulturelle Entwicklung sind regionale Identitäten, aber auch solche gesellschaftlicher Gruppen und Minderheiten. Sie alle sorgen für Toleranz in der kulturellen Variationsbreite. Geht diese Variation verloren, entfällt auch das Potential für Wandel und Entwicklung. Ein allgemeiner Anpassungssog und Gleichschaltungsdruck in Form der Vereinheitlichung konsumtiver Werte und einer - zum Teil schuldendiktierten - einheitlichen Weltwirschaftsordnung sind durchaus zu beobachten.

In der Landwirtschaft sind ökologische und kulturelle Verarmungstendenzen bereits sichtbar geworden, was damit zusammenhängen mag, daß das Handeln zwischen Natur und Kultur unmittelbar erfolgt und Konsequenzen unmittelbar aufscheinen läßt. Die Weltlandwirtschaft als wirtschaftliches Hypersystem hat die Vielfalt globaler Kulturpflanzen auf eine Handvoll allmählich verkümmernder Sorten reduziert und sieht sich mittlerweile gezwungen, die verlorene natürliche Vielfalt artifiziell in Saatgutbänken zu rekonstruieren.

Unabhängig hiervon hat bereits eine Reflexion darüber eingesetzt, auf welche Weise nicht nur genetische, sondern kulturelle Vielfalt in der produktiven Landnutzung erhalten werden kann. Regionale Agrarkulturen anstelle der Monokultur Weltlandwirtschaft, »Brotkünste« anstelle von Überlebensmitteln und Kolonialwaren - so lautet die Alternative (Glaeser 1986, Groeneveld 1987).

Besteht, in Analogie zum Untergang der menschlichen Kultur oder als Ursache für diesen, die (womöglich selbstverschuldete) Gefahr eines Untergangs der Natur? Von Naturkrisen sprechen wir üblicherweise, wenn das Gleichgewicht ökologischer Systeme nachhaltig gestört ist, wenn also exogene Einflüsse so groß sind, daß Selbstregelungsprozesse der Natur das (Regelungs-)Gleichgewicht nicht mehr herstellen können *und* das Natursystem in einen »ärmeren« Zustand übergeht. Da auch im ökologischen Gleichgewicht irreversible Prozesse ablaufen, sind diese im Sinne der Evolutionsphysik im (thermodynamischen) Nichtgleichgewicht: Sie exportieren Entropie, verbuchen also Informationsgewinne. Der Begriff der Naturkrise läßt sich daher in die Terminologie der Evolutionsphysik nicht problemlos integrieren, keinesfalls mit dem Begriff des Nichtgleichgewichts identifizieren.

Liegt mit der Verknüpfung beider Konzepte - Naturkrise und Ungleichgewicht - folglich ein anthropozentrischer Fehlschluß vor? Betrachtet werden meist nicht natürliche Ökosysteme, sondern humanökologische Systeme, also solche, in denen der Mensch kulturell strukturierend oder überformend beteiligt ist. Gleichgewichtsstörungen in der Natur wirken sich dann sozial aus. Das Sozialsystem wird zum Indikator für natürliches Gleichgewicht. Sogenannte Naturkrisen sind eigentlich soziale Krisen bzw. als solche erkennbar. Weder würde man beim Entstehen oder Vergehen einer Galaxis noch beim Entstehen oder Vergehen eines menschfernen Biosystems von Krise sprechen, sondern von Evolution, Änderung oder Wandel.

Auch der sogenannte Urknall, neuerdings als fünfzehn Milliarden Jahre zurückliegender Wärmetod zugleich als Beginn des Entstehens von Zeit (Irreversibilität), Materie und Leben, letztlich als Naturbeginn interpretiert (Prigogine 1989: 56-59), dürfte kaum als Naturkrise apostrophiert werden.

> »Der Wärmetod liegt bereits hinter und nicht vor uns. Das Universum begann ... mit einer gigantischen Entropie-Explosion, mit einem gigantischen irreversiblen Vorgang, wobei gleichzeitig der Pfeil der Zeit seinen Anfang nahm. Zeit und Universum wurden auf dieselbe Weise geboren.« (Prigogine 1989: 56).

Die evolutionäre Reihenfolge war dabei folgende: Zunächst gab es Raumzeit, dann das Vakuum, das schwarze Löcher entstehen ließ, die wiederum Materie und das uns bekannte Universum erzeugt haben (Prigogine 1989: 58 f.). Dies alles sind irreversible Prozesse - das Universum ist demnach aus Instabilität entstanden.

Die Ölkrise, die Krise der Landwirtschaft, die vielfältigen krisenhaften Folgen industrieller Naturausbeutung wie Ozonloch oder globale Erderwärmung sind dagegen nicht nur anthropozentrische, sondern überdies anthropogene Krisen. Der Mensch verändert mit Hilfe der während seiner kulturellen Evolution entwickelten Instrumente natürliche Teilgleichgewichte, um soziale Vorteile zu erlangen. Gemäß den ihr eigenen Gesetzmäßigkeiten strebt Natur zu neuer Stabilität durch Verwerfungen, die vom Menschen als todbringende Katastrophen - Überschwemmung, Dürre, Bergrutsch oder Klimaänderung - empfunden werden.

Was bedeutet demnach »Naturkrise«? Was heißt und zu welchem Ende reden wir von »Krise«? *Krisis* - von griechisch *krinein*: scheiden, trennen - bezeichnet eine Entscheidungssituation, einen Wendepunkt. In der Medizin ist damit jenes herausgehobene Stadium einer fiebrigen Infektion gemeint, in dem sich entscheidet, welchen Verlauf die Krankheit, welche »Entwicklung« die Krankheits-»Geschichte« nehmen wird.

Dieses Krisenverständnis läßt sich durchaus auf andere Gebiete übertragen. Es verweist auf Erfahrbarkeit und damit zum einen auf Subjektivität, zum anderen auf Identität. Krisen bezeichnen somit - in generalisierter Fassung - diejenigen hervorgehobenen, außergewöhnlichen Zustände des Geschehens, die für ein Subjekt einen Wendepunkt erkennbar werden lassen, in dem sich entscheidet, welche Entwicklung eine in ihrem Verlauf mit sich selbst identische Geschichte nehmen wird.

So weit die Verallgemeinerung. Läßt sich aber nun die »Krise der Natur« auf die soeben entwickelte Definition abbilden? Hierzu ist festzuhalten, daß die Sprechweise von einer »Geschichte« der Natur eine metaphorische ist, da Natur in ihrer Entwicklung zwar mit sich selbst identisch, aber kein erkennendes Subjekt ist. Entsprechend können wir von einer (subjektzentrierten) Naturkrise im strengen Sinne ebensowenig sprechen wie von einer kranken Natur. »Natur in der Krise« ist nichts als Sprachmetaphorik und ein Beispiel für ungenaues Denken; damit ist es ein kulturelles Mißverständnis.

In der Krise ist allenfalls die Kultur, krank die Gesellschaft, welche die Naturbasis des eigenen Überlebens in Frage stellen. Menschliches Überlebensinteresse ist so legitim wie das einer jeden Art - es sollte aber nicht mit dem Interesse der Natur verwechselt werden.

Umgekehrt enthält der Hinweis auf unsauberes Denken noch keine Sollensaussage über das Verhältnis von Kultur und Natur. Gesellschaftliche Normen zum Umgang mit Natur sind aus dieser nicht ableitbar. Dieses Faktum hat keinerlei Einfluß auf den Wahrheitsgehalt der Norm - weder positiv noch negativ. Die Ziele kultureller Entwicklung gibt sich die menschliche Gesellschaft - anders als Natur - selbst vor. Die auf Natur bezogene Norm gesellschaftlichen Handelns dürfte sein, nach den kulturellen und natürlichen Bedingungen zu fragen und diese Bedingungen herzustellen, unter denen die Spezies Mensch als kultureller Parasit im Stoffwechsel der Natur überleben kann: Wie kann, mit Hilfe kultureller Instrumente, der Umgang mit Natur so gestaltet werden, daß eine stete Annäherung an das Ziel nachhaltiger Nutzung natürlicher Ressourcen erreicht wird?

Dies ist eine genuine, vermutlich die zentrale humanökologische Frage, zu deren Beantwortung - ähnlich wie bei philosophischen Fragen - die verschiedensten Natur- und Kulturwissenschaften gefordert sind. Doch welche der Wissenschaften mag dieser Forderung genügen, ist doch »von der Natur . . . in den Naturwissenschaften nicht die Rede, und eben deshalb verfügen sie über keine Erkenntnis, die die Zerstörung der Natur aufhalten könnte« (Picht 1989: 13), und, wie Georg Picht betont, »eine Wissenschaft, die die Natur zerstört, kann keine wahre Erkenntnis der Natur sein« (ebenda, S. 11).

Aus anthropozentrischem Eigeninteresse bedarf es daher, über das Wissen hinaus, des ethischen Sollens und des politischen Wollens zur Neubestimmung des interagierenden Verhältnisses zwischen Kultur und Natur. Die kulturelle Evolution hat die Instrumente von Politik und Ethik bisher allerdings stark vernachlässigt.

Literatur

Bargatzky, Thomas (1986): *Einführung in die Kulturökologie*. Umwelt, Kultur und Gesellschaft. Berlin: Reimer

Daele, Wolfgang van den (1991): *Zum Forschungsprogramm der Abteilung »Normbildung und Umwelt«*. FS II 91-301. Berlin: Wissenschaftszentrum Berlin für Sozialforschung

Diemer, Alwin/Frenzel, Ivo (Hg.) (1967): *Philosophie*. Frankfurt a. M.: Fischer

Drieschner, Michael (1981): *Einführung in die Naturphilosophie*. Darmstadt: Wissenschaftliche Buchgesellschaft

Dürr, Hans-Peter (1989): »Wissenschaft und Wirklichkeit. Über die Beziehung zwischen dem Weltbild der Physik und der eigentlichen Wirklichkeit«. In: Hans-Peter Dürr/Walther Ch. Zimmerli (Hg.): *Geist und Natur*. Über den Widerspruch naturwissenschaftlicher Erkenntnis und philosophischer Welterfahrung. Bern: Scherz, S. 28-46

Glaeser, Bernhard (Hg.) (1986): *Die Krise der Landwirtschaft*. Zur Renaissance von Agrarkulturen. Frankfurt a. M.: Campus

Glaeser, Bernhard (Hg.) (1989): *Humanökologie*. Grundlagen präventiver Umweltpolitik. Opladen: Westdeutscher Verlag

Groeneveld, Sigmar (1987): *Brotkünste*. Texte zu Agrarberatung und Agrarkulturen. Kassel: Gesamthochschul-Bibliothek

Gustafsson, Lars (1989): *Das seltsame Tier aus dem Norden*. München: Hanser

Habermas, Jürgen (1985): *Die neue Unübersichtlichkeit*. Frankfurt a. M.: Suhrkamp

Haeckel, Ernst (1866): *Generelle Morphologie der Organismen*. Band 2: Allgemeine Entwicklungsgeschichte der Organismen. Berlin: Reimer

Haeckel, Ernst (1870): »Über Entwicklungsgang und Aufgabe der Zoologie. Rede, gehalten beim Eintritt in die philosophische Facultät zu Jena am 12. Januar 1969«. *Jenaische Z. Med. Naturwiss.*, *5*, S. 353-370

Hoffmeister, Johannes (1955): *Wörterbuch der philosophischen Begriffe*. Hamburg: Felix Meiner

Kluge, Thomas/Schramm, Engelbert (1989): »Geschichte als Naturschauspiel?« *Freibeuter*, 40, S. 56-65

Koslowski, Peter (1985): »Die Grenzen der ökonomischen Theorie«. *Merkur*, 39 (9/10): Zerstören und Bewahren, S. 791-806

Markl, Hubert (1986): *Natur als Kulturaufgabe*. Stuttgart: Deutsche Verlags-Anstalt

Meyer-Abich, Klaus Michael (1984): *Wege zum Frieden mit der Natur*. Praktische Naturphilosophie für die Umweltpolitik. München: Hanser

Meyer-Abich, Klaus Michael (1988): *Wissenschaft für die Zukunft*. Holistisches Denken in ökologischer und gesellschaftlicher Verantwortung. München: Beck

Picht, Georg (1989): *Der Begriff der Natur und seine Geschichte*. Stuttgart: Klett-Cotta

Popper, Karl R. (1982 [1934]): *Logik der Forschung*. Tübingen: J. C. B. Mohr (Paul Siebeck), 7. Aufl.

Prigogine, Ilya (1989): »Die Wiederentdeckung der Zeit. Naturwissenschaft in einer Welt begrenzter Vorhersagbarkeit«. In: H.-P. Dürr/W. Ch. Zimmerli (Hg.): *Geist und Natur*. Über den Widerspruch naturwissenschaftlicher Erkenntnis und philosophischer Welterfahrung. Bern: Scherz, S. 47-60

Rickert, Heinrich (1926): *Kulturwissenschaft und Naturwissenschaft*. Tübingen: J. C. B. Mohr (Paul Siebeck), 6. und 7. Aufl.; Nachdruck 1986 mit der Seitenzählung von 1926. Stuttgart: Reclam

Schelling, Friedrich Wilhem Joseph (1797): »Ideen zu einer Philosophie der Natur als Einleitung in das Studium dieser Wissenschaft«. Zitiert in: *F. W. J. von Schellings sämmtliche Werke*. Stuttgart: J. G. Cotta'scher Verlag (1. Abteilung: 1. Band, 1856; 2. Band, 1857); unveränderter reprografischer Nachdruck 1967. Darmstadt: Wissenschaftliche Buchgesellschaft

Sieferle, Rolf Peter (1989): »Die universalgeschichtliche Struktur des Umweltproblems«. *Freibeuter*, 40, S. 41-55

Stöckler, Manfred (1989): »Was kann man heute unter Naturphilosophie verstehen?« *Philosophia naturalis*, 26 (1), S. 1-18

Weizsäcker, Carl Friedrich von (1989): »Geist und Natur«. In: Hans-Peter Dürr/ Walther Ch. Zimmerli (Hg.): *Geist und Natur*. Über den Widerspruch naturwissenschaftlicher Erkenntnis und philosophischer Welterfahrung. Bern: Scherz, S. 17-27

Kulturelle Rekonstruktion von Natur: Mythos, Wissenschaft und der »Weg der Physis«

Thomas Bargatzky

Inhalt

1. Nähe und Distanz zur Natur

Die neuzeitliche Unterscheidung von Natur und Geschichte ist eine Folge der cartesischen Trennung von *res cogitans* und *res extensa*.[1] Daß dieser Ansatz höchst problematisch ist und zu unerträglichen Konsequenzen führt, ist heute nicht mehr zu übersehen. Beinahe täglich erreichen uns alarmierende Nachrichten über den Zustand der durch menschliche Eingriffe bedrohten Natur und seine Auswirkungen auf Gesundheit und Überlebenschancen des Menschengeschlechts. Der Ruf des Theologen Günter Altner nach »Ökokompatibilität«, nach einer neuen Ehrfurcht vor dem Leben, nach Angleichung unserer Lebensweise an die Erfordernisse der natürlichen Umwelt trifft daher auf offene Ohren (vgl. Altner 1981: 161 f.). Dennoch muß vielen von uns der Satz radikal anmuten, den Georg Picht bereits im Jahre 1973 schrieb: »Die Naturwissenschaft zerstört die Natur« (vgl. Picht 1989: 13 f.). Eine solche Wissenschaft, meint Picht, »kann keine wahre Erkenntnis der Natur sein« (ebenda, S. 15).[2]

Seit etwa 1800 hat das neuzeitliche Verhältnis zur Natur ambivalenten Charakter.[3] Unter ökonomischen Gesichtspunkten erscheint sie als ausbeutbare Ressource, zugleich wird sie in Kunst, Musik und Dichtung gefeiert und zum Refugium des auf sich selbst verwiesenen, vereinzelten Einzelnen stilisiert.[4] In beiden Fällen wird Naturerfahrung erst aus der *Distanz* heraus möglich - Natur kann überhaupt erst als solche erscheinen, wenn der Mensch sich von ihr distanziert und sie somit *objektiviert*. Demgegenüber kennen die sogenannten »Naturvölker« gar keine Natur in unserem Sinne - also jene Völker, denen in romantisierenden Druckerzeugnissen gerne ein besonders inniges Verhältnis zu unserer »Natur« nachgesagt wird und die man zu Recht als Vertreter einer vom Mythos geprägten Lebensweise bezeichnen kann.[5] Auf diesen scheinbar paradoxen Sachverhalt komme ich weiter unten nochmals zurück.

1 Darauf hat u. a. Georg Picht (1989: 15, 33) hingewiesen.

2 Die betreffende Vorlesung wurde bereits 1973 gehalten und erst 1989 aus dem Nachlaß herausgegeben.

3 Darauf haben z. B. Lepenies (1969: 99-103) und Eder (1988) hingewiesen. Vgl. auch Nipperdey (1987).

4 Vgl. dazu Lepenies (1969). Die »Romantisierung« der Natur läßt sich schon für die höfische Gesellschaft des *ancien régime* nachweisen (Elias 1983).

5 Zur Prägung der Lebensweise durch den Mythos vgl. z. B. Hübner (1985) und Jensen (1960).

Die bedrückenden Folgen des neuzeitlichen Bruchs zwischen Natur und menschlichem Bewußtsein liegen offen zutage; sie sind für alle sichtbar, die sich den freien Blick nicht von den Schablonen materialistischer, markt- wie planwirtschaftlicher Fortschrittsideologien verstellen lassen. Sie verlangen nach einem neuen Denken über und Handeln in der Natur - so fordert uns etwa Georg Picht dazu auf, das *Wesen der Natur* neu zu verstehen, wenn wir ihrer Zerstörung Einhalt gebieten wollen. Wir müssen uns also jener Frage stellen, die seit Galilei bei der Untersuchung natürlicher Phänomene ausgeklammert wird.[6] Überdies stellen wir uns damit auch einer bedeutenden Strömung neuzeitlicher Wissenschaftstheorie entgegen, denn die Untersuchung von Wesensfragen wird unter dem Einfluß der Werke Karl Poppers gerne als »Essentialismus« diskreditiert.[7]

Wie gelangen wir aber zu einer Neuorientierung unseres Denken und Handelns? Drei Wege lassen sich derzeit ausmachen, auf denen nach einem neuen Verständnis von Mensch und Natur gesucht wird. Ich nenne sie hier den *Weg der Einheitswissenschaft*, den Weg *der Suche nach dem Mythos* und den *Weg der Physis*. Den ersten und den zweiten Weg halte ich nicht für gangbar; der dritte Weg dagegen könnte uns dem Ziel der Neuorientierung des Denken und Verhaltens in bezug auf die natürliche Umwelt näherbringen, er verlangt von uns aber die Abkehr von Denkgewohnheiten und Anschauungen, die uns als selbstverständlich erscheinen mögen. Diesen dritten Weg, den insbesondere Georg Picht gewiesen hat, möchte ich in diesem Beitrag besonders herausstellen.

2. Die Suche nach der Einheitswissenschaft

Seit rund zweihundert Jahren gelten Natur und Geschichte als einander entgegengesetzte Bereiche. Die Geschichte, als das »Reich der Freiheit« und des Geistes, steht der Natur als dem »Reich der Notwendigkeit« gegenüber, also der Sphäre dessen, was außerhalb des menschlichen Daseins liegt und den Gesetzen der Physik gehorcht (vgl. Picht 1989: 206 ff.). Dem

6 Vgl. Picht (1989: 13). Wesensfragen sind in der Philosophie u. a. durch Karl Poppers Kritik am »Essentialismus» (vgl. Popper 1971) umstritten.

7 In einer früheren Publikation (Bargatzky 1985: 119) bezeichnete ich Fragen wie etwa die nach dem »Wesen der Religion« unter dem Einfluß der Popper'schen Wissenschaftstheorie als rein definitorischer Natur und daher überflüssig. Diese radikale Position entspricht nicht mehr meinen heutigen Ansichten.

liegt die cartesische Trennung von *res cogitans* und *res extensa* zugrunde. Der geisteswissenschaftliche Historismus des 19. und frühen 20. Jahrhunderts baute auf dieser Trennung auf. Unter »Historismus« verstehe ich dabei mit Herbert Schnädelbach eine Position, »die die menschliche Lebenswelt konsequent von der Natur zu unterscheiden sucht, sie nur von Handlungen abhängig sieht und sie an das Verstehen verweist« (Schnädelbach 1989: 161, Fn. 36). Dies hat Folgen für die erkenntnistheoretischen Prämissen des Historismus: Naturerscheinungen (*res extensa*) können wir demnach zwar *erklären* - *verstehen* können wir dagegen nur menschliche Handlungen.[8] Dem Historismus ist somit die hermeneutische Maxime eigen, »derzufolge das Menschliche nur zu verstehen ist, wenn man versteht, wie es geworden ist, und zwar aus menschlichen Handlungen« (Schnädelbach 1989: 157).

Die durch Historismus und hermeneutische Methode implizierte Trennung von Natur- und Geisteswissenschaften findet jedoch in unserem Jahrhundert immer weniger Zustimmung, und wir verzeichnen als Gegenzug den Versuch, die Einheit der Wissenschaft durch das universale Erklärungsmodell des sogenannten *Hempel-Oppenheim Schemas* zu begründen. Die Namen Karl Popper für die Philosophie und Wissenschaftstheorie und Ralf Dahrendorf für die Soziologie seien stellvertretend für viele andere hier genannt.[9] Worauf kommt es bei diesem Versuch, die Einheit der Wissenschaft wieder herzustellen, vor allem an?

Carl Gustav Hempel und Paul Oppenheim zufolge (vgl. Hempel/Oppenheim 1948) hat wissenschaftliche Erklärung stets die Form der *Deduktion*. Ein *Explanandum*, das sich auf ein spezielles Vorkommnis an einer bestimmten Raum-Zeit-Stelle bezieht, wird dabei aus bestimmten Randbedingungen (Antecedensbedingungen) und Gesetzesaussagen logisch abgeleitet. Die Gesetzesaussagen werden mittels Allgemeinbegriffen formuliert. Randbedingungen und Gesetzesaussagen sind demnach die Menge der Sätze, die als *Explanans* der »deduktiv-nomologischen« wissenschaftlichen Erklärung dienen. Dieser Erklärungsbegriff wurde unter dem Namen »H-O-Modell der wissenschaftlichen Erklärung« ausführlich be-

8 Schnädelbach (1989: 157) nennt in diesem Zusammenhang Dilthey und Droysen.

9 Vgl. z. B. Popper (1966) und Dahrendorf (1974: 37). Ein gut geschriebenes Plädoyer für den einheitlichen Charakter der Wissenschaft aufgrund der universellen Form der wissenschaftlichen Erklärung, die durch das Hempel-Oppenheim Modell beschrieben wird, stammt von Günther Patzig (1973).

schrieben und diskutiert.[10] Auf ihn berufen sich jene, die für den einheitlichen Charakter der Wissenschaft eintreten und die Besonderheit geisteswissenschaftlicher Erklärung aufgrund der den Geisteswissenschaften zugesprochenen privilegierten Rolle des Verstehens nicht anerkennen.[11]

Ich stimme dieser Rekonstruktion des wissenschaftlichen Erklärens und damit auch dem einheitlichen Charakter der Wissenschaft zu. Außerdem bedeutet dieser Ansatz einen Schritt in Richtung auf die Überwindung der cartesischen Trennung von *res cogitans* und *res extensa* in formaler Hinsicht, da er einer *methodisch* begründeten Trennung von Mensch bzw. Geschichte und Natur den Boden entzieht. Dennoch bezweifle ich, daß sich auf der Grundlage des Begriffs der Einheit der Wissenschaft die notwendige Neuorientierung unseres Denkens und Verhaltens gegenüber der natürlichen Umwelt erreichen läßt, denn schließlich bleibt ja auch eine Einheitswissenschaft zu guter letzt: *Wissenschaft*. Als solche will, ja *muß* sie die Natur aber objektivieren, damit sie erklärt werden kann. Erklärung setzt aber *Distanz* zwischen erklärendem Subjekt und zu erklärendem Objekt voraus. Um in Georg Pichts Terminologie zu sprechen: Erklärung bedeutet *Partikularisierung* des Phänomens, das Herausbrechen des Phänomens aus seinem Weltbezug, zu dem ja auch das erklärende Subjekt gehört. Die der modernen Wissenschaft somit notwendig inhärente Tendenz zur Objektivierung hat aber doch gerade jene Naturwissenschaft hervorgebracht, von der Picht - mit Recht, wie mir scheint - behaupten konnte, sie zerstöre die Natur. Und jene Wissenschaften, die sich mit dem Menschen befassen, müssen sich der gleichen Anklage stellen, etwa die Gentechnik[12], bestimmte Spielarten der experimentellen Psychologie[13]

---

10 Eine gute und ausführliche Erörterung findet man bei Wolfgang Stegmüller (1974: 82-90).

11 So meint beispielsweise Dahrendorf (1974: 37) völlig zu Recht, daß die »Einmaligkeit historischer Situationen«, die angeblich nur verstehend erfaßt werden könne, stets als einmalige Kombination *allgemeiner Elemente* rekonstruierbar sei. Solche Elemente sind aber der deduktiv-nomologischen Erklärung nach dem H-O-Modell zugänglich (vgl. auch Patzig 1973: 400). Zur Vieldeutigkeit des Wortes »Verstehen« vgl. Abel (1964).

12 Zur Kritik an der Gentechnik vgl. Löw (1989) und ausführlich dazu *Leben aus dem Labor* (Löw 1985).

13 Zur Kritik an der partikularisierenden Vorgehensweise der experimentellen Psychologie, die letztlich das zu untersuchende »Objekt« zerstört, vgl. Devereux (1984), Farber (1964) und, erfrischend polemisch, Sorokin (1956).

oder - mit Einschränkungen - auch Soziologie und Ethnologie.[14] Die notwendige Neuorientierung unseres Denkens und Handelns darf sich also nicht innerhalb der Grenzen des wissenschaftlichen Diskurses bewegen, sie muß das wissenschaftliche Vorgehen, so, wie es gemeinhin betrieben wird, selber in Frage stellen. In unserer wissenschaftsgläubigen Zeit mag das für viele als eine radikale, schockierende Forderung erscheinen. Wenn aber nicht mit Hilfe der Wissenschaft - womit sonst soll uns die Neuorientierung gelingen? Ist etwa der Mythos eine Alternative, bietet er sich als Ausweg an?

3. Die Suche nach dem Mythos

Bei Neuorientierungen besteht oft die Neigung, das sprichwörtliche Kind mit dem Bad auszuschütten. So wird beispielsweise Wissenschaft mit Rationalität gleichgesetzt und beides zugleich abgelehnt; man wendet sich den Mythen vorindustrieller, sogenannter »Naturvölker« aufgrund ihrer vermeintlichen »Irrationalität« zu.[15] »Naturvölker« gelten als Umweltheilige und Heilsbringer[16]; zur Zeit wird diese Rolle besonders den nordamerikanischen Indianern zugewiesen.[17] Die abendländische Rationalität erscheint als der Quell allen Übels einschließlich der Umweltzerstörung; die Suche nach Alternativen zur Rationalität der Wissenschaft gestaltet sich zur Suche nach dem Mythos.

Dem liegt aber ein Mißverständnis zugrunde. Es ist zwar richtig, daß der Mythos die Welt auf völlig andere Weise erklärt, als dies die Wissenschaft tut. So wird etwa im Mythos die Unterscheidung zwischen Subjekt

14 Siehe dazu meinen Vortrag *Ethnologie als Fremdheitswissenschaft*, gehalten beim Gründungskolloquium des Instituts für Internationale Kulturbeziehungen und Auswärtige Kulturarbeit, Universität Bayreuth, 11. Juli 1990. Die gedruckte Fassung erscheint 1992 in einem von Jan Assmann und Theo Sundermeier herausgegebenen Sammelband als Band 5 in der Reihe *Studien zum Verstehen fremder Religionen* in Gütersloh.

15 Vgl. z. B. Werner Müller (1976). Damit will ich aber keinesfalls Müllers Arbeiten zur Ethnographie nordamerikanischer Indiander im allgemeinen kritisieren, die uneingeschränkte Bewunderung verdienen.

16 Zur Kritik an der Denkfigur des »Umweltheiligen« vgl. Bargatzky (1986: 22, 218-20).

17 Siehe dazu kritisch: Schmidt (1988), Gerber (1988) und Bargatzky (1991). Weitere Literaturhinweise zu diesem Thema dort.

und Objekt, Geist und Materie, Teil und Ganzem, innen und außen nicht vollzogen, die für die wissenschaftliche Welterklärung konstitutiv ist. Dennoch ist der Mythos ein *rationales* Verfahren der Welterklärung - das hat in jüngerer Zeit vor allem Kurt Hübner auf bestechend klare Weise demonstriert.[18]

Rationalität ist demnach ein *formales* Kriterium, das sich z. B. auf die *Folgerichtigkeit* eines Begründungszusammenhangs bezieht. Dem Mythos ist in dieser Hinsicht, wie Hübner überzeugend darlegt, Rationalität nicht abzusprechen. Die mythische Ontologie geht freilich von anderen *inhaltlichen* Prämissen aus als die cartesische; diese Prämissen sind allerdings weder bestätigbar noch auch widerlegbar, wie ja auch die cartesische Trennung von Geist und Natur weder bestätigt noch widerlegt werden kann. Die cartesischen Prämissen sind aber die notwendigen Voraussetzungen für eine Ontologie, die die wissenschaftliche Welterklärung erst möglich macht und überhaupt als sinnvoll erscheinen läßt. In gleicher Weise ist aber die Aufhebung der Trennung von Subjekt und Objekt, Geist und Materie, Teil und Ganzem, innen und außen für die mythische Welterfahrung konstitutiv. *Es gibt keine uninterpretierte, voraussetzungsfreie Erfahrung* (vgl. Hübner 1986: 404 f.).

Wie verfährt nun der Mythos bei der Welterklärung? Er zeigt, so Carl Friedrich von Weizsäcker, »den Zusammenhang der Dinge, indem er eine Geschichte erzählt« (1987: 231 f.). Er handelt von den Beziehungen zwischen Phänomenen - z. B. Naturphänomenen - untereinander oder in Verbindung mit der Menschenwelt und führt sie auf eine numinose Ursprungsgeschichte zurück, eine *Arché* (vgl. Hübner 1987: 248). Phänomene werden dabei als Epiphanien numinoser Mächte verstanden und mit *Eigennamen* bezeichnet. Der Eigenname tritt an die Stelle des Allgemeinbegriffs, und die Arché, die Ursprungsgesichte, entspricht den allgemeinen Naturgesetzen der Physik (vgl. Hübner 1985: 111). Was der Mythos erzählt, wird ferner im Ritus und der Liturgie gegenwärtig gesetzt, ganz so, wie die Eucharistie in der Messe die Ursprungshandlungen Jesu gegenwärtig setzt (vgl. Emminghaus 1987: 80). Die Arché ist daher stets eine »wahre Geschichte«.[19]

---

18 Dies geschieht ausführlich in seinem Buch »*Die Wahrheit des Mythos*« (1985); vgl. auch Hübner (1985a).

19 Siehe dazu Pettazzoni (1950). Der Titel von Hübners Buch (1985) ist identisch mit dem Titel von Pettazzonis Aufsatz, worauf auch Hübner selbst hinweist. Pettazzoni geht es aber um die Unterscheidung zwischen solchen Geschichten, die von den Mitgliedern einer Gemeinde als sakral und daher als wahr angesehen

Aus der Analyse mythischer Kosmogonien, z. B. der Theogonie des Hesiod, schließt Hübner nun, daß es im Mythos keine Natur in unserem Sinne gibt, also eine Natur, die von der Menschenwelt scharf zu trennen wäre. Jeder natürliche »Gegenstand« ist etwas Lebendiges und Beseeltes und darüber hinaus auch die Erscheinung eines göttlichen Wesens. Viele Götter, die innerhalb der Natur wirken, spielen ferner auch in der menschlichen Lebenswelt eine bedeutende Rolle, so daß man auch menschliches und göttliches Wirkungsfeld nicht scharf voneinander trennen kann (vgl. Hübner 1985: 110-15). Dies alles gilt freilich nicht nur für den griechischen Mythos, sondern für den Mythos überhaupt, wie die ethnologische und religionswissenschaftliche Forschung uns bestätigt.[20] Auf die Gefahr hin, den Befund unangemessen zu vereinfachen, möchte ich die Konstruktion der Welt im Mythos wie folgt zusammenfassen: Es gibt keine strenge Unterscheidung der Sphären, die wir »Natur« und »Kultur«, »sakral« und »profan« nennen, sondern unterschiedliche Weisen göttlicher Weltwirksamkeit. »Profane« Handlungen, die Natur und Kultur gleichermaßen betreffen - etwa Jagd oder Feldbau -, können im besonderen kultischen Zusammenhang sakralen Charakter gewinnen, wobei die von uns heute als selbstverständlich vorausgesetzte lineare Raum-Zeit-Struktur aufgehoben wird, da diese Handlungen dann identisch mit den in der Arché gestifteten Geschehnissen sind. Die mythische Einheit von Ideellem und Materiellem, Natur und Göttern, Natur und Mensch, wodurch der Umgang mit der natürlichen Umwelt den Charakter eines personalen, von Sinn durchtränkten Miteinanders besitzt, macht wohl den Mythos so attraktiv für viele, die angesichts der Umweltkrise nach einer Neuorientierung suchen.

Dennoch führt uns der Weg des Mythos nach meinem Dafürhalten in eine Sackgasse, sofern er überhaupt begehbar ist - wir können ja nicht, sozusagen auf Beschluß, 500 Jahre europäischer Geschichte vergessen und wieder mythisch denken, als sei nichts geschehen. Das käme einer »Sei-spontan-Paradoxie« gleich (vgl. dazu Watzlawick 1978: 30 ff.). Selbst wenn wir es könnten - der Mythos ist leider kein Garant für umweltfreundliches Verhalten! Auch vorindustrielle Völker haben im Rahmen ihrer mythi-

werden, und solchen, die sie zu ihrer Unterhaltung erzählen. Hübner geht es dagegen um die Herausarbeitung der logischen Struktur von Mythos als einem rationalen System der Welterklärung.

20 Ausgezeichnete Darstellungen polynesischen mythischen Denkens, die Hübners Ausführungen aus der Sicht neuerer ethnologischer Forschung bestätigen, findet man bei Charlot (1983) und Valeri (1985).

schen Ontologie die Umwelt verändert. Immerhin fallen in das Zeitalter des Mythos so gewaltige Umwälzungen wie die sogenannte »neolithische Revolution«, also der Übergang vom Wildbeutertum zum Anbau und die Entwicklung der Metallverarbeitung. Es steht auch außer Zweifel, daß vorindustrielle Völker manchmal regelrechte Umweltzerstörungen verursacht haben[21] und gewiß keine »Umweltheiligen« sind. Man darf sich durch die scheinbare Statik des Mythos nicht täuschen lassen, jene »ewige Wiederkehr des Gleichen«, die etwa Mircea Eliade für die mythische Ontologie herausgearbeitet hat (vgl. z. B. Eliade 1966). Autoren unterschiedlicher Couleur sind sich darüber einig, daß der Mythos flexibel, anpassungsfähig und schöpferisch ist, da er das Neue, vor dem Hintergrund der ostentativen Statik seines Weltentwurfs, im Prinzip stets als das schon immer Gewesene umzudeuten vermag (vgl. z. B. Hübner 1985a: 20 ff., Mazzoleni 1986, Valeri 1985: 343). Vor allem aber ist der Mythos lokalisiert und selektiv - er ist in seinen konkreten Erscheinungen immer der Ausdruck der Welterfahrung bestimmter Völker zu bestimmten Zeiten und in bestimmten Arealen; seine »Loyalität« gilt eben nicht der Natur als ganzer, sondern nur bestimmten Naturerscheinungen innerhalb bestimmter Grenzen. Was wir aber benötigen, ist eine universale Umweltethik, die sich auch auf die Natur jenseits der Grenzen historisch-konkreter mythischer Welterfahrung erstreckt. Die Ontologie des Mythos vermag vielleicht Bausteine für das Gebäude solch einer Ethik zu geben, sie kann aber nicht mit ihr identisch sein. Eine Natur als solche kennt eben nur unser wissenschaftlich-technisches Zeitalter, und nur auf seinen Grundlagen kann überhaupt der Gedanke des Naturschutzes entstehen. »Naturvölker« aber, die die Natur gar nicht kennen, können auch keine Naturschützer sein.[22]

---

21 Zum Problem der Umweltzerstörungen vorindustrieller Kulturen vgl. z. B. Bargatzky (1986: 56 f., 139 f.).

22 Der amerikanische Ethnologe Charles Bishop, der u. a. mit Arbeiten über den frühkontaktzeitlichen Pelzhandel nordamerikanischer Indianer hervorgetreten ist, schrieb in einem Brief vom 25. Februar 1987 an mich unter anderem sinngemäß, das Problem der »Overexploitation« der Umwelt durch Indianervölker sei ein Scheinproblem. Selbstverständlich kam es zur übermäßigen Ausbeutung natürlicher Ressourcen, da Indianer ursprünglich keine Vorstellung von »biomass systematics« hatten und folglich auch gar keine Vorstellung von Umweltkonservierung oder -ausbeutung gehabt haben konnten.

4. Der Weg der Physis

Der *Weg der Physis*, den ich nunmehr skizzieren möchte, ist dem mythischen Denken verwandt, führt uns aber über es hinaus, da er die Gebundenheit des Mythos an Ort und Kultus sprengt. Er hat in Europa eine lange Geschichte; er ist viel älter als die neuzeitliche Naturwissenschaft, denn er setzt mit dem griechischen Denken der vorhomerischen Zeit ein und wirkt noch bis in die Naturphilosophie Goethes und des deutschen Idealismus nach, die man als den Versuch verstehen kann, den mechanistischen Naturbegriff der neuzeitlichen Naturwissenschaft zu überwinden.

Da ich weder Philosoph noch Altphilologe bin, lehne ich mich bei der Beschreibung des Weges der Physis besonders an Georg Pichts umfassende Darstellungen an, wie sie in seinen aus dem Nachlaß herausgegebenen Vorlesungen in den Werken *Kunst und Mythos* (1986) und *Der Begriff der Natur und seine Geschichte* (1989) nun zugänglich sind. Worum geht es dabei?

Mit dem Physis-Begriff verbindet sich eine Philosophie, die der mythischen Ontologie nahesteht, denn alles, was die Philosophie der Neuzeit in das Subjekt verlegt hat, machte für die Griechen den innersten Bereich dessen aus, was sie Physis nannten. Die obersten Grundsätze der Erkenntnis und die Logik sind demzufolge nicht nur im Bewußtsein des Subjekts beheimatet, sondern auch »außerhalb« anzutreffen, etwa in dem Bereich, den wir Natur nennen.

Durch die ökologische Krise gewinnt die Philosophie der Griechen Aktualität, schrieb Picht bereits im Jahre 1973, denn die neuzeitliche Naturwissenschaft - von der wir mit Picht behauptet haben, sie zerstöre die Natur - hat ihren Naturbegriff als Gegensatz zum griechischen Begriff der *Physis* entwickelt. Die griechische Philosophie hat aber

> »beim Durchdenken des Wesens der Physis etwas erkannt, was die Naturwissenschaft der Neuzeit zugleich verleugnet und vergessen hat. Wenn es wahr ist, daß wir die Zerstörung der Natur nur eindämmen können, wenn wir das Wesen der Natur neu verstehen, so müssen wir wiederentdecken und auf dem *heutigen Niveau der Erkenntnis* neu durchdenken, was die Griechen schon wußten« (Picht 1989: 8; Hervorhebung TB).

Das Wort *Physis* heißt: der *Wuchs*, wenn wir es direkt ins Deutsche übersetzen; es hängt mit *phyein*, wachsen, zusammen. Das lateinische Wort *natura* (abgeleitet von *nasci*, geboren werden) ist als Übersetzung von *Physis* gebildet (vgl. Picht 1989: 54). Dennoch besteht zwischen dem griechischen Begriff *Physis* und unserem heutigen Naturbegriff, der auf den lateinischen Begriff *natura* zurückgeht, ein fundamentaler Unterschied, wie wir noch sehen werden.

Physis ist der Bereich all dessen, was wächst, hervortritt und sich zeigt. Wachstum ist hier aber kein quantitativer Begriff, sondern bezeichnet das Ans-Licht-Treten dessen, was sich im Wachsen enthüllt (vgl. Picht 1989: 56). *Physis* ist auch die Gesamtheit all dessen, was wieder vergeht. Nun gibt es ein Wesen, das die Fähigkeit besitzt, solches, was zuvor nicht ist, zum Erscheinen zu bringen, nämlich den Menschen. Der Mensch hat das Vermögen der Produktion. Nach griechischem Verständnis kann er aber nur produzieren,

> »weil die Natur von sich aus schon so beschaffen ist, daß alles, was in ihr erscheint, hervortritt und wieder entschwindet. Der Mensch ahmt in der Produktion nach, was ihm die Physis unentwegt vormacht. Er kann produzieren, weil er eine in der Physis selbst angelegte Möglichkeit entdeckt hat« (ebenda, S. 56 f.).

Der Begriff des Wachstums wird nun auf dem Boden des griechischen *Physis*-Begriffs anders verstanden, als es bei uns heute üblich ist. Unser Wachstumsbegriff ist quantitativ; wachsen heißt daher bei uns nicht primär Ans-Licht-Treten, sondern einfach größer werden. Dieser neuzeitliche Wachstumsbegriff, dem Kapitalismus und Sozialismus gleichermaßen verpflichtet sind, hängt aber unmittelbar mit dem Naturbegriff der neuzeitlichen Physik zusammen und leitet sich von Descartes' Bestimmung der Natur als Ausgedehntes - *res extensa* - her.

> »Die qualitativen Bestimmungen des Natürlichen kommen dann erst sekundär herein und müssen nach dem methodischen Grundprinzip der neuzeitlichen Naturwissenschaft auf quantitative Bestimmungen zurückgeführt werden.« (Picht 1989: 55)

Ähnliches gilt übrigens auch für eine nach »wissenschaftlicher Respektabilität« strebende Sozialwissenschaft, die sich nach physikalischem Vorbild bemüht, die qualitativen Bestimmungen des Sozialen nach Möglichkeit auf meßbare Größen zurückzuführen.[23]

Wenn nun im Zusammenhang mit dem *Physis*-Begriff auch vom Vermögen des Menschen zur Produktion die Rede ist, so liegt die Vermutung nahe, daß auch dieser Begriff anders zu verstehen ist, als wir es gewohnt sind. Wenn die Gesamtheit all dessen, wovon wir sagen, daß es ist, bei den Griechen den Namen »Physis« trägt und *Produktion* das menschliche Vermögen bedeutet, nachzuahmen, was die *Physis* vormacht, dann bedeutet

23 Dies betrifft vor allem die sogenannte »Meßlehre« der empirischen Sozialforschung. Zu diesem Problem vgl. das unter Soziologen und Ethnologen offenbar weitgehend unbekannte Buch von Sorokin (1956).

»produzieren« nicht das, worüber wir gemeinhin in den Lehrbüchern der Volkswirtschaftslehre informiert werden. Produktion bezieht sich dann auch auf all das, was wir qualitativ bestimmen, nämlich Ideen, Werte, Theorien, Kunstwerke. Beim Wort »Produktion« denkt man im 20. Jahrhundert nicht mehr an Natur, Kunst und Dichtung, sondern an Fabriken. Bei Platon und Aristoteles ist aber die Produktion, als *Poiesis*, die Klammer zwischen Naturphilosophie, politischer Theorie und Kunst. In den modernen marktwirtschaftlichen und planwirtschaftlichen Wirtschaftssystemen ist der Begriff der Produktion aber quantitativ bestimmt; Produktion ist hier *Reproduktion*, die durch die Quantität der ausgestoßenen Güter gemessen wird (vgl. dazu Picht 1986: 22 f.).

Der griechische Begriff der Produktion verweist uns also auf ein viel umfassenderes Konzept menschlicher Tätigkeit, als es unserem modernen Verständnis von menschlicher produktiver Tätigkeit entspricht. Picht hat aus diesem Verständnis heraus eine Wissenschaftslehre entwickelt, die es uns erlaubt, die künstlichen Schranken zwischen Wissenschaft und Kunst einzureißen, da sie als besondere Spielarten einer gemeinsamen Tätigkeit aufgefaßt werden, nämlich der *Darstellung*. Von hier aus lassen sich aber Grundlagen einer »ökokompatiblen« Humanökologie entwickeln; daher möchte ich zum Schluß kurz darauf eingehen. Dazu muß ich aber die undankbare Aufgabe übernehmen, die Aussage etlicher Hunderter von Druckseiten zusammenzufassen.

5. Poiesis: Darstellung in Kunst und Wissenschaft

Die Natur, die der Heilige Franz von Assisi als Ausdruck der Selbstoffenbarung Gottes erkannte und die noch Newton als Gottes Schöpfung verstand, erscheint in den modernen Naturwissenschaften »als eine Sphäre der toten Objektivität, die ohne eigenes Recht und eigene Würde der Ausbeutung des Menschen preisgegeben ist« (Picht 1986: 180). In der Neuzeit - beginnend mit der Renaissance und vornehmlich seit der Aufklärung - treten Religion, Kunst und Wissenschaft, die in der Vormoderne als einander verwandt betrachtet wurden, immer weiter auseinander. Die Wissenschaft erscheint uns heute als das Reich der Objektivität, und Fachleute und Öffentlichkeit sind geneigt, vorzugsweise der Wissenschaft das Vermögen zuzutrauen, uns Aufschluß darüber zu geben, wie die Welt denn nun wirklich beschaffen sei. Kunst und Religion gelten dagegen als

Tummelplätze der Subjektivität; was wir von ihnen etwa über die ökologische Krise lernen können, hat im Vergleich mit den angeblich gesicherten Erkenntnissen der Wissenschaft kaum Chancen, ernst genommen zu werden. Um so schockierender muß die Relativierung von Mythos und Wissenschaft wirken, wie sie Kurt Hübner betrieben hat, oder gar Pichts eingangs zitierte Behauptung, daß eine Wissenschaft, die die Natur zerstört, keine wahre Erkenntnis der Natur sein kann. Hübner und Picht stellen der Wissenschaft die Wahrheitsfrage - ist dies angesichts der vielen zweifellos richtigen wissenschaftlichen Erkenntnisse nicht ein wenig frivol? Ein müßiger intellektueller Zeitvertreib sozusagen, der mit der »Wirklichkeit draußen« wenig zu tun hat? Denn wer - von ein paar Spinnern abgesehen - würde beispielsweise heute noch die wissenschaftliche Erkenntnis bezweifeln wollen, daß die Erde sich um die Sonne dreht?

Hier muß man nun zwischen den einzelnen Mosaiksteinchen und dem Entwurf unterscheiden, nach dem sie sich zusammensetzen (zum folgenden vgl. Picht 1989: 308 ff., 313 f., 316 f.). Der Satz »eine Wissenschaft, die die Natur zerstört, kann nicht wahr sein« bezweifelt keineswegs die Möglichkeit, daß wissenschaftliche Informationen über nachprüfbare Sachverhalte *richtig* sind. Dieser Satz stellt nur die - so Picht - »naive Meinung« in Frage, was wir »Erkenntnis der Wahrheit« nennen, sei mit der Summe der uns zur Verfügung stehenden Informationen gleichzusetzen. Um beim Bild vom Mosaik zu bleiben: Die einzelnen Steinchen, also die wissenschaftlichen Informationen, können durchaus richtig sein; daraus folgt aber noch nicht, daß das Gesamtbild, zu dem sie sich zusammenfügen, ein wahres Bild der Welt ist. Hier muß die Frage nach dem *Entwurf* gestellt werden, der diesem Bild zugrunde liegt, und hier interessiert uns die Wahrheit jenes Entwurfs, auf dem die moderne Naturwissenschaft aufgebaut ist. Picht zufolge beruht sie auf drei kantischen Prämissen, unter anderem der Idee der absoluten Priorität des Subjekts, d. h. der Unterscheidung von *res cogitans* und *res extensa*, die von Descartes getroffen wurde.[24] Diese Prämissen sind aber nicht absolut und zeitlos, sondern ein Produkt der europäischen Geschichte und daher keineswegs so denknotwendig, daß sie keinerlei Begründung bedürften. Stellt man sie in Frage, so ist der modernen Wissenschaft der Boden entzogen. Die einzelnen Mosaikstein-

24 Picht (1989: 308 ff.) nennt noch: die Idee der unbewegten Identität (nach Parmenides) und die Idee der Notwendigkeit der Logik (nach Aristoteles). Auf Pichts ausführliche Herleitung dieser Prämissen und ihrer grundlegenden Bedeutung für die Ontologie des modernen wissenschaftlich beeinflußten Weltbildes kann ich an dieser Stelle nicht ausführlicher eingehen.

chen, also die wissenschaftlichen Informationen, bleiben uns zwar erhalten, aber der Entwurf, die dahinter stehende Ontologie, die sie zu einem Gesamtbild fügt, löst sich auf. Hübner hat nun gezeigt (siehe oben, S. 77), daß Ontologien - ob wissenschaftliche oder mythische - stets das *Apriori* der Erfahrung sind, durch die Erfahrung also weder bestätigt noch widerlegt werden können. Die moderne Wissenschaftgläubigkeit ist daher *Bekenntnis* - eben Gläubigkeit und nicht etwa »rationaler« als eine durch künstlerische oder religiöse Prämissen geleitete Weltsicht. Für Picht folgt aber aus der Zerstörung der Natur durch die Naturwissenschaft, daß die dieser Wissenschaft zugrundeliegende Ontologie falsch ist, auch wenn die Wissenschaft einzelne richtige Erkenntnisse hervorbringt.[25]

Welche praktischen Konsequenzen können wir nun aus diesem Befund für die Neuorientierung unseres Denkens und Handelns bezüglich der Umwelt ziehen? Zunächst einmal muß bedacht werden, daß es nicht darum gehen kann, Natur »an sich« zu schützen, worauf Reinhard Löw (vgl. dazu auch Löw 1988/89) hingewiesen hat. Ein ökologisches Gleichgewicht, welcher Art auch immer, enthält nämlich *in sich* keinen Appell zu seiner Aufrechterhaltung. Ob ein umgekipptes Gewässer schön ist, »darüber denkt der Mensch anders als die Milliarden glücklicher Einzeller, die in ihm wimmeln. Ökologie kann nicht mehr sagen als das, was ist, nie aber das, was sein soll« (Löw 1990: 67). Eine bestimmte Art von ökologischem Gleichgewicht als wünschenswert auszuzeichnen ist also Sache des *Menschen*. Wie gelangen wir aber zu Kriterien, die uns bei der Entscheidung darüber helfen können, was wünschenswert ist und was nicht?

Die neuzeitliche Wissenschaft ist Erkenntnis durch *Begriffe*; sie kommt nur zustande, wenn sich die Erkenntnis dem, was erkannt werden soll, als etwas Andersartiges entgegenstellt. Wissenschaftliche Theorie betrachtet die Welt per definitionem von außen. Für religiöse Welterfahrung oder künstlerische Weltsicht gilt dies nicht. Die Vorstellung durch Begriffe, also das Denken, ist aber nur eine spezifische Form der *Darstellung*.[26] Hier betreten wir wieder den Weg der Physis. Das allgemeine Wesen der Darstellung heißt griechisch: *poiesis*, lateinisch: *productio*. Produktion in diesem umfassenden Sinn ist nun, wie oben ausgeführt wurde, nach griechischer Auffassung das menschliche Vermögen, nachzuahmen, was die Phy-

25 Streng genommen besteht auch auf die Richtigkeit der Prämissen kein Verlaß, aus denen die wissenschaftlichen Einzelergebnisse abgeleitet sind, wie u. a. Hübner (1986/87: 22) gezeigt hat, da rein logisch gesehen aus der Wahrheit der Konklusion kein Weg zur Wahrheit der Prämissen führt.

26 Zum folgenden vgl. Picht (1986: 157, 231, 261, 297 f., 428 f.; 1989: 13 f., 457).

sis uns vormacht. Diese Nachahmung kann aber nicht nur durch Begriffe, also durch Theorie, sondern auch durch das Kunstwerk geschehen. Für die Gestaltung unserer Lebensverhältnisse und unseres Umgangs mit der sogenannten »natürlichen« Umwelt ergeben sich nun bedeutende Konsequenzen, wenn wir den Mut fänden, uns wieder mehr auf die Sinne zu verlassen und die Frage nach der Schönheit zu stellen. Die Schönheit des Kunstwerkes ist nämlich, griechischer Auffassung zufolge, nicht Reflex im Subjekt, sondern hat durchaus *objektiven* Charakter, da in ihm ans Licht tritt, was in der Physis angelegt ist.

Es kann hier nicht darum gehen, Kunst oder Religion gegen die Wissenschaft auszuspielen. Wir können auch nicht die Wissenschaft abschaffen und uns quasi auf Beschluß von Jahrhunderten der europäischen Geschichte verabschieden. Es geht aber darum, daß die Wissenschaft bescheidener werden muß und wohl auch unsere Ansprüche an sie. Wissenschaft ist nur eine spezielle Form der Darstellung der Wirklichkeit, und bei der Gestaltung unserer Lebensfragen, auch der Umweltprobleme, haben andere Formen der Darstellung, z. B. künstlerische, ebenso Wichtiges auszusagen. Wenn nämlich jede mögliche Form der Darstellung einen Aspekt der Phänomenalität von Phänomenen entdecken läßt, dann, so können wir mit Picht schließen, können wir nicht mehr behaupten, der *Logos* - also die Gesamtheit jener Regeln, denen die Darstellung durch Begriffe gehorcht - sei die einzige Form, diese Phänomenalität so darzustellen, wie sie von sich aus ist (vgl. Picht 1986: 157). Kluge Ökologen wie etwa Odum haben dergleichen freilich immer schon mehr oder weniger deutlich erkannt.[27]

Literatur

Abel, Theodore (1964): »The operation called Verstehen«. In: Hans Albert (Hg.): *Theorie und Realität*. Tübingen: Mohr, S. 177-188

Altner, Günter (1981): »Ökologie und die Sozialpflichtigkeit des Fortschritts«. In: Reinhard Löw/Peter Koslowski/Philipp Kreuzer (Hg): *Fortschritt ohne Maß?* Eine Ortsbestimmung der wissenschaftlich-technischen Zivilisation. München: Piper, S. 150-164

Bargatzky, Thomas (1985): *Einführung in die Ethnologie*. Hamburg: Helmut Buske

27 Vgl. z. B. Odum (1980, I: XXIII f.). Der betreffende Aufsatz erschien erstmals 1977 in *Science* 195 (4284).

Bargatzky, Thomas (1986): *Einführung in die Kulturökologie.* Umwelt, Kultur und Gesellschaft. Berlin: Dietrich Reimer

Bargatzky, Thomas (1991): »Pflug und Erdmutter bei den Hopi-Indianern: Einige kritische Anmerkungen«. *Anthropos*, 86, S. 192-198

Charlot, John (1983): *Chanting the Universe*. Honolulu: Emphasis International

Dahrendorf, Ralf (1974): *Pfade aus Utopia.* Zur Theorie und Methode der Soziologie. München: Piper

Devereux, Georges (1984): *Angst und Methode in den Verhaltenswissenschaften*. Frankfurt a. M.: Suhrkamp

Eder, Klaus (1988): *Die Vergesellschaftung der Natur.* Studien zur sozialen Evolution der praktischen Vernunft. Frankfurt a. M.: Suhrkamp

Eliade, Mircea (1966): *Kosmos und Geschichte*. Der Mythos der ewigen Wiederkehr. Reinbek: Rowohlt

Elias, Norbert (1983): *Die höfische Gesellschaft*. Frankfurt a. M.: Suhrkamp

Emminghaus, Johananes H. (1987): *Die Messe*. Wesen, Gestalt, Vollzug. 4., neu bearbeitete Aufl. Klosterneuburg: Österreichisches Katholisches Bibelwerk

Farber, Leslie H. (1964): »I'm Sorry, Dear«. *Commentary*, 38 (5), S. 47-54

Gerber, Peter R. (1988): »Der Indianer - ein homo oecologicus?« In: Fritz Stolz (Hg.): *Religiöse Wahrnehmung der Welt*. Zürich: Theologischer Verlag, S. 22-244

Hempel, Carl Gustav./Oppenheim, Paul (1948): »Studies in the Logic of Explanation«. *Philosophy of Science*, 15, S. 135-175

Hübner, Kurt (1985): *Die Wahrheit des Mythos*. München: C. H. Beck

Hübner, Kurt (1985a): »Wie irrational sind Mythen und Götter?« In: Hans-Peter Duerr (Hg.): *Der Wissenschaftler und das Irrationale*. Bd. III. Frankfurt a. M.: Syndikat, S. 7-32

Hübner, Kurt (1986): *Kritik der wissenschaftlichen Vernunft*. 3. verbesserte Aufl. Freiburg: Karl Alber

Hübner, Kurt (1986/87): »Die nicht endende Geschichte des Mythischen«. *Scheidewege*, 16, S. 16-29

Hübner, Kurt (1987): »Die moderne Mythos-Forschung - eine noch nicht erkannte Revolution«. In: Dieter Borchmeyer (Hg.): *Wege des Mythos in der Moderne*. Richard Wagner »Ring der Nibelungen«. München: dtv, S. 238-259

Jensen, Adolf E. (1960): *Mythos und Kult bei den Naturvölkern*. Wiesbaden: Harrassowitz

Lepenies, Wolf (1969): *Melancholie und Gesellschaft*. Frankfurt a. M.: Suhrkamp

Löw, Reinhard (1985): *Leben aus dem Labor*. Gentechnologie und Verantwortung. München

Löw, Reinhard (1988/89): »Philosophische Begründung des Naturschutzes«. *Scheidewege*, 18, S. 149-167

Löw, Reinhard (1989): »Die ethische Brisanz der Gentechnologie«. *Zeitschrift für Politik*, 36 (4), S. 358-369

Löw, Reinhard (1990): »Das philosophische Problem der 'Natur an sich'«. In: *Philosophisches Jahrbuch*, 97. Jg., 1. Halbband. Freiburg: Karl Alber, S. 53-68

Mazzoleni, Gilberto (1986): »Il tempo ciclico riconsiderato«. In: Ugo Bianchi (Hg.): *Transition Rites*. Cosmic, Social and Individual Order. Rom: »l'Erma« di Bretschneider, S. 69-77

Müller, Werner (1976): *Indianische Welterfahrung*. Stuttgart: Klett-Cotta

Nipperdey, Thomas (1987): »Der Mythos im Zeitalter der Revolution«. In: Dieter Borchmeyer (Hg.): *Wege des Mythos in der Moderne*. München: dtv, S. 96-109

Odum, Eugene P. (1980): »Der Aufbruch der Ökologie zu einer neuen integrierten Disziplin«. In: Eugene P. Odum: *Grundlagen der Ökologie*. Band I. Stuttgart: Georg Thieme, S. XIV-XXVI

Patzig, Günther (1973): »Erklären und Verstehen. Bemerkungen zum Verhältnis von Natur- und Geisteswissenschaften«. *Neue Rundschau*, 84, S. 392-413

Pettazzoni, Raffaele (1950): »Die Wahrheit des Mythos«. In: Adolf E. Jensen (Hg.): *Mythe, Mensch und Umwelt*. Paideuma, Bd. 4, S. 1-10

Picht, Georg (1986): *Kunst und Mythos*. Stuttgart: Klett-Cotta

Picht, Georg (1989): *Der Begriff der Natur und seine Geschichte*. Stuttgart: Klett-Cotta

Popper, Karl (1966): *Logik der Forschung*. 2. Aufl. Tübingen: Mohr

Popper, Karl (1971): *Das Elend des Historizismus*. 3. verbesserte Aufl. Tübingen: Mohr

Schmidt, Dorothea (1988): *Indianer als Heilsbringer*. Ein neues Klischee in der deutschsprachigen Literatur? Frankfurt a. M.: Brandes & Apsel

Schnädelbach, Herbert (1989): »'Ring' und Mythos«. In: Udo Bermbach (Hg.): *In den Trümmern der eignen Welt*. Richard Wagners »Der Ring der Nibelungen«. Berlin: Dietrich Reimer, S. 145-161

Sorokin, Pitirim A. (1956): *Fads and Foibles in Modern Sociology and Related Sciences*. Chicago: Henry Regnery Company

Stegmüller, Wolfgang (1974): *Probleme und Resultate der Wissenschaftstheorie und Analytischen Philosophie*. Band I: Wissenschaftliche Erklärung und Begründung. Berlin: Springer

Valeri, Valerio (1985): *Kingship and Sacrifice*. Ritual and Society in Ancient Hawaii. Chicago: University of Chicago Press

Watzlawick, Paul (1978): *Wie wirklich ist die Wirklichkeit?* München: Piper

Weizsäcker, Carl Friedrich von (1987): »Kunst - Mythos - Wissenschaft«. In: Dieter Borchmeyer (Hg.): *Wege des Mythos in der Moderne*. München: dtv, S. 224-237

Die Ambivalenz des modernen Naturverhältnisses: Ökologische Ethik und der neue Geist des Kapitalismus

Klaus Eder

Inhalt

1. Die Kritik der Industriekultur

Ökologische Ethik ist eine Überleitungsformel in eine Gesellschaft, die die Grundlagen einer kapitalistisch organisierten Produktionsweise verläßt. Die Entgegensetzung von Ökonomie und Ökologie deutet bereits an, daß die Logik ökonomischer Rationalität nicht mehr ungebrochen greift.[1] Was die neue gesellschaftliche Formation von den alten unterscheidet, ist die »Wiedervergesellschaftung« des mit der Durchsetzung der modernen Gesellschaft freigesetzten Individuums. Es entsteht eine Gesellschaft, in der - im Gegensatz zur vergehenden modernen Gesellschaft - nicht mehr das freie Individuum in seinem sozialen Handeln Risiken eingeht (sei es als Unternehmer oder Politiker oder Familienvater/-mutter). Es sind vielmehr Risiken entstanden, die sich nicht mehr individualisieren lassen, die vielmehr Gruppen oder gar Gesellschaften insgesamt betreffen und die über die weiteren Entwicklungschancen moderner Gesellschaften entscheiden.

Gesellschaftliche Übergangssituationen mobilisieren Ideen und Gruppen; und zu den Ideen, die heute am meisten mobilisieren, gehören Vorstellungen, die mit - im weitesten Sinne - ökologischer Ethik und ökologischer Moral zu tun haben. In diesen Vorstellungswelten werden alte Traditionen thematisiert, umgeformt und mit neuem Sinn versehen. Soziale Gruppen eignen sich diesen Sinn an und setzen ihn in praktisches Handeln um. Die gegenwärtige Umweltbewegung ist nichts anderes als ein Aggregatbegriff für jene Myriaden sozialer Gruppen, die solches versuchen: von Ärzten gegen den Atomkrieg über Protestgruppen gegen die chemische Verschmutzung der Umwelt bis hin zu Tierschützern. Es sind Gruppen, die auf Gesinnung gegründet sind (das macht ihren quasi-religiösen Charakter aus); sie erscheinen als eigentümliche Ausdrucksform einer sozialen Bewegung, die mit dem Bild der klassischen sozialen Bewegung der Moderne, der Arbeiterbewegung, nur mehr wenig gemein hat. Diese Bewegung erinnert vielmehr an jene Prozesse, die den Beginn der Moderne kennzeichnen: an religiöse Protestbewegungen und Heilsbewegungen, an Glaubensgemeinschaften und intellektuelle Heterodoxien. Und wir wissen von Max Weber, wie solche Gruppen in unterschiedlicher

1 Es ist interessant zu sehen, daß die Soziologie in dem Augenblick anfängt, die Logik ökonomischen Handelns zur Grundlage ihrer Handlungstheorie zu machen, in dem die gesellschaftlichen Bedingungen ihrer Anwendung sich auflösen. Aber vermutlich erkennen wir im nachhinein immer besser, wie man die vergangene bzw. vergehende Realität hätte denken können.

Weise (die Puritaner mehr als andere) - jenseits ihrer Intentionen - einen Modus der Vergesellschaftung vorangetrieben haben, der die Systemintegration traditional organisierter Gesellschaften (also ihre materielle wie die davon abhängige soziokulturelle Reproduktion) fundamental verändert hat.

Daß die heute entstehende Gesellschaftsformation eine »ökologische« ist, ist zunächst nur eine mißverständliche Form der Thematisierung dieser entstehenden Gesellschaft. Sie will andeuten, daß das Verhältnis von Natur und Gesellschaft eine - die ökonomische Rationalität hinter sich lassende - Rationalität beinhaltet. Wir können ihre Konturen bereits an der Aneignungsweise der Umweltproblematik in der modernen Gesellschaft studieren: an der Anpassung von politischen Entscheidungslogiken an die mit Umweltproblemen verbundenen Entscheidungsunsicherheiten, an der Institutionalisierung von Umweltprotest, an der Assimilation von umweltbezogenen Gesichtspunkten in der Wirtschaft und schließlich an der massenmedialen Normalisierung von Umweltissues. Offensichtlich scheint der neue Geist des Kapitalismus nicht einfach eine höhere Form von Rationalität im Verhältnis Mensch-Natur und der Menschen untereinander zu sein, sondern auch die Grundlage einer neuen Form gesellschaftlicher Ordnung und Kontrolle.

Ich möchte im folgenden den Prozeß genauer zu verstehen suchen, in dem diese neue Gesellschaft produziert wird. Es handelt sich um einen Prozeß, in dem kulturelle Traditionen reinterpretiert werden, in der remoralisiert wird, was durch Institutionenbildung in den letzten Jahrhunderten entmoralisiert worden war. Das impliziert aber auch, daß es zu einfach wäre, diese Remoralisierung der Welt als bloße irrationale Gefährdung der bestehenden oder als Boten einer künftigen moralisch besseren Welt zu interpretieren. Sie sind mehr als das: Sie sind Überleitungsformeln zu einer anderen Gesellschaft, ohne deren willentliche »Produzenten« zu sein.

Das systematisch kontrollierte Verständnis dieser Phänomene ist der einzige Schlüssel, den wir heute haben, um den Prozeß der ökologischen Transformation der modernen Gesellschaft beschreiben zu können. Es handelt sich nicht nur um einen Prozeß, in dem die Menschen in einer Umwelt knapper und sensibler natürlicher Ressourcen überleben können (und eventuell die Möglichkeit besitzen, auch das Überleben noch zu optimieren = ökonomisch zu handeln); es geht darum, die neuartigen kulturellen Ausgangsbedingungen zu verstehen, unter denen sich ein neues Mensch-Natur-Verhältnis als gesellschaftliches Verhältnis entwickelt, das seinerseits die spezifischen Rahmenbedingungen abgibt, unter denen moderne Gesellschaften ihre sozialen Beziehungen als ökonomische organisieren. Es geht - mit anderen Worten - darum, zu zeigen, wie sich die Naturgrundlage des modernen Kapitalismus verändert und damit neue Reproduktionsbedingungen für ihn schafft.

Im folgenden möchte ich den Versuch machen zu verstehen, aus welchen kulturellen Traditionen sich die aktuellen Formen der Moralisierung von Umweltissues speisen und wie sie in eine Kultur transformiert werden, die der Ausgangspunkt (und die potentielle kulturelle Grundlage) einer »ökologischen« Transformation der modernen Gesellschaft sein könnte. So wie die durchrationalisierte Logik puritanischen Handelns eine Industriekultur hervorbrachte, die den Kapitalismus ermöglichte, so dürfte auch die Logik aktueller kultureller Bewegungen einen »Ökologismus« hervorrufen, der einen veränderten Kapitalismus, neue Konflikte, neue Ungleichheiten und neue Irrationalitäten hervorbringt.[2] Wir wissen eines sicher: daß dieser »Ökologismus« das evolutionäre Tempo, das mit der kapitalistischen Reorganisation der traditionalen Gesellschaft verbunden war, noch weiter beschleunigen wird. Die Wurzeln und Träger dieses entstehenden Systems einer kulturökologischen Fundierung kapitalistischer Gesellschaftssysteme zu verstehen ist der im folgenden unternommene Versuch.

2 Auf der einen Seite ist zu sehen, welche Mentalitäten, welche Formen von Gemeinschaftshandeln, welche Formen von Technikangst und Rationalitätskritik mit dem sich verbreitenden Ökologismus verbunden sind. Auf der anderen Seite aber ist zugleich zu reflektieren, welche Modernisierungs- und Rationalisierungschancen gerade die umweltbezogene Sensibilisierung für die Transformation kapitalistischer Institutionen (von der Organisationsform gesellschaftlicher Arbeit über die Organisationsform gesellschaftlicher Konsumtion bis hin zur rechtlichen Organisation der Reproduktion der modernen Gesellschaft) hat.

2. Der neue Geist des Kapitalismus

2.1 Die Ambivalenz des modernen Naturverhältnisses

Der neue Geist des Kapitalismus ist der Ökologismus.[3] Er verändert die Reproduktionsbedingungen dieses Kapitalismus in dem Maße, wie er die »Naturfrage« neu stellt. Die Wurzeln dieses »Ökologismus« sind in kulturellen Gegenbewegungen zu suchen, die die europäische Geschichte von Anfang an begleitet haben. Seine Träger sind Minoritäten und gegenkulturelle Bewegungen bis in dieses Jahrhundert gewesen. Die Annahme lautet, daß deren Ethik der Schlüssel zur Erklärung des neuen Geistes des Kapitalismus in fortgeschrittenen Industriegesellschaften ist. Es ist nicht einfach Verschmutzung oder Gefährdung von Gesundheit als solche, sondern eine damit verbundene spezifische moralische und expressive Haltung, die die Entstehung der »Naturfrage« in modernen Gesellschaften erklären.

Die Wurzeln dieses neuen Geistes des Kapitalismus sind in einer tiefsitzenden Ambivalenz der modernen Kultur zur Natur zu suchen. Wir finden in den kulturellen Traditionen der europäischen Gesellschaften gleichermaßen das Phänomen einer wachsenden Instrumentalisierung wie das Phänomen einer wachsenden Sensibilisierung im Verhältnis zur Natur. Die Basis dieser Ambivalenz ist - das ist die Ausgangsthese im folgenden - in der griechischen und jüdischen Geschichte zu suchen, die beide, vermittelt über den Prozeß der Christianisierung, zum kulturellen Erbe moderner europäischer Gesellschaften gehören. Die moderne Kultur als eine einzigartige Verknüpfung von zwei Traditionen, deren interne Widersprüche zugleich komplementär sind, hat die ihr damit verfügbar gewordenen Optionen entlang dem griechischen Modell entwickelt. Die These lautet nun, daß die moderne Industriekultur als das Resultat eines Prozesses gesehen werden kann, in dem das griechische Modell über das jüdische Modell die Oberhand gewonnen hat. Das bedeutet nicht, daß diese Dominanz eine stabile Lösung bleiben wird. Diese These behauptet nur, daß der Geist des Ökologismus auf kulturellen Traditionen ruht, die in der kulturellen Entwicklung Europas bislang marginal geblieben (bzw. marginalisiert worden) sind. Das Korrelat zu dieser These lautet, daß der moderne Ökologismus die Renaissance einer marginalisierten Tradition ist.

---

3 Dies ist die deutsche Übersetzung der englischen Formel »environmentalism«, die nicht übersetzbar ist - ein Zeichen dafür, daß bereits die nationale Sprache Beschränkungen der Thematisierungsfähigkeit dieses Phänomens aufwirft.

2.2 Zur Rekonstruktion des Codes der europäischen Kultur

Um die Differenz zwischen diesen Kulturen zu verstehen, müssen wir zuerst die spezifischen Organisationsprinzipien der beiden Gesellschaften verstehen, d. h. vor allem die Logik ihrer spezifischen politischen Herrschaftsform rekonstruieren. Diese Formen geben uns einen ersten Schlüssel zur Kultur und innerhalb der Kultur zum Naturverhältnis dieser Gesellschaften.

Die Gesellschaft des antiken Griechenlands war durch ein Modell politischer Herrschaft gekennzeichnet, das seine Legitimation im Rahmen blutiger Opferrituale bestätigte. Ein Beispiel dafür sind die delphischen Rituale, die die symbolische Repräsentation stadtstaatlicher Herrschaftsformen bestimmten. Das politische System wurde von diesem symbolischen Code zusammengehalten (und erst sekundär von einer demokratischen Ideologie, in der Tat eine intellektuelle Erfindung der späteren griechischen Geschichte!). Belege für die Dominanz des blutigen Modells als der symbolischen Grundlage der griechischen Stadtstaaten finden sich in den kulturellen Orientierungen derjenigen Gruppen, die gegen diese Herrschaftsform opponierten. Am wichtigsten unter ihnen waren die pythagoräischen Gruppen, die sich vor allem durch ihren Vegetarismus von den anderen unterschieden, eine kulturelle Orientierung, die klarerweise den blutigen delphischen Ritualen entgegengesetzt war (Detienne 1979). Vegetarismus ist offensichtlich eine symbolische Ablehnung einer dominanten Kultur. Es ist nur konsequent, wenn die besondere Verfolgung der vegetarischen Gruppen ein Weg war, die dominante Ordnung wiederherzustellen.

Die jüdische Gesellschaft auf der anderen Seite war durch einen kulturellen Code charakterisiert, dem es gelang, kulturelle Restriktionen politischer Herrschaft zu institutionalisieren. Das Mittel dazu waren extensive rituelle Beschränkungen des Blutvergießens. Das war die entscheidende Differenz zwischen den Juden und ihren Nachbarn. Die Nicht-Opferung Isaaks ist einer jener Mythen, die den historischen Punkt markieren, an dem die Juden Abstand von Menschenopfern nahmen, während ihre Nachbarn weiterhin diese praktizierten. Im Verlauf ihrer Geschichte restringierten die Juden zunehmend das Vergießen von Blut. Die Restriktion wurde rationalisiert im Mythos des *unblutigen Paradieses*. Um diese paradiesische Ordnung auch noch in der nachparadiesischen Welt präsent zu halten, und das heißt, das Vergießen von Blut zu vermeiden, wurden Reinheitsregeln und Reinheitsrituale entwickelt. Sie regulierten in strenger Weise die Praktiken des blutigen Opfers sowie von Alltagspraktiken, die das Vergießen von Blut implizierten. Diese Regeln wurden um so komplizierter, je komplexer das gesellschaftliche Leben organisiert war; sie reproduzieren eine Kultur, die symbolische Begrenzungen für Blutvergießen setzt.[4] Der einzigartige Kanon an Eßregeln und Eßverboten in der jüdischen Gesellschaft ist die Folge dieser kulturellen Logik. Wir finden hier also eine kulturelle Tradition, die den Versuch unternommen hat, den instrumentellen Gebrauch des Anderen (ob Mensch, Tier oder Natur als solche) zu begrenzen.

Die jüdische Obsession mit ritueller Reinheit erklärt, warum die jüdische politische Gesellschaft niemals die Dynamik der griechischen oder römischen Gesellschaft entwickelte. Die Juden mobilisierten sich niemals in der Art und Weise, wie das die Nachbargesellschaften taten. Dennoch behielt dieser kulturelle Code seine zentrale kulturelle Geltung. Einflüsse von außen, selbst gewaltsame, konnten ihn nicht ändern. Die Römer wußten genau, warum sie die Juden zu zwingen versuchten, Schweinefleisch zu essen. Es wäre der beste Weg gewesen, die symbolischen Grundlagen der Gesellschaft zu zerstören. Die frühen Christen folgten ebenfalls diesem spezifischen kulturellen Code. Die Römer sahen sie als radikale jüdische Sekte. Die kulturelle Grundlage ihrer Verfolgung lag - wie die Verfolgung der Juden später in Europa - in der kulturellen Differenz, die sie von der blutigen Tradition der griechischen und römischen Kultur nicht nur unterschied, sondern auch trennte.

Insofern baut der kulturelle Code der europäischen Gesellschaft auf einem komplexen Erbe auf. Auf der einen Seite haben wir die Griechen, eine Gesellschaft, die ihre soziale, ökonomische und politische Dynamik mobilisierte, ohne weitgehende kulturelle Kontrollen des Gebrauchs politischer Macht einzubauen. Auf der anderen Seite haben wir die Juden, eine Gesellschaft, die ihre ökonomische, politische und soziale Dynamik in eine kulturelle Welt integrierte, die dem Gebrauch von politischer Macht rigide Begrenzungen setzte. Das griechische Modell wurde das dominante Modell, das die Entwicklung der europäischen Gesellschaft prägte. Weil das jüdische Modell ihm widersprach, wurde es geächtet, in Gettos eingesperrt und verfolgt.

Die Analyse dieser doppelten Tradition erlaubt es, unsere Konzeption eines der europäischen Gesellschaft zugrundeliegenden kulturellen Codes zu erweitern. Beide, die dominante und die latente Tradition, haben zum

4 Eine Diskussion dieser jüdischen Praktiken findet sich in Eder (1988) mit weiteren Hinweisen.

Prozeß der Modernisierung dieser Gesellschaft beigetragen. Das Christentum als das symbolische System, das zwischen diesen Traditionen vermittelte und sie verknüpfte, hat die eigentümliche Konstellation von zwei Codes in einer Kultur nicht nur reproduziert, sondern auch noch radikalisiert. Die zyklisch auftretenden Ereignisse von Protest und Rebellion, die Zyklen von Orthodoxie und Heterodoxie in der christlichen Kultur können als Versuche gesehen werden, die Beziehung zwischen den beiden Codes umzukehren. Die Bewegungen, die z. B. mit dem Heiligen Franziskus oder Johan Hus verbunden waren, sind Träger einer kulturellen Orientierung, die derjenigen entgegenstand, die als »Kirche« institutionalisiert war.

Die Dynamik der europäischen Kultur ist mit hohen Kosten verbunden gewesen. Ihre Geschichte ist die der Unterdrückung dieser alternativen Tradition innerhalb der europäischen Kultur. Die Verfolgung von Häretikern, Hexen, Juden - ganz zu schwiegen von den Zerstörungen, die die Religionskriege nach sich zogen - beweist das. Die alternative Tradition ist - trotz ihrer blutigen Unterdrückung - Teil eines gesellschaftlichen Wissensvorrats geblieben. Heute, wo die dominante kulturelle Tradition zunehmend aus dem Grunde attackiert wird, daß sie unfähig sei, die Probleme zu lösen, die sie produziert, erhält diese alternative Tradition eine neue Rolle. Sie ist insbesondere diejenige, die für die Naturfrage andere kulturelle Lösungen denken kann. Das zwingt die moderne Gesellschaft, sich mit der anderen kulturellen Tradition, die bislang außerhalb des Diskurses über Modernität und Modernisierung stand, auseinanderzusetzen. Der gesellschaftliche Wissensvorrat wird zunehmend öffentlich diskutiert und zu einem manifesten kollektiven Wissen. Die Effekte des Prozesses der Entdeckung und Aufdeckung einer latenten Tradition in der kulturellen Evolution der Moderne können deshalb gar nicht überschätzt werden. Im folgenden soll gezeigt werden, wie dieser doppelte kulturelle Code zwei konkurrierende Vorstellungen von *Natur* im Verlauf der frühmodernen europäischen Geschichte hervorgebracht hat. Es soll insbesondere herausgearbeitet werden, wie die bislang marginalisierte kulturelle Tradition für eine ökologischen Ethik und damit für den neuen Geist des Kapitalismus von zentraler Bedeutung werden konnte.

2.3 Der doppelte kulturelle Code und das Problem der Natur

Auf dem Hintergrund einer doppelten kulturellen Tradition konnte sich im Verlauf der europäischen Geschichte ein doppeltes - und ambivalentes - Verhältnis zur Natur entwickeln. Die Zunahme an Wissen, die die Rationalisierung und letztlich Instrumentalisierung des Naturverhältnisses ermöglicht hat, geht einher mit einer zunehmenden Sensibilität gegenüber dieser objektivierten Natur. Thomas (1983) faßt im Anschluß an von ihm durchgeführte historische Untersuchungen den Doppelcharakter des frühmodernen Naturverhältnisses in den folgenden vier Dichotomien: *»town«* und *»country«*, *»cultivation«* und *»wilderness«*, *»conquest«* und *»conservation«*, *»meat«* und »mercy« (Thomas 1983: 242 ff.). In diesen vier Begriffspaaren läßt sich die moderne Ambivalenz gegenüber der Natur systematisch rekonstruieren.

Es war nach der Erfahrung der großen städtischen Epidemien, daß das Land der Ort des besseren Lebens, eines der Natur näheren Lebens wurde. Die Wildnis war dort, wo die klassischen Tugenden des Menschen, seine natürlichen Kräfte, immer noch nützlich, ja notwendig waren. Naturschutzideen entwickelten sich beim Versuch, die natürliche Welt vor den destruktiven Effekten der modernen Zivilisation zu retten. Ein sentimentales Verhältnisses zu den Tieren entwickelte sich in dem Maße, wie diese nicht als Beute oder Fleisch, sondern wie Menschen gesehen wurden. Solche Ideen lagen all den kulturellen Bewegungen zugrunde, die seit dem 18. Jahrhundert entstanden sind. Diese idealisieren das Landleben, suchen das bessere Leben in der Wildnis, suchen den Schutz der Natur und ein Recht auf Leben für die gefährdete Tierwelt, und sie fordern, das Töten von Tieren zum Zweck des bloßen Gebrauchs für menschlichen Konsum zu beenden. Diese Analyse widerspricht der gängigen Idee einer scharfen Trennung in der europäischen Geschichte zwischen einem frühen »mittelalterlichen« Stadium und einem späten »modernen« Stadium, einer Trennung, die das frühe Stadium als eine Periode gekennzeichnet, in der Poesie und konkrete Einbildungskraft die Beziehungen zwischen den Menschen und der Natur bestimmten und die das spätere Stadium als eine Periode kennzeichnet, in der abstraktes Verstehen und ein rational/wissenschaftlicher Umgang mit der Natur triumphierte. Es gibt dauernde Gegenbewegungen in dieser Geschichte, und wir müssen die Komplexität der Zusammenhänge zur Kenntnis nehmen. Wir schlagen dennoch vor, diese Komplexität auf zwei idealtypische gegenläufige Bewegungen zu reduzieren: auf eine Kultur, die Natur als beherrschbar durch den Menschen sieht, und als eine Gegenkultur, die eine Art Frömmigkeit gegenüber der Natur verkörpert. Die doppelte Tradition europäischer Kultur ist der Ausdruck zweier kultureller Traditionen, die in ihrem Code zwei - einander entgegengesetzte - Formen des Naturverhältnisses rationalisieren. Die griechische Tradition verhielt sich - entsprechend ihrem Basiscode - zur Natur in einer Weise, die der symbolischen Selbstdarstellung dieser Kultur entsprach: Natur war (wie die Opfertiere) ein Mittel zur Legitimation politischer Herrschaft. Die Logik dieser Codierung, nämlich Blut ohne Einschränkungen zu vergießen, wurde im dominanten Naturverhältnis der modernen Gesellschaft generalisiert; ihr instrumentalistisches Naturverhältnis wird im Rahmen des griechischen Codes legitimiert. Die jüdische Tradition auf der anderen Seite beschränkte den Gebrauch blutiger Rituale, indem sie Opferhandlungen an das Modell eines paradiesischen Zustandes der Natur knüpfte. Rituelle Reinheitsregeln waren Versuche, das biblische Paradies, in dem Menschen und Tiere einem höheren Gesetz unterworfen waren und zusammen in Frieden lebten, zumindest in eingeschränkter Form wiederherzustellen. Diese Idee einer harmonischen und friedlichen Beziehung zur Natur beschränkt damit notwendig deren Gebrauch durch den Menschen. Wir können also den Basiscode der europäischen Kultur als einen beschreiben, der hin- und hergerissen ist zwischen einem blutigen Modell, das sich aus dem Code des griechischen Stadtstaates ableitet, und einem unblutigen Gegenmodell, das sich aus den jüdischen Code ritueller Reinheit ableitet. Diese zwei Wurzeln sind immer noch wirksam und bestimmen die Ambivalenz des modernen Naturverhältnisses.

Auf dem Hintergrund dieses kulturellen Codes lassen sich einige Praktiken und Bewegungen in der europäischen Geschichte leichter verstehen, insbesondere auch die gegenwärtige ökologische Stimmung und die mit ihr verbundenen Bewegungen. Wir können eine spezifische kulturelle Bedeutung hinter der romantischen Liebe für Tiere, modernen vegetarischen Bewegungen und Tierschutzbewegungen entziffern. Diese Phänomene, die als Teil einer Gegenkultur von der dominanten Kultur provoziert und unterdrückt worden sind, sind die sozialen Träger latenter Traditionen eines alternativen Naturverhältnisses gewesen. Sie werden heute der Schlüssel zu einem neuen und sich ausdehnenden Typus des Verhältnisses zwischen Mensch und Natur.

3. Die Rationalität des Ökologismus

3.1 Zwei Rationalitätsmodelle in der europäischen Kultur

Um die zwei kulturellen Traditionen, die das Naturverhältnis in der modernen Kultur prägen, im Sinne von Paradigmen der Wahrnehmung der Welt fassen zu können, will ich im folgenden die Unterscheidung zwischen einer *»Gerechtigkeitsperspektive«* und einer *»Reinheitsperspektive«* einführen. Diese Perspektiven beziehen sich nicht nur auf zwei konkurrierende Grundlegungen des Verhältnisses einer sozialen Ordnung zur Natur als der Umwelt der sozialen Ordnung. Es soll gezeigt werden, daß die erste Perspektive - der Ausgangspunkt des modernen Naturverständnisses - das nicht fassen kann, was die zweite thematisiert: nämlich die Wahrnehmung und Erfahrung der Natur jenseits ihres bloßen Nutzens für die Wohlfahrt der Menschen jenseits des Bereichs privater lebensweltlicher Handlungssphären. Die Behauptung ist, daß die Reinheitsperspektive sich dadurch auszeichnet, daß sie über ein privatistisch verkürztes und emotionalisiertes Naturverhältnis hinausgeht und eine die lebensweltlichen Begrenzungen überschreitende soziale Ordnung denkbar macht. Als solche aber gerät sie in Konflikt mit der das Denken einer modernen sozialen Ordnung dominierenden Gerechtigkeitsperspektive.

Beide Perspektiven sind im Hinblick auf das in ihnen implizierte Naturverhältnis inkommensurabel. Innerhalb der Gerechtigkeitsperspektive hat die instrumentalistische Tradition das Naturverhältnis dominiert. Die Gerechtigkeitsperspektive schließt systematisch aus, was konstitutiv für die Gegenkultur in der europäischen Tradition eines Naturverhältnisses ist. Das läßt sich gut an der Formel »Ausbeutung der Natur« zeigen. Ausbeutung ist ein Zustand, dessen moralische Bewertung mit der Gerechtigkeitsperspektive zusammenhängt. Das moralische Moment besteht darin, den Gebrauch des anderen nach Gesichtspunkten der Fairness oder anderer Gerechtigkeitskriterien zu steuern. Dies läßt sich im Umgang der Menschen miteinander denken (auch wenn die Effekte der Mobilisierung von Gerechtigkeitskriterien nicht unbedingt bessere Welten bedeuten). Es läßt sich aber nicht mehr problemlos so im Verhältnis von Mensch und Natur denken. Die Gerechtigkeit, die die Ausbeutung der Natur beenden möchte, ist ein Typus von Gerechtigkeit, die Ausbeutung minimiert, um weiter ausbeuten zu können. Es gibt nichts in der Konzeption eines »gerechten« Umgangs mit der Natur, was diese Logik unterbrechen könnte. Die gerechtigkeitsbezogene Sicht eines gesellschaftlichen Naturverständnisses reduziert letztlich die Ausbeutung der Natur auf den Schaden, den der Ausbeuter erleidet, wenn er seine Ressourcen erschöpft. Und dann bleibt die Frage: Wie können Gerechtigkeitsüberlegungen noch ein Naturverhältnis begründen, wenn es nichts mehr zum Ausbeuten gibt? Ausbeutung ist in der Tat ein weiches Konzept, sobald wir damit ein Naturverhältnis zu beschreiben suchen. Die Projektion der Gerechtigkeitsmetapher auf das Verhältnis von Mensch und Natur wird nicht in der Lage sein, jene kulturellen Orientierungen zu absorbieren, die in gegenkulturelle Traditionen transportiert werden. Ausbeutung ist ein theoretisch zu mageres Konzept.

Das heißt nicht, daß Ungerechtigkeit gegen die Natur nicht eine Motivation sein kann, die Prämissen eines Naturverhältnisses in Frage zu stellen.[5] Es mobilisiert Tierschützer, die die Gleichbehandlung aller Lebewesen als fundamentales moralisches Prinzip des menschlichen Handelns sehen, eine Prämisse, die charakteristisch für die utilitaristische Ethik der »animal liberation« (Singer 1976) ist. Aber »animal liberation« wird nicht das moderne Naturverhältnis in Frage stellen können. Es wird nur einige der Folgen mildern, die die auf Gerechtigkeitsprinzipien aufgebaute moralische Ordnung produziert. Es wird dazu helfen, das Leiden der Tiere, die für experimentelle Zwecke gebraucht werden, zu minimieren. Aber es wird nicht die Beziehung des Menschen zur Tierwelt ändern. Es wird nicht den Menschen von seinem besonderen Platz in der Schöpfung verdrängen. »Animal liberation« ist eine auf die Natur (genauer: die Tierwelt) projizierte paternalistische Attitüde. Und diese Projektion kann problemlos in die dominante Kultur integriert werden; die ökonomisch bestimmte Beziehung zur Natur wird im privaten Bereich auf den Kopf gestellt. Das Naturverhältnis wird zur Luxuskonsumtion, indem Tiere in Schoßtiere transformiert werden (Sahlins 1976). Der im Produktionsprozeß institutio-

5 Es gibt einen Typus moralischer Argumentation, der die Gerechtigkeitsperspektive mit einem nicht-instrumentellen Verhältnis zur Natur vermitteln will. Dies ist die utilitaristische Begründung des Verhältnisses von Mensch und Natur gewesen, eine Idee, die von Bentham bis hin zu modernen Umweltökonomen reicht und die - paradoxerweise - mit dem wachsenden Umweltbewußtsein zusammenhängt. Das utilitaristische Modell der Moral kann - wie Max Weber es tat - als Ausdruck einer materiellen oder substantiellen Rationalität gesehen werden; das heißt, Gerechtigkeitskriterien auf ein nicht-instrumentelles Naturverhältnis anzuwenden. Aber ein solcher Utilitarismus muß auf anthropomorphe Projektionen auf die Natur, auf eine Äquivokation von Natur und Kultur, gegründet werden. Diese »konflationierende« Sicht auf Gesellschaft und Natur endet in ideologischen Naturdiskursen - die besten Beispiele sind Naturschutzbewegungen, insbesondere Tierschutzbewegungen; vgl. etwa Singer (1976, 1979), Salt (1980) und Harwood (1928).

nalisierte Gebrauch der Natur kann problemlos neben dieser Schoßtierkultur existieren.

Die Naturfrage wird demgegenüber in den gegenkulturellen Traditionen als eine Frage jenseits des Gerechtigkeitsparadigmas gesehen. Die Naturfrage hat in diesen kulturellen Traditionen auch noch mit mehr zu tun als nur mit Gefühl und Empfindung. In ihnen findet sich ein anderes Modell eines Naturverhältnisses. Dieses andere Modell kann als *Reinheitsmodell* (Douglas 1966, 1975) beschrieben werden. Die Reinheitsperspektive kodiert die Differenz zwischen Natur und Kultur in einer zur Gerechtigkeitsperspektive alternativen Weise. Das wird deutlich, wenn wir uns einige der moralischen Werte ansehen, die mit der Idee der »Reinheit« verbunden sind: Sie beziehen sich auf *Gesundheit, körperliche Integrität* und *Leben*. Der Komplementärbegriff ist »Unreinheit«; seine moralischen Dimensionen sind *Krankheit, Identitätsverlust* und *Tod*. Diese Konzepte haben nichts mehr mit (distributiver) Gerechtigkeit zu tun; es handelt sich vielmehr um totalisierende Güter, die wir nur haben oder nicht haben können. Es gibt nichts zu verteilen, weil diese Güter unteilbar sind. Die »Reinheitsperspektive« (bzw. ihr Gegenteil: die Perspektive der »pollution«, der Unreinheit) kann als ein Schlüssel zum Verständnis eines Naturverhältnisses nicht nur in prämodernen, sondern gerade auch in modernen Gesellschaften gesehen werden. Die Reinheitsperspektive zeigt, daß sie mehr und anderes thematisiert als die Gerechtigkeitsperspektive. Sicherlich findet sich in ihr auch eine starke affektive Komponente. Aber das ist nicht alles. Denn das Reinheitsmodell kann auch in moralischen und kognitiven Termini gefaßt werden. Diese Perspektive entfernt uns nicht notwendig vom kognitivistischen Diskurs und seiner soziologischen Beschreibung als Teil eines Rationalisierungsprozesses. Sie zwingt uns nur dazu, eine alternative Form eines Rationalisierungsprozesses zu denken, d. h. die Möglichkeit einer moralischen und kognitiven Strukturierung einer symbolisch vermittelten Beziehung zwischen Mensch und Natur.

3.2 Gegenkulturelle Traditionen und ökologische Ethik

Die Rekonstruktion kultureller Traditionen, die das Naturverhältnis bestimmen, erlaubt es uns, unterschiedliche Formen eines symbolisch vermittelten Naturverhältnisses zu identifizieren. Sie zeigt uns vor allem, daß wir Natur nicht nur instrumentell nutzen können; wir benutzen die Natur auch, um die Welt zu denken. Wir geben natürlichen Differenzen Bedeutung, um sozialen Differenzen eine Bedeutung zu geben (Douglas 1975). Die Natur gibt - in einem gewissen Sinne - Lektionen, wie man sozialen Differenzen Sinn geben kann. Zwischen Mensch und Natur findet ein Interaktionsprozeß statt, der weit komplexer ist als das, was die moderne Kultur an gesellschaftlichem Naturverhältnis institutionalisiert hat. Indem wir den Fokus von der Gerechtigkeitsperspektive auf die Reinheitsperspektive verschieben, können wir nicht nur besser verstehen, welche Bedeutungen in den gegenkulturellen Traditionen transportiert werden; wir können auch angemessener die Funktion dieser Bedeutungen in der Reproduktion sozialer Ordnungen fassen.

In einer gesellschaftlichen Situation, in der Umweltrisiken zunehmen, wird die Frage, welche Rolle die beiden Kulturen in der Reproduktion der modernen Gesellschaft spielen, zentral. Wie kann eine Gesellschaft, in der zwei inkommensurable Kulturen existieren, ihre Umweltprobleme lösen? Wie geht die moderne »Risikogesellschaft« mit diesem doppelten Code um? Wie reagiert sie auf den Naturdiskurs, auf den Aufstieg der modernen Gegenkultur? Sie versucht zunächst, die Träger von gegenkulturellen Traditionen als Protestbewegungen gegen Modernität und Modernisierung zu definieren. Und die gegenkulturellen Bewegungen übernehmen diese Definition. Doch in den Auseinandersetzungen um Modernität versus Antimodernität geht es um etwas anderes: nämlich um die Frage nach dem Pfad der weiteren Modernisierung der modernen Gesellschaften. Ich behaupte, daß die zwei konkurrierenden Modelle eines Naturverhältnisses das Feld eines neuartigen Typus sozialer Auseinandersetzungen über zwei Typen von Modernität in fortgeschrittenen Industriegesellschaften geworden sind. Dies scheint nicht mehr ein Klassenkampf im Sinne des 19. Jahrhunderts zu sein; es scheint eher das Vorspiel zu einem neuen Typus von gesellschaftlichen Auseinandersetzungen zu sein, nämlich historische Kämpfe im Sinne der Auseinandersetzung um die Orientierung gesellschaftlicher Entwicklung.

Ich vermute, daß der moderne Ökologismus die Elemente für diese neue Form sozialer Auseinandersetzungen in sich enthält. Er gründet sich auf eine ethische Tradition, die zur Natur ein nichtinstrumentalistisches Verhältnis denkt und die in den gegenkulturellen Gruppen (den »Ökogruppen«) assimiliert wird. Das ist das, was wir in unklarer Weise mit »Umweltbewußtsein« meinen. Doch entscheidend ist, wie sich diese Kultur im Reproduktionsprozeß der modernen Gesellschaft auswirkt. Sie definiert die ökologische Transformation in kulturellen Begriffen; doch sie erzeugt damit vor allem einen neuen Typus vergesellschafteten Handelns.

Was die ökologische Ethik, der Ökologismus, hervorbringt, ist die Erfahrung einer gegenseitigen Abhängigkeit, die Erfahrung des »Sitzens in einem Boot«. Die gegenkulturellen Traditionen sind durch die Naturfrage mobilisiert worden; sie haben eine kulturelle Welt zur Folge, in der symbolische und rituelle Beschränkungen des individuellen Umgangs mit der Natur eingeübt werden. Das rückt den Ökologismus in die Nähe religiöser Bewegungen. Das Entscheidende aber ist, daß mit dieser Kultur zugleich eine neue Form kollektiven Handelns hervorgebracht wird, die gerade nicht mehr durch individuell zurechenbare Überlegungen, Präferenzstrukturen, durch die Autonomie des Subjekts bestimmt ist.[6] Es handelt sich um eine Form kollektiven Handelns, die die quasi-religiöse Erfahrung der kollektiven Verantwortung für die »Schöpfung« zur Grundlage eines kollektiven Zwangs macht. Nicht mehr der Puritaner, sondern der heterodoxe Ritualist dürfte das Modell sozialen Handelns zu Verfügung stellen, das den neuen Geist des Kapitalismus kennzeichnet. Der neue Geist besteht darin, Fakten über den Zustand der Natur, der äußeren wie der inneren, zu erzeugen, um die quälende Unsicherheit, was die Folgen unseres Tuns sind, verringern zu können. Wir werden es mit einer Gesellschaft zu tun haben, in der die Motive, sich in die permanente Suche nach kollektiver Sicherheit engagieren, eher dort zu finden sein werden, wo die kollektive Verantwortung für die eigenen Lebensbedingungen kulturell eingeübt worden sind. In diesem Sinne hat der Puritaner endgültig abgedankt. Der heterodoxe Ritualist wird zwar niemals diese Unsicherheit auflösen können; aber seine säkularisierte Version wird vermutlich die Motive (und Fähigkeiten) haben, kollektiv auch diesseits seines Eigeninteresses handeln zu können.

4. Kultureller Relativismus als Ausweg?

Der Doppelcharakter des überlieferten modernen Naturverhältnisses hat uns zur These von den *zwei Kulturen in der modernen Kultur* geführt. Diese These impliziert, daß es mehr als ein und weniger als eine beliebige Anzahl von Kulturen gibt, die das moderne Naturverhältnis bestimmen. Wir können daher in der modernen Kultur fortgeschrittener westlicher Gesell-

6 Hier dürfte der Ansatzpunkt für eine historische und zugleich systematische Kritik rationalistischer Handlungstheorien, insbesondere von rational-choice-Modellen liegen.

schaften weder einen universalistischen noch einen relativistischen Standpunkt verteidigen. Was die moderne Gesellschaft als empirisch wahr, moralisch richtig und gefühlsmäßig angemessen sieht, ist weder kontingent, noch gibt es nur einen Weg, das Richtige, Wahre und Gute zu bestimmen. Die Analyse der Wurzeln des modernen Geistes des Ökologismus zeigt, daß es zumindest zwei Modi, dies zu tun, gibt. Vielleicht sind diese zwei Modi inkommensurabel - es gibt keine Möglichkeit, beide in bezug auf implizite Geltungsansprüche zu überbrücken.[7] Aber die Existenz von zwei kulturellen Modellen zwingt uns dazu, die sozialen Beziehungen zu betonen, die zusammenhalten, was die zwei Kulturen teilen. Der Ökologismus ist nicht der Träger einer neuen Rationalität, die gegen traditionelle Formen von Rationalität ausgespielt werden kann. Aber sie hat einen wichtigen sozialen Effekt: zu zeigen, daß Rationalität nicht in harten Fakten, universalen moralischen Prinzipien oder individualisierten expressiven Gesichtspunkten, sondern in der Kommunikation solcher Geltungsansprüche besteht. Der Ökologismus ersetzt also nicht eine kulturelle Tradition durch eine andere, sondern verändert die Art und Weise, wie die Gesellschaft sich selbst sieht - jenseits von Absolutismus und Relativismus.

Die historische Rekonstruktion der Wurzeln des Ökologismus hat uns zur Idee von zwei distinkten und zugleich inkommensurablen kulturellen Traditionen im gegenwärtigen Umweltdiskurs geführt. Das ist vermutlich der theoretisch entscheidende Punkt in der kulturellen Analyse der Art und Weise, wie die Naturfrage zu einer sozialen und politischen Frage in modernen Gesellschaften gemacht wird. Mit dieser Idee ist zugleich ein - zu bestimmender - Relativismus verbunden. Wir geben damit den klassischen Typus kultureller Analyse auf, der etwa darin besteht, den »ideologischen« Charakter des Ökologismus aufzuzeigen. Uns interessiert nicht die Unwahrheit oder Unrichtigkeit von Ideen. Uns interessiert die Kommunikabilität von Ideen und deren Funktion für die Herstellung sozialer Handlungszusammenhänge.[8] Es hilft wenig, wenn wir gegen den Ökologismus wettern oder uns mit ihm identifizieren. Es geht darum, seine soziale Funktion zu verstehen. Und die Funktion besteht darin, jenseits einer - nur speziellen Gruppen zugänglichen, nachvollziehbaren und geglaubten -

7 Das impliziert eine Kritik an und Radikalisierung von Habermas' Theorie kommunikativen Handelns, die hier nur angedeutet werden kann.

8 Dies ist an der jüngeren Debatte zur ökologischen Kommunikation zu sehen. Sie zeigt, daß nicht so sehr Fakten als kulturelle Konstruktionen von Fakten entscheidend sind. Das Problem ist dann, wie Fakten als kulturelle Konstruktionen kommuniziert werden (Johnson/Covello 1987, Rice/Atkin 1989).

Ethik einen kollektiv verankerten und eingeübten Habitus kollektiver Verantwortung für das eigene Handeln hervorzubringen, der die ökologische Transformation moderner Gesellschaft in Gang setzen kann. Daß es sich dabei um einen neuen Geist des Kapitalismus handelt, sollte uns nicht abschrecken. Er ist zumindest besser als der alte Geist des Kapitalismus in der Lage, die Modernisierung moderner Gesellschaften voranzubringen und die Naturfrage zu lösen.

Literatur

Detienne, M. (1979): »Pratique culinaires et esprit de sacrifice«. In: M. Detienne/J. P. Vernant (Hg.): *La cuisine du sacrifice en pays grec*. Paris: Gallimard, S. 7-35

Douglas, M. (1966): *Purity and Danger*. An Analysis of Concepts of Pollution and Taboo. London: Routledge & Kegan

Douglas, M. (1975): *Implicit Meanings*. Essays in Anthropology. London: Routledge & Kegan

Eder, K. (1988): *Die Vergesellschaftung der Natur*. Studien zur sozialen Evolution der praktischen Vernunft. Frankfurt a. M.: Suhrkamp

Harwood, D. (1928): *Love of Animals, and How it Developed in Great Britain*. New York: Columbia University Library

Johnson, B. B./Covello, V. T. (Hg.) (1987): *The Social and Cultural Construction of Risk*. Essays on Risk Selection and Perception. Dordrecht: Reidel

Rice, R. E./Atkin, C. K. (Hg.) (1989): *Public Communication Campaigns*. 2. Aufl. Newbury Park, CA: Sage

Sahlins, M. (1976): *Culture and Practical Reason*. Chicago: University of Chicago Press

Salt, H. S. (1980): *Animals' Rights Considered in Relation to Social Progress*. Revised edition with preface by Peter Singer (Original 1892). Clarks Summit, PA: Society for Animal Rights

Singer, P. (1976): *Animal Liberation*. A New Ethics for our Treatment of Animals. London: Cambridge University Press

Singer, P. (1979): *Practical Ethics*. London: Cambridge University Press

Thomas, K. (1983): *Man and the Natural World*. A History of the Modern Sensibility. New York: Pantheon Books

Individualität als Einheit der konkreten Natur: Das Kulturkonzept der Geographie

Ulrich Eisel

Inhalt

Das Programm der geographischen Wissenschaft hat wesentliche Ähnlichkeiten mit dem neuerlichen »approach« einer Human- oder Kulturökologie; diese Ähnlichkeiten sollen hier behandelt werden. Die Analogien zwischen Geographie und Human-/Kulturökologie sind von unterschiedlicher Reichweite. Ich beziehe mich in diesem Text vornehmlich auf den weltanschaulichen Kontext, auf den Typus einer gemeinsamen Philosophie sowie einer gleichlautenden Problemwahl, weniger auf Theorien im engeren Sinne, obwohl es auch hier Überschneidungen gibt.

Die Verbindungen zwischen der Geographie und der ökologischen Sozialwissenschaft werden dabei in vier Problemkontexten gesucht. Wiederholungen und Überschneidungen der Darstellung sind beabsichtigt. Sie sind die theoretischen Knotenpunkte von Diskussionslinien ebenso wie die vertikalen »Treppen« zwischen Ebenen. Diesen Fäden zu folgen und dabei aus verschiedenen Kontexten und Ebenen immer wieder auf die Ähnlichkeiten zwischen dem geographischen Paradigma und der Human- und Kulturökologie zu stoßen schien mir weniger »hermetisch« zu sein, als es eine systematische Problemgeschichte gewesen wäre; zudem ist diese längst geschrieben (Bartels 1968, Hard 1970, 1973, Schramke 1975, Eisel 1980, Schultz 1980, Klüter 1986, Pohl 1986).

Ich gehe davon aus, daß der neuerliche Aufwind, in dem sich solche Disziplinen wie die Geographie und die sozialwissenschaftliche Ökologie befinden, nicht unabhängig von der modischen Relevanz der Umweltkrise und -wissenschaften, d. h. der zunehmenden Akzeptanz gegenüber »grüner« Politik und Ideologie, ist. Die Human- und Kulturökologie befindet sich auf der Woge eines neuen kritischen Selbstverständnisses, das das rationalistische Paradigma im Dienste lebensweltlichen Wissens angreift, interdisziplinäre, ganzheitliche, Natur- und Geisteswissenschaft übergreifende Denkformen und Forschung fordert, der Natur (und dem Leben) zum Recht verhelfen will; die Rückbesinnung auf (»ökologische«) Naturgrundsätze und die Rückbebesinnung auf die kulturelle (statt emanzipatorisch-fortschrittliche) Dimension der Vergesellschaftung sonnen sich gemeinsam im Sonnenblumenschein einer sanfteren Zukunft.

Das, was sich der neue Approach an Brisanz stolz selbst zurechnet, ist die kritische und fortschrittliche Haltung, die gerade in der Rationalismuskritik gesehen wird. Ohne diese äußere Relevanz und Stoßrichtung wären die theoretischen Neuerungsversuche keine, sondern normaler Theorie-Alltag des Forschungsprozesses. Ihre Kraft, ihr Selbstbewußtsein und ihre Lautstärke gewinnen sie durch den Glorienschein des ganz großen Umdenkens. Selbst wer im innerwissenschaftlichen Diskurs darauf gar nicht rekurriert, profitiert objektiv davon, falls er nichts Gegenteiliges vertritt.

Mit der Neuartigkeit dieses Denkens will ich mich beschäftigen, indem ich dem ungebrochenen Krisenbewußtsein und dem nach Erneuerung von Politik, Theorie und Kultur drängenden Programm, das auch den Boom der Human- und Kulturökologie mitverursacht, eine Standortbestimmung vorhalte. Ich versuche also, eher einen Beitrag zur Selbstreflexion der Human- und Kulturökologie zu leisten als einen Beitrag zur Kulturökologie - und dies anhand einer nahe verwandten, empirischen Wissenschaft, die schon immer um eine »Philosophie der Balance« zwischen Natur und Kultur gerungen hat.

Die Kontexte wurden danach ausgewählt, daß sie unterschiedliche (wenn auch sicher nicht alle) Dimensionen des geographischen Paradigmas zu erfassen erlauben, deren systematischer Zusammenhang nur in einer viel umfänglicheren Arbeit dargestellt werden könnte. Daher ergeben sich bei dieser Darstellung scheinbar mehrere Disziplingeschichten nebeneinander; sie schließen sich nicht aus, sondern sind gerade in dem, worauf die Geographie und die Human- und Kulturökologie zurückgehen, zentriert: Individualität als die stillstehende Totalität eines Raumes.

Es gibt eine enge disziplinäre und personelle Verbindung zwischen der Völkerkunde und der Geographie während der Entstehungsphase beider Wissenschaften. Es gibt diese Verbindung aber auch zwischen der Geographie und der Soziologie bzw. Kulturanthropologie vor allem in der französischen Tradition der »morphologie sociale« sowie in der Gründungszeit der Chicagoer Schule im angelsächsischen Sprachraum. Eine vergleichbare Identität von Professionen kann man andererseits auch personell zwischen Pflanzengeographen und Biologen feststellen: Alexander von Humboldt ist das berühmteste Beispiel einer solchen doppelt vereinnahmten Gründerfigur des Überschneidungsbereiches von Geographie und Biologie in der »Ökologie« (vgl. Trepl 1987: 103 ff.). Entsprechende Identitäten gab es in Hinblick auf die Geologie, Meteorologie, Bodenkunde usw. von seiten der Physischen Geographie her.

Diese doppelte Außenüberschneidung der Geographie mit Gesellschaftswissenschaften und Naturwissenschaften kann man auch umgekehrt betrachten: Die Geographie ist in ihrem Gegenstandsbezug aufgrund ihrer Problemwahl eine Schnittmenge zwischen Naturwissenschaften und Kulturwissenschaften und damit eine Wissenschaft ganz anderer Art als die anderen, denn sie betreibt Naturwissenschaft unter der Perspektive der Relevanz der von ihr erstellten Gegenstandskonstitution von

Natur für die von ihr gleichermaßen behandelte kulturwissenschaftliche Seite, und sie betreibt Gesellschaftswissenschaft unter der Perspektive der Rückgebundenheit aller nicht-natürlichen »Seinsbereiche« an die Natur.

Im Sinne dieses Selbstverständnisses kann unterstellt werden, daß die Geographie - in einer gewissen Isolierung als Populärwissenschaft von »Land und Leuten« (vgl. Hard 1978, 1985, 1988, 1988a, 1989, 1990) - komplementär zum rationalistischen Paradigma, wie es den Naturwissenschaften und großen Teilen der Gesellschaftswissenschaften zugrunde liegt, als Reaktion auf dieses die Idee von Kultur und Geschichte als einem konkreten »Mensch-Natur-Verhältnis« entwickelt hat. Die Schulen und Entwicklungsabschnitte der Geographie bilden zusammengenommen eine subtile, etwas antiquiert formulierte Theorie der Moderne als eine Konzeption, in der die Trennung von Natur und Gesellschaft mit dem Effekt der Eigenständigkeit innergesellschaftlicher Synthesis (gleich ob in Habermas', Luhmanns oder Marx' Sinne) in ihrer Gegenüberstellung zu objektiven Naturprozessen keinen Platz hat. Diese Theorie versteht sich als eine Raumtheorie. Der theoretische Grundbegriff, der den kulturtheoretischen Gegenstand näher als einen Raum bezeichnet und damit der am Gegenstand »Natur« orientierten Thematik zur Verfügung hält, ist »Landschaft«.

Damit unterscheidet die Geographie sich von den beiden anderen Alternativen, mit denen sie die Stoßrichtung des hermeneutischen Denkens gegen die Idee der Allgemeinheit als einer formalen Subsumtion teilt, nämlich den historistischen Geisteswissenschaften und (in gewissem Sinne auch) der Biologie.[1] Beide halten ebenfalls der Idee der transzendentalen Vernunft die Vorstellung der Welt als konkrete Transzendenz und als konkret einmaligen Entwicklungsprozeß der Natur entgegen: den geschichtlichen Prozeß als Totalität von Biographien und das Leben überhaupt.[2]

1 Zum hermeneutischen Bias dieser Naturwissenschaft vgl. Trepl (1987).

2 Neben dieser Aspektspezialisierung der Geographie im Verhältnis zu Geschichte und Biologie hat sie *innerhalb* dieses Subsystems der anti-rationalistischen Ideologie zugleich übergreifend zu sich selbst alle wesentlichen Blickwinkel der von ihr durch ihren speziellen »räumlichen« Ansatz *aus*geschlossenen anderen Aspekte der konkretistischen Subjektidee als »Schulen« oder Teildisziplinen der raumwissenschaftlichen Orientierung ausdifferenziert: etwa in der »Physischen Anthropogeographie«, der »dynamischen Länderkunde«, im »Possibilismus«, in der »historischen Landeskunde«, in der »Münchner Schule« usw. Ein entsprechendes paradoxes Teil- und Gesamtmengenverhältnis im Rahmen eines alternativen »Grundtenors« gilt für die Biologie (vgl. Trepl 1987).

Die Geographie stellt daher aktuell die bisher vollständigste Ausformulierung des Zukunftsprogramms von solchen Gesellschaftswissenschaften dar, die es für eine (politische und theoretische) Notwendigkeit halten, »die Gesellschaft« oder »Kultur« als ganze unter der Perspektive ihres Außenverhältnisses zur umgebenden Natur als eine universelle Einheit zu thematisieren. Sie ist in diesem Sinne »ökologisch« konzipiert. Das heißt, sie genügt der aktuellen Forderung, einen »Naturstandpunkt« zu gewährleisten, also Gesellschaft sowohl in ihrer (letztendlichen) Abhängigkeit von der Natur als auch Natur als kulturelle Projektion von Sinn zu begreifen - je nachdem, welche Teiltradition der Geographie im Spannungsfeld von der naturdeterministischen »Milieutheorie« bis hin zur »Perzeptionsgeographie« man bemüht.

Daraus folgt nicht, daß der Stein der Weisen für die Zukunft der Gesellschaftstheorie (und der Menschheit) längst gefunden wurde. Es folgt nur, daß eine Rekonstruktion der geographischen Theorie hilfreich für die Diskussion des Programms der Human- und Kulturökologie ist.

1. Kontext I
Wieviel Natur verträgt die Gesellschaftstheorie - wieviel Kultur verträgt die arme Natur?

Geographie als »Mensch-Natur-Theorie« im Widerspruch zweier Determinationen von Vergesellschaftung

Aus der Perspektive der Kulturökologie wird im Hinblick auf den *Außen*bezug der Gesellschaft der Aspekt der autonomen Determination gesellschaftlicher Prozesse durch eine gesellschaftliche *Binnen*struktur betont: Umwelt ist, was sie in einem Wertsystem bedeutet.

Damit sollen zwei Übel gleichzeitig bekämpft werden: Einerseits wird dem latenten Naturdeterminismus (oder Sozialdarwinismus) der Humanökologie die nicht-materielle, sondern symbolische Funktion der Natur als einer Umwelt vor Augen gehalten, um eine weitere als nur eine auf das Überleben bezogene, vulgärmaterialistische Bedürfnistheorie im Spiel zu halten; andererseits wird dem großen Gegner »Soziologismus«, der angeblich in vielen Varianten das theoretische Denken (im Gefolge von Max Weber) dominiert, die systematische Relevanz der natürlichen Umwelt (die an der anderen Kampffront in ihrer reduktionistischen Kraft gerade

»gemildert« werden soll) für die Gesellschaft als Handlungssystem vorgeführt. Man sieht, dieselbe Sache wird von zwei Polen aus angepackt: Das Verhältnis von subjektivem und objektivem Sinn, das im Weberschen (neukantianischen) Paradigma gerade konstitutiv für *soziale* Handlungssysteme ist, soll auf die Relation des Subjekts zum Objekt »Natur« angewandt werden; das erweitert und verbessert vor allem die Theorie. Und was im ökologischen Weltbild (und Krisenbewußtsein) gerade unwiderruflich »materiell« organisiert ist, nämlich die Reproduktion der Leiber, soll dagegen - gegenläufig zur kulturellen Bewertung von Natur - systematisch ins Denken über Sinn- und Wertbeziehungen eingefügt werden; das verbessert vor allem die Welt (vgl. zu beidem Teherani-Krönner 1992).

Der Kulturrelativismus, der zunächst den Vorteil hat, dem vulgären funktionalistischen Adaptionsmodell die Relevanz der Autonomie gesellschaftlicher Deutungsprozesse entgegenzustellen, versackt aber meist in einem analogen Vulgärfunktionalismus. Dieser hypostasiert nun nicht die materiellen Adaptionsleistungen, sondern - spiegelbildlich - die symbolischen. Er tut dies zumindest dann, wenn nicht das Bewußtsein über die prekären Folgen der Aufgabe einer der beiden gleichberechtigten Ausgangspunkte gesellschaftlicher Prozesse wach gehalten wird. Daher kann die Pointe (auch des neuen) kulturtheoretischen Ansatzes in der Humanökologie nur in der Vergewisserung der Frage liegen, mit der Kant das Dilemma eröffnet hatte. Die Kantsche Frage war - umformuliert - gewesen: Wie kann es sein, daß gerade die Funktionsweise *der* Agentur (nämlich der Vernunft), die mit dem, woran sie adaptiert, nämlich Natur, in dem, worauf es bei der Adaption ankommt, *nichts* gemein hat, die Erkenntnis der Naturgesetze objektiv verbürgt?

Die Antworten waren bekanntlich die verschiedenen transzendentalphilosophischen Konzepte vom neuzeitlichen Subjekt und einer übergreifenden historischen Vernunft gewesen, die eine *dritte* Ebene eines »Vermittlungsprozesses« zwischen den beiden inkommensurablen Ursachenbereichen unterstellen und herausarbeiten mußten. Daher kann sich auch die Kulturökologie nicht darum herum drücken, ihre Konzepte mit dieser Frage bzw. mit der Rolle des Subjekts in diesem Vermittlungsprozeß zu konfrontieren - obwohl es allmählich schwierig wird, auf diesem Gebiet noch etwas Neues zu sagen oder eine geeignete gehaltvolle Vermeidungsstrategie zu entwickeln.

Es ist zunächst auffällig, daß die reflexionsphilosophischen Theorien der Vernunft, die das Muster für einen »Ausweg« abgeben, gar nicht dem Muster und der Semantik des »ökologischen« Denkens entsprechen -

gleich, ob human- oder kulturökologisch. Sie sind eher dessen Gegner. Daher ergibt sich die Schwierigkeit, daß die Notwendigkeit, zwei Adaptionstheorien, die an einander gegenüberstehende Pole gebunden sind - nämlich an Natur- und Wertebezug - im ökologischen Rahmen zu vermitteln, auf dem von Kant und dem Deutschen Idealismus vorgezeichneten Weg nicht verfolgt werden kann. Statt dessen gründet sich das ökologische Denken auf einen alternativen - und in expliziter Gegnerschaft zu Kant formulierten - Grundgedanken vom Subjekt. Er stellt sich auf eigene Weise jenem Widerspruch zweier Determinationshorizonte von Vergesellschaftung, wie er sich im Verhältnis von Humanökologie als eher naturadaptiver Konzeption und Kulturökologie als eher »historistischer« und neukantianischer Position spiegelt.

Die Geographie ist die Wissenschaft, die dieses Programm als *empirische* Wissenschaft zu erfüllen versucht hat. Sie hat sich von alters her damit beschäftigt, wie die Menschen sich der Natur dadurch anpassen, daß sie sie in einem eigenen Werte- und Deutungssystem beurteilen. Andererseits hat die Geographie immer auch thematisiert (etwa in der historischen Siedlungs- und Flurformenforschung), wie die kulturellen Zeugnisse des Anpassungsprozesses - beispielsweise Haus- und Dorfformen - durch örtliche Eigenschaften der Natur als »Lebensraum« präjudiziert werden. Zunächst offenbar zu Recht: daß auf Spitzbergen keine Bananen angebaut werden können, ist keine Bewertungsfrage, und daß Pfahlbauten in Überschwemmungsgebieten und nicht im Westerwald stehen, ebensowenig.

In der Geschichte des Faches sind beide Aspekte des Vergesellschaftungsprozesses, der immer als ein »Mensch-Natur-Verhältnis« und nicht als rein innergesellschaftliches, also handlungstheoretisches, psychologisches oder ökonomisches Geschehen betrachtet wurde, in variierenden ideologischen und methodologischen Kontexten differenziert ausgearbeitet worden. Den auf die Naturanpassung bezogenen Aspekt hat die Geographie zur Unterscheidung gegenüber den sogenannten »systematischen« - das bedeutete: nicht auf naturräumliche Variablen bezogenen - Wissenschaften benutzt und geltend gemacht. Er verbürgte Exklusivität und einen höheren Rang: Die Geographie war nicht eine neben anderen (systematischen) Wissenschaften, sondern »integrierte« (angeblich) mit eben jener übergeordneten Fragestellung alle für eine Anpassungstheorie relevanten Aspekte der *entgegengesetzten* Anpassungsweise an kulturelle Werte. Sie begriff sich als eine »ganzheitliche« anti-szientistische Integrationswissenschaft für Natur- und Gesellschaftswissenschaften mit dem speziellen Aspekt, die »organische« Einheit zwischen Naturgrundlagen und sozialem Handeln zu begreifen - also als das, was man heute mit kritischer, interdisziplinärer Umweltwissenschaft täglich neu erfindet.[3]

Dieses Programm hat zwei Varianten: die »idiographische« der klassischen Landschafts- und Länderkunde *vor* dem Paradigmenwechsel und die »analytische« und planungsbezogene *nach* dem Paradigmenwechsel des Faches. Daher gestalten sich die Theorien und Schulen, die jeweils entweder mehr den adaptionstheoretischen oder mehr den kulturtheoretischen Aspekt betonen, in unterschiedlichen methodologischen und ideologischen Mustern; aber keine dieser beiden Seiten konnte aufgegeben werden: Ohne den Theoriebezug zur Naturanpassung und deren »Wirkung« auf Kulturprodukte wäre überhaupt die Geographie verloren gewesen; ohne die kulturelle und konstitutionstheoretische Komponente wäre die historische Verschiedenheit der Naturanpassung nicht zu erklären gewesen, d. h. die empirische Welt verschwunden.

Das verweist darauf, daß der »Kern« des Paradigmas, die »negative Heuristik« (Lakatos 1974: 129 ff.) - die festlegt, was eine Disziplin nicht sein darf -, *der Naturbezug* (als Verbot nicht-räumlicher Wissenschaft) im Rahmen des Anpassungsparadigmas ist. Denn Anpassungsparadigmen sind es ja beide, sowohl die (materielle) Naturanpassungsidee als auch die (symbolische) Werteanpassungsidee. Sie sollen nur durch ihre *semantische* Gegnerschaft abstrakt in einer Art Balanceakt des Anpassungsdenkens das Anpassungsdenken überhaupt überwinden nach dem Motto: doppelt und paradox angepaßt = irgendwie gar nicht angepaßt. Die Struktur ökologischen Denkens, der formale Aspekt des Bezugs auf irgendeine »Umwelt«, ist in der Geographie demnach semantisch mit einem Primat der Natur versehen. Dennoch mußte das Fach sich daran abarbeiten, diesen exklusiven Aspekt gerade mittels des Gegenteils auszuformulieren. In ihrer »positiven Heuristik« (ebenda), die beschreibt, wie ein Fach das, was es nicht sein darf, dennoch als Gegenstandsbeschreibung ausdehnen könnte, paßte die Geographie durch Zusatzhypothesen darüber, *wie* Anpassung an die *Natur* als *kulturelle* Praxis stattfindet, die Naturanpassungstheorie faktisch in kleinen Schritten umgekehrt an die Kulturtheorie an. Der bekannteste (faule) Kompromiß war nach der Jahrhundertwende die Stilisierung des Dilemmas im »Possibilismus«, der besagt, daß in einem

3 Zur methodologischen und ideologiegeschichtlichen Kritik dieses hybriden Programms sowie zum Leerformelcharakter seiner Theorien vgl. Bartels (1968), Eisel (1980, 1982), Schultz (1980) sowie alle Arbeiten von Hard (siehe Literaturliste), insbesondere 1973 und zusammenfassend 1990.

weiten Spielraum menschlicher Willensfreiheit und Handlungsmöglichkeiten die Naturbedingungen nur eine »letztendliche« Rolle spielen. Diese Konzeption, die völlig wertlos ist, gerade weil sie alles offen läßt, initiierte aber eine disziplin*politisch wichtige* Öffnung für die Möglichkeit, das kulturtheoretische Paradigma viel stärker auszubauen, bis es schließlich die Oberhand über die alte negative Heuristik, den Paradigmenkern, gewinnen konnte.[4] Daher fiel letztendlich der Paradigmenwechsel mit dem massiven Angriff auf die klassische Landschafts- und Länderkunde durch die Schule der »Münchner Sozialgeographie«, die »natural hazards-Forschung«, das Konzept der »mental maps«, den »environmental perception-Ansatz«, den »behavioral approach« und »cognitive behavioral approach« - und in anderer Weise auch durch die »phänomenologische« »Humanistic Geography« - zusammen.[5] Diese Traditionen repräsentierten alle den anti-naturdeterministischen Aspekt des alten Paradigmas.

Diese Entwicklung in der Geographie wird in einem komplementären Prozeß zur neueren Entwicklung in den Sozialwissenschaften inzwischen zurückgenommen: Im gleichen Maße, wie sich in der Soziologie die Humanökologie eines unter dem Eindruck der Umweltkrise entstandenen latenten Naturdeterminismus durch eine kulturtheoretische Rückbesinnung zu erwehren versucht, rehabilitiert die Geographie ihr naturdeterministisches und idiographisches Paradigma der Landschafts- und Länderkunde unter dem Eindruck derselben Krise, denn es paßt auf die Utopien einer zukünftigen, ganzheitlichen Wissenschaft, die natur- und gesellschaftswissenschaftliche Anteile enthält und der Idee von der gelungenen Anpassung folgt. Gewissermaßen hat die Geographie schon immer unter der Perspektive einer »ökologischen Ethik« empirisch gearbeitet.

4 Als detaillierte Studie der »Feinstruktur« (Lakatos) dieses Paradigmenwechsels vgl. Eisel (1980).

5 Auf die Vorbereitung dieses Umbruchs durch die funktionalistische Sozialgeographie, die »quantitative Revolution« und den sogenannten »spatial approach« in der »Analytischen Geographie« kann hier nicht eingegangen werden; vgl. Eisel (1980).

2. Kontext II
Das Subjekt als Einheit von christlicher Freiheit und konkreter Natur: Singularität als abgeschlossene Selbstvollendung

Die Entstehung geographischen Denkens als Geschichtsphilosophie und Klassenposition[6]

Daß die Geographie von Anbeginn beide gegenläufigen Aspekte der Gesellschaftstheorie - den »materialistischen« Naturbezug und den »kulturalistischen« Wertebezug -, aber auch ihre spezielle »verstehende«, naturraumbezogene, mit den neuen Programmen alternativer Wissenschaft kongruente Auffassung enthalten hat, liegt an der Problemwahl, der sie durch ihren Entstehungskontext angeschlossen war. Die neuzeitliche Geographie ist eine Wissenschaft vom vernünftigen Reisen. Sie entstand im Zeitalter der Entdeckungen. Die Geographen betrachten bis heute die Berichte der Entdecker als frühe Zeugnisse von »Länderkunde«.

Das Fach als Universitätsdisziplin existierte zu diesem Zeitpunkt nicht, wohl aber das Paradigma der Disziplin. Der spätere Verwissenschaftlichungsprozeß der Entdeckerpraxis, der in der Geschichtsschreibung des Faches mit Alexander von Humboldt und Carl Ritter seinen Anfang nimmt, rekurriert auf ein Urbild

- von Tätigkeit: nämlich die Reise sowie ihre Beschreibung,
- von Denkweise: nämlich die »idiographische«,
- und von Methode: nämlich die vergleichende Morphologie.

Die Verbindung dieser drei Aspekte war »Geographie«. Der erstgenannte Aspekt umfaßte als »Standardbeispiel von Problemlösung« (im Kuhnschen Sinne) die anderen beiden *praktisch*.

Das Urbild lag in jenen Berichten in roher Form vor; aber als *systematisch* verarbeitete, einem theoretischen Interesse folgende, d. h. von der Beliebigkeit des Anlasses und der Fähigkeiten »gereinigte« und bewußt systematisch produzierte Form eines Bildes wird das Paradigma Johann Gottfried von Herder zugeschrieben. Seine »Ideen zur Philosophie der Geschichte der Menschheit« gelten im Fach als Musterbeispiel für geographisches Denken, obwohl Herder kein Geograph war, sondern Geschichtsphilosoph.

Das heißt, die naive Wahrnehmungs- und Beschreibungspraxis des gebildeten Reisenden paßte offenbar zu einer bestimmten Variante philoso-

6 Teile des folgenden Textes sind stark gekürzte und veränderte Passagen einiger Kapitel der in Vorbereitung befindlichen Veröffentlichung von Eisel (1993).

phischen Denkens, die im weltanschaulichen Gesamtdiskurs einen offenen Platz besetzte. Insoweit diese Denkweise und Ideologie als Position im politischen und wissenschaftstheoretischen Kampf existierte, konnte sie mit dieser Art von »Daten« etwas anfangen; sie konstituierte als politische Philosophie die Welt als Ganze so, wie die Entdecker und Reisenden sie »vorfanden« im Verständnis suchenden Blick: als »Lebensraum«; und sie verifizierte damit ihre politische Ideologie zirkulär. Umgekehrt »verführten« die vielen neu gewonnenen Informationen dieser Art »induktiv« zur entsprechenden universalhistorischen Verallgemeinerung.

Diese Art des Universalismus reflektierte die historische Situation als Kontrastprogramm zur Aufklärung. Herder steht in einer ähnlich widersprüchlichen politischen Haltung zur Aufklärung wie die Romantik, aber mit der Differenz, daß er das systematische Interesse der Philosophie retten will, indem er die großen Systeme der Rationalisten im Rahmen der Idee des geschichtlichen Fortschritts interpretiert.

Der Umbruch in der abendländischen Kultur interessiert ihn nicht nur als Prozeß des Niedergangs wahrer Religiosität unter dem Angriff der kalten Vernunft. Er betrachtet vielmehr die ganze vorangegangene Entwicklung als die beispielhafte Blüte der Schöpfung, die sich in einem *geschichtlichen* Prozeß dadurch herausbildet, daß der »humane« Geist sich seines Auftrags bewußt wird, die Schöpfung zu realisieren. Dieser ganz im Geiste des christlichen Naturrechts gedachte Auftrag vollzieht sich als prinzipielle Einheit mit der Natur (als Einheit in der Schöpfung) in einem Herauslösungsprozeß. Das empirische Material der Reisebeschreibungen der Entdecker belegte die Gebundenheit der Vergesellschaftung an die Natur ebenso, wie das Wesen der abendländischen Geschichte in beispiellosem Ausmaß die Loslösung von den Naturzwängen dokumentierte. Der qualitative Sprung in die Entwicklung von Kultur *mit geschichtlicher Perspektive* vollzieht sich, sobald das »Humane« die Oberhand gewinnt, d. h. wenn das Subjekt sich seiner Bindung an die Natur *und zugleich* seiner Freiheit bewußt wird, diese Bindung als Zukunft der Schöpfung im Sinne einer Ablösung von unmittelbarem Zwang durch Errichtung von Kultur realisieren zu können (die aus den *Befreiungsakten* des Geistes besteht). Dieses ambivalente Bewußtsein stellte sich ein, als der christliche Geist den Anteil der Freiheit der Menschen gegenüber der Natur durch Ablösung des mythischen Naturbezugs zu einem universellen und imperialistischen Sendungsprinzip emanzipierte und zugleich in den göttlichen Plan zurücknehmen mußte (vgl. Herder 1784, viertes bis fünfzehntes Buch).

Diese explizit von Herder formulierte Apologie des christlichen Europa erfaßt präzise die historische Funktion der christlichen Ideologie für die Ausbildung des universalistisch orientierten Subjekts. Sie ist charakterisiert durch den Widerspruch, in dem sich die Reflexion der Bildung von Subjektivität als Geschichtsprozeß befindet, wenn die spezifischen und signifikanten Abhängigkeiten der Kultur von der Natur, wie sie in den völkerkundlichen und geographischen Berichten zum Ausdruck kommen, im Rahmen einer »humanistischen« Theorie der Loslösung von Natur thematisiert werden sollen. Eine »Einheit« mit der Natur ist dann notwendigerweise diejenige, die durch die Loslösung nach dem Maß natürlicher Vorgaben in der aktiven *Herstellung* der »Schöpfung« möglich wird. Dies, als ein historischer Prozeß gesehen, läuft auf die Idealisierung des feudalen Europa hinaus und stellt sich dennoch automatisch gegen die Idealisierung der Idee der Geschichte als reiner Loslösung, d. h. gegen die bürgerliche Idee des Fortschritts durch die (technische) Vernunft.

In diesem Sinne hat Herders christlicher Humanismus einen gegenaufklärerischen, einen »materialistischen« und einen teleologischen Charakter. Denn er verteidigt die Unhintergehbarkeit der Bindung von Kultur und Geschichte in ihrer *speziellen* Ausprägung an *spezielle* Naturgegebenheiten, wenn er auf der kulturellen Loslösung als einer *Form der Verbindung mit der Natur* als menschlicher »Schöpfungstätigkeit« besteht. Er kann auf diese Weise die humanistische Idee der Freiheit mit dem teleologischen Charakter der Schöpfungsidee und den Fakten der Entdeckerberichte verbinden.

Damit ergibt sich aber ein Widerspruch auf einer anderen Ebene: Wie sollen Humanität und Freiheit *universell* sein, wenn Geschichte an *spezielle* Naturvorgaben gebunden ist, wenn also Humanität und Freiheit *als universell gewordene* Prinzipien Formen *spezieller* Naturaneignung sind? Dann müßte Europas Natur der teleologische Ort sein, den Gott zur Erfüllung der Geschichte auserkoren hat. Formal bot Leibniz' Monadologie eine prinzipielle Lösung für das Paradox. Herder wendet den Systembau, der die Existenz Gottes mittels der Rationalität der Schöpfung zu beweisen in der Lage sein sollte, auf die Struktur geschichtlicher Entwicklung an. Denn er hat das prinzipiell gleiche Interesse, den Widerspruch zwischen Gnade, Freiheit usw. einerseits und Natur, Mannigfaltigkeit, Notwendigkeit usw. andererseits zu überbrücken, nämlich die Einheit der Schöpfung als Wahrheit zu denken, wenn auch als historische, nicht als naturwissenschaftlich-kosmologische. Die kosmologische Gestalt der Schöpfung als Einheit der Natur, die sich aus Monaden als individuellen Ganzheiten des gleichen Einheitsprinzips aufbaut, dient als Modell für die Gestalt der Schöpfung als widersprüchliche Einheit des *geschichtlichen* Prozesses. Dies ist zugleich eine Einheit in »konkreter« Natur, wenn Geschichte die Entwicklung von Kulturen ist, die vom menschlichen Geist der Natur als einer Ressourcenkonstellation, d. h. einer »Gegend« als »Landstrich« und »Heimat«, zur Vollendung der Schöpfung (als Einheit der *ganzen* Natur) abgerungen wurde.

Was die Anwendung von Leibniz' System leistete, war, daß die nachweisbare Existenz von Wirklichkeiten, die sich durch einander ausschließende Konstitutionsideen von Welt ergaben, in ihrer Differenz und Singularität gedacht werden konnten, und dies im Rahmen einer sie vorgängig harmonisierenden Einheit. Herder konnte damit die systematische Eigenheit von Kulturen, vor allem aber den »monadischen« Status der verschiedenen warengesellschaftlichen Produktionsweisen, mit der Idee einer geschichtlichen Entwicklung verbinden, ohne seine Position verlassen zu müssen, daß die Verbindung von Mensch und Natur als Einbindung in die Schöpfung zugleich eine Geschichte der zunehmenden Freiheit des »humanen Geistes« sei. Damit stand er der aufklärerischen Fortschrittsidee, die die neuzeitliche bürgerliche Gesellschaft aus der zunehmenden Beherrschung der Natur durch Vernunft hervorgehen sah, mit einer völlig differenten Idee von Geschichte, Vernunft und Freiheit gegenüber: Geschichte war nicht ein linearer Emanzipationsprozeß, sondern bildete abgeschlossene Kulturen aus, die stufenweise, durchzogen von der »Kraft« des menschlichen Geistes, die Schöpfung ausfüllten. Diese Kulturen waren einmalige, spezielle Anpassungssituationen an konkrete räumliche Verhältnisse. Das »Land« war die Ganzheit der Voraussetzungen, die eine Gesellschaft zur Verfügung hatte, um sich zu verwirklichen. Sie konnte das an Kultur erreichen, was sie in der Lage war, der Natur an Freiheit abzutrotzen auf der Ebene der Vernunft, der Humanität und der Religion, um es als geschickte Anpassung auf die Natur rückzuwenden. Es existierte eine Idee der Loslösung, aber sie bezeichnete einen Zustand der Anpassung an den Raum. (Natur als Raum wird als Möglichkeit gedacht gegenüber der Natur als Zeit als Möglichkeit gedacht, wie im aufklärerischen Fortschrittsdenken.)

Geschichte tendiert so auf die Realisierung eines Optimums an differenzierter Eigenart hin; universell ist eine Kultur nicht, wenn sie abstrakt allgemein wird, sondern wenn sie ein Höchstmaß an individueller Klassizität im Hinblick darauf entwickelt, daß ihre Menschen mit ihrer Vergesellschaftung sensibel ihrem Lebensraum die *dort* herrschenden Gesetze im

Hinblick auf ihre optimale Selbstfindungsmöglichkeit im humanen und christlichen Geiste ablauschen. Dann ist der Schöpfung auf dem Wege der Befreiung von Naturzwang genüge getan. Im christlichen Europa ist für Herder jener »Gottesstaat« erreicht, der dieses Bewußtsein von sich selbst hat bzw. hätte haben können.

»Vernunft« ist damit die Erkenntnis und Befolgung des rechten (eigenen) Maßes, nicht abstrakte Objektivität und universelle Geltung.[7] »Fortschritt« ist so letztlich an »konkreter«, räumlicher Natur orientiert. Er bezeichnet aber den Umstand, daß der Mensch die der Natur als Schöpfung innewohnende Zweckmäßigkeit in teleologischen Urteilen konkret erkennt und ausschöpft, indem er sich bewußt zum Zentrum und Medium ihrer Vollendung als ihn übergreifende macht. In diesem Sinne sind Vernunft und Freiheit in Verbindung mit jenem konkreten Naturbezug als Bezug auf die Schöpfung, auf die gelungene Ordnung, das Maßvolle, die gebundene Autonomie, das einfache Leben bezogen. Diese Ideenbildung ist, indem sie sich gegen die Hybris des universellen Logos und des Subjekts wendet, in ihrem Verallgemeinerungsprinzip ambivalent sowohl ästhetisch-gestalthaft[8] als auch funktionalistisch orientiert am »Gelingen« und an der »Vollendung« eines Ganzen als einer Gestalt Gottes, nicht an der Zukunft; aber sie ist ihrem geschichtsphilosophischen und »gesellschaftstheoretischen« Interesse nach *zugleich* »materialistisch«: Eine Art »Schönheit« der gelungenen Beispiele (wie der Antike oder des christlichen Europa) ist identisch mit der Zweckmäßigkeit der paradoxen *freiheitlichen Adaption an konkrete Naturumstände*. Nicht nur die Natur als Schöpfung, sondern auch die Schöpfung als Naturgesetz und Lebensraum setzt alle Voraussetzungen und Grenzen. Es ist evident, daß es sich um die Transformation der Idee der Kontemplation - als Anstrengung philosophischer Anschauung und ästhetischer Produktivität eines Gattungssub-

---

7 Vgl. dazu die präzisen Ausführungen im Rahmen einer existentialistischen Hypostasierung bei Wyss (1979). Solche gelehrten Ontologien sind einer der Gründe der Permanenz des politischen Unverstandes der Bewegungen der Natur. Delikaterweise bestimmt Wyss den transzendentalen Charakter des Maßes genau so, wie er - seiner Herkunft nach - dem Charakter des Geldes entspricht, um ihn als dessen Gegenteil semantisch als ein »leibhaftes . . . Erlebnisvermögen« (S. 433) zu bestimmen. So verdoppelt die (konservative) Philosophie des Konkreten hilflos das, was sie angreift (vgl. auch Picht 1979.)

8 Dem entspricht das aus der konventionalistischen Wissenschaftstheorie bekannte Ideal der »Einfachheit«, die ästhetische Idee von der idealen Formel als Wahrheitskriterium.

jekts - in die Systemeigenschaften eines geschichtlichen Übersubjekts, das seiner »Natur« folgt, um der Natur zu folgen (und umgekehrt), handelt.

Herder »hatte« damit das Paradigma der Geographen, ohne daß die neuzeitliche Geographie als Disziplin schon bestanden hätte; er entwickelte es nicht zufällig in dem oben rekonstruierten Sinne im direkten Kontakt mit dem, was später Geographen *taten*: Reisebeschreibungen erstellen. Herder verfährt nach dem »Bild«[9] des Leibnizschen Systems prästabilierter Harmonie von singulären Monaden. Es bietet eine spezielle Gestalt der Schöpfung als System. Das geschaffene Bild analoger Struktur ist die Erde als System singulärer »Lebens-Räume«, als »Wohnplatz«.

Die Geographen benutzten das Bild anfänglich noch explizit für die Geschichte oder die Welt als jeweils ganze, im Verlaufe der Ausgestaltung der Disziplin jedoch zunehmend als Strukturvorstellung bzw. als ihre Art des Räsonierens (»way of seeing«), abgelöst von seinem Charakter, Metapher einer politischen Philosophie und »konservativen Fortschrittstheorie« zu sein, also einfach als »Gestalt« ihres *empirischen* »Gegenstands« als eines »Wohn-Raums«.[10] Aus dem Objekt (Landschaft und Land) folgte nun, wie zu denken war.

Die Geographen übernehmen also den Kern ihrer geographischen Philosophie und ein »Bild«, soweit Herder beides als politische Philosophie allgemein ausgearbeitet und für jene bereits als Bild bereitgestellt hat, *praktisch* durch den »Kunstgriff« (Masterman 1974: 70) der Reisebeschreibungsliteratur, aber sie arbeiten beides stärker *als geographisches* Bild und als *geographische Theorie* aus.

Die Ausarbeitung knüpft mit den Begriffen »Land«, »Erde«, »Landschaft« als geo-graphischen Bezeichungen von konkreter Natur an die Herdersche Philosophie in einem - gegenüber der Seite der Seele oder des humanen Geistes - stärker auf die Seite des »Leibes« verschobenen (spezialisiert »geographischen«) Sinne von Philosophie an. Das klassische Paradigma der Geographie rekurriert somit auf die im neuzeitlichen Subjektivismus dem ambivalent (aufklärerisch und konservativ) konstruierten

9 Vgl. Masterman (1974: 75 ff.). Ein »Paradigma« ist ein »analog gebrauchtes, konkretes« »Bild« oder »a concrete way of seeing«, weil es eine »organisierte rätsellösende Gestalt« sein muß. Es muß die Eigenschaft haben, als ein Bild von etwas *für* etwas anderes funktionieren zu können, d. h. die festliegende Gestalt eines Urbildes muß organisierend für ein weiteres Bild wirksam sein.

10 Vgl. dazu auch Hard (1969, 1970: 20 ff.). Zur Metaphorik des Kosmos, Staates usw. als »Gebäude« von der Antike bis zur Renaissance vgl. Bentmann/Müller (1970: 51-59).

Subjekt genauso ambivalent gegenüberstehende Idee von Natur durch Entscheidung für das »Land« in der Bedeutung von objektiver konkreter Natur (an Stelle von Natur als abstrakter physikalischer Allgemeinheit). Diese ist im vorrevolutionären und konservativen Sinne auf das Überleben, die Reproduktion und das konkrete Leben statt auf geschichtliche Zukunft, Fortschritt, Produktion und Weltmarkt bezogen und tradiert die »primären Funktionen«[11] des Bodens, der Bauern, der Mütter und der Sinne. Das *Subjekt* einer solchen Welt ist ein anderes »Individuum« als das der Aufklärung: Es ist konkret allgemein, hat Kultur, nicht Intellekt. Seine »Natur« ist nicht Freiheit von personaler, herrschaftlicher Bindung, sondern seine »Freiheit« ist natürliche Bindung als nicht-subsumierbare Vereinzelung.

In diesem Bereich »geographischer« Überarbeitung einer Weltanschauung im Sinne einer disziplinären Ausgliederung aus umfassenderen Wissenstraditionen bildet sich das »Konstrukt« (vgl. Masterman 1974: 68 ff.) »Raum« als übergeordneter (scheinbarer) Theoriebegriff. »Raum« ist selbst eine Abstraktion mehrerer vorheriger Abstraktionen oder Gestaltbildungen mit dem inhaltlichen Substrat konkreter Natürlichkeit, dessen »Bild« er letztlich nur ist, auch wenn diese abstrakte Theoriegestalt von der Geographie fortan als *ihr Objekt*, aus dem sich die *Konkretheit* ihrer wissenschaftlichen Arbeit legitimiert, angeschaut wird.

Wie ist der im Dienste einer kritischen Gesellschaftstheorie wieder aktuell gewordene landschaftliche Blick beschaffen, der auf den Raum blickt und ihn als eine Umwelt versteht?

Die Reiseberichte der Entdecker gelten - wie bereits ausgeführt - in der Disziplin als naturwüchsig entstandene Geographie und waren ein »Standardbeispiel von Problemlösung« (Kuhn), an das man sich halten konnte. Das ist nicht verwunderlich, denn die Protokolle der Entdeckungen behandeln, wenn sie einen systematischen und plausiblen Zusammenhang beschreiben sollen, notwendigerweise und sinnvollerweise »Land und Leute« in einem unmittelbar einsichtigen Milieuzusammenhang, solange nicht linguistische, kulturanthropologische, ethnologische, ökonomische Analysen die differenzierte Unabhängigkeit der Wirtschaftsweise, Sozialform und des Denkens von der Natur aufzeigen. Die Frage: »Warum *diese* Kultur gerade *hier*?« war ein heuristisch naheliegender Zugang zu den »Daten«. Die dabei entstandene Methodologie konkreter »morphologischer« Formbeobachtung und funktionalistisch-genetischer Erklä-

11 Zur Diskussion der Unterscheidung von »primären« und »sekundären« Funktionen in der Geographie vgl. Eisel (1980: 334-339, 449-479, 1981: 179-183).

rung, der Vergleichsbildung usw., das »Erleben« und »Verstehen« konkreter Konstellationen, sind die passiv interpretierten Konstruktionsprinzipien harmonischer Natur (Landschaft) als eines Kunstgegenstands sowie organischer Natur als eines funktionierenden Körpers. Sie sind also die rezeptive Beobachtung der Welt als eines von Gott geschaffenen Kunstwerks *und* als Maschine, wie die idiographische Philosophie sie aus ihrem gegenaufklärerischen, »romantischen« Horizont und ihrer rationalistischen Herkunft heraus denken mußte. Natur und Gesellschaft als Erfahrungsgegenstände eines zweckmäßigen Einzelzusammenhangs konnten gar nicht anders als durch »teleologische Urteile« im Kantischen Sinne beschrieben werden. Das so erhobene Datenmaterial und diese Denkweise erweisen die »Länder« als jeweils organischen »Leib« der kulturellen Evolutionen und die Erde als »Wohnplatz« des Menschengeschlechts, in dem es sich je nach Gunst des Bodens (im weitesten Sinne) verschieden einrichtet.

Die Geographie war beim Verarbeiten des enormen Materials, das im ersten Durchgang immer in Gestalt *besonderer* Gegenstände erhoben werden mußte, darauf angewiesen, den intuitiven Hypothesen über die »Entstehung« solcher Fälle nachzugehen. Eine rein formal beschreibende Ordnung hätte nämlich heuristisch innerhalb der »vergleichenden Methode« nichts geleistet. Die »Genese« »erschloß« sich aus der Gestalt *und* »erklärte« sie. Diese Methode war aber selbst wiederum ein für diese Klassifikationsphase unumgängliches Verfahren.[12] Dabei wurden die allgemeinen wissenschaftlichen Methoden, derer sich die Geographie bediente und die sie mit anderen »morphologischen« und »anatomischen« Disziplinen teilte - »denn ein Vergleich beschäftigt sich stets mit dem morphologischen Inhalte einer Wissenschaft; man sucht die Ähnlichkeiten der Gestalten auf, um ihre Übergänge und mit den Übergängen ihre Abstammung nachzuweisen« (Wagner 1878: 579) -, unter dem regionalisierenden Aspekt bzw. im Rahmen des aus ihrer regionalen Dimension entstehenden heuristischen Sinns hervorgehoben und als tendenziell »geographisch« vereinnahmt (und später als Objekt hypostasiert).

Deshalb waren die systematische und die regionalistische Dimension in der Forschungspraxis der Geographie ganz naturwüchsig in einer speziellen Methodologie regionaler Vergleichsbildung verbunden, die automatisch garantierte, daß *allgemeine Binnen*strukturen der Vergesellschaftung nicht systematisch in den Blick kamen. Damit entsteht das Dilemma,

12 »Ohne vergleichende Methode sind diese geographischen Lehrzweige gar nicht denkbar.« (Wagner 1878: 584; vgl. überhaupt S. 576 ff.)

daß die beginnende Reflexion des entstehenden Weltmarktes durch die theoretische Kongruenz der Art der frühesten Informationen (Reisebeschreibungen) - als von konkreten Erscheinungen ausgehende, genetisch und organizistisch-lebensräumliche Interpretationen von Datensammlungen - mit der konservativen Natur- und Feudalromantik in der Geschichtsphilosophie für die Geographie eine paradigmatische Struktur entwickelt, die es dieser *Wissenschaft vom konkreten vorfindlichen Zustand der Voraussetzungen des Weltmarkts* nicht erlaubt, das Phänomen der Industrialisierung der Erde zu denken. Entsprechend ist es der Geographie unmöglich (bzw. programmatisch verboten), Phänomene, die aus der industriellen Kapitalbildung resultieren, auf der *ökonomischen*, »inneren« Ebene zu untersuchen bzw. auf diese Ebene zurückzuführen. Das wäre »systematische« Wissenschaft, nicht »räumliche«, und damit nicht »Geographie«.

Die Bestandsaufnahme der Erde sollte dagegen Regionen vom *äußeren* Standpunkt (Eindruck) aus hinsichtlich ihrer inneren Zusammenhänge nur soweit klassifizieren, als diese Zusammenhänge den äußeren Eindruck direkt hervorgebracht hatten und aus ihm unmittelbar erschlossen werden konnten. (Deshalb galt und gilt die sogenannte »funktionalistische« Geographie, die im 20. Jahrhundert die sogenannte »physiognomische Methode« ergänzen sollte und alsbald verdrängte, als Beginn des Niedergangs des landschafts- und länderkundlichen Paradigmas.)

Entscheidend ist, daß die Geographie zwar *alles* auf der Erde behandelt, dies aber unter dem Blickwinkel eines *nicht-internen* Strukturzusammenhangs, nämlich mittels eines »äußeren Standpunkts« (Ratzel 1882: 385). Sie geht von den konkreten Erscheinungen aus, bleibt aber bei den »äußeren« Relationen zwischen diesen stehen bzw. bei denjenigen »erklärenden« inneren Zusammenhängen, die aus den äußeren Gestalten oder Verteilungen *unmittelbar* als Ursachen ersichtlich sind. Bezogen auf die konkrete Erde ist das eine »räumliche« Betrachtungsweise, bezogen auf die Erde als »Wohnplatz des Menschen« eine regionalistisch-adaptive (lebensräumliche) Betrachtungsweise.[13] Raum-, Regional-, organizistische, evolutionistische, konkretistische, »äußerliche« (statt »systematische«), idiographische Erd-Wissenschaft fallen als Aspekte zusammen in einem Konzept, in welchem das Mensch-Natur-Verhältnis, vermittelt über »Arbeit«, in konkreter Naturanpassung gesehen wird. Das ist ein Konzept, das den Abstraktionsprozeß der industriellen Arbeit mit all seinen Folgeerscheinungen in der Mensch-Natur-Theorie theoretisch nicht bewältigen

13 »Die Verwendung des Wortes 'regional' verrät die systematische Bezugnahme auf den Raum als die Wohnstätte des Menschen.« (Isard/Reiner 1970: 435)

kann, weil im industriellen Zeitalter die Struktur des Arbeitsprozesses der Struktur der physikalischen Mechanik entspricht, also gerade der Abstraktion von allem »Konkreten« an der Natur. Dieses Unvermögen folgt konsequent aus Herders Philosophie.

Herder hatte ja den im europäischen Feudalismus kumulierenden Prozeß der »Humanisierung« durch die Entstehung und Ausbreitung des Christentums in Verbindung mit den Entdeckungen und mittels der dabei eingetroffenen Informationen über die Vorstufen der christlichen Menschheit beschrieben. Die Schöpfung Gottes vollendet sich gemäß dieser Theorie zu einer Einheit der »Gattung« zu dem Zeitpunkt, zu dem das Handelskapital und die feudalistischen Reiche die gesamte Erde in die »erste ursprüngliche Akkumulation« unter dem Banner des Christentums einbeziehen.

Die Selbstwahrnehmung dieses Prozesses wird in der Philosophie als gelungene Auflösung des Widerspruchs zwischen kultureller Eigenständigkeit und universeller Einheit im historischen Fortschritt durch christliche Kultur artikuliert, weil die Christianisierung universell zu werden beginnt. Sie überwindet die Singularität konkreter, natürlicher Ausprägung von »Humanität« in der Erfüllung des dynamischen Impetus der christlichen Lehre für die missionarische »Entdeckung« der Erde im Interesse der Handelskapitalakkumulation und nationalen (despotischen) Schatzbildung. Im idiographischen Weltbild Herders verleiht erst das Christentum der naiven Humanität der Kulturen den universellen Charakter ihrer eigenen Befreiung von Naturzwängen. Es bringt die Kulturen zu ihrem Gattungswesen, weil es sie zum Bewußtsein ihrer Freiheit vom Naturzwang durch Partizipation an der Gnade Gottes vermittels der Kirche, die sich auf die apostolische Botschaft vom Opfertod Jesu gründet, bringt. Es begreift die kulturellen Ausprägungen abgeschlossener Lebensräume als individuelle Unterschiede, die dann als christianisierte gerade in ihrer monadischen Einmaligkeit Ausdruck von universeller Harmonie und Freiheit sind. Die christliche Lehre macht das Humane »humanistisch«, und dies bedeutet - im Leibnizschen Sinne - *auch* »individuell« durch Allgemeinheit.[14] Diese *Praxis* der Entdeckungen - die Datenerhebung über »Land und Leute« und die Kolonisierung und »Bekehrung« dieser »Leute« - wird als Typisierung nicht-christianisierter (nicht-universalisierter) milieubedingter Kulturen durchgeführt. Sie bildet das »artefact« (Kuhn) »Reise-

14 Genau dies scheint die tatsächliche Leistung des Christentums zu sein und seine entscheidende Stärke gegenüber seiner säkularisierten Weiterentwicklung im orthodoxen Marxismus.

beschreibung« und »Karte« und objektiviert die Welt im Sinne der Einheit in konkreter Natur, die ihren gattungsspezifischen *Anlagen* nach für ihre Vollendung bereitsteht, aber noch nicht vom universellen Geist beseelt ist. Es handelt sich also um eine Praxis, die eine Metaphysik und deren Realität als nationalistische Unterdrückung und Ausbeutung über die Welt ausbreitet und deren Ergebnisse als Datensammlung bereits ein »Bild« von ihrem Gegenstand im Sinne dieser Praxis als höchstem Stadium von Kultur transportieren. Die beginnende Kolonialisierung ist der äußere Anlaß bei Herder, diese Daten über die *Bedingungen* möglicher universeller Christianisierung - also gerade das, was noch nicht vom universellen Geist ergriffen wurde - in der Philosophie mit der Idee der von Europa ausgehenden Vollendung der Schöpfung in *kultureller/materieller Unterschiedlichkeit* und Abgeschlossenheit, aber »humanistischer« *Gleichheit* singulärer Lebenswelten, zu erfassen.

Das Ideal der idiographischen Philosophie (und des Konservativismus sowie des Grundeigentums) wäre die »erste ursprüngliche Akkumulation« von Kapital ohne die zweite, d. h. das Universell-Werden des Feudalismus und Grundeigentums (allerdings ohne despotische Herrschaft) gewesen. Es ist das technikfeindliche und anti-industrielle Element des Konservativismus, daß er Universalität ohne weitere Arbeitsteilung wünscht, so wie man sie im Zusammenhang mit der ersten Kapitalakkumulation sogar im Ansatz erkennen kann: Universalität durch Handel gefestigt im feudalen Produktionsverhältnis des Grundbesitzes (faktisch jedoch beides gewährleistet durch staatlich organisierten Raub in »entdeckten« Ländern), Universalität also nicht im Weltmarkt der Industrie als Ergebnis physikalisch organisierter Arbeitsteilung. Nicht das abstrakte Subjekt der Arbeit soll universell werden, sondern die christliche Sinnwelt der Produktionsweise, in der Arbeit (durch Leibeigenschaft) als gesellschaftliche noch Bestandteil konkreter Natur (Boden) ist und Freiheit und Individualität über die *Differenz* und *Abgeschlossenheit* von Systemen verbunden sind statt über die Gleichheit und Kontinuität wie im aufklärerischen Gegenkonzept. Das Individuum ist nicht die Basis der Allgemeinheit, insofern es mit allen anderen *gleich* ist (und damit die divergente Freiheit Einzelner eine transzendentale Bedingung von Ordnung), sondern das Allgemeine ist das Individuelle (vgl. auch Logstrup 1981), weil es eine »Monade« ist (und damit die harmonische Ordnung einer Form von Freiheit).

Diese anti-aufklärerische und anti-industrielle Hypothek des konkreten Naturbegriffs in »Land«, »Landschaft« und »Individuum« setzt sich in der Wissenschaft Geographie in ihre engeren Theoriebegriffe und in ihr

»räumliches« Abgrenzungskriterium gegenüber »systematischen« Wissenschaften um. Im wesentlichen handelt es sich um die Abwehr der in der ökonomischen Wertlehre implizierten »Mensch-Natur-Theorie« und der Idee der »zweiten Natur«, als eines von Natur*anpassung* intentional ganz und gar gelösten, eigenständigen Prozesses. Denn die Politische Ökonomie analysiert ja »Arbeit« ausgehend vom Abstraktionsgrad ihrer industriellen Teilung als tauschwertbildende. Die Geographie entwickelt hingegen aufgrund des negativen Verhältnisses ihrer paradigmenbildenden Ausgangsphilosopie zur Industrie einen schwer durchschaubaren Verdrängungsmechanismus gegenüber der inneren Struktur des Industriekapitals auch außerhalb ihres Objektbereichs »Landschaft« oder »Land«. Sie setzt den anti-industriellen Blickwinkel des »ökologischen Denkens« mittels eines »räumlichen« Abgrenzungskriteriums und Blicks quasi formal durch.

Diese ideologische Leistung resultiert aus der gelungenen Verbindung der Methodologie und naiven, sinnvollen Auffassungsweise bei der Beobachtung vorindustrieller Mensch-Natur-Verhältnisse mit den anti-industriell gerichteten Begriffsimplikationen konservativer und naturromantischer Philosophie zu einem in jeder Weise konkretistischen Weltbild, dessen Mangel sich als theoretische Unfähigkeit am deutlichsten bei der Anwendung auf »Tatsachen« der industriellen Welt bemerkbar macht. Die Geographie wurde aus Anlaß der Entstehung des Weltmarktes als philosophischer Wunschtraum *gegen* die Realität der entstehenden Industrialisierung konzipiert, sie ist nicht (bzw. nicht nur) »semantisch« in Gestalt der politischen oder kulturellen Haltung der Fachvertreter konservativ, sondern *strukturell*.

In dieser generellen Wendung gegen die Wertform und die Industrie von der »konkreten Natur« her liegt der Anknüpfungspunkt für die neuerliche Karriere dieses Denkens bei den Kritikern der Wertform, der Abstraktheit, der »Naturblindheit« der Vergesellschaftung oder des »Soziologismus« in der Gesellschaftstheorie. Dieser Ausgangspunkt ist in der Tat industrie-, rationalitäts-, fortschritts-, technik-, . . .- kritisch; auf welch' hilflose und mangelhafte Art dieses Denken eine solche Kritik formuliert, und daß es auch demokratiekritische Konsequenzen hat, wird meist übergangen.

3. Kontext III
Ökologismus oder: Wie die objektive Notwendigkeit einer konservativen Position ein Mißverständnis in der Ästhetiktheorie erzwingt

Die Ambivalenz eines ästhetizistischen und zugleich materialistischen Standpunkts in Herders funktionalistischer Übersetzung von Leibniz' Systemtheorie spiegelt die geschichtsphilosophische Ambivalenz seines politischen Standpunkts. Er steht politisch zunächst ganz im Rahmen der Aufklärung, insoweit diese sich gegen den absolutistischen Hof richtet. Hier gibt es eine Verbindung zwischen dem utopischen Bezug auf das Konkrete und der aufklärerischen politischen Philosophie: Die Notwendigkeit der *Konstruktion* eines Gesellschaftsvertrags und des gesellschaftlichen Lebens wird im Rahmen einer Kritik der Abstraktheit des Hofes und seiner Herrschaft begründet. Das dekadent »Künstliche« der höfischen Gesellschaft spiegelte die Un-Natur der Vergesellschaftung, die nur unter Rekurs auf die Natur des Menschen (und der Natur) naturgemäß werden konnte. Abstrakter Herrschaft *als* »Tyrannei« (Herder) stand daher ein bürgerliches Freiheitsideal als Natürlichkeitsideal im Sinne eines Konkretheitsideals gegenüber. Die liberalistische Aufklärung verfolgte das Naturideal als »Naturrecht« im Rahmen der Idee von Natur als vorbildlicher Wohlordnung, als Konkurrenzsystem, als Leistungssystem, als egalitärem System usw. - je nach dem internen politischen Ort der Philosophen und Staatstheoretiker (vgl. Habermas 1967, Strauss 1977, Hofmann 1982, Bloch 1985).

Diese Art des formalen Bezugs der Kritik des Absolutismus auf konkrete Natürlichkeit war aber nicht logisch zwingend, sondern konnte (und mußte als Besetzung einer politischen Klassenposition) auch in einer anderen Wendung erfolgen. Herder unterscheidet sich als Aufklärer von der »demokratietheoretischen«, »parlamentarischen« Aufklärung. Er verschiebt die Abstraktionskritik in der philosophischen Umdeutung der Idee vom Ganzen im Sinne des Leibnizschen Systembaus mittels seiner *geschichtsphilosophischen* und »materialistischen« Perspektive (vgl. Wittfogel 1929, Harich 1952) auf die Konstruktionselemente der bürgerlichen Entwicklung. Herder entwickelt dies theoretisch als Kant-Kritik. Mittels eines Formalismus-Vorwurfs gegenüber dessen Ästhetik löst er den konstruktivistischen Aspekt der Abstraktionskritik gegenüber dem Hof von der geschichtlichen Utopie der Aufklärung ab und verbindet ihn im Sinne einer objektiven Zweckmäßigkeit mit der Natur. Nicht das Subjekt kann sogar die konkrete Natur (im Landschaftsgarten) nachbauen, sondern umgekehrt: Die Schönheit der Natur zeigt die zweckmäßige Vollkommenheit gelingender natürlicher Anpassungsprozesse. Schönheit hat nicht Bezug auf subjektive Zwecke (wie bei Kant), sondern auf objektive Zwecke. Damit ergibt sich eine organizistische Utopie, in der der *universalistische* Aspekt von *Geschichte* - die Erfüllung eines Maßes in einem Gestaltprinzip - in einer ambivalent ästhetisch und sinnlich deutbaren »Wahrheit« von Schöpfung als *ganzer Natur* formuliert wird - also gegenaufklärerisch im Sinne der Romantik (vgl. Abbildung 2).

Hier liegt strukturell die Überdetermination, die die Voraussetzung für die Verzweigung der ästhetischen und der organizistischen Tradition der Idee der Landschaft bildet: Das Praktische und das Ästhetische werden im Rahmen der Teleologie der Geschichte verbindbar; die schöne Landschaft kann als idealer Lebensraum für die Produzenten von gottgefälliger Geschichte gesehen werden. Daher hat Herder im Rahmen der ästhetischen Theorie Kants Idee der zweckfreien Schönheit mit einer letztlich funktionalistischen Ästhetik angegriffen (Herder o. J.: 450-720). Kant betont zwar, vordergründig vergleichbar mit Herders Geschichtsmonadologie, den Zusammenhang zwischen »Kultur«, »Geschmack« und »Humanismus« (»die Idee der Menschheit in uns«), um einen anderen Bestimmungshorizont für Objektivität als den der subjektiven Lust zu erhalten, wenn es schon die Wirksamkeit des apriorischen, gesetzmäßigen Verstandes sowie der Vernunft auszuschalten gilt; das heißt, er *reflektiert* dieselbe Ebene von entstandener Subjektivität und gesellschaftlicher Geltung, die auch Herder (und die Klassik) reflektieren. Aber die Zweckfreiheit der Anschauung bleibt dennoch konstitutiv für den Typus der Erfahrung. Daß die Erfahrung der Schönheit die Idee der Sittlichkeit und damit das Gefühl des Wohlgefallens an praktischen Handlungen nach Zwecken »mit sich führt«, liegt daran, daß das freie Spiel der Einbildungskraft im Geschmacksurteil formal der Suggestion einer Affinität zwischen dem freien Subjekt als einem Produkt *gesellschaftlicher Natur*, also »humaner« Kultur, und dem Wohlgefallen an der Inkarnation des Nicht-Kulturellen, der von sich aus zwecklosen Natur, erliegt. Die schöne Natur reizt das Interesse des humanen Geistes:

> »Da es aber die Vernunft auch interessiert, daß die Ideen (für die sie im moralischen Gefühle ein unmittelbares Interesse bewirkt) auch objektive Realität haben, d. i. daß die Natur wenigstens eine Spur zeige, oder einen Wink gebe, sie enthalte in sich irgend einen Grund, eine gesetzmäßige Übereinstimmung ihrer Produkte zu unserm von allem Interesse unabhängigen Wohlgefallen (welches wir a priori für jederman als Gesetz erkennen, ohne dieses auf Beweisen gründen zu können) anzunehmen: so muß die Vernunft an jeder

> Äußerung der Natur von einer dieser ähnlichen Übereinstimmung ein Interesse nehmen; folglich kann das Gemüt über die Schönheit der *Natur* nicht nachdenken, ohne sich dabei zugleich interessiert zu finden. Dieses Interesse aber ist der Verwandtschaft nach moralisch; und der, welcher es am Schönen der Natur nimmt, kann es nur sofern an demselben nehmen, als er vorher schon sein Interesse am Sittlichguten wohlgegründet hat. Wen also die Schönheit der Natur unmittelbar interessiert, bei dem hat man Ursache, wenigstens eine Anlage zu guter moralischer Gesinnung zu vermuten.« (Kant 1793, § 42, B 169-170)

Dieses »Interesse« macht als Bestandteil des Geschmacksurteils »gleichsam den Übergang vom Sinnenreiz zum habituellen moralischen Interesse, ohne einen zu gewaltsamen Sprung, möglich, indem [es] die Einbildungskraft auch in ihrer Freiheit als zweckmäßig für den Verstand bestimmbar vorstellt . . .« (Kant 1793, § 59, B 260).

»Geschmack« hat, wer *sich* im Gebrauch seiner Einbildungskraft dieser als des natürlichen Ausdrucks von Gemeinsinn intuitiv sicher bedienen kann und so als Gattungssubjekt vom Sittlichen her die Erfahrungs-Brücke zu einer möglichen objektiven Vollkommenheit der Natur schlagen kann, ohne daß er sich dieser Vollkommenheit als nach Zwecken organisierter vergegenwärtigen müßte oder dürfte. Gerade das Verharren in der zweckfreien Anschauung, in der »der sittliche Geschmack mit den Gegenständen des Wohlgefallens nur spielt, ohne sich an eines zu hängen« (Kant 1793, § 5, B 17), gewährleistet die *Erfahrung* der Schönheit als *Zustand* von Humanität im Sinne von allgemeinster, umfassendster und offener Interessiertheit, die über allen partikularen Interessen steht. Daher ist »Schönheit die Form der *Zweckmäßigkeit* eines Gegenstandes, sofern sie, *ohne Vorstellung eines Zwecks*, an ihm wahrgenommen wird« (Kant 1793, § 17, B 61).

Der Grund für die Schönheit der Dinge liegt damit gerade nicht in ihrer Zweckmäßigkeit, auch wenn die Selbstkonstitution des Subjekts als universelle Persönlichkeit und damit in Freiheit und Sittlichkeit, die per se auf zweckhafte Praxis bezogen sind, Voraussetzung für jene Erfahrung ist. Dagegen wird das Harmonieideal der *ästhetisch* konstituierten Landschaft als »Gestalt«, so, wie es als Möglichkeit, eine *ganze* Natur dem neuen Subjekt unmittelbar gegenüberzustellen, durch die Individuation dieses Subjekts entstanden war, im materialisierenden, adaptionstheoretischen Kurzschluß des idiographischen Denkens Herders der »historischen Harmonie« einer wirklichen Zweckmäßigkeit untergeordnet und damit dem Horizont der apriorischen, konstitutiven Funktion der bürgerlichen Idee der Freiheit entrissen. Gerade die *Differenz* zwischen dem Wohlgefallen am Schönen und dem Wohlgefallen am Guten, der Schönheit und der Vollkommenheit, hatte Kant ermöglicht, die ästhetische Urteilsform im Rahmen der subjektiven Zweckmäßigkeit von der teleologischen Urteilsform im Rahmen des objektiven Endzwecks zu trennen, um daraus für *beide* Erfahrungsweisen ihre spezifische Bindung an die transzendentalen Vermögen der Vernunft abzuleiten. Die bürgerliche Individualität ist *je spezifisch* konstitutiv für divergierende Erfahrungsmöglichkeiten, auch wenn diese sich letztlich auf *eine* Idee gründen. Die Gemeinsamkeit im humanistischen Persönlichkeitsideal verleitet Herder zu einer Gleichsetzung und Ontologisierung beider Urteile in einem, so daß die *schöne* Landschaft sich aus der Vollkommenheit von göttlichem Naturplan und menschlicher Folgsamkeit ergibt. Damit ist das ästhetische Ganze der landschaftlichen Erfahrung ein empirisch reales »organisches« Ganzes, eine materielle Umwelt (durchaus eigenständiger) kultureller Entwicklung geworden.

Der ideologische Rahmen für die Wahrnehmung einer Umweltkrise und für eine »ökologische Ethik« ist damit innerhalb des aufgeklärten christlichen Humanismus abgesteckt. Denn wenn man den latent ästhetischen Aspekt der Geschichtsphilosophie *nicht* mehr in seiner schöpfungsgeschichtlichen Vermittlung mit dem materiellen Naturanpassungsaspekt von Geschichte deutet, also abermals säkularisiert - aber nun in einem aufklärerisch-naturwissenschaftlichen Sinne - *gegenüber* dieser christlichen Gegenaufklärung deutet, dann wird der organizistische Aspekt leitend im Sinne eines »theologisch-materialistischen« Funktionalismus, der sich »ökologisches« Denken nennt (vgl. Abbildung 1). Aus dem Schöpfungsplan wird der Plan der Natur als einer konkreten. Es fällt der innere Widerspruch zwischen Bindung und Freiheit, der in der romantischen Dialektik enthalten ist, zugunsten der Anpassung an Natur als konkreten, die letzten Grenzen setzenden »Lebensraum« im Sinne einer Selbstanpassung im konkret Natürlichen weg. Das heißt, die spezifische Differenz zwischen Natur und Subjekten entfällt bzw. unterliegt der Kritik: die Freiheit, die Herder in einer *christlichen* Dialektik noch als etwas Positives thematisieren konnte, weil es die Errungenschaften des Humanen zu verteidigen galt.[15] Gesellschaftliche Entwicklung, die jene Grenze von ihrer inneren

15 In der Geographie und der Biologie liefen dann vom Ende des 19. Jahrhunderts an zwei metatheoretische Positionen parallel, die diesen Aspekt in den positiven Wissenschaften als Eigenschaften »des Menschen« bzw. »der Organismen« erneut einer »sowohl-als-auch«-Konstruktion von Naturdetermination und menschlicher Freiheit der Theorie einverleiben wollten: der »Possibilismus« in der Geographie und ähnlich das »individualistische Konzept« in der biologischen Ökologie. Zur Geographie vgl. Eisel (1980: 147-184, 324-339, 449-479, 494-544, 581-588 sowie 1981); zur Biologie Trepl (1987: 154-176 sowie 1988).

Logik her nicht beachtet, »versündigt« sich gegen Natur und gegen sich als Teil eines Gesamtorganismus. So gesehen ist jenes Prinzip »Freiheit« diese Sünde. Daher läßt sich der kategorische Imperativ so viel schlechter mit einer ökologischen Ethik vereinbaren als die konservative Staatstheorie (vgl. Maurer 1982). Das, was in diesem Imperativ im Dienste der Kraft der Vernunft als deren selbstreferentielle Verpflichtung formuliert ist, ist im idiographischen Denken als Selbstreferenz der strukturellen *Gegen*position zur Vernunft formuliert. Diese Position kann verschieden besetzt werden: durch Sinn, Geschichtlichkeit, Natur usw. Der Aspekt der *Selbstbeschränkung*, der im kategorischen Imperativ enthalten ist, hat aber nur Sinn bei einer subjektivistischen und vernunftorientierten Semantik, weil sonst die Pointe, daß der Kurzschluß von Allgemeinem und Einzelnem (oder Transzendentalem und Empirischem) *auf einer Ebene* stattfindet, verschwindet: Nur subjektiv und mit Vernunft kann die Beschränkung der Freiheit in den Dienst der Freiheit gestellt werden. In jedem anderen Falle stellt sich die Vernunft mit Vernunft in den Dienst von etwas ganz Anderem als Vernunft, das aber *ohne* sie gar keine Relevanz hat. Damit wird die progressive *Offenheit* dieses Imperativs zerstört, indem die Selbstreferenz der Instanz des Allgemeinen und Einzelnen als kombinierter Zustand von Verantwortung und Ungewißheit an die Gewißheit der objektiven Vorgaben eines von *außen vor*geordneten Zusammenhangs abgegeben wird, seien es Tradition, rassische Lebenskraft oder Ökosysteme.

In dieser Form stand (und steht) das »ökologische Denken« aber im Zentrum des Konservativismus. Die »doppelte Aufklärungsbewegung«, nämlich die Kritik am Absolutismus und die Positivierung des Schöpfungsplanes, führt ja zu Prinzipien, die nicht mehr - mit der landschaftlichen Utopie der Aufklärung im Landschaftsgarten als der ästhetischen Vision von der Selbstbestimmtheit - der Wirklichkeit der absolutistischen Verhältnisse entgegenstehen, sondern primär derjenigen gesellschaftlichen Wirklichkeit, die dem christlichen Feudalismus als ganzem entgegensteht: die Wirklichkeit der Industrie und des Weltmarktes. Herder hatte in seiner ambivalenten Konstruktion eines aufgeklärten christlichen Humanismus letztlich für eine aufgeklärte (nicht-despotische) Feudalgesellschaft gekämpft, dabei aber die konservative Verbindung von »Landschaft« und »Organismus« vorbereitet. (Daß er statt »Landschaft« das Wort »Land« benutzte, macht keinen Unterschied.) Da aber die Zerstörung aller »organischen« Bindungen, Landschaften, Verhältnisse, Staatsformen usw. erkennbar durch den Prozeß der Industrialisierung, Kapitalisierung, Technisierung, Verstädterung, Demokratisierung, Verwissenschaftlichung usw. erfolgte, wandte sich eine solche auf Naturbindung bezogene weltanschauliche Konstruktion zwangsläufig gegen die Entstehung der bürgerlichen Moderne als Zivilisation. Was intentional aufklärerisch gegen den Hof entstand, endet, vermittelt über einen differenzierten Reflexionsprozeß, in einem gegen-aufklärerischen »Naturstandpunkt« gegenüber dem Industriezeitalter (vgl. Abbildung 2).

Im Gefolge der Entstehung dieser Moderne entsteht auch der Klassenstandpunkt derer, die sie verhindern wollen und doch tragen müssen.[16] Damit ergibt sich eine Blickrichtung, die das Gegenteil dieses Prozesses geltend macht, ihn damit aber als Ganzen erst komplettiert; dieser Blick interpretiert - hoffnungslos unzeitgemäß - die Welt im Rahmen der Nicht-Signifikanz dessen, was an ihr signifikant ist. Wenn der Konservativismus jedoch die neue Zeit ernst nimmt, formuliert er dies »kritisch«, das heißt, er nimmt den Zivilisationsprozeß als »Entfremdung« durch Abstraktion zur Kenntnis und benennt die Phänomene aus seiner Perspektive. Daher taucht konservatives Denken immer als Kritik an der Abstraktion vom »Organischen« und von »konkret produktiven« (Adaptions-)Zuständen auf, die angeblich der Realität der Vergangenheit angehören und - soweit noch in Resten vorhanden - bewahrt werden müssen. (In der politischen Philosophie verliert dies oft den direkten Bezug zur organischen *Natur* und wird statt dessen in der organizistischen Staatslehre relevant. Diese hat aber letztlich keinen Sinn ohne die Basis-Philosophie des Primats der »konkreten Natur«, auch wenn als Bindeglied die »konkrete Natur« der *Gesellschaft*, die Tradition, noch zwischengeschaltet ist; denn diese »konkrete« »zweite Natur« ist ihrerseits der »organische« Teil der Geschichte und der Teil des »geistigen *Lebens*«, der einerseits »Sinn« hat, und dessen Sinn andererseits immer nur konkret im Einzelfall bestimmbar ist. Die Tradition bezieht ihre »natürliche« Kraft stets aus dem, was ihr selbst Bestand verschafft: die Rückwendung ihrer Träger auf die natürlichen Quellen ihrer Kultur.[17] Das wird regelmäßig deutlich, wenn unter Rückgriff auf

16 Zum »Dilemma des Konservatismus« vgl. Greiffenhagen (1971).

17 Das gilt selbst für die *revolutionäre* Tradition von Völkern oder Gruppen. Daraus ergibt sich der ideologische Typus des immer schon renitent und freiheitsliebend gewesenen Stammes, Volkes, Bauern (»Wilhelm Tell« oder »Robin Hood« oder »Götz von Berlichingen« oder »Andreas Hofer«, aber auch die unbeugsamen Friesen oder die Indianer) usw.; hier »wurzelt« das Bewußtsein, das keinerlei »Joch« und Ungerechtigkeit erträgt, in der Bindung an den Lebensraum. Freiheit ist ein Effekt der Unverbrüchlichkeit einer Gemeinschaft von Land und Mensch, keine politische Haltung - eben eher eine Art Naturform des Geistes, mehr *Lebens*haltung als politisches Bewußtsein. Keiner seiner Träger wäre je korrumpier-

das Mensch-Natur-Verhältnis konservative Staatstheorien begründet werden sollen.) Umgekehrt *konstituiert* der Blick, der an der neuen Wirklichkeit das, was *ihm gemäß* ist, nur noch als verdorbenen Rest einer Vergangenheit sehen kann, eine signifikante Realitätsebene, deren Wesen gerade in der Beständigkeit des Einmaligen als Andersartigem liegt. Was historisch gesehen ein Niedergang ist, ist strukturell eine Utopie. Die Entfremdungskritik überspielt das Falsche (weil mittlerweile Unangemessene) des eigenen Denkens durch den kritischen Aspekt, der in der Suggestion der melancholischen Utopie liegt, und *schafft* damit allererst die Signifikanz und Relevanz einer Realitätsebene, von der sie meint, sie nur noch als Rudimente existierender Vergangenheit bewahren zu können. Die Denunziation der unbestrittenen *Wirklichkeit* dieser Abstraktionen in der Vergesellschaftung ersetzt in der Theorie die Zurkenntnisnahme der Produktivität des *Widerspruchs*, daß die gesellschaftstheoretische Relevanz dieser Entfremdung für die Existenz des Konservativismus als kritischen Bewußtseins nicht nur in der Existenz dieser Entfremdung, sondern ebenso in der *Freiheit*, die mit ihr einhergeht, liegt, da jene organische Welt in Natur und Politik erst mit dieser *entsteht*. Von diesem Mangel ist der Hinweis auf den defizitären Charakter der rationalistischen, liberalistischen Subjektkonstruktion, d. h. die empirische Weitsicht der konservativen Vernunftkritik, wenn sie *nicht* als (Abstraktions-)Kritik formuliert wird, sondern als Theorie der Singularität und Differenz, nicht berührt.

Das konservative Denken ist nicht nur im Rahmen der Herderschen Geschichtsphilosophie und der Geographie entstanden; seine Naturkonzeption (im Unterschied zur Ausformulierung der Staatslehre und des Menschenbildes) erhielt es jedoch in der Geographie. Denn das »ökologi-

bar wie ein politischer Mensch, er wäre »lieber Tod als Sklave«. Hier ist die »Natur« der Freiheit nicht Gleichheit durch Vernunft, sondern durch »Herkunft«, die ein *Recht* ist, das die Geschichte der Väter mit der Geschichte der Natur verbindet. In der deutschen Geschichte wurde dieser Typus zeitweilig tragend für die bürgerliche Revolution und ist in den Kategorien liberalistischen Denkens nie so recht faßbar gewesen, so daß mancherlei Durcheinander in der Theorie und Unsicherheit über den Charakter der Romantik entstand. Der nationalistische Gehalt von Revolutionen ist auf der Basis dieser unvermeidbaren Ambivalenz der »Freiheitsliebe«, die allen »großen« Bewegungen und Personen dieser Art anhaftet, und in politischen Kategorien nur als paradox sowie in der Kunst nur als tragisch beschreibbar ist, leicht verständlich. Das »Subjekt« (und »Individualität«) ist eine Konstruktion, für das die beiden politischen Gegner ihren Anteil bereitstellen; für die Beschreibung der Realität ist jedoch die paradoxe Verbindung beider wesentlich. Beschreibungen, die aus ideologischen Gründen dem Paradox zu entgehen versuchen, sind im strengen Wortsinne »gegenstandslos«.

sche Denken« hat seine umfängliche methodologische Ausformulierung und geschichtsphilosophische Rechtfertigung als »Blick« weniger aus der biologischen Ökologie bezogen, als aus der Wissenschaft, die sich im ganzen den *Gegenstand* des »Ökologischen«, die Landschaft als konkreten Raum, zum Objekt machte: der Geographie. Auch wenn »Leben« der Gegenstand der Ökologie wurde, so ist doch die Landschaft der »Gegenstand« des »ökologischen« *Aspekts* des Lebens, eine Art räumlich-substantielle Utopie der Akkumulation von Zeit oder: der bewegungslose Ordnungszustand des Lebens (vgl. Eisel 1991, 1993).

4. Kontext IV
Die Landschaft und das Land: Der Doppelcharakter des Subjekts in der Raumwissenschaft

Die Geographie untersuchte - in der »Kulturlandschaftskunde« - die Einheit von Mensch und natürlicher Umwelt als ein sogenanntes organisches und harmonisches Ganzes. Die »Landschaft« als ein Raum einerseits und andererseits als substantielles Geflecht von natürlichen und gesellschaftlichen Beziehungen, die sich in diesem Raum ereignen, ist der Ort jener Einheit; sie *ist* sie.

Die beiden Hauptbestandteile des Faches sind die Physische Geographie und die Anthropo- oder Kulturgeographie (die sich beide jeweils in die sogenannten Allgemeinen Geographien oder »Geofaktorenlehren« unterteilen).

Die Physische Geographie betreibt Naturlandschaftskunde, die Anthropogeographie Kulturlandschaftskunde (die dann die Naturlandschaftskunde umfaßt). Die »Einheit der Geographie« (des Wissens und der Welt) liegt demzufolge in der Landschaft als dem Objekt der »Integration« zweier »Seinsbereiche«. Jede Landschaft ist ein »typisches Wirkungsgefüge« beider Bereiche. Die »horizontale Integration« gestaltet die regionale Typik, ist also der ästhetisch-gestalthafte Aspekt der Wahrnehmung der erdräumlichen Varianz von Landschaften; die »vertikale Integration« verbindet die »Schichten« des landschaftlichen Seins, ist also der systematisch-funktionale Aspekt der jeweiligen regionalen Typik.[18] Auf

18 Zu den beiden Begriffen im »System der Geographie« vgl. Bobek (1957), Bobek/Schmithüsen (1949) sowie Carol (1956).

diese Art entstehen einzelne, unwiederholbare Einheiten, individuelle Ganzheiten von »Erdgegenden«, wie Humboldt sie nannte.

Im Verhältnis dazu steht der Begriff »Land«. Auch - bzw. gerade - er bezeichnet in der Geographie ein sogenanntes Raumindividuum. Am Verhältnis der beiden Grundbegriffe läßt sich das humanökologische Kulturideal der Geographie demonstrieren. Gegenüber einer Landschaft ist ein Land ein empirisches Exemplar eines solchen landschaftlichen Typus; die Geographen nannten es daher ein »Individuum« im Sinne eines positiv wirklichen Einzelereignisses, das die modellhafte Individualität (anderer Ebene) einer typischen Landschaft quasi historisch ausfüllt in derjenigen Gestalt, die an der zeitlosen Figur einer unwiederholbaren Gegend *variabel* ist. Die Toscana um 1990 ist immer noch die Toscana der Zeit um 1500, wenn man sie mit irgendeiner anderen Landschaft der Welt vergleicht, aber auch die deutlich veränderte heutige Toscana. Das, was an ihr historisch variiert, kann das, was an ihr einmalig und wesentlich ist, nicht zerstören, denn dann wäre sie keine »Toscana« mehr. Wenn Geschichte sich durchgesetzt hätte, wäre die Welt in der Gleichmacherei des Fortschritts, in einer Art ästhetischem Wärmetod, untergegangen.[19]

Es wird an diesem hypothetischen Grenzfall deutlich, daß die beiden Individualitätsdefinitionen von einem konträren Determinationszusammenhang von Individualität ausgehen: Ein »Land« ergibt sich aus der politischen und historischen, d. h. innergesellschaftlichen, Determination des Zusammenhangs von Mensch und Lebensraum; das Typische des Landes einer Landschaft ist das »historisch Bedingte«, was in einer Art Widerspruchsbindung nur *im Verhältnis* zu der entgegengesetzten Determination derselben Landschaft durch die Natur Relevanz haben kann.

Die entgegengesetzte Synthesis bestimmt sich nach dem Primat der Variablen, die die historisch invariante *Gestalt* einer Gegend verursachen. Die Landschaft als »Region«, ihr »Ausdruck« von Ort zu Ort, variiert nicht historisch. Daß die Toscana so aussieht, wie sie aussieht, und trotz des Ganges der Geschichte immer noch die Toscana ist, muß mit ihren Eigenschaften als *Raum* zusammenhängen, denn mit etwas Anderem kann die Tatsache, daß die Nachbargegend nicht mehr den gleichen »Ausdruck« hat und daher nicht mehr Toscana heißt, nicht zusammenhängen, weil selbst die kulturbestimmten Ausdrucksverschiebungen nur Naturvorgaben modifizieren. Tun sie das nicht - wie z. B. maurische Gärten in Südspanien - sind sie landschaftlich exotische Marginalien, denn Andalusien

19 Vgl. zur Vorgeschichte des Problems Thomas von Aquin Fußnote 27, S. 143.

bleibt Andalusien, auch ohne maurische Bauten, obwohl diese typisch sind für derzeitige spanische Landschaften. Ganz überspitzt formuliert: Daß die Häuser in der Toscana nicht aus Schnee gebaut sind, ist sowohl kein Zufall als auch nicht von den Eigenarten der Kultur abhängig.

Das bedeutet: Was eine Landschaft (als typische) ausmacht, ist *letztlich* von dem abhängig, was die Natur als ein »Lebensraum« ist und bietet. Der Raum ist das systematische formale Substrat der »konkreten Natur«. Kultur ist das, was sich *in* dieser Natur ereignet, und sie wird betrachtet im Hinblick auf die spezielle Auseinandersetzung mit der Natur. Systematisch relevant ist alles, was diese Außenbeziehung ist oder was sie unmittelbar determiniert.

Jede Landschaft ist somit einmalig

1. weil sie eine *lebensräumliche* Konstellation ist, das heißt »typisch«, sowie einmalig;
2. weil sie »geworden« ist, und das bedeutet, daß sie eine *historische* Konstellation eines kulturellen Ausdifferenzierungsprozesses ist.

Die Geographen haben mit Bezug auf das sogenannte Grenzproblem viele Jahrzehnte über das Ärgernis diskutiert, daß der regionalistische Effekt der einen Ebene, die sogenannten *natürlichen* Grenzen von »harmonischen« Gestalteinheiten - eben »Landschaften« - ebenso wie die »natürlichen« Grenzen von »organischen« Lebensräumen meist nicht mit den »künstlichen Grenzen« von politisch-historischen Ländern übereinstimmen. Das Ideal der geographischen Welt wäre gewesen, wenn die Auseinandersetzung mit der »konkreten« umgebenden Natur in ihrer *regionalen* Ausprägung kongruent mit der autonom historischen Dynamik der Gesellschaften verlaufen wäre, wenn also die funktionalen Außenbeziehungen der Gesellschaften leitend für die funktionalen Innenbeziehungen ihrer Entwicklungsgeschichte gewesen wären: Solche harmonischen Landschaften wären »organisch gewachsene« Länder einer naturplanmäßigen Geschichte und eines paradiesischen Erdballs gewesen. Das bedeutet, die materielle Seite der Entwicklung der typischen, harmonischen regionalen Gestalteinheit hätte sich als Mensch-Natur-Anpassungsgeschehen gegenüber der inneren Dynamik des geschichtlichen Prozesses so durchgesetzt, daß die sogenannten Landschaftsräume dieser Landschaften als Ergebnis der lebensräumlichen Konstellation zugleich die Länder als Ergebnis der historischen Konstellation einer Kultur gewesen wären.[20]

---

20 Diese Diskussion fand seit der Jahrhundertwende in der Politischen Geographie und der Geopolitik statt und differenzierte das Spektrum konservativer, völkischer und faschistischer Ideologie an diesem Gegenstand aus (vgl. Hesse 1924,

Natur als Raum, also ein »konkret« entwickeltes »Wirkungsgefüge« von Klima, Boden, Vegetation, Gestein, Morphologie, Gewässer usw., d. h. Landschaft als Regionsbegriff, ist Metapher für den funktionalen Primat eines »organischen« Entwicklungsprozesses, d. h. eines Selbstanpassungsprozesses. Entsprechend ist das »Anschlußsystem«, das von der Natur als Umwelt übergriffen wird, die Gesellschaft, unter raumwissenschaftlicher Perspektive ebenfalls ein »organisches Ganzes«.[21] In »Lebensräumen« leben spezifische «Lebensformgruppen» (Vidal de la Blache), und man sieht es einer Landschaft an, ob sie durch die konkrete Einmaligkeit einer solchen Situation bestimmt ist - dann ist sie zudem »harmonisch« -, oder ob ein allgemeineres, nicht *diesem* Lebensraum speziell angehörendes Prinzip - wie z. B. die Vernunft, Technik, Weltmarkt usw. - für die Konstellation bestimmend ist, d. h. sie (z. B. durch Hoch- und Fertigbauhäuser) Regionen angleicht, die ganz anderen konkreten Naturbedingungen gehorchen, oder ob es sie gemeinsam mit diesen Regionen Gestaltungsprinzipien unterwirft, die *keinen* speziellen Lebensraum mehr repräsentieren, sondern die Kulte der Verallgemeinerung. Dann gilt »Landschaft« als zerstört, ein Land noch nicht.[22]

Mit der Utopie der organischen Landschaft ist die politische und strukturelle Utopie der Humanökologie formuliert. Sie konzipiert die Einheit der doppelten Determination der Vergesellschaftung durch die unhintergehbare Natur und die kulturelle Autonomie der »Inwertsetzung« der Natur nach dem Muster der übergeordneten Relevanz der funktionalen Anpassung der Gesellschaft an ihre Umwelt. Sie ist jedoch in »moderner« Fassung nun auf die *ganze Erde* bezogen - die Universallandschaft der Gattung - und steht damit in einem paradoxen Verhältnis zu sich selbst als Prinzip der Einmaligkeit durch *Unterscheidung* von weiteren Individuen (von denen es dann aber keine mehr gibt).[23]

Penck 1917, Ratzel 1892, 1893, 1896, Sieger 1917, 1923, 1924, 1926, Sölch 1924; dazu Schultz 1987). Ein intelligenter Kompromißvorschlag lautete, natürliche Landschaften »Zwecklandschaften« zu nennen, nämlich solche, die sich durch staatliche Expansion als objektiv »harmonisch« ergeben (vgl. Vogel 1926). Damit war im Rahmen des Imperialismus die Idee der Raumplanung geboren.

21 Das hat Friedrich Ratzel, den Begründer der Anthropogeographie (1882), veranlaßt, die gesellschaftstheoretische Seite der Theorie der Geographie als Bestandteil der »Biogeographie«, also letztlich als Teilmenge und als disjunkte Klasse der Physischen Geographie zu bestimmen.

22 Um ein Land zu zerstören, ist ein Krieg notwendig.

23 Daraus erklärt sich das eigenartige Dauerinteresse an der Frage, ob es außerhalb der Erde höheres Leben gibt, und ob es sich ähnlich wie auf der Erde entwickelt

5. Kontext V und Zusammenfassung Die Allgemeinheit der Differenz: Die kulturelle Vereinzelung des Subjekts als Allgemeinheit

Dieses geographische Paradigma geht zwar in seiner neuzeitlichen Ausformulierung auf die Geschichtsphilosophie Herders zurück und ist eine der beiden fundamentalen abendländischen Möglichkeiten, die Welt aufzufassen. Es wurde aber erst in der Lebensphilosophie und im Neukantianismus unter dem Eindruck der »Positivierung« der Geschichtsphilosophie in den Sozialwissenschaften pointiert wissenschaftstheoretisch und weltanschaulich formuliert und als »idiographisch« bezeichnet. Sein wesentliches Charakteristikum ist, daß das Allgemeine als individuell betrachtet wird (vgl. Logstrup 1981). Diese Konzeption vom «Individuum» steht der politischen Idee des freien Einzelnen diametral gegenüber; sie stellt die durch die Aufklärung hervorgerufene alternative Konzeption vom Universalsubjekt dar.

> »Wir können jetzt *zwei Arten des Individuellen* als bloße Andersartigkeit und als Individualität im engeren Sinne voneinander scheiden.
> Die eine Individualität fällt mit der Eigenart des *Wirklichen* selbst zusammen [. . .]. Die andere ist eine bestimmte *Auffassung des Wirklichen* [. . .].« (Rickert 1986: 106).

Der Blick auf die »historische Individualität« (ebenda, S. 107) jedes Menschen steht dem Blick auf die »unwesentliche Andersartigkeit« (ebenda), nämlich in der Gleichheit vor dem Gesetz, gegenüber.

Was hat die gegenaufklärerische Position von Individualität mit Geographie und »konkreter« Natur als »Landschaft« sowie mit dem holistischen, biowissenschaftlichen Paradigma zu tun?

Die Antwort lautet: Jede Kultur, jede Landschaft und jede Art gibt es historisch nur einmal, obwohl sie alle den Charakter des Allgemeinen haben; in dieser Art von Individualität als der Repräsentation eines historischen Prozesses durch seine Ergebnisse fällt das Allgemeine mit der Wirklichkeit eines »Ereignisses« zusammen. Dadurch ist es nicht ein »Gesetz«, sondern ein unteilbares Ganzes und eine reale kleinste Einheit von Wirklichkeit nach dem Muster der »Monaden« (vgl. dazu Eisel 1991). Es »verkörpert« das Prinzip des Ganzen und ist daher auf der anschaulichen Ebene in spezieller Weise »typisch«, nämlich doppelt; mit dem Verweis auf

---

habe: Mit dem Sieg des kapitalistischen Weltmarktes über alle Kulturen ist das *moderne* humanökologische Prinzip durchgesetzt und in der Klemme. Wenn es noch einen Planeten mit Kultur oder kulturfähiger Natur (Leben) gäbe, wäre die Erde wieder ein Kulturträger, nicht nur eine Ressource für »Gesellschaft«.

sich verweist es auf das, was es gerade *nicht* ist in der Differenz der Einheit, nämlich auf alles Andersartige der gleichen Art: Die Toscana ist nicht nur typisch für die Toscana, sondern auch eine sehr typische Ausprägung dessen, was alle differenten Landschaften sind, nämlich »Landschaft«, oder die Papuas sind nicht nur eine spezielle Kultur, sondern sie verweisen mit sich in spezifischer Weise auf das *Wesen des Menschen*. (Gerade die »Einfachheit« ihrer Kultur erleichtert die Tiefe des Blicks in die *wesentlichen Möglichkeiten* der Gattung.) Wer die Toscana und die Papuas gut kennt, kennt das Wesen von Landschaften und der Menschheit.

Im neukantianischen Rahmen bestimmt Rickert solche »Individualität« als die Existenzform eines im Prinzip transzendentalen Sinns:

> »Wir werden finden, daß wir an den Wirklichkeiten, mit denen keine Werte verknüpft sind, oder die keinen Sinn tragen, den wir verstehen, und die wir daher als bloße 'Natur' in dem zuerst angegebenen Sinne betrachten, in den meisten Fällen auch nur ein im logischen Sinne naturwissenschafties *Interesse* haben, daß also bei ihnen für uns die einzelne Gestaltung *nicht* in ihrer Individualität, sondern gewöhnlich lediglich als *Exemplar* für einen mehr oder minder allgemeinen Begriff in Frage kommt. Mit den Kulturvorgängen dagegen, die sinn- und wertbehaftet sind, und den Ereignissen, die wir zur Kultur als Vorstufen oder dgl. in Beziehung setzen, verhält es sich anders, d. h. unser Interesse ist hier auch auf das Besondere und Individuelle und dessen *einmaligen Verlauf* gerichtet. Also wollen wir sie auch historisch individualisierend kennen lernen.« (Rickert 1986: 103)

> »Die *Kulturbedeutung* eines Objektes, also der verständliche Wert und Sinn, den es trägt, beruht nämlich, soweit es als Ganzes in Betracht kommt, nicht auf dem, was ihm mit anderen Wirklichkeiten *gemeinsam* ist, sondern gerade auf dem, was es von den andern *unterscheidet*, und daher muß die Wirklichkeit, die wir mit Rücksicht auf ihr Verhältnis zu den Kulturwerten als deren reale Träger betrachten, auch auf das Besondere und Individuelle hin angesehen werden. [...] Nur die individualisierende historische Behandlung wird also dem Kulturvorgang gerecht, sobald er als Sinnträger oder in seiner Bedeutung für die Kulturwerte in Frage steht.« (ebenda, S. 104)

> »Durch die *Werte*, die an der Kultur haften, und durch die Beziehung auf sie wird der Begriff einer darstellbaren historischen Individualität als eines realen Trägers von Sinngebilden erst *konstituiert*.« (ebenda, S. 106)

Die Schwierigkeiten des konstitutionstheoretischen Denkens sind bekannt[24]: Der kognitive und handlungstheoretische Relativismus kann nicht erklären, woher die Objektivität und Allgemeinheit von Erkenntnissen, d. h. Sätzen über jene Außenwelt »Natur«, kommt. Wasser fließt auch dann nicht bergauf, wenn alle Werte einer Kultur es suggerieren, ungeachtet dessen, daß es zutrifft, daß es sinnlos wäre zu glauben, die Natur könne

24 Vgl. zur Kritik des Neukantianismus Habermas (1985: 92-109).

unabhängig von einem Konstitutions- oder Deutungssystem, nämlich »an-sich«, erkannt werden.[25] Deshalb wurde die Einheit der Welt und des Wissens kurzerhand geteilt, so daß die symbolisch und intentional funktionierende Welt von einem Wesen eigener Art bevölkert wurde: dem Individuum. Die Naturwissenschaft hat es mit anderen »Individuen» zu tun, wenn ein Einzelfall vorliegt, nämlich mit dem, was vor den (Natur-)Gesetzen *gleich* mit allen anderen Einzelfällen an diesem Fall ist. Diese Differenz verschwindet, wenn man das Problem zeichentheoretisch formuliert: Die Symbolfunktion von Zeichen hinge völlig in der Luft, wenn es keine Ikonfunktion gäbe, die sich mit der symbolischen Repräsentation indexikalisch vermitteln ließe. Die Ikonfunktion *ist* aber das Symbol (und was es bedeutet) als *Wirklichkeit*, also ein strukturelles Muster des Wirklichen im Hinblick auf deren potentielle Ähnlichkeit mit einem ihr äußerlichen Repräsentationssystem *und* die Wirklichkeitsform von strukturellen Mustern überhaupt. Genau so beschreibt das idiographische Denken ein »Individuum«, wendet diese Strukturdefinition aber *ontologisch* (statt reflexionstheoretisch und ideologiegeschichtlich) auf sein reales historisches Urbild als eine Exklusivität kulturellen Seins zurück. Individualität ist ein empirischer Zustand von Selbstbezug, der nur existieren kann, weil er zwei exklusive Ebenen verbinden kann: Struktur und Geschichte. Er kann bemerken, daß das, was er dem Wesen nach ist, Ergebnis einer Entwicklung ist, die diesem Wesen folgt. Das Individuum versteht seine Existenz als repräsentativen empirischen Zustand des ganzen Prozesses, dem es angehört, seit es nicht mehr das durch einen singulären Schöpfungsakt gewollte Ebenbild Gottes ist.[26] Dieser Figur standen zwei Wege der Interpretation

---

25 Was im Rahmen der Objektivität der Wirkung der Schwerkraft bei aller Objektivität der Theorie »Deutung« ist, ist viel schwerer zu bestimmen, als es ein billiger Kulturrelativismus kann, der am Ende doch nicht daran vorbei kommt, daß derjenige, der zu fliegen versucht, auf die Schnauze fällt.

26 Entsprechend existiert im Selbstbewußtsein der klassischen Geographie die Landschaft aber nur im und durch das landschaftliche Erleben des *Geographen*, denn Landschaften können nur in dieser Stellvertretung selbstreferentielle Individuen sein. Daraus folgte die extrem intuitionistische Methodologie und scheinbar paradoxe Ontologisierung weltanschaulichen, volks- und heimatkundlichen gehobenen Kitsches, die Gerhard Hard ausführlich analysiert hat (vgl. Hard 1964, 1969, 1970, 1971, 1979, 1982, 1983): Gerade weil das landschaftskundliche Individuum sich nicht selbst erleben und verstehen kann, muß der Geograph mit ihm ganz und gar verschmelzen im Erleben seiner eigenen Totalität als der Totalität des landschaftlichen Eindrucks, um der Tatsache, daß jede Landschaft die Totalität eines Individuums ist, angemessenen Ausdruck verschaffen zu können. *Weil* die Landschaft kein *Mensch* ist, muß der individuelle Charakter des Objekts im totalen *Erleben*

offen: der reflexionsphilosophische und historische einer sich im vernünftigen Allgemeinen selbst bewußt werdenden Vernunft und der lebensphilosophisch-historistische einer sich im Individuellen selbst erlebenden Geschichte. Die Geographie wählte als Vorbild den zweiten Weg, weil ihr *Objekt* als philosophische und *politische* Metapher gegen die Vernunft und den technischen Fortschritt formiert wurde, bzw. bereitete dieses Vorbild der Kultur- und Geisteswissenschaften in einer speziellen Variante mit vor.

Die Strukturgleichheit von Kultur, Landschaft und Art weist auf eine gemeinschaftliche Ausdifferenzierungssituation dreier Objektbereiche innerhalb des gleichen Ideenmusters hin. Die »Träger« der Entwicklung von Geschichte/Zeit (Humanität), Raum und Leben sind identische Alternativfiguren zur Idee einer »abstrakten« Vernunft, die als Allgemeines dem Einzelnen gegenübersteht.

Das macht ihre aktuelle Karriere aus. Sie sind derjenige konzeptionelle Anteil der Moderne, der den Alternativen zum instrumentellen Denken und zum technischen Fortschritt zum Gedacht-Werden und zur politischen Praxis verhilft. Die existierende Unwiederholbarkeit, das, was sich als einmalig nicht in einem abstrakten Subsumtionsverhältnis zur Allgemeinheit als ein beliebig wiederholbarer Vorfall bestimmt und dennoch ein Einzelfall ist, d. h. die empirische Universalie als eine Form der *signifikant differierenden Existenz*, die gerade mit ihrer exemplarischen *Differenz* für die Wesensgleichheit des Andersartigen steht, umfaßt all jene Basisstrukturen der Moderne, die als *Implikationen* des rationalistischen Diskurses *aus diesem hervorgehen*, und dabei eine Schicht deutlich zum Vorschein bringen, die historisch älter und »natürlicher« zu sein *scheint*, aber den Sinn dessen, was sie »war«, in diesem Moment erst erhält.

Systematisch markieren diese Stukturen den Ort der »Kultur« im Verhältnis zur Ebene der Politik/Sozialwissenschaft/Vernunft usw. Sie wurden so der Gegenstand der »Kultur- und Geisteswissenschaften«, die sich

einer totalen *Projektion* (des Geographen) kurzgeschlossen werden. Damit der Geograph seine Projektion ungebrochen als *Objekt* erleben konnte (und die Projektion mit einem Erlebnis verwechseln konnte), mußte er sich dem Objekt Landschaft als *historischem Ausdrucks*geschehen persönlich annähern, wie es die lebensphilosophische Methodologie für Kristallisationen historischen Sinns mittels der »biographischen Methode« vorsah (vgl. Schwind 1964; dazu Hard 1970a.) So sind in ihm stellvertretend die strukturelle (typologische) und die historische Komponente des Individuums Landschaft aufeinander bezogen. Die »ökologische« Neuauflage desselben Kitsches analysiert Hard erneut (Hard 1987, 1987a, 1987b, 1988, 1989a).

im lebensphilosophisch-historistischen und phänomenologischen Kontext sowohl der Reflexionsphilosophie als auch der Erfahrungswissenschaft entgegenstellten. Der kulturelle Blick auf das Gattungssubjekt richtet sich weder auf dessen Möglichkeiten in der Zukunft noch darauf, wie diese sich aus der Vergangenheit als eine Zwangsläufigkeit der Vernunft begründen lassen, sondern auf seine »gesellschaftliche Natur«, die *Tradition*, die in der Praxis der Verwaltung des allgemeinen Sinns, d. h. in den Kulten, gepflegt wird und in den Institutionen sachlich kristallisiert ist. Er begreift beide als die Wirklichkeit einer »Freiheit«, die in der Verlängerung der Tradition (und das bedeutet: in der Insistenz auf Andersartigkeit und Differenz) besteht.[27] Die Gegner der empirischen und »positiven« erfahrungswissenschaftlichen Theorie der Vernunft und der dialektischen Reflexionstheorie der vernünftigen Geschichte als Geschichte der Vernunft verlegten die modern entstandene *Idee* der Tradition und des historischen Sinns als den existentiellen, anthropologischen und gattungsgeschichtlichen Primat der Vergesellschaftung in die *Wirklichkeit* selbst als eine Art »Materie« der Geschichte und schufen damit für die Gesellschaftstheorie eine alternative Konzeption und Reflexionsmöglichkeit von Subjektivität. Das »konkrete« Subjekt des «Erlebens» der Gegenwart als von histori-

27 Das Konstrukt ist offen für zwei Deutungen: Andersartigkeit kann tolerant oder rassistisch bewertet werden. Das führt zu Konfusionen im politischen Diskurs sowohl, weil die nonkonformistisch-liberalkonservative und die völkisch-wertkonservative Haltung vom Habitustyp her meist vermischt und und recht schillernd auftritt und eben ideologisch nicht wirklich verschieden ist, als auch, weil die liberalen und linken Denkverbote und Berührungsängste mit Bezug auf den Rassismus den progressiven Aspekt des idiographischen Denkens im selben Moment für die politische Diskussion verbieten, wo sie ihn als kulturrelativistische Attitüde vor sich hertragen. Die konservative Art der Insistenz auf der Ungleichheit ist christlichen Ursprungs und beruht darauf, daß das Gute (Gott) ohne das Böse (Teufel) sinnlos wäre: Thomas von Aquin begründete mit der Vielfalt die Vollkommenheit der Welt dadurch, daß er Ungleichheit als Vorraussetzung für Vielfalt geltend machte: »Obgleich nun ein Engel, für sich betrachtet, mehr ist als ein Stein, so sind doch zwei Wesen verschiedener Art besser als nur von einer Art; und daher ist eine Welt, die Engel und andere Dinge enthält, besser als eine, in der es nur Engel gibt; denn die Vollkommenheit der Welt wird durch die Mannigfaltigkeit der Arten erreicht, welche die verschiedenen Stufen des Guten einnehmen, und nicht durch die Vervielfältigung von Einzelwesen einer einzigen Art.« (Thomas von Aquin, zitiert nach Lovejoy 1985: 98) »[D]as heißt, daß die »geordnete Vielheit der Dinge«, die Aktualisierung der Ideen, ein Selbstzweck ist, ein Zweck, der nicht lediglich der Erlösung des Menschen dient und der die »Angleichung« eines Geschöpfes an ein anderes ausschließt, wenn dies den Verlust der Ungleichartigkeit der Dinge in bezug aufeinander oder selbst in bezug auf ihren Ursprung nach sich ziehen würde.« (Lovejoy 1985: 99)

schem Sinn befindet sich unmittelbar im Strom der Wirklichkeit des Prinzips »Leben«; es ist als Akteur konkrete Transzendenz im Rahmen eines vitalen Weltprinzips. Individualität ist Authentizität als nicht-identische Repräsentation einer historischen Identität.

Dem korrespondiert eine alternative Konzeption von Natur, nämlich von »konkreter« Natur in geschichtsphilosophischer Perspektive. Sie wurde von der Geographie durch die Verwissenschaftlichung der (ursprünglich ästhetischen) Idee der Landschaft entwickelt und stellt der (lebensphilosophischen und neukantianischen) Geschichte des (kulturellen) Lebens die »Raumgeschichte« der Subjektivität zur Seite (und damit den naturwissenschaftlichen Theorien der »abstrakten« Natur eine auf gesellschaftliche Zwecke bezogene Theorie ganzheitlich-konkreter Natur entgegen). Daher läßt sich die Idee der »konkreten« Natur, der Landschaft, als das seinerseits auf dieses materielle Substrat der Geschichte bezogene Konzept von kultureller Subjektivität beschreiben, und ist in der Geographie auch immer so begriffen worden. Andererseits ist sie als Konzeption von *Natur* die ganzheitlich-hermeneutisch konzipierte Alternative zum experimentalwissenschaftlichen Paradigma, die in der Biologie als ein Aspekt von »Ökologie« parallellaufend als Seitenzweig ausdifferenziert wurde (vgl. Trepl 1987) und daher nun in der Gesellschaftskritik und Naturwissenschaftskritik als »ökologisches Denken« allerorten fröhliche Urständ' feiert.

Ihre Modernität erhält diese geographisch gedachte Kulturgeschichte demnach aufgrund ihrer »öko-materialistischen« Konzeption, die die historistische, am »objektivierten *Geist*« (im Sinne Diltheys) orientierte Idee von Gesellschaft und Geschichte im Rahmen einer anti-rationalistisch konzipierten Subjektivität komplementär ergänzt. Die Einheit der Welt in »konkreter Natur« als Standortgefüge, funktionales System und teleologischer Prozeß, die organische Ordnung mit Endzweck und als Umwelt, thematisiert die (Entwicklung der) Subjektivität unter Rückgriff auf die Einheit in einem materiellen System. So, wie der geschichtliche Geist im »Leben« als materialisiertem Seinsgrund von Tradition gründet, gründet das Überleben des Lebens in der konkreten Natur.

S. 145, Abbildung 1:
Die politische Transformation der Idee der Landschaft von einer ästhetisch-konstruktiven Ganzheit zur Idee vom ökologischen Organismus
Quelle: U. Eisel: Vorlesung »Gesellschaftswissenschaftliche Grundlagen der Landschaftsplanung«, Berlin 1987

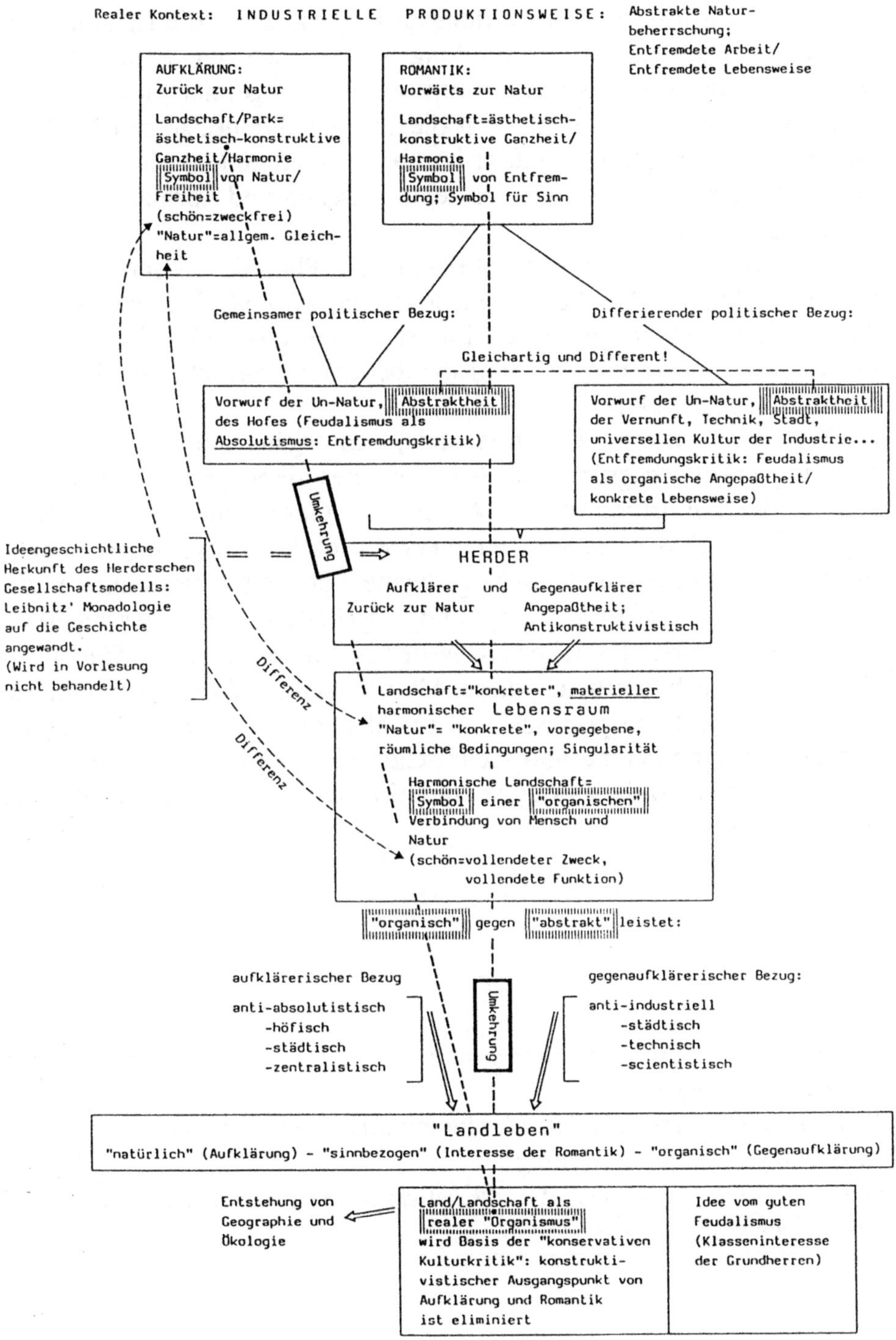
Realer Kontext: INDUSTRIELLE PRODUKTIONSWEISE: Abstrakte Naturbeherrschung; Entfremdete Arbeit/ Entfremdete Lebensweise
AUFKLÄRUNG: Zurück zur Natur
Landschaft/Park= ästhetisch-konstruktive Ganzheit/Harmonie Symbol von Natur/ Freiheit (schön=zweckfrei) "Natur"=allgem. Gleichheit
ROMANTIK: Vorwärts zur Natur
Landschaft=ästhetisch-konstruktive Ganzheit/ Harmonie Symbol von Entfremdung; Symbol für Sinn
Gemeinsamer politischer Bezug:
Differierender politischer Bezug:
Gleichartig und Different!
Vorwurf der Un-Natur, Abstraktheit des Hofes (Feudalismus als Absolutismus: Entfremdungskritik)
Vorwurf der Un-Natur, Abstraktheit der Vernunft, Technik, Stadt, universellen Kultur der Industrie... (Entfremdungskritik: Feudalismus als organische Angepaßtheit/ konkrete Lebensweise)
Umkehrung
Ideengeschichtliche Herkunft des Herderschen Gesellschaftsmodells: Leibnitz' Monadologie auf die Geschichte angewandt. (Wird in Vorlesung nicht behandelt)
HERDER
Aufklärer und Gegenaufklärer
Zurück zur Natur
Angepaßtheit; Antikonstruktivistisch
Differenz
Differenz
Landschaft="konkreter", materieller harmonischer Lebensraum "Natur"= "konkrete", vorgegebene, räumliche Bedingungen; Singularität
Harmonische Landschaft= Symbol einer "organischen" Verbindung von Mensch und Natur (schön=vollendeter Zweck, vollendete Funktion)
"organisch" gegen "abstrakt" leistet:
aufklärerischer Bezug
anti-absolutistisch -höfisch -städtisch -zentralistisch
Umkehrung
gegenaufklärerischer Bezug:
anti-industriell -städtisch -technisch -scientistisch
"Landleben"
"natürlich" (Aufklärung) - "sinnbezogen" (Interesse der Romantik) - "organisch" (Gegenaufklärung)
Entstehung von Geographie und Ökologie
Land/Landschaft als realer "Organismus" wird Basis der "konservativen Kulturkritik": konstruktivistischer Ausgangspunkt von Aufklärung und Romantik ist eliminiert
Idee vom guten Feudalismus (Klasseninteresse der Grundherren)

Insoweit Kultur ein Entwicklungsprozeß ist, ist sie die Erfüllung einer *Herkunft* (entsprechend der Bindung an die Idee der Tradition) durch Verwirklichung von *Eigenart* - wenn der Prozeß gelingt; insoweit Kultur eine historische Ganzheit ist, folgt dieser Prozeß dem Zweck der »Humanität« - sofern er gelingt. Daß er im Unterschied zu kausalen Prozessen[28] *mißlingen* kann, verweist auf den teleologischen und normativen Charakter der Grundidee.

Entsprechend ist die konkrete Natur ein Plan, der diesen Eigenschaften der Kultur der Möglichkeit nach gerecht wird. Nach diesem sucht das ökologische Denken. Findet es ihn, ist die Gesellschaft zirkulär auf jene nicht-banale Individualität - und das bedeutet politisch, auf das Prinzip Tradition - gegründet.

Wir haben also zwei differierende, sich ergänzende und letztlich gegenseitig zirkulär begründende Aspekte eines ideologischen Schemas vorliegen: Der kulturtheoretische Aspekt der Gesellschaftstheorie als eine gegenaufklärerische, *moderne* Subjektkonstruktion verweist geschichtsphilosophisch auf eine »ökologisch« gedachte Natur als Lebensraum, und die »ökologische« Ausformulierung und Begründung einer geschichtlichen Moral als Theorie des Überlebens der Natur erhält ihren *Sinn* nur im Rahmen des Rückgriffs auf diese Alternativkonstruktion vom Gattungssubjekt. Dieses kann politisch und sozial unter gegebenen Bedingungen demokratischer Systeme und technischer Zivilisation nur konservativ bestimmt werden. Anderslautende Intentionen haben darauf keinen politischen Einfluß.

S. 147, Abbildung 2:
Das Mensch-Natur-Verhältnis als Organismus: Transformation der Aufklärung in Gegenaufklärung

Quelle: U. Eisel: Vorlesung »Gesellschaftswissenschaftliche Grundlagen der Landschaftsplanung«, Berlin 1987

---

28 Es gibt keine falschen Wirkungen.

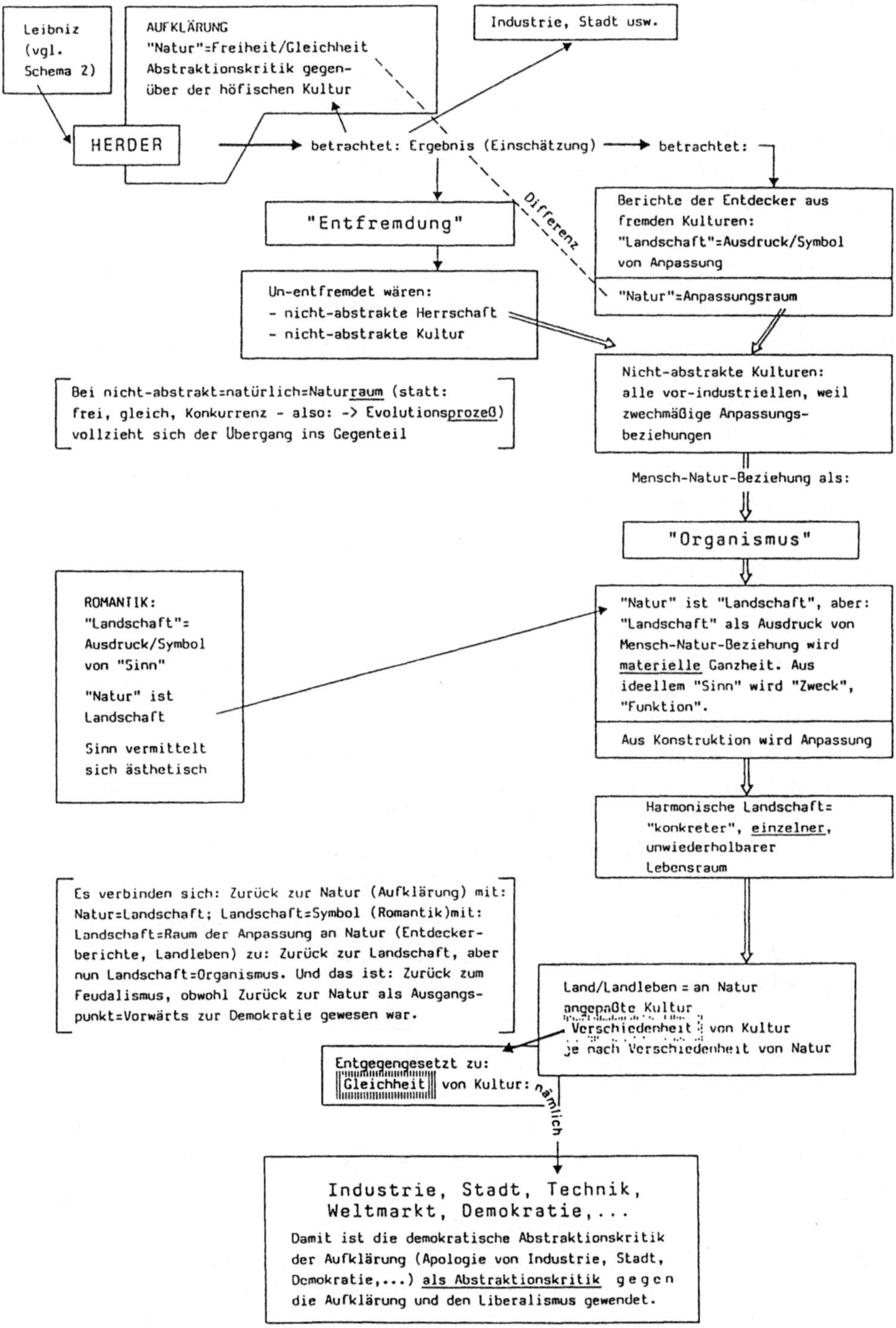
Leibniz (vgl. Schema 2)
AUFKLÄRUNG
"Natur"=Freiheit/Gleichheit
Abstraktionskritik gegenüber der höfischen Kultur
Industrie, Stadt usw.
HERDER
betrachtet: Ergebnis (Einschätzung)
betrachtet:
Differenz
"Entfremdung"
Berichte der Entdecker aus fremden Kulturen:
"Landschaft"=Ausdruck/Symbol von Anpassung
"Natur"=Anpassungsraum
Un-entfremdet wären:
- nicht-abstrakte Herrschaft
- nicht-abstrakte Kultur
Nicht-abstrakte Kulturen: alle vor-industriellen, weil zwechmäßige Anpassungsbeziehungen
Bei nicht-abstrakt=natürlich=Naturraum (statt: frei, gleich, Konkurrenz - also: -> Evolutionsprozeß) vollzieht sich der Übergang ins Gegenteil
Mensch-Natur-Beziehung als:
"Organismus"
ROMANTIK:
"Landschaft"= Ausdruck/Symbol von "Sinn"
"Natur" ist Landschaft
Sinn vermittelt sich ästhetisch
"Natur" ist "Landschaft", aber: "Landschaft" als Ausdruck von Mensch-Natur-Beziehung wird materielle Ganzheit. Aus ideellem "Sinn" wird "Zweck", "Funktion".
Aus Konstruktion wird Anpassung
Harmonische Landschaft= "konkreter", einzelner, unwiederholbarer Lebensraum
Es verbinden sich: Zurück zur Natur (Aufklärung) mit: Natur=Landschaft; Landschaft=Symbol (Romantik)mit: Landschaft=Raum der Anpassung an Natur (Entdeckerberichte, Landleben) zu: Zurück zur Landschaft, aber nun Landschaft=Organismus. Und das ist: Zurück zum Feudalismus, obwohl Zurück zur Natur als Ausgangspunkt=Vorwärts zur Demokratie gewesen war.
Land/Landleben = an Natur angepaßte Kultur
Verschiedenheit von Kultur je nach Verschiedenheit von Natur
Entgegengesetzt zu: Gleichheit von Kultur: nämlich
Industrie, Stadt, Technik, Weltmarkt, Demokratie,...
Damit ist die demokratische Abstraktionskritik der Aufklärung (Apologie von Industrie, Stadt, Demokratie,...) als Abstraktionskritik gegen die Aufklärung und den Liberalismus gewendet.

Literatur

Bartels, D. (1968): »Zur wissenschaftstheoretischen Grundlegung einer Geographie des Menschen«. *Geographische Zeitschrift*, Beihefte 19. Wiesbaden

Bentmann, R./Müller, M. (1970): *Die Villa als Herrschaftsarchitektur. Versuch einer kunst- und sozialgeschichtlichen Analyse*. Frankfurt a. M.

Bloch, E. (1985): *Naturrecht und menschliche Würde*. Werkausgabe, Bd. 6. Frankfurt a. M.: Suhrkamp

Bobek, H. (1957): »Gedanken über das logische System der Geographie«. *Mitteilungen der Geographischen Gesellschaft Wien*, 99, S. 122-145

Bobek, H./Schmithüsen, J. (1949): »Die Landschaft im logischen System der Geographie«. *Erdkunde*, 3, S. 112-120

Carol, H. (1956): Zur Diskussion um Landschaft und Geographie. *Geographica Helvetica*, 11, S. 111-132

Eisel, U. (1980): *Die Entwicklung der Anthropogeographie von einer »Raumwissenschaft« zur Gesellschaftswissenschaft.* Urbs et Regio 17, Kasseler Schriften zur Geografie und Planung. Kassel

Eisel, U. (1981): »Zum Paradigmenwechsel in der Geographie. Über den Sinn, die Entstehung und die Konstruktion des sozialgeographischen Funktionalismus«. *Geographica Helvetica*, 36 (4), S. 176-190

Eisel, U. (1982): »Geographie - Die Wissenschaft von den Unterscheidungen und Korrelationen, die jedem zugänglich sind; oder: Wie man die Landschaftskunde nicht retten kann«. *Geographica Helvetica*, 37 (3), S. 166-170

Eisel, U. (1991): »Warnung vor dem Leben. Gesellschaftstheorie als 'Kritik der Politischen Biologie'«. In: D. Hassenpflug (Hg.): *Industrialismus und Ökoromantik - Geschichte und Perspekiven der Ökologisierung*. Wiesbaden, S. 159-192

Eisel, U. (1993): *Naturdetermination und Vergesellschaftung*. Zur Kritik der Gesellschaftstheorie des ökologischen Weltbildes (in Vorbereitung)

Greiffenhagen, M. (1971): *Das Dilemma des Konservatismus in Deutschland*. München

Habermas, J. (1967): »Naturrecht und Revolution«. In: *Theorie und Praxis*. Sozialphilosophische Studien. Neuwied, S. 52-88

Habermas, J. (1985): *Zur Logik der Sozialwissenschaften*. Frankfurt a. M.

Hard, G. (1964): »Geographie als Kunst. Zur Herkunft und Kritik eines Gedankens«. *Erdkunde*, 18, S. 336-341

Hard, G. (1969): »Die Diffusion der 'Idee der Landschaft'. Präliminarien zu einer Geschichte der Landschaftsgeographie«. *Erdkunde*, 23, S. 249-264

Hard, G. (1970): *Die »Landschaft« der Sprache und die »Landschaft« der Geographen*. Colloquium Geographicum, Bd. 11. Bonn

Hard, G. (1970a): »Noch einmal: 'Landschaft als objektivierter Geist'. Zur Herkunft und zur forschungslogischen Analyse eines Gedankens«. *Die Erde*, 101, S. 171-197

Hard, G. (1971): »Ärger mit Kurven«. *Geographische Zeitschrift*, 59, S. 277-289

Hard, G. (1973): *Die Geographie*. Eine wissenschaftstheoretische Einführung. Berlin

Hard, G. (1978): »Die Zukunft der Physischen Geographien. Zu Ulrich Eisels Demontage eines Vorschlags«. *Geographische Zeitschrift*, 66, S. 1-23

Hard, G. (1979/1983^2): »Die Disziplin der Weißwäscher. Über Genese und Funktion des Opportunismus in der Geographie«. In: P. Sedlacek (Hg.): *Zur Situation der deutschen Geographie zehn Jahre nach Kiel*. Osnabrücker Studien zur Geographie, Bd. 2. Osnabrück, S. 1-44

Hard, G. (1982): »Plädoyer für ein besseres Carol-Verständnis. Bemerkungen zu einem Aufsatz von Hoyningen-Huene (1982)«. *Geographica Helvetica*, 37 (3), S. 159-166

Hard, G. (1983): »Zu Begriff und Geschichte der 'Natur' in der Geographie des 19. und 20. Jahrhunderts«. In: G. Großklaus/E. Oldemeyer (Hg.): *Natur als Gegenwelt*. Karlsruhe, S. 139-167

Hard, G. (1985): »Die Alltagsperspektive in der Geographie«. In: W. Isenberg (Hg.): *Analyse und Interpretation der Alltagswelt*. Osnabrücker Studien zur Geographie, Bd. 7. Osnabrück, S. 13-77

Hard, G. (1987):» Seele und Welt bei Grünen und Geographen. Metamorphosen der Sonnenblume«. In: G. Bahrenberg u. a. (Hg.): *Geographie des Menschen - Dietrich Bartels zum Gedenken*. Bremer Beiträge zur Geographie und Raumplanung, Heft 11. Bremen, S. 111-140

Hard, G. (1987a): »'Bewußtseinsräume'. Interpretation zu geographischen Versuchen, regionales Bewußtsein zu erforschen«. *Geographische Zeitschrift*, 75 (3), S. 127-148

Hard, G. (1987b): »Das Regionalbewußtsein im Spiegel der regionalistischen Utopie«. *Informationen zur Raumentwicklung*, 7/8, S. 419-439

Hard, G. (1988): *Selbstmord und Wetter - Selbstmord und Gesellschaft*. Studien zur Problemwahrnehmung in der Wissenschaft und zur Geschichte der Geographie. Erdkundliches Wissen, Heft 92. Stuttgart

Hard, G. (1988a): »'Spurenlesen' in der Geographie». In: Thomas Morus-Akademie Bensberg (Hg.): *Wege in den Alltag*. Umwelterkundung in Freizeit und Weiterbildung - Perspektiven für die Geographie? Bensberger Protokolle. Bensberg, S. 31-62

Hard, G. (1989): »Geographie als Spurenlesen. Eine Möglichkeit, den Sinn und die Grenzen der Geographie zu formulieren«. *Zeitschrift für Wirtschaftsgeographie*, 33 (1/2), S. 2-11

Hard, G. (1989a): »Das schöne Ganze der Ökoethiker und Ökopädagogen«. In: E. Franke/B. Mokrosch (Hg.): *Werterziehung und Entwicklung*. Schriftenreihe des Fachbereichs Erziehungs- und Kulturwissenschaften, Bd. 11, Universität Osnabrück. Osnabrück, S. 195-208

Hard, G. (1990): *»Was ist Geographie?«* Reflexionen über geographische Reflexionstheorien. Karlsruher Manuskripte zur mathematischen und theoretischen Wirtschafts- und Sozialgeographie, Heft 94. Karlsruhe

Harich, W. (1952): »Herder und die bürgerliche Geisteswissenschaft. Einführung«. In: W. Harich (Hg.): Johann Gottfried Herder. Zur Philosophie der Geschichte, Erster Band. Berlin, S. 7-82

Herder, J. G. von (1784): *Ideen zur Philosophie der Geschichte der Menschheit*. Wiesbaden, 1985 (Nachdruck der Ausgabe von B. Suphan, Berlin 1877-1913)

Herder, J. G. von (o. J.): »Kalligone«. In: Herders Werke, 18. Teil. Hrsg. von H. Düntzer. Berlin, S. 450-720

Hesse, F. (1924): »Das Gesetz der wachsenden Räume«. *Zeitschrift für Geopolitik*, 1, S. 1-4

Hofmann, H. (1982): »Zur Lehre vom Naturzustand in der Rechtsphilosophie der Aufklärung«. In: R. Brandt (Hg.): *Rechtsphilosophie der Aufklärung*. Symposium Wolfenbüttel, 1981. Berlin, S. 12-47

Isard, W./Reiner, Th. A. (1970): »Regionalforschung: Rückschau und Ausblick«. In: D. Bartels (Hg.): *Wirtschafts- und Sozialgeographie*. Köln, S. 435-450

Kant, I. (1793; zuerst 1790, zitierte Ausgabe 1793): *Kritik der Urteilskraft und Schriften zur Naturphilosophie*. 2. Theorie- und Werkausgabe X. Frankfurt a. M. 1968

Klüter, H. (1986): »Raum als Element sozialer Kommunikation«. *Gießener Geographische Schriften*, 60

Lakatos, I. (1974): »Falsifikation und die Methodologie wissenschaftlicher Forschungsprogramme«. In: I. Lakatos/A. Musgrave (Hg.): *Kritik und Erkenntnisfortschritt*. Braunschweig, S. 89-189

Logstrup, K. E. (1981): »Das singuläre Universale«. In: K. Maurin/K. Michalski/E. Rudolph (Hg.): *Offene Systeme II: Logik und Zeit*. Stuttgart, S. 284-298

Lovejoy, A. O. (1985): *Die große Kette der Wesen*. Geschichte eines Gedankens. Frankfurt a. M. (zuerst 1933)

Mastermann, M. (1974): »Die Natur eines Paradigmas«. In: K. Lakatos/A. Musgrave (Hg.): *Kritik und Erkenntnisfortschritt*. Braunschweig, S. 59-88

Maurer, R. (1982): »Ökologische Ethik«? *Allgemeine Zeitschrift für Philosophie*, 1, S. 17-39

Penck, A. (1917): *Über politische Grenzen*. Berlin

Picht, G. (1979): »Zum Begriff des Masses«. In: C. Eisenbart (Hg.): *Humanökologie und Frieden*. In: G. Picht/W. Huber/H. E. Tödt (Hg.): *Forschungen und Berichte der Evangelischen Studiengemeinschaft*, Bd. 34. Stuttgart, S. 418-426

Pohl, J. (1986): *Geographie als hermeneutische Wissenschaft*. Münchener Geographische Hefte, Nr. 52. München

Ratzel, F. (1882): *Anthropo-Geographie*. Stuttgart

Ratzel, F. (1892): »Allgemeine Eigenschaften der geographischen Grenzen und die politische Grenze«. *Berichte der sächsischen Gesellschaft der Wissenschaften, Phil.-hist. Kl.*, 44

Ratzel, F. (1893): »Die politische Grenze«. *Zeitschrift für Schulgeographie*. Wien

Ratzel, F. (1896): »Die Gesetze des räumlichen Wachstums der Staaten«. *Petermanns Geographische Mitteilungen*, 42, S. 97-107

Rickert, H. (1986): *Kulturwissenschaft und Naturwissenschaft*. Stuttgart (zuerst 1910, zitierte Ausgabe 1926)

Schramke, W. (1975): *Zur Paradigmengeschichte der Geographie und ihrer Didaktik.* Eine Untersuchung über Geltungsanspruch und Identitätskrise eines Faches. Geographische Hochschulmanuskripte, Heft 2. Göttingen

Schultz, H.-D. (1980): *Die deutschsprachige Geographie von 1800 bis 1970.* Ein Beitrag zur Geschichte ihrer Methodologie. In: Abhandlungen des Geographischen Instituts - Anthropogeographie, Bd. 29. Berlin

Schultz, H.-D. (1987): »Pax Geographica. Räumliche Konzepte für Krieg und Frieden in der geographischen Tradition«. *Geographische Zeitschrift*, 75 (1), S. 1-22

Schwind, M. (1964): »Kulturlandschaft als objektivierter Geist«. In: M. Schwind: *Kulturlandschaft als geformter Geist.* Darmstadt, S. 1-26

Sieger, R. (1917): »Zur politisch-geographischen Terminologie«. *Zeitschrift der Gesellschaft für Erdkunde zu Berlin*, S. 497-529

Sieger, R. (1923): »Natürliche Räume und Lebensräume«. *Petermanns Geographische Mitteilungen*, 69, S. 252-256

Sieger, R. (1924): »Unterschiede zwischen dem Wachstum der Staaten und dem der Nationen«. *Zeitschrift für Geopolitik*, 1, 1. Halbband, S. 101-111

Sieger, R. (1926): »Die geographische Lehre von den Grenzen und ihre praktische Bedeutung«. In: *Verhandlungen des 21. deutschen Geographentages.* Breslau, S. 197-211

Sölch, J. (1924): *Die Auffassung der «natürlichen Grenzen» in der wissenschaftlichen Geographie.* Innsbruck

Strauss, L. (1977): *Naturrecht und Geschichte.* Stuttgart

Teherani-Krönner, P. (1992): *Human- und kulturökologische Ansätze zur Umweltforschung.* Ein Beitrag zur Umweltsoziologie mit einer Fallstudie zur Grundwasserbelastung mit Nitrit, zur Problemperzeption und Gülleregulierung im Landkreis Vechta. Wiesbaden

Trepl, L. (1987): *Geschichte der Ökologie.* Vom 17. Jahrhundert bis zur Gegenwart. Frankfurt a. M.

Trepl, L. (1988): »Gibt es Ökosysteme?« *Landschaft + Stadt*, 20 (4), S. 176-185

Vogel, W. (1926): »Zur Lehre von den Grenzen und Räumen«. *Geographische Zeitschrift*, S. 191-198

Wagner, H. (1878): »Der gegenwärtige Standpunkt der Methodik der Erdkunde«. In: *Geographisches Jahrbuch 1878*, 7. Bd. Gotha, S. 550-636

Wittfogel, K. A. (1929): »Geopolitik, Geographischer Materialismus und Marxismus«. *Unter dem Banner des Marxismus*, 4, S. 485-522

Wyss, D. (1979): »Mangel und Maß in der Konstitution des Oikos und der Ökonomie«. In: C. Eisenbart (Hg.): *Humanökologie und Frieden.* In: G. Picht/W. Huber/H. E. Tödt (Hg.): *Forschungen und Berichte der Evangelischen Studiengemeinschaft*, Bd. 34. Stuttgart, S. 427-437

Eine Kulturökologie im biologischen Gewand: Die Uexküllsche Umweltlehre

Parto Teherani-Krönner

Inhalt

1. Zwei Paradigmen der Ökologie

Die Ökologie ist zwar weitgehend ein Terrain, das von Naturwissenschaftlern, insbesondere Biologen, besetzt ist, jedoch werden die Rolle des Menschen und der kulturelle Einfluß der Gesellschaft auf die Umwelt (Zivilisationsökologie) immer deutlicher anerkannt und auch von naturwissenschaftlich orientierten Ökologen selbst hervorgehoben:

> »Bis zum Tier-Mensch-Übergangsfeld verlief die Evolution des Menschen prinzipiell gleich wie bei anderen Organismen ... Von dieser Phase an spielt bei der Evolution des Menschen ein neuer Faktor eine Rolle: Die Durchsetzung einer Menschenpopulation innerhalb eines bestimmten Lebensraums hängt jetzt stark mit kulturellen Faktoren (nicht nur im traditionellen Sinne: kulturell ist in diesem Zusammenhang z. B. die Entwicklung von Organisationsformen des Zusammenlebens, aber auch von Werkzeugen etc.) zusammen. Damit tritt zur Selektion aufgrund genetischer Merkmale ein neuer Einfluß hinzu, der den ersten zwar nicht völlig verdrängt, aber doch zur Folge hat, daß die folgende Entwicklung nicht unter naturwissenschaftlichen Aspekten allein verstanden werden kann.« (Dünckmann u. a. 1983: 87)

Damit wird die Tragweite der Kultur auf die Natur in der Menschheitsgeschichte selbst verortet und mit der Entstehung des Homo sapiens markiert. Die Beziehung zwischen Ökologie und Kultur ist ein nicht zu ignorierender Tatbestand. Es eröffnet sich das Feld sozial- und kulturwissenschaftlicher Forschung in der Ökologie, die zum Thema der Human-, insbesondere aber auch der Kulturökologie geworden ist. Die innerhalb der Gesellschaft entwickelte Wissenschaft über die Natur ist selbst Bestandteil der Beziehung zwischen Individuum (Subjekt, Gesellschaft, Kultur) und Umwelt und damit Thema der Ökologie. Doch soll an dieser Stelle zunächst eine Klärung der wissenschaftlichen Grundlage und Annahme sowie der Forschungsansätze der biologisch orientierten Ökologie erfolgen. Dies kann für sozialwissenschaftlich orientierte Ansätze der Human- und Kulturökologie aufschlußreich sein.

Beachtenswert ist, daß es gerade in den Naturwissenschaften im Bereich der biologischen Grundlagenforschung der Organismus-Umwelt-Beziehungen verschiedene Ansätze gibt, die es ermöglichen, zwei grundlegend unterschiedliche Modelle zu konstruieren. Neben dem sogenannten »objektiven« Ansatz (Ökologiemodell 1) kann ein sich selbst als »subjektive Biologie« (Ökologiemodell 2) bezeichnendes Konzept in der Umweltforschung ausfindig gemacht werden. Diese unterschiedlichen Modelle der naturwissenschaftlich-biologisch orientierten Ökologie gehen von gegensätzlichen Paradigmen zum Erklären und Verstehen der Organismus-Umwelt-Beziehung aus. Sie werden im folgenden zum einen als Beziehungslehre, zum anderen als Bedeutungslehre klassifiziert. Eine stärkere Gewichtung soll die Bedeutungslehre, die bisher kaum Beachtung gefunden hat, wegen ihrer besonderen Relevanz für sozialwissenschaftliche Ansätze erfahren.

Ökologiemodell 1
Die Beziehungslehre: »objektive Biologie«
Die Ökologie, die auf Haeckel (1866) zurückgeht und von einem Modell der Organismus-Umwelt-Beziehung ausgeht, gründet auf dem herrschenden Paradigma objektiver Naturwissenschaft. Dieser Ansatz betont die Beziehung der Organismen zu ihrer Umwelt. Sie wird daher als Beziehungslehre gekennzeichnet, wobei die Materie zum objektivierten Gegenstand der Untersuchung erklärt wird.

Ökologiemodell 2
Die Bedeutungslehre: »subjektbezogene Biologie«
Das zweite Modell, das von Jakob von Uexküll (1909) vertreten wird, hat andere Prämissen. Die Umweltlehre von Uexküll differenziert zwischen der Wahrnehmungswelt von Subjekten und den Eigenschaften von Objekten. Dieser Ansatz betont die unterschiedliche Bedeutung der Umwelt für jeden Organismus (für jedes Individuum und jede Art), daher sei sie als Bedeutungslehre aufgeführt.

Da das Paradigma dieses Ansatzes insbesondere durch Abgrenzung zum Ökologiemodell 1 und gegen den Anspruch objektiver Wissenschaft entwickelt wurde, wird kurz auf das gängige Modell 1 (Beziehungslehre) verwiesen, bevor die subjektbezogene Umweltlehre von Jakob von Uexküll vorgestellt und ihre Relevanz für human- und kulturökologische Ansätze aufgezeigt wird.

2. Das Paradigma der Beziehungslehre

2.1 Die Beziehungslehre (Ökologiemodell 1)

Die Ökologie definiert sich als Studium von Beziehungen aller Lebewesen untereinander und zu ihrer unbelebten und belebten Umwelt. Es sind die Wechselwirkungen, Austauschprozesse und Kreisläufe, die von primärem Interesse sind und nicht die Analyse und Zergliederung in einzelne Elemente. Zwar wurde dieser Ansatz im Rahmen biologisch-naturwissenschaftlicher Forschung vor mehr als einem Jahrhundert begründet, eine größere Anerkennung und Beachtung findet er aber erst in jüngster Zeit.

> »Die Ökologie führte lange Zeit eher ein Schattendasein als Teildisziplin der Biologie in Gestalt der Pflanzenökologie und der Tierökologie. Nennenswerte methodische und thematische Erweiterungen gab es in den Jahrzehnten nach Haeckel praktisch nicht.« (Huber 1989: 57)

Eine methodische Erklärung für die verzögerte Entfaltung dieser Forschungsdisziplin könnte in Erläuterungen von Haber gesehen werden:

> »Die biologische Forschung war lange Zeit auf die Ebene des Organismus ausgerichtet, hat von hier aus 'abwärts' die tieferen Ebenen analytisch erschlossen und eine starke Spezialisierung veranlaßt. Der Weg 'aufwärts' zu den überindividuellen Ebenen ist erst etwa seit 1880 zögernd, planmäßig und mit steigender Intensität etwa seit 1930 beschritten worden.« (Haber 1983: 2)

Unterschieden wird im Bereich der Ökologie zwischen den Lebewesen an einem Ort und den unbelebten Umweltelementen wie Lichtteilchen, Nährstoffmolekülen, Regentropfen usw. Die unbelebten ortsgebundenen Umweltbestandteile werden mit dem Begriff »Biotop« (Lebensort, -raum) und die Gesamtheit aller Lebewesen in einem Raum wird als »Biozönose« (Lebensgemeinschaft) bezeichnet (Haber 1983: 7 f.). Interessant ist der häufige Gebrauch von Ausdrücken wie »Gemeinschaft« oder auch »Pflanzensoziologie« auf dem Gebiet der Ökologie, die eher den Sozialwissenschaften zuzuordnen wären und aus diesem Bereich entliehen sind.

2.2 Das Forschungsfeld der Ökologie

In der Ökologie nach dem Paradigma objektiver Biologie geht es darum, die Welt aus der Perspektive eines neutralen Beobachters zu erfassen und zu erklären. Die Ökologie wird als ein Teilgebiet aus der Stufenfolge der Materie, wie sie durch ein Schema von Miller (1975), verändert von Haber (1983), als linear aufsteigende Stufenfolge, vom Elementarteilchen zum Universum, aufgefaßt (vgl. Abbildung 1). In dieser Abfolge von Ebenen umfaßt das Forschungsfeld der Ökologie den Abschnitt zwischen Organismus und Biosphäre. Das Gesellschaft-Umwelt-System erscheint als ein Glied in dieser Kette, das auf Ökosystemkomplex oder Kulturlandschaft folgt und unterhalb der Biosphäre eingeordnet wird.

Abbildung 1: Stufenfolge der Organisationsebenen der Materie, als Ganzheit aufgefaßt

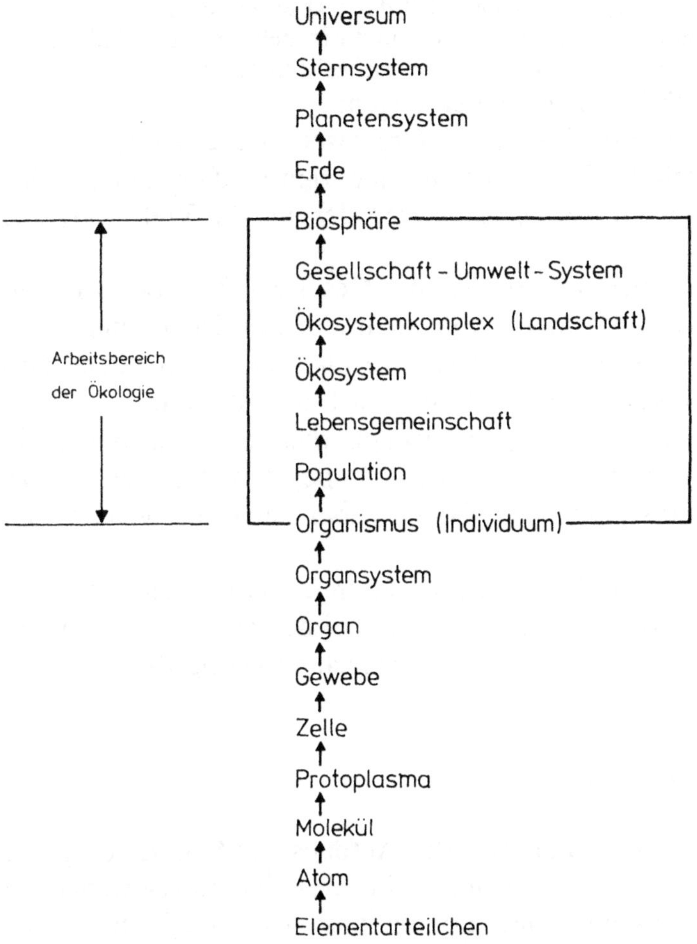

Quelle: Miller (1975), verändert durch Haber (1983: 3)

Dieser hier linear-hierarchisch dargestellte Aufbau ließe sich auch als Radius eines Kreises vorstellen, womit ein Bild ineinander geschachtelter konzentrischer Kreise zu zeichnen wäre. Eine als Kreis dargestellte Visualisierung hätte den Vorteil, die Eindimensionalität der Linie (Zeit) mehr an eine Mehrdimensionalität der Kugel (Raum) zu rücken. Haber selbst betont die Bedeutung von Raum und Zeit für die Ökologie. Bereits das Ökosystem als eine Stufe in der Abfolge der Ebenen wird als außerordentlich verwickelt zusammengesetztes Gebilde gesehen, dessen Erfassung und Abgrenzung Mühe bereitet.

> »Leicht erfaßbar sind die Individuen (Organismen), insbesondere höhere Pflanzen, als Hauptbestandteile; doch ihr Zusammenwirken in Zeit und Raum, das erst das Ökosystem ausmacht, ist oft nur unter Schwierigkeiten erkennbar. Sie hängen damit zusammen, daß das Ökosystem eine überindividuelle Organisation oder Ganzheit darstellt und wir mehr gewohnt sind, mit individuellen Ganzheiten, den Organismen, umzugehen.« (Haber 1983: 2)

Zur Abbildung 1 noch folgende Anmerkungen:

- Eine solche stufenweise Abfolge von Organisationsebenen der Materie geht davon aus, daß die Forschung aus einer quasi-außerplanetarischen Position vorgenommen werden kann, von der aus die Welt betrachtet und untersucht wird.
- Weil die Ökologie auch den Bereich des Gesellschaft-Umwelt-Systems mitumfaßt, ist ersichtlich, daß das Handeln der Menschen, eingebettet in Umweltbezügen, ökologisch relevant ist und dementsprechend auch in der Forschung und politischen Praxis Beachtung verdient.
- Ferner ist aus dieser Abbildung zu ersehen, daß das Forschungsgebiet der Ökologie ein sehr breites Wissenschaftsspektrum eröffnet, das fast alle Wissenschaftsdisziplinen der Natur-, aber auch der Sozialwissenschaften tangiert.
- Damit entstehen zum Teil Schwierigkeiten in der Abgrenzung der Forschungsdisziplinen, was sich auch konkret bei der Humanökologischen Tagung in Wien im Jahr 1975 bemerkbar machte (Knötig 1976).

2.3 Die objektive Biologie

Da die Ökologie als eine Stufenfolge des Aufbaus der Materie dargelegt wird, werden Beziehungszusammenhänge in ihrer materialisierten Form (Energiefluß, Artenbestand und Populationsentwicklung) zum Forschungsgegenstand erklärt.

Das Ökologiemodell 1 bzw. die Beziehungslehre folgt der Vorstellung einer »objektiven« Erkenntnismöglichkeit und dem geläufigen Bild der exakten (wertfreien) Wissenschaft, das den Naturwissenschaften zugesprochen wird. Dieser wissenschaftstheoretische Ansatz ist immer mehr zum Vorbild und Ziel wissenschaftlichen Arbeitens überhaupt geworden, und zwar nicht nur für die Natur-, sondern auch für die Sozialwissenschaften.

Die Ökologie und Umweltforschung nach diesem Ökologiemodell 1 geht davon aus, daß es sich nicht nur um eine analytische Betrachtung und Zergliederung handelt, sondern um die Bestimmung von Zusammenhängen der Organismen zueinander und zu ihrer Umwelt. Methodisch wird aus einem komplexen Beziehungsgefüge zunächst eine Zwei-Elemente-Konstellation herauskristallisiert und auf die Frage des Fortbestands (Existenz, Wachstum der Population) hin untersucht. Bei der Erfassung der Beziehung zwischen A und B werden Rahmenbedingungen als konstant behandelt, genauso wie Eigenschaftsmerkmale von A und B. In einem multivariablen System können aber binärlogische Verknüpfungen zu Fehlschlüssen führen und scheitern. Auch können Prozesse im Ökosystem nicht in Laboruntersuchungen simuliert werden. Der erkenntnismäßigen Erfassung von Prozessen im Ökosystem sind Grenzen gesetzt. Aus pragmatischen Gründen wird folgende Arbeitsstrategie vorgenommen:

> »In der Forschungspraxis wird gewöhnlich ein bestimmter Ökosystem-Bestandteil zum Ausgangs- oder Mittelpunkt der Untersuchung gemacht ... Vielfach ist der Mensch oder die menschliche Gesellschaft (Population) das *Bezugsobjekt*, und zwar aus zweifachem Anlaß: Der Mensch ist einmal Bestandteil vieler Ökosysteme und von ihnen abhängig, zum anderen zugleich auch *Erschaffer*, *Lenker* und *Zerstörer* von Ökosystemen.« (Haber 1983: 8; Hervorhebung durch PT-K)

Damit aber ist der Mensch - die Gesellschaft oder Population - mehr als nur *Bezugsobjekt*, er ist vielmehr *Subjekt* im Gesellschaft-Umwelt-System, dem im Rahmen der Umweltforschung Rechnung zu tragen ist. Genau diese subjektbezogene Perspektive wird in der Umweltlehre von Uexküll ins Zentrum gerückt. Mit Uexküll würde begrifflich vom Menschen nur als »Bezugssubjekt« die Rede sein.

3. Das Paradigma der Bedeutungslehre

3.1 Die Bedeutungslehre (Ökologiemodell 2)

Bereits um die Jahrhundertwende führte Jakob von Uexküll (1864-1944) experimentelle Untersuchungen zur Organismus-Umwelt-Beziehung im Bereich der Tierwelt durch.[1] Seine naturwissenschaftlichen Arbeiten wa-

1 1926 wurde Jakob von Uexküll Leiter des neu gegründeten Instituts für Umweltforschung der Universität Hamburg, an dem auch Kriszat von 1929 bis 1935 tätig war. Ihre gemeinsame Veröffentlichung »Streifzüge durch die Umwelten von Tieren und Menschen« (1933) wurde 1956 wieder aufgelegt und nochmals 1970 mit einem Vorwort von Thure von Uexküll (Sohn Jakob von Uexkülls) bei Fischer neu herausgebracht. Die folgenden Ausführungen und Zitate beziehen sich auf Jakob von Uexküll, es sei denn, sie sind mit Thure von Uexküll gekennzeichnet.

ren stets von philosophischen Fragestellungen geleitet, die er als Grundlage seiner subjektbezogenen Betrachtungen in der Biologie zur Identifizierung von Eigenschaften der Umwelt und einer differenzierten Betrachtung der Subjekt-Objekt-Beziehung ansah. Seine im Rahmen der Ökologie entwickelte Bedeutungslehre hält ihre Verbindung - im Gegensatz zum Ökologiemodell 1 - zur Soziologie und Philosophie aufrecht, da diese für Uexküll von allgemeiner epistemologischer Bedeutung waren.

Uexküll wird in einigen ökologisch orientierten Arbeiten als Sonderfall erwähnt (Weizsäcker 1972, Knötig 1978, Meyer-Abich 1979b, Huber 1989), er bleibt aber ein Außenseiter, insbesondere auch in seiner eigenen Disziplin. Sein frühes Werk zur Ökologie bietet durch Spezifizierung der Umwelt die Möglichkeit einer genaueren Betrachtung der Subjekt- und Objektbeziehungen, deren Tragweite, auch in methodischer Hinsicht, für human- und kulturökologische Ansätze noch nicht hinreichend erkannt ist.

> »Ein [weiterer] unheilvoller Effekt der nicht verarbeiteten Geistesgeschichte ist wohl die weitgehende Ausklammerung ökologischer, umweltbezogener Denkweisen in der Biologie bis in das vergangene Jahrzehnt hinein. Jakob von Uexküll (z. B. mit seinem 1909 erschienenen Buch 'Umwelt und Innenwelt der Tiere') blieb wissenschaftlich ziemlich isoliert und hatte wenig Wirkung.« (Weizsäcker 1972: 9)

Zwar ist der Ansatz von Uexküll in erster Linie ein naturwissenschaftlich-biologischer, doch haben seine Überlegungen nicht nur bei Kant und Goethe (Naturphilosophie), sondern auch aus der Soziologie Anregungen erfahren. Die unterschiedliche Perzeption der Umwelt, die Betrachtung des Waldes zum Beispiel, die Uexküll bei dem Soziologen Sombart in seinem Buch »Vom Menschen« aufnimmt, bildet dann den Ausgangspunkt, um die Umwelten verschiedener Tiere zu erforschen.

> »Es gibt keinen Wald als objektiv fest bestimmte Umwelt, sondern es gibt nur einen Förster-, Jäger-, Botaniker-, Spaziergänger-, Naturschwärmer-, Holzleser-, Beerensammler- und einen Märchenwald, in dem Hänsel und Gretel sich verirren.« (Sombart, zitiert nach Uexküll 1933/1956: 108)

Aus heutiger Sicht erfährt der Wald ergänzenden Symbolgehalt; es gibt für Naturschützer den durch sauren Regen gefährdeten »sterbenden« und bei Ausrodung insbesondere der Urwälder einen die Biosphäre »gefährdenden« Wald. Mit einer so mannigfaltigen Realität - entsprechend der Wandelbarkeit der Bedeutung und Umweltwahrnehmung - dürfte klar sein, daß die Umwelt nicht über eine ausschließliche Perspektive naturwissenschaftlich »objektiver Wissenschaft« eingefangen werden kann. Uexkülls Schlußfolgerung aus der Betrachtung verschiedener Umweltbedeutungen des Waldes ist insbesondere aus methodischer Sicht von Interesse:

»Die Bedeutung des Waldes wird vertausendfacht, wenn man seine Beziehungen nicht auf menschliche Subjekte einschränkt, sondern auch die Tiere hinzunimmt. Doch hat es keinen Zweck, sich an der übergroßen Zahl von Umwelten zu berauschen, die im Wald enthalten sind. Viel lehrreicher ist es, einen typischen Fall herauszugreifen, um in das Beziehungsgewebe der Umwelten einen Blick zu tun.« (Uexküll 1933/1956: 108)

Um das Prinzip seiner Umweltlehre zu verdeutlichen, nimmt er die »Blume« als Demonstrationsbeispiel. Die Blume tritt in den Umwelten - in der Wahrnehmung - der Ameise, der Zikadenlarve, der Kuh und eines pflückenden Mädchens mit unterschiedlicher Bedeutung auf. Ein und dasselbe Objekt, Blume, zeigt sich in verschiedenen Umwelten als unterschiedlicher Gegenstand.

»Wer sich nur ein wenig mit den Umwelten der Tiere beschäftigt hat, wird nie auf den Gedanken kommen, den Gegenständen eine Eigengesetzlichkeit zuzuschreiben, die sie unabhängig von den Subjekten macht. Denn hier ist die Wandelbarkeit der Objekte das oberste Gesetz. Ein jeder Gegenstand ändert sich von Grund auf, wenn er in eine andere Umwelt versetzt wird. Ein Blütenstengel, der in unserer Umwelt der Träger einer Blume ist, wird in der Umwelt der Schaumzikade zu einer mit Flüssigkeit gefüllten Röhre, aus der die Zikade die Flüssigkeit, die sie zur Erbauung ihres aus Schaumbläschen bestehenden Hauses benötigt, herauspumpt. Der gleiche Blütenstengel wird für die Ameise zu einem aufstrebenden Steg, der ihr Heimatnest mit ihrem Jagdgebiet in der Blume verbindet. Für die weidende Kuh wird der Blütenstengel zu einem kleinen Teil ihrer wohlschmeckenden Nahrung, die sie kauend in ihr breites Maul schiebt.« (Uexküll 1936/1949: 12)

Uexkülls Schlußfolgerung aus der exemplarischen Betrachtung der Blume lautet:

»Ich habe gezeigt, wie der gleiche Gegenstand, in vier verschiedene Umwelten versetzt, vier verschiedene Bedeutungen annimmt und jedes Mal seine Eigenschaften von Grund auf ändert.
Dies ist nur dadurch zu erklären, daß sämtliche Eigenschaften der Dinge im Grunde nichts anderes sind als Merkmale, die ihnen vom Subjekt aufgeprägt werden, zu dem sie in Beziehung treten.« (Uexküll 1933/1956: 154)

Nach Uexküll gibt es keine Eigenschaften der Dinge »an sich«, sondern nur Merkmale, die sich erst aus der Perspektive von Subjekten entfalten und in ihrer Beziehung zur Umwelt Bedeutung erlangen.

3.2 Eine subjektbezogene Biologie

Damit wird deutlich, daß es Uexküll nicht um eine subjektivistische Betrachtungsweise und eine Vervielfachung der Umwelten geht, sondern um Gesetzmäßigkeiten und Regelmäßigkeiten, die ihm das Aufzeigen eines erkenntnistheoretischen Prinzips ermöglichen. Mit der Konstruktion eines typischen Falls abstrahiert er von individuellen Schattierungen; dies dürfte auch für die von ihm aufgezeigte subjektive Wahrnehmung gültig sein. Insofern geht es ihm um verallgemeinerbare Erkenntnis, die sich nicht nur auf die individuelle Wahrnehmung und Differenzierung bezieht, sondern um die Erfassung subjektbezogener Wahrnehmungsfähigkeiten, um damit verallgemeinerbare Typisierungen durch eine für die Biologie neue forschungsmethodische Vorgehensweise zu bestimmen. Daher erscheint es auch gerechtfertigt, die bei Uexküll erkannte »subjektive Biologie« - wie er selbst seinen Ansatz als Gegenposition zur »objektiven Biologie« klassifiziert - adäquater als eine »subjektbezogene Biologie« oder »subjektbezogene Ökologie« zu bezeichnen.

Aus den zu Beginn des 20. Jahrhunderts entstandenen Arbeiten von Uexküll läßt sich entnehmen, daß er der Biologie und den Naturwissenschaften ihren Anspruch auf »objektive Weltsicht« strittig macht, indem er die subjektive Wahrnehmung aller Lebewesen betont. Mit seinen experimentellen Untersuchungen und Beobachtungen im Bereich der Biologie und Zoologie konkretisiert er eine Bedeutungslehre, mit der er sich in der Ökologie Geltung verschafft, aber auch auf Kritik stößt. Die Reziprozität (Wechselwirkung) der Subjekt-Umwelt-Beziehung ist erkenntnistheoretischer Art und nicht auf ein bestimmtes empirisches Feld (z. B. der Zoologie) begrenzt. Sie wird bei Uexküll zum Prinzip der Umweltforschung und seiner Bedeutungslehre, die sich bewußt vom Ökologiemodell 1 absetzt. Seine aus dem Gebiet der naturwissenschaftlichen Forschung gewonnenen Erkenntnisse stellen eine Provokation für Befürworter einer »konventionellen objektiven Welt« dar.

Für Uexküll existiert »Umwelt« nur als spezifische Umwelten der jeweiligen Lebewesen. So ist der Himmel ein Erzeugnis des Auges. Augenlose Lebewesen kennen weder einen Himmel noch eine Sonne (Uexküll 1933/1956: 145). Deutlich und mit einer Vielzahl von Beispielen aus der Biologie arbeitet Uexküll die Selektivität der Wahrnehmung unter den Lebewesen (den Tieren wie den Menschen) heraus und betont die unterschiedlichen Eigenschaften und Funktionen, die die Umwelt für das jeweilige Subjekt hat. Dabei behandelt er in seinen Untersuchungen Tiere als Subjekt, was ihn gegenüber anderen Ansätzen in der Biologie und Zoologie auszeichnet. Auch Tiere als Subjekt und diese im Zusammenhang mit ihren Umwelten, die wiederum miteinander in Bezug stehen, zu sehen ist Grundlage seiner Bedeutungs- und Umweltlehre.

3.3 Funktionskreis von Uexküll

Aus dem Beispiel mit der Blume entwickelt Uexküll Grundbegriffe seiner Umweltlehre.

> »Damit ist aber bereits das Tor erschlossen, das zu den Umwelten führt, denn alles, was ein Subjekt merkt, wird zu seiner Merkwelt, und alles, was es wirkt, zu seiner Wirkwelt. Merkwelt und Wirkwelt bilden gemeinsam eine geschlossene Einheit, die Umwelt.« (Uexküll 1933/1956: 22)

In der Umweltlehre von Uexküll geht es darum, Merkzeichen der Subjekte und Reize der Objekte als komplementär zu behandeln (Uexküll 1933/1970: 12). Daneben unterscheidet Uexküll zwischen Bedeutungsempfänger und Bedeutungsträger. Die Reziprozität zwischen Subjekt und Objekt bzw. zwischen Subjekt und Umwelt wird über Bedeutungsträger bzw. Symbole vermittelt, die nur im Wechselspiel und aufeinander bezogen aufgeschlüsselt werden können (Uexküll 1970: 170 f.). Seinen Ansatz skizziert er im Funktionskreis, in dem er das Ineinandergreifen von Merkwelt und Wirkwelt für seinen Umweltbegriff verdeutlicht.

Abbildung 2: Schema des Funktionskreises bei Jakob von Uexküll

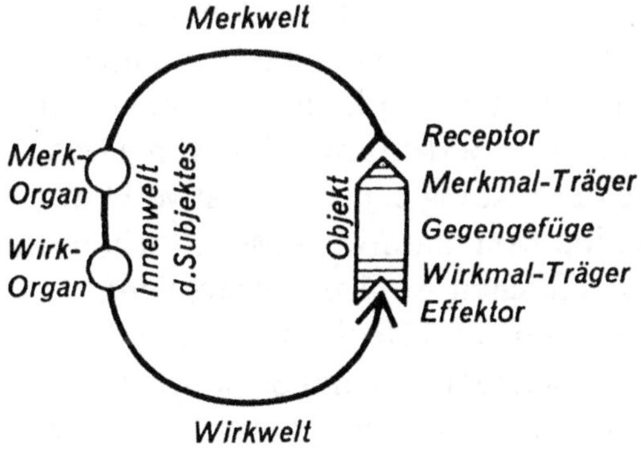

Quelle: Uexküll (1933/1970: 11)

Die Trennlinie zwischen Merkwelt und Wirkwelt können wir uns in dieser Abbildung als eine horizontale Achse vorstellen, die durch Subjekt und Objekt verläuft. Subjekt und Objekt haben gleichermaßen an diesen Welten teil, es ist ihre Reziprozität, die die Umwelt konstituiert (vgl. auch Thure von Uexküll 1970: XXXVI). Zur Merkwelt und Wirkwelt der Zecke schreibt er:

> »Zweifellos handelt es sich hierbei um drei einander ablösende Reflexe, die immer durch objektiv feststellbare physikalische resp. chemische Wirkungen ausgelöst werden. Wer sich aber mit dieser Feststellung begnügt und annimmt, das Problem dadurch gelöst zu haben, beweist nur, daß er das wirkliche Problem gar nicht gesehen hat. Nicht der chemische Reiz der Buttersäure steht in Frage, ebensowenig wie der (durch die Haare ausgelöste) mechanische Reiz, noch der Temperaturreiz der Haut, sondern allein die Tatsache, daß unter den Hunderten von Wirkungen, die von den Eigenschaften des Säugetierkörpers ausgehen, nur drei zu Merkmalträgern für die Zecke werden, und warum gerade diese drei und keine anderen?
> Wir haben es nicht mit einem Kräfteaustausch zwischen zwei Objekten zu tun, sondern es handelt sich um die Beziehungen zwischen einem lebenden Subjekt und seinem Objekt, und dies spielt sich auf einer ganz anderen Ebene ab, nämlich zwischen dem Merkzeichen des Subjekts und dem Reiz des Objekts.« (Uexküll 1933/1970: 12)

Damit wird deutlich, daß Jakob von Uexküll physikalische, physiologische oder chemische Gesetze nicht abstreiten will, sie dienen ihm als Grundlage der Umweltlehre. Doch mit seiner Bedeutungslehre will Uexküll über diese Gesetzmäßigkeiten hinaus.

Zum Funktionskreis von Uexküll ist anzumerken, daß die Komplementarität und Reziprozität seines Modells eine wichtige paradigmatische Ausgangslage für die Umweltforschung sowohl im Bereich der Natur- als auch der Sozialwissenschaften sein kann. Sie gründet auf dem Fundament von physikalischen und physiologischen Erkenntnissen, berücksichtigt darüber hinaus aber auch noch Bedeutungs- und Wirkungszusammenhänge. Auf einer abstrakten Ebene läßt sich die Bedeutungslehre von Uexküll, aufbauend auf der Beziehungslehre der Ökologie, als integrative Umweltlehre ansehen, die eine Kombination von naturwissenschaftlichen Betrachtungsweisen und sozialwissenschaftlichen Ansätzen ermöglicht.

Dabei reflektiert die Umweltlehre von Uexküll die Beziehung der Biologie bzw. der Naturwissenschaften zu den Geistes- und Sozialwissenschaften: gerade weil Uexküll eine Ökologie gegründet hat, die sich als Gegenposition zur »objektiven Naturwissenschaft« versteht.

4. Beziehung der subjektbezogenen Ökologie zu den Sozialwissenschaften

Für die Umweltforschung bietet das Werk Jakob von Uexkülls eine Gegenposition zum absoluten Anspruch der geläufigen klassischen naturwissenschaftlichen Betrachtung der Umwelt. Besonders hervorzuheben ist, daß sich diese Gegenposition nicht nur in den Sozial- und Geisteswissenschaften, sondern im Bereich der Biologie selbst konkretisiert hat. Mit der subjektbezogenen Betrachtung der Lebewesen und der Spezifizierung von Raum und Zeit wird ein Anschluß an die Philosophie Kants gesucht (vgl. Uexküll 1933/1956: 30). In einem gemeinsamen Aufsatz mit Woltereck heißt es:

> »Wenn man auch nicht sagen kann, daß die Biologie die direkte Fortsetzung der Lehren Kants darstellt - denn die Biologie ist eine Naturwissenschaft -, so bietet doch seine 'Kritik der reinen Vernunft' dem Biologen ein überreiches Arsenal an Kenntnissen, die er für seine Forschungen verwerten kann.« (Uexküll/Woltereck 1931/1980: 311 f.)

Auch bei Uexküll geht es um das Erfassen von Merkmalsausprägungen (Eigenschaften) der Organismen in ihrer biologischen Ausstattung. Seine Untersuchungen über das Leben von Organismen, Tieren und Menschen sind zunächst auf einer objektiv erfaßbaren materiellen Ebene der Physiologie von Mensch und Tieren angesiedelt. So geht Uexküll z. B. von der Physiologie des menschlichen Auges aus, um auf der Grundlage der Sehelemente (Stäbchen und Zapfen) in der Netzhaut, deren Funktion für das Sehvermögen des Menschen bekannt sind, die Wahrnehmungs- bzw. Sehfähigkeit der Tiere zu bestimmen. Doch erst durch ihre Symbolik, die das Subjekt dem Objekt verleiht, bekommt die Umwelt ihre vielfältigen Eigenschaften und ihre Wirksamkeit. Es ist die Wahrnehmung der Umwelt durch das Subjekt, was in der Uexküllschen Umweltlehre als Prinzip der ökologischen Forschung aufgenommen wird. Aus diesem Blickwinkel heraus ist die Parallelität zu phänomenologischen Ansätzen der Sozialwissenschaften zu verdeutlichen.

Mit seiner Kritik am Determinismus, der mit dem Ansatz objektiver Wissenschaft einhergeht, rücken seine diesbezüglichen Reflexionen nah an wissenssoziologische Ansätze (Mannheim bis Berger/Luckmann). In seiner Arbeit »Ideologie und Utopie« beschreibt Mannheim, daß es bei der Betrachtung und Berücksichtigung anderer Wahrnehmungsprozesse entsprechend der kulturellen Ausprägung nicht darum geht, den Relativismus, sondern den Relationismus als Beziehungszusammenhang zu verstehen (relationism = Beziehung; vgl. Mannheim 1936: 78 ff.).

> »A modern theory of knowledge which takes account of the relational as distinct from the merely relative character of all historical knowledge must start with the assumption that there are spheres of thought in which it is impossible to conceive of absolute truth existing independent of the values and position of the subject and unrelated to the social context. [. . .]
> Once we recognize that all historical knowledge is relational knowledge, and can only be formulated with reference to the position of the observer, we are faced, once more, with the task of discriminating between what is true and what is false in such knowledge. The question then arises: which social standpoint vis-à-vis of history offers the best chance for reaching an optimum of truth? In any case at this stage the vain hope of discovering truth in a form which is independent of an historically and socially determined set of meanings will have to be given up.« (Mannheim 1936: 79 f.)

Was Uexküll in seiner Umwelt- und Bedeutungslehre vermittelt, ist ein Prozeß immerwährender Wechselwirkung und Reziprozität. Der biologische Ansatz Uexkülls zur Erfassung der Wirklichkeit, so ist festzustellen, hat von seinen erkenntnistheoretischen Prämissen mit der Wissenssoziologie, wie sie beispielsweise von Berger/Luckmann in ihrer Arbeit »Die gesellschaftliche Konstruktion der Wirklichkeit« gezeigt wurde, eine größere Verwandtschaft und Affinität als mit dem Ökologiemodell 1, wie es von Haber als Stufenfolge der Materie dargestellt wird. Uexkülls Ansatz, der aus der Philosophie und Soziologie inspiriert wurde, rückt in die Nähe der Phänomenologie und distanziert sich eher vom »typisch« naturwissenschaftlichen Vorgehen, an das sich das Ökologiemodell 1 anlehnt. Die starke Betonung der Reziprozität zwischen Subjekt-Objekt bzw. auch Subjekt-Subjekt läßt sich in der sozialwissenschaftlichen Forschung, insbesondere in neuerer Zeit unter Vertretern des symbolischen Interaktionismus und der Ethnomethodologie, wiederfinden.

5. Das subjektbezogene Paradigma als Anregung für die Human- und Kulturökologie

Das Besondere der Bedeutungslehre von Uexküll ist, daß jene Prozesse, die als geschichtlich in der kulturellen Ausstattung der Menschen im Unterschied zur Tierwelt von seiten der Geistes- und Sozialwissenschaften hervorgehoben werden und methodisch wie wissenschaftstheoretisch auf Abgrenzung zu den Naturwissenschaften formuliert wurden (wie sie nach Dilthey, insbesondere von Husserl in der Phänomenologie und Hermeneutik, und in der Wissenssoziologie von Mannheim bis Berger und Luckmann behandelt werden), auch in der subjektbezogenen Ökologie anzutreffen sind. Da den Tieren auch Subjekteigenschaften zuerkannt und sie nicht nur als Objekt der Forschung, der Ausnutzung und Ausbeutung angesehen werden, entwickeln sich dann auch ganz neue Perspektiven der Betrachtung der Welt und der Umwelten, insbesondere aber auch der Bedeutung und Relationen zu anderen Subjekten und Objekten, deren Eigenschaften nur in Abhängigkeit und in Wechselwirkung entfaltet und bestimmbar werden.

Das, was Uexküll im Bereich der Umwelt über die Wahrnehmung, die Wirkwelt und die Merkwelt zu differenzieren vermochte, dürfte auch für die aktuelle Umweltforschung als eine Bereicherung anzusehen sein. Sein Ansatz und seine Arbeiten wurden über lange Zeit kaum rezipiert und gewürdigt, sondern eher verdrängt.

Auch in der neueren Umweltforschung gibt es Modelle, die zwischen einer

- organismusorientierten Betrachtungsweise und einer
- beobachterorientierten Betrachtungsweise

differenzieren.

> »Im Rahmen der organismus-orientierten Betrachtungsweise kann man zwischen der wahrgenommenen Umwelt (perceptual environment), der wirksamen Umwelt (effective environment) und schließlich der totalen Wirklichkeit (total reality) unterscheiden.« (Anderson 1973: 188 ff., zit. in Bargatzky 1986: 87)

Bargatzky führt in seiner Arbeit zur Kulturökologie aus, daß die wahrgenommene Umwelt jenen Elementen entspricht, die der Organismus wahrnimmt; die wirksame Umwelt entspricht jenen Elementen, die auf den Organismus einwirken, ob er sie nun wahrnimmt oder nicht. Die totale Wirklichkeit bezeichnet schließlich alle Elemente, die überhaupt entdeckbar bzw. erschließbar sind, ob sie nun auf den Organismus einwirken oder nicht (vgl. Bargatzky 1986: 87). Die Parallelität zum Uexküllschen Ansatz ist zwar unverkennbar, jedoch wird Uexküll in der Arbeit von Bargatzky nicht erwähnt. Dennoch lassen sich sowohl in den Ausführungen als auch in den Termini Ähnlichkeiten zur Bedeutungslehre entdecken. In Anlehnung an Uexküll hat Knötig das Begriffspaar »ökologische Potenz« und »ökologische Valenz« für die Humanökologie definiert (vgl. Knötig 1976: 22 ff., 1978: 19 ff.).

Gemeinsam ist diesen Begriffskombinationen eine subjektbezogene Betrachtung der Umwelt, wobei Bargatzky betont, daß der Begriff »Umwelt« ein »Relationsbegriff« ohne feste inhaltliche Bestimmung ist (Bargatzky 1986: 88 ff.).

Die Human- und Kulturökologie kann die Betrachtung der Umwelt von Uexküll aufgreifen und für eigene Forschungen fruchtbar machen. Denn insbesondere in der Perzeption von Umweltbelastungen, die auch bei konkreten Entscheidungsprozessen bezüglich der Umweltpolitik zu treffen sind, kommt es auf die kulturell geprägte Wahrnehmung von »purity and danger« (Douglas 1966/1976) an.

Die Reziprozität von Natur und Kultur, wie sie im kulturökologischen Ansatz von Steward beschrieben wird, läßt sich hier in bezug auf die biologische Forschung und Reziprozität von Subjekt und Objekt wiedererkennen. Der methodologische Ansatz der Umweltlehre bei Uexküll zeigt die gegenseitige Befruchtung von Sozial- und Naturwissenschaften - Uexküll jedenfalls bekennt sich zum Einfluß der Philosophie, die er als Vorbild nimmt, auf seine Forschung im Bereich der Biologie.

Für einen kulturökologischen Ansatz ist insbesondere die subjektgeleitete Betrachtung der Umwelt ein Schlüssel zur ökologischen Forschung, wie er modellhaft von Uexküll auch für die biologische Forschung angeboten wird. Für den Interaktionsprozeß von Natur und Kultur sind die Berücksichtigung der Symbolebene und die Bedeutung der Umwelt für den Menschen zentral. In der Symbolwelt trifft die Faktizität sozialer Systeme mit der Sinnkonstruktion der Handelnden zusammen (Berger/Luckmann 1980). Erst in der Ermittlung der Symbolebene kann der Handlungsspielraum für Ökologisierungsprozesse erkannt werden (vgl. auch Teherani-Krönner, Teil IV in diesem Band).

6. Kritik und Würdigung der Uexküllschen Umweltlehre

Uexküll hat eine Außenseiterposition, die auch damit zusammenhängen mag, daß seine Gedanken weder in die dominante Lehre der Naturwissenschaften noch in die der Sozialwissenschaften passen. Seine direkten Angriffe sowohl auf den Positivismus als auch seine Kritik am Materialismus erschwerten die Rezeption seiner Werke für beide Lager.

Auch wenn die Bedeutungslehre von Uexküll meines Erachtens eine besondere Würdigung verdient, ist dennoch die stark funktionalistische Ausrichtung seines Ansatzes kritisch zu beleuchten. Die von Uexküll beschriebenen Funktionskreise mit ihrer Verzahnung aller Organismen, des Lebens und der Ordnung in der Welt werden als abgestimmte Komposition betrachtet. Uexküll geht von einem stark harmonistischen Modell aus, das Trepl als konservatives »Naturideal« kritisiert (Trepl 1987: 61 f.).

Konflikte und Krisen kommen in diesem Modell nicht vor. Wollten wir dieses Modell auf die Reziprozität von Natur und Kultur mit der Beziehungs- und Bedeutungslehre übertragen, wäre unter den Bedingungen der Umweltveränderung mittlerweile eine stärkere Betonung des Konflikts, der Disharmonie und gestörter ökologischer Kreisläufe in den Funktionskreis von Uexküll aufzunehmen. All diese Probleme könnten sich aber auch in der wahrgenommenen Umwelt (perceptive environment) der Menschen in bestimmten Gesellschaften als Forschungsthema anbieten.

Dennoch liegt für eine Umweltsoziologie, die ökologische Probleme aufzunehmen beabsichtigt, ein Vorteil in der Uexküllschen Umweltlehre gegenüber den unter einem phänomenologischen bzw. dem interpretativen Paradigma (Wilson) einzugruppierenden Ansätzen darin, daß Beziehungen nicht nur auf Kommunikation und Interaktion (unter den Menschen), also zwischen Individuen und der sozialen Umwelt und damit der Gesellschaft, thematisiert werden, sondern die Reziprozität zur Naturumwelt einbezogen werden kann. Die Bezugsgröße ist die selektive Wahrnehmung und Bedeutung der Umwelt(en), die ihre Eigenschaften in ihrer subjektgeleiteten Symbolik entfaltet(en). Diese Reflexivität und Relationalität nimmt Uexküll (als individuelle Bühne) in ein sehr breites Umweltkonzept auf. Die Umwelt für Uexküll ist unter Berücksichtigung der zeitlichen Dimension sowohl eine soziale als auch eine alle Elemente des Raums umfassende Welt, die der Mensch durch seine Wirkwelten und (spezifischen) Merkwelten aufzunehmen vermag. Es sind Ausstrahlungen der sozialen und natürlichen Umwelt, die auf der Grundlage der Eigenschaften des Menschen Bedeutung erlangen und ihn zu prägen vermögen. Die jeweiligen Impulse wirken im Rahmen seiner Bedeutungslehre (im Funktionskreis) umweltkonstituierend. In der Bedeutungslehre von Uexküll geht es in der Mensch-Umwelt-Beziehung darum, das Handeln der Menschen im Austausch zu anderen Subjekten und Objekten der Umwelt im Kontext von Raum und Zeit aus dem Blickfeld der jeweiligen Bühnen, auf denen sie agieren, zu verstehen. Eine auf Uexkülls Prinzipien der Wahrnehmung (der physikalischen und physiologischen Grundlagen) aufbauende Umweltsoziologie wäre eine in die Naturumwelt eingebettete, verstehende Soziologie (Weber).

»Nachdem mich ein jahrzehntelanges Studium darüber belehrt hatte, daß es keine allen Tieren gemeinsame objektive Welt gibt, sondern daß jedes Tier in seiner ihm allein zugehörigen Umwelt lebt, konnte ich mich der Erkenntnis nicht mehr verschließen, daß die Lehren von der konventionellen Welt, in der alle Menschen wie auf einer gemeinsamen Bühne ihre Lebensrolle spielen, falsch ist. Auch für jeden Menschen müssen wir seine Spezialbühne aufsuchen, um seine Handlungen zu *verstehen*.« (Uexküll 1936/1949: 17; Hervorhebung durch PT-K)[2]

Uexkülls differenzierter Ansatz ist methodologisch wie wissenschaftstheoretisch beachtenswert. Die Bedeutungslehre bietet neue Perspektiven der Umweltforschung, da nicht nur von »einer objektiven« Umwelt ausgegangen wird, die den Untersuchungsrahmen (die Welt) determiniert. Damit können Menschen mit ihrer kulturellen Ausstattung und Geschichte, die ihre Merkwelten und Funktionskreise mitprägen, im Rahmen der Bedeutungslehre Problemperzeption, Problemdefinition und Lösungsmöglichkeiten diskursiv angehen. Veränderungen im Umweltbereich sind dann Bestandteil der Reflexivität von Subjekt und Objekt bzw. Gegenstand ökologischer Untersuchungen.

Die Bedeutungslehre kann daher eine wichtige Ergänzung zur Beziehungslehre der Ökologie sein, die keine normativen Vorgaben für ökologisches Handeln anbietet. Damit ist der subjektbezogene Ansatz von Uexküll auch für Human- und kulturökologische Arbeiten von nicht zu vernachlässigender Bedeutung. Weniger das Ökologiemodell 1 als vielmehr dieses ökologische Paradigma sollte als Orientierungs- und Bezugsgröße für human- und kulturökologische Arbeiten dienen.

2 Aus den Unterschieden der Artwelt leitet Uexküll ein erkenntnistheoretisches Prinzip - Zweifel an einer objektiven Welt - ab. In der Verallgemeinerung und Übertragung dieses Prinzips auf die individuelle Lebenswelt von Menschen ist es jedoch nicht nur die Biologie, sondern insbesondere auch die Philosophie (Kant) und Soziologie (Sombart) seiner Zeit, die ihn zu diesem Ansatz inspiriert haben.

Literatur

Anderson, J. N. (1973): »Ecological Anthropology and Anthropological Ecology«. In: J. J. Honigmann (Hg.): *Handbook of Social and Cultural Anthropology*. Chicago, S. 179-239

Bargatzky, Th. (1986): *Einführung in die Kulturökologie, Umwelt, Kultur und Gesellschaft*. Berlin

Berger, L./Luckmann, T. 1980: *Die gesellschaftliche Konstruktion der Wirklichkeit*. Frankfurt a. M.

Deutsche UNESCO-Kommission (Hg.) (1978): *Stadtökologie*. Bericht über ein Kolloquium der Deutschen UNESCO-Kommission veranstaltet in Zusammenarbeit mit der Werner-Reimers-Stiftung vom 23. - 26. Februar 1977 in Bad Homburg. München

Douglas, M. (1966/1976): *Purity and Danger*. An Analysis of Concepts of Pollution and Taboo. London

Dünckmann, M./Ehrhardt, H.-J./Gross, R./Schulz, W. u. a. (1983): *Genetik und Evolution*. Universität Tübingen, Beiheft 8. Tübingen

Glaeser, B. (Hg.) (1989): *Humanökologie: Grundlagen präventiver Umweltpolitik*. Opladen

Haber, W. (1983): »Ökosysteme I«. In: Universität Tübingen (Hg.): *Ökologie und ihre biologischen Grundlagen*. Institut für Chemische Pflanzenphysiologie der Universität Tübingen, Heft 4. Tübingen

Haeckel, E. (1866): *Generelle Morphologie der Organismen*. Bd. 2: Allgemeine Entwicklungsgeschichte der Organismen. Berlin

Honigmann, J. J. (Hg.) (1973): *Handbook of Social and Cultural Anthropology*. Chicago

Huber, J. (1989): »Eine sozialwissenschaftliche Interpretation der Humanökologie«. In: B. Glaeser (Hg.): *Humanökologie: Grundlagen präventiver Umweltpolitik*. Opladen, S. 57-75

Knötig, H. (Hg.) (1976): *Internationale Tagung für Humanökologie 1975 in Wien*. Humanökologische Gesellschaft, Bd. 1 und 2. St. Saphorin, Schweiz

Knötig, H. (1978): »Zum humanökologischen Begriff 'Habitat'«. In: Deutsche UNESCO-Kommission (Hg.): *Stadtökologie*. Bericht über ein Kolloquium der Deutschen UNESCO-Kommission veranstaltet in Zusammenarbeit mit der Werner-Reimers-Stiftung vom 23. - 26. Februar 1977 in Bad Homburg. München, S. 19-34

Mannheim, K. (1936): *Ideology and Utopia*. An Introduction to the Sociology of Knowledge. Translated from the German by Luis Wirth and Edward Shils. New York

Meyer-Abich, K. M. (Hg.) (1979a): *Frieden mit der Natur*. Freiburg

Meyer-Abich, K. M. (1979b): »Zum Begriff einer Praktischen Philosophie der Natur«. In: ders. (Hg.): *Frieden mit der Natur*. Freiburg, S. 237-261

Miller, G. T. (1975): *Living in the Environment*. Concepts, Problems and Alternatives. Wadsworth, Belmont, CA

Teherani-Krönner, P. (1992): *Human- und kulturökologische Ansätze zur Umweltforschung*. Ein Beitrag zur Umweltsoziologie: mit einer Fallstudie zur Grundwasserbelastung mit Nitrat, zur Problemperzeption und Gülleregulierung im Landkreis Vechta. Wiesbaden

Trepl, L. (1987): *Geschichte der Ökologie*. Vom 17. Jahrhundert bis zur Gegenwart. Frankfurt a. M.

Uexküll, J. von (1909): *Umwelt und Innenwelt der Tiere*. Berlin

Uexküll, J. von (1913): *Bausteine zu einer biologischen Weltanschauung*. Gesammelte Aufsätze. Hrsg. und eingeleitet von Felix Groß. München

Uexküll, J. von (1936/1949): *Niegeschaute Welten*. Die Umwelten meiner Freunde. Berlin

Uexküll, J. von (1980): *Kompositionslehre der Natur*. Biologie als undogmatische Naturwissenschaft. Ausgewählte Schriften. Hrsg. und eingeleitet von Thure von Uexküll. Frankfurt a. M.

Uexküll, J. von /Kriszat, G. (1933/1956): *Streifzüge durch die Umweltwelten von Tieren und Menschen, Bedeutungslehre*. Hamburg

Uexküll, J. von/Kriszat, G. (1933/1970): *Streifzüge durch die Umweltwelten von Tieren und Menschen, Bedeutungslehre*. Stuttgart

Uexküll, J. von/Woltereck, W. (1931/1980): »Der Organismus und die Umwelt«. In: J. von Uexküll (1980): *Kompositionslehre der Natur*. Biologie als undogmatische Naturwissenschaft. Ausgewählte Schriften. Hrsg. und eingeleitet von Thure von Uexküll. Frankfurt a. M., S. 305-342

Uexküll, Th. von (1970): »Die Umweltforschung als subjekt- und objektumgreifende Naturforschung«. Einleitung zu: J. von Uexküll/G. Kriszat: *Streifzüge durch die Umweltwelten von Tieren und Menschen, Bedeutungslehre*. Stuttgart, S. XXIII-XLVIII

Universität Tübingen (Hg.) (1982-1985): *Ökologie und ihre biologischen Grundlagen*. Institut für Chemische Pflanzenphysiologie der Universität Tübingen, Hefte 0-12 und Beihefte 1-8. Tübingen

Weizsäcker, E. von (Hg.) (1972): Humanökologie und Umweltschutz. München

Teil III

Umwelt und Gesellschaft in Interaktion: Modelle und Skizzen

Übersicht

Teil III präsentiert Modelle der Interaktion zwischen Natur und Kultur. Bestehende Ansätze der Human- und Kulturökologie werden aufgegriffen und weiterentwickelt. In Abgrenzung zur biologischen »Anpassung« bei Pflanzen und Tieren hatte Park (1921) den Begriff »Akkommodation« für die humanökologische Forschung eingeführt. Wie im Einleitungskapitel von Teherani-Krönner dargelegt, ist jedoch diese inhaltliche und terminologische Differenzierung in der human- und kulturökologischen Diskussion seither nicht aufgegriffen worden. Infolgedessen bleibt eine Problematisierung der Begriffe »Anpassung« und »Evolution« in den Beiträgen dieses Teils präsent.

Auch Steward, Begründer der Kulturökologie, hat den grundlegenden Unterschied zwischen der biologischen Anpassung und der kulturellen Interaktion mit der Umwelt betont. Er wollte weder dem Umweltdeterminismus noch dem Primat der Kultur (kulturalistischer Ansatz der Anthropologie) folgen, sondern auf die Wechselwirkungen von Natur und Kultur hinweisen. In der Nachfolge von Steward wendet Harris den kulturökologischen Ansatz auf so unterschiedliche Kulturphänomene wie Bevölkerungsentwicklung, Eßgewohnheiten oder Nahrungsmitteltabus an (Harris 1980). Der Beitrag von *Chruscz* konzentriert sich auf die Arbeit von Harris zur Analyse der Bevölkerungsentwicklung und weist auf Stärken und Schwächen einer kulturmaterialistischen Betrachtung hin.

Die weiteren Beiträge entwerfen Modelle und geben methodische Hinweise, wie unter den gegebenen Umweltbelastungen eine Analyse kultureller Prozesse vorzunehmen ist. Wiederum mit Rückgriff auf die Human- und Kulturökologie versteht *Steiner* die kulturelle Evolution als rekursives System. Der Prozeß der Naturzerstörung wird als Fehlentwicklung entkoppelter Systeme interpretiert, die durch den Mangel an umweltfreundlicher Tradition noch verstärkt wird. Systemstörungen sind dann auch der Grund, warum *Egger* und *Rudolph* für einen Paradigmenwechsel plädieren. Hier werden Modelle als Anregungen für die Analyse des Umgangs von Kultur mit Umweltproblemen skizziert, wobei auf die Fruchtbarkeit neuerer Forschungsergebnisse der Ethologie und Tiefenpsychologie hierfür hingewiesen wird.

Anpassung und Evolution sind Themen, die auch in *Schmids* Beitrag aufgenommen werden, wobei hier der ökologische Komplex von Duncan, anknüpfend an Parks humanökologische Pyramide, als Ausgangsposition dient. Mit Hilfe der Systemtheorie und der Kybernetik werden Grundlagen einer modernen Kulturökologie vorgestellt und eine politische Ökologie gefordert, die Systemeffekte in ihrer Vielschichtigkeit und ihrer Relevanz für die zukünftigen Aufgaben der Organisation und Entwicklung der Gesellschaft vorausblickend erkennt.

Kulturökologisches Denken nach Marvin Harris

Detlef Chruscz

Inhalt

1. Von der »klassischen» Kulturökologie zum Kulturmaterialismus

Die Kulturökologie als ethnologische Theorie entsteht nach dem Zweiten Weltkrieg als Reaktion auf den Antievolutionismus, der in der ersten Hälfte dieses Jahrhunderts die Theoriebildung bestimmt. Leslie White greift unter anderem die Auseinandersetzung um die Schriften der Evolutionisten des 19. Jahrhunderts wie etwa Lewis Henry Morgan und Sir Edward Burnett Tylor auf, korrigiert deren ethnographische Irrtümer und verweist auf die positiven Seiten ihrer Beiträge zur Kulturwissenschaft. White stellt als erster die These auf, daß die Richtung der Kulturentwicklung größtenteils durch die Energiemenge bestimmt ist, die pro Kopf und Jahr gewonnen und umgesetzt werden kann.

Etwa gleichzeitig - zwischen 1940 und 1950 - legt Julian Steward den Grundstock für die Entstehung eines Ansatzes, der als Kulturökologie bezeichnet wird. Die Kulturökologie sieht als Ursache kultureller Differenzen wie Übereinstimmungen die Wechselwirkung zwischen natürlichen Bedingungen wie Böden, klimatischen Gegebenheiten einerseits und kulturellen Faktoren wie Technologie und Wirtschaftsweise andererseits. Wichtige Impulse bekommt dieser Ansatz durch die bedeutsamen archäologischen Forschungsergebnisse, die in den dreißiger Jahren über die frühen mittel- und südamerikanischen Hochkulturen gewonnen wurden und die erstaunliche Parallelen mit den antiken Hochkulturen der Alten Welt aufweisen.

Im Gegensatz zu dem Evolutionismus des 19. Jahrhunderts, der nur unilineare Entwicklungsverläufe kennt, nimmt die Stewardsche Kulturökologie für Kulturen multilineare Entwicklungswege an, die mit den anfänglichen Umweltbedingungen und den technologischen Voraussetzungen eng verknüpft sind. Für White und Steward, die von Marx' und Engels' Werken beeinflußt sind, ohne jedoch die Geschichtsauffassung des dialektischen Materialismus zu übernehmen, sind die Veränderungen der materiellen Reproduktionsweise der Gesellschaft treibende Kraft für die Kulturentwicklung (vgl. Harris 1969).

Das zentrale Element der Kulturökologie von Steward bildet das Konzept vom »cultural core« (Kulturkern). Der Kulturkern bezeichnet einen strukturellen Komplex bestehend aus soziokulturellen, demographischen Merkmalen und Techniken sowie Organisationsformen der Subsistenzökonomien. Die Komponenten des Kulturkerns dienen der Adaption an die Umwelt. Durch das Ineinandergreifen von Basis- und Überbauphänomenen entsteht begriffliche Unklarheit, die als ein wesentlicher Kritikpunkt immer wieder in die Diskussion eingebracht wird (vgl. Bargatzky 1986, Harris 1969).

Der Kulturmaterialismus gibt das Konzept des Kulturkerns auf und sieht seine Hauptaufgabe in der Suche nach Kausalerklärungen für Unterschiede und Gemeinsamkeiten im Denken und Verhalten verschiedener Gruppen von Menschen. Aus diesem Grund werden die materiellen Zwänge des menschlichen Lebens erforscht, die sich aus der Notwendigkeit ergeben, Nahrung, Wohnung und Werkzeuge zu produzieren und die menschliche Bevölkerung innerhalb der von Biologie und Umwelt gesetzten Grenzen zu reproduzieren. Diese materiellen Zwänge sind von Zwängen und Bedingungen zu unterscheiden, die sich aus mentalen und geistigen Aspekten ergeben. Unterschiede in den mentalen und geistigen Aspekten des menschlichen Lebens sind für Kulturmaterialisten »überwiegend auf Unterschiede in den materiellen Zwängen zurückzuführen, die auf die Art und Weise einwirken, wie Menschen mit der Befriedigung ihrer Grundbedürfnisse in einer bestimmten Umwelt fertig werden« (Harris 1989: 4).

Allen Theorien der Kulturmaterialisten sind drei Dinge gemein: Kulturwandel als Anpassungsprozeß, der seine Analogie in der natürlichen Auslese der Evolutionstheorie findet, Systemcharakter der untersuchten Wirklichkeitsebene und die adaptive Rolle des Ideellen in Prozessen der Evolution und des soziokulturellen Wandels (Bargatzky 1986).

Der Kulturmaterialismus, wie er von Marvin Harris vertreten wird, stellt eine Weiterentwicklung der theoretischen Konzepte und Perspektiven von Marx, White und Steward dar. Harris gibt jedoch das aus der Stewardschen Kulturökologie stammende unscharfe Konzept des Kulturkerns auf. Werden soziokulturelle Systeme in die drei miteinander verbundenen Hauptsektoren Infrastruktur (Produktions- und Reproduktionsweise), Struktur (Haushalts- und politische Ökonomie) und Superstruktur (ästhetische und symbolische, philosophische und religiöse Einstellungen und Praktiken) unterteilt, mißt der Kulturmaterialismus der Infrastruktur eine determinierende Bedeutung bezüglich der anderen beiden Sektoren zu. Von daher wird bei der kulturmaterialistischen Analyse von der Infrastruktur ausgegangen, um Phänomene der Struktur- und der Superstrukturebene kausal zu erklären. In diesem Zusammenhang wird daher auch vom »Infrastrukturdeterminismus« gesprochen. Determinismus wird von Harris allerdings nicht in seiner strengen physikalischen Bedeutung gebraucht, sondern in abgeschwächter Form. Die deterministische Beziehung zwischen kulturellen Phänomenen bedeutet für ihn lediglich, »daß ähnliche Variablen unter ähnlichen Bedingungen dazu neigen, ähnliche Resultate hervorzubringen« (Harris 1978: 11).

Die Beziehung zwischen materiellen Prozessen und moralischen Präferenzen läßt sich eher als eine Beziehung von Wahrscheinlichkeiten als von Gewißheiten und Identitäten beschreiben. Daher gilt für Harris sowohl die Auffassung, daß Geschichte determiniert sei, als auch die Ansicht, daß der Mensch die Fähigkeit besitzt, moralische Entscheidungen zu treffen und nach dem freien Willen zu leben. Letztere kann auch als Rückkopplungsprozeß der Struktur- und Superstrukturebene auf die Infrastrukturebene aufgefaßt werden, der allerdings nach Harris' Auffassung bisher nur geringe Bedeutung in der menschlichen Geschichte erlangt hat (Harris 1978, Harris/Ross 1987).

Die Kulturmaterialisten wenden sich gegen eine »Überindividualisierung der Kultur«. Statt dessen wollen sie die Kultur auf ihre Gesetzmäßigkeiten zurückführen, was nur in Zusammenarbeit mit den sogenannten »harder disciplines« wie Biologie, Argonomie, Paläoanthropologie, Medizin und Demographie geschehen kann. Im folgenden soll am Beispiel der Bevölkerungsregulation gezeigt werden, wie eine kulturmaterialistische Analyse aussieht und wie in ihr auf geschickte Art Ergebnisse der »harder disciplines« verknüpft werden.

2. Die kulturmaterialistische Analyse von Bevölkerungsprozessen

Die im Südwesten Afrikas beheimateten !Kung, eine Wildbeutergesellschaft, die durch die Forschungen von Howell (1979) und Lee (1979) recht gut untersucht sind, weisen zeitweilig eine jährliche Wachstumsrate ihrer Bevölkerung von 0,5 Prozent auf, was einer Verdoppelungszeit von ca. 139 Jahren entspricht. Nimmt man diese Gesellschaft als Prototyp für Gesellschaften der menschlichen Vergangenheit, so muß festgestellt werden, daß ein solches Wachstum nie über längere Zeit bestanden haben kann. Anderenfalls wäre die Erde schon zu einem frühen Zeitpunkt heillos überbevölkert gewesen. Es legt vielmehr die Vermutung nahe, daß sowohl prähistorische als auch historische Bevölkerungen in ihrem Wachstum durch innere und äußere Faktoren gebremst wurden.

An diesem Punkt setzen zwei gegensätzliche Erklärungsmodelle an. Das erste hebt hervor, daß die Bevölkerung stets schneller als die Produktion wächst. Folglich ist die Bevölkerungsgröße bestimmt durch die Menge der produzierten Nahrung (Tragfähigkeit), was dazu führt, daß ein Teil der Bevölkerung ständig in Hunger und Armut lebt. Diesen Standpunkt vertrat als erster der englische Geistliche Thomas Robert Malthus (1766-1834), einer der Gründerväter der Bevölkerungswissenschaft. Der zweite Standpunkt geht auf die Arbeiten Ester Boserups zurück. Sie kehrt die Malthusschen Überlegungen um und kommt zu dem Ergebnis, daß die Menge der produzierten Nahrung durch das Niveau des Bevölkerungswachstums bestimmt ist, d. h. durch Innovationen steigt die Nahrungsproduktion tendenziell auf das durch das Bevölkerungswachstum erzwungene Niveau an (vgl. Schmid 1987).

> »Im Lichte moderner ethnologischer Forschung [. . .] scheint die Auffassung, daß Produktion und Reproduktion in ihrem Einfluß auf den Verlauf der soziokulturellen Entwicklung gleich wichtig seien und daß beide gleichermaßen aufeinander einwirken, die zutreffendste zu sein.« (Harris 1989: 106)

Er leitet weiterhin daraus ab, daß einerseits durch das Zusammenwirken verschiedener natürlicher und kultureller Faktoren die Reproduktion innerhalb der vom Produktionssystem gesetzten Grenzen gehalten wird (vgl. Harris 1978), d. h. daß die Produktionweise dem Bevölkerungswachstum Grenzen setzt, und andererseits der Bevölkerungsdruck Motivation zur Überwindung dieser Grenzen liefert.

Der Bevölkerungsdruck als ein Element der Instabilität in menschlichen Kulturen steht in Wechselwirkung mit natürlichen Instabilitätsursachen (wie z. B. Klimaveränderungen). Sie gemeinsam fordern zur Anpassung der Produktionsweise auf, wie es beispielsweise für den Übergang von der paläolithischen (Ende der Großwildjagd durch Erwärmung nach der letzten Eiszeit) zur neolithischen Produktionsweise (Beginn des Ackerbaus) in Europa und im Nahen Osten zu beobachten war (Harris 1983, 1989).

Aber nicht nur in Richtung Produktionsoptimierung wirkt sich Bevölkerungsdruck aus, er impliziert Fruchtbarkeitsbeschränkungen, mit denen Individuen, Paare und Gesellschaften auf die mit dem Reproduktionsprozeß verbundenen Vor- und Nachteile reagieren. Betrachtet man den biologischen Rahmen der menschlichen Fruchtbarkeit, so liegt die fruchtbare Zeitspanne für Frauen im allgemeinen zwischen dem 15. und 45. Lebensjahr. Innerhalb dieser Zeit kann eine Frau eine maximale Kinderzahl von 20 bis 25 Kindern gebären. Die religiöse Sekte der Hutterer in Kanada gilt als Paradebeispiel für die nahezu maximale Ausschöpfung ihrer Fruchtbarkeit. Durchschnittlich 8,97 Kinder bringen Huttererfrauen auf die Welt (vgl. Harris 1989). Wenn man die zur Bestandserhaltung der Bevölkerung in Industrieländern, die durch praktisch kaum vorhandene Säuglings- und

Kindersterblichkeit gekennzeichnet sind, notwendige Kinderzahl von 2,1 Kindern pro Frau (in der Bundesrepublik Deutschland liegt sie mit 1,4 Kindern unter dieser Marke) dagegenhält, erscheint die Fruchtbarkeit der Hutterer geradezu gigantisch. Die Fruchtbarkeit ist ein sehr variabler Faktor, der das Bevölkerungswachstum bestimmt, und ihre soziokulturelle Beschränkung spielt mit Sicherheit im Verlauf der Menschheitsgeschichte eine zunehmend bedeutendere Rolle. Die genetische Prädisposition zur Fortpflanzung und zur anschließenden Sorge um den Säugling kann kulturell so modifiziert werden, daß die meisten Menschen weniger Kinder produzieren, als ihnen biologisch möglich ist. Mönche, Priester, Nonnen, Yuppies und Dinks (double income no kids) verzichten sogar ganz auf Kinder.

Auf der individuellen Ebene hängt eine mehr oder weniger bewußte Entscheidung über die Zahl der Kinder von der Kosten/Nutzen-Bilanz der Kinderaufzucht ab (Harris/Ross 1987: 10-13). Die von Kindern verursachten Kosten liegen in der während der Schwangerschaft zusätzlich konsumierten Nahrung, dem Arbeitsausfall der Mütter durch die Schwangerschaft, den Ausgaben für die Bereitstellung der Muttermilch, der Nahrung im Säuglingsalter und der frühen Kindheit, den Ausgaben in einigen Gesellschaften für Kleidung, Wohnung, medizinische Versorgung und Erziehung. Dem steht der Nutzen gegenüber, der in einem Beitrag zur Nahrungsproduktion, einem Beitrag genereller Art zum Familieneinkommen und einem Beitrag zum Wohl sowie zur wirtschaftlichen Absicherung der Eltern bestehen kann. Nicht zu unterschätzen ist in einer Reihe von Gesellschaften der Nutzen von Kindern zum Heiratstausch und für die Festigung von Allianzen mit anderen Gruppen.

Auch in vorindustriellen Gesellschaften besteht die Notwendigkeit der Bevölkerungskontrolle, wollten sie über eine gewisse Zeit stabil bleiben. Denn allein über eine Fortentwicklung der Produktionsweise in Abhängigkeit von den Umweltbedingungen kann starkes Bevölkerungswachstum nicht bewältigt werden. Entgegen dem Malthusschen Hunger- und Armutsszenario vertritt Harris die These, daß auch schon vorindustrielle Kulturen die Größe ihrer Bevölkerung reguliert haben und nicht hilflos der Natur ausgeliefert waren. Das Verhältnis der Geburten und Todesfälle tendiert dabei auch in vorindustriellen Gesellschaften, rezenten wie historischen, dazu, den biokulturellen Druck widerzuspiegeln, der nötig ist, um Kosten und Nutzen der Reproduktion von Individuen und/oder Gruppen auszubalancieren mit der Zielsetzung, erstere zu minimieren und letztere zu maximieren (Harris/Ross 1987: 14, 34 f.).

Um der Kosten/Nutzen-Kalkulation der Kinderaufzucht gerecht zu werden, läßt sich ableiten, daß eine gewisse Art der Fruchtbarkeitsbeschränkung bzw. Familienplanung auch schon in vorindustriellen Gesellschaften ohne moderne Kontrazeptiva besteht. Es lassen sich dabei vier Arten kulturell vermittelter bevölkerungsregulierender Praktiken unterscheiden:

(a) die Behandlung der Föten, der Säuglinge und der Kinder,
(b) die Behandlung der Mädchen und Frauen (in geringerem Umfang auch die der Jungen und Männer),
(c) die Intensität des Stillens und die Länge der Stillzeit und
(d) die Änderung der Häufigkeit des koitalen Geschlechtsverkehrs (vgl. Harris/Ross 1987).

Zu (a): Ein häufig angewandtes Mittel der Bevölkerungskontrolle stellt die *Mißhandlung von Föten, Säuglingen und Kindern* dar. Dieses Verhalten spielt sich zwischen den Polen der Vermeidung und der aktiven Herbeiführung des Todes ab. Die indirekte Form der Abtreibung beginnt bei schwerer Arbeitsbelastung und unzureichender Ernährung der Schwangeren und mündet bei Hungerdiäten, dem Binden von Riemen um den Bauch, auf den Bauch springen oder bei der Gabe toxischer Substanzen in die direkten Formen der Abtreibung. Die Kindestötung (Infantizid) kann mit unzureichender Ernährung, gleichgültiger Behandlung bei Krankheit oder direkter durch den Hungertod, das Verdurstenlassen, das Aussetzen oder das Ersticken der Neugeborenen sowie durch Schlagen auf den Kopf herbeigeführt werden. Oft ist keine scharfe Trennung zwischen Abtreibung und Kindestötung auszumachen. Bei den Yamomami-Indianern werden beispielsweise die Wehen im 6. bis 7. Schwangerschaftsmonat eingeleitet und der Säugling nach der Niederkunft getötet. In vielen Kulturen werden Kinder bis zur Durchführung bestimmter Zeremonien (erster Haarschnitt, Namensgebung etc.) nicht als Menschen angesehen. Aus emischer Sicht ist Kindestötung daher kein Mord.

Zu (b): Die *Behandlung der Mädchen und der Frauen* hat sowohl Einfluß auf den Beginn und das Ende der Gebärfähigkeit als auch auf die Zahl der Kinder. Eine längerdauernde Mangelernährung der Frauen bedeutet einen Rückgang der Fruchtbarkeit. Starker Nahrungsentzug vermindert sogar die Fruchtbarkeit um 50 Prozent. Neben dem direkten Einfluß auf die Fruchtbarkeit durch Mangelernährung reichen 10 bis 15 Prozent Untergewicht aus, um zu einer Verzögerung der Menarche (den Eintritt in das gebährfähige Alter) oder zur Unterbrechung des Menstruationszyklus zu führen. Weiterhin bedeutet schlechte Ernährung in der Schwangerschaft das Risiko der Frühgeburt und ein geringes Geburtsgewicht, was mit geringeren Überlebenschancen des Kindes einhergeht. Mangelhafte Ernährung wirkt sich nicht nur auf die Quantität und Qualität der Muttermilch aus, sondern erhöht gleichzeitig die Sterblichkeit von Schwangeren und Müttern. Die ernährungsbedingten Auswirkungen mangelhaft ernährter schwangerer und stillender Frauen variieren mit dem gleichzeitig auf sie ausgeübten psychischen oder physischen Druck. Auch bei Männern ist eine durch Mangelernährung hervorgerufene Verminderung der Zeugungsfähigkeit zu beobachten, die in ihrer Bedeutung aber nicht der verminderten weiblichen Gebär- und Stillfähigkeit nahekommt.

Zu (c): Der dritte fruchtbarkeitsrelevante Punkt bezieht sich auf die *Intensität des Stillens und die Länge der Stillzeit*. Das Stillen hat über den Hormonzyklus der Frau, d. h. über die Ausschüttung des den Ovulationszyklus beeinflussenden Hormons Prolaktin, direkten Einfluß auf ihre Fruchtbarkeit. Nach der Geburt eines Kindes kommt es daher als Begleiterscheinung des Stillens zu einer Amenorrhoe, d. h. einer Unterbrechung des Menstruationszyklus. Die fruchtbarkeitssenkende Wirkung des Stillens ist gebunden an biokulturelle Faktoren wie den Gesundheitszustand und die Ernährung der Mutter. Eine lange Stillzeit hat eine Verlängerung des Geburtenintervalls auf drei oder mehr Jahre zur Folge. Ihre Verläßlichkeit kann mit modernen mechanischen oder chemischen Kontrazeptiva verglichen werden. Ein langes Stillen ist allerdings nur bei guter Ernährung der Mutter möglich. Auch ein ausschließliches Stillen des Säuglings länger als sechs Monate kann negative Folgen haben und zu einer durch Eisenmangel bedingten Anämie des Säuglings führen.

Zu (d): Die *Änderung der Häufigkeit des koitalen Geschlechtsverkehrs* stellt einen weiteren Komplex dar, der regulierend auf die Bevölkerung einwirkt. Der Verzicht auf Geschlechtsverkehr über längere Zeit reduziert die Zahl der Schwangerschaften. Ein später Eintritt ins Sexualleben durch hohes Heiratsalter und vorhergehender sexueller Abstinenz verkürzt die Reproduktionszeit der Frauen und wirkt somit auf die Fruchtbarkeit. Die oben erwähnte empfängnisverhütende Amenorrhoe wird oft unterstützt durch sexuelle Abstinenz während der Stillzeit (Postpartum-Tabu). Auch Formen des Sexualverhaltens, die nicht der Reproduktion dienen, wie Masturbation, Oralverkehr, Analverkehr, Koitus interruptus und Homosexualität, beeinflussen die Fruchtbarkeit. Ebenso haben die verschiedenen Eheformen wie Polygynie, Polyandrie und Monogamie in ihrem jeweiligen kulturellen Kontext Einfluß auf die Koitushäufigkeit. In polygynen Gesellschaften sind oft alle Frauen in den Reproduktionsprozeß eingespannt.

Das garantiert längere sexuelle Abstinenz nach der Niederkunft und verstärkt den Effekt des Empfängnisschutzes während der Stillzeit. Bei der Monogamie wirkt das Wiederverheiratungsverbot bei Verwitwung der Frauen zusammen mit einer Übersterblichkeit der Männer in vielen Gesellschaften stark bevölkerungsregulierend (Harris/Ross 1987).

Neben diesen kulturellen Faktoren, die im wesentlichen die Fruchtbarkeit beeinflussen, spielen auch natürliche Faktoren eine große Rolle. Auf der einen Seite sind hier Naturkatastrophen - wie Dürren, Überschwemmungen und Erdbeben - zu nennen, die drastisch auf Bevölkerungen einwirken können, aber ebenso muß in diesem Zusammenhang auch an Krankheiten gedacht werden, die oftmals zum dramatischen Schrumpfen von Bevölkerungen führten.

Die großen Seuchen wie Pocken, Typhus, Grippe, Beulenpest und Cholera konnten erst infolge des dichten Zusammenlebens in Städten ihre tödliche Kraft entwickeln. Auch sind Malaria und Gelbfieber seltener bei geringerer Bevölkerungsdichte, denn in der Regel wurden Sumpfgebiete gemieden, wenn es der Lebensraum erlaubte. Infektionskrankheiten wie Ruhr, Masern und Tuberkulose, Keuchhusten, Scharlach und Schnupfen traten selten bei Wildbeutern und frühen Ackerbauern auf.

Bis zu einem gewissen Grad können Krankheiten auch als Folge des Erfolgs oder Mißerfolgs anderer bevölkerungsregulierender Mechanismen gesehen werden. Denn nur im Falle einer steigenden Bevölkerungsdichte und einer sinkenden Produktionseffizienz, d. h. die Ernährunglage wird schlechter, werden Krankheiten häufiger und damit zu einem wichtigen Faktor der Bevölkerungskontrolle (Harris 1989).

Wie muß man sich nun die Bevölkerungsregulation bei frühen Wildbeutern vorstellen? Es ist wenig über das Reproduktionsverhalten der Menschen im Paläolithikum bekannt. Insgesamt läßt sich nur ein sehr langsames Wachstum während dieser Zeit feststellen. Die Weltbevölkerung hätte in einer Stadt wie New York oder Moskau durchaus Platz gehabt. Der Grund für dieses langsame Wachstum ist in den unsicheren Produktionsmethoden zu suchen, die zur zeitweiligen Verknappung von Pflanzen und Tieren führten, die zur Nahrung notwendig waren. Ihre Fruchtbarkeit findet aber auch ihre Grenze an der Notwendigkeit, weite Strecken zurücklegen zu müssen und die Lagerstätten häufig zu wechseln. Kleinkinder und Säuglinge müssen daher Tausende von Kilometern im Jahr getragen werden. Die Geburtenintervalle sind so groß, damit den Sorgetragenden zu einer Zeit jeweils nur *ein* Kind aufgebürdet wird. Bei einer Kosten/Nutzen-Bilanz kommt dem verlorenen Einkommen der Kinderträger durch deren verminderte Produktivität weiteres Gewicht zu. Der hohe Grad an Verflechtung der Frauen in Subsistenzaktivitäten - sie tragen zwischen 60 bis 80 Prozent zum Nahrungserwerb bei - ist wohl mit ein Grund für die Reproduktionsbeschränkungen, die Frauen die Geburt eines weiteren Kindes solange hinauszögern ließen, bis sie nicht mehr durch das vorgeborene Kind in ihrer Mobilität eingeschränkt waren.

Neben kulturell vermittelten Praktiken der Geburtenbeschränkung verlangten zusätzlich die wildbeuterischen Tätigkeiten den Frauen dieser Gesellschaften eine enorme physische Aktivität ab und brachten so eine Anzahl von entscheidenden Konsequenzen für die Reproduktionsphysiologie mit sich. In vielen rezenten wildbeutenden Bevölkerungen sind ein verzögerter Eintritt der Menarche (bis in das Alter von 17 bis 20 Jahren) und ein frühes Einsetzen der Menopause (etwa mit 40 Jahren) beobachtet worden. Im Vergleich dazu lag das Menarchealter in den USA im Jahre 1980 bei 12,6 Jahren. Diese Befunde nun einfach auf mangelnde Ernährung zurückzuführen wäre zu kurz gegriffen, denn die Frauen der Buschleute sind gut ernährt, was ihre Versorgung mit Proteinen, Mineralien und Vitaminen anbelangt. Ihre Kalorienzufuhr ist allerdings gemessen an ihrem Aktivitätsniveau gering, was in einem schlanken muskulösen Körperbau zum Ausdruck kommt. Daher liegt ihr Fettanteil meist unter der Reserve, die der Körper für eine Schwangerschaft und dreimonatige Stillzeit vorsieht. Wenn dieser fruchtbarkeitsreduzierende Effekt der wildbeutenden Lebensweise entfällt, wie dies an einigen seßhaftgewordenen Gruppen von Buschleuten untersucht worden ist, werden ein früherer Eintritt der Geschlechtsreife und eine Reduktion der Geburtenabstände um 30 Prozent festgestellt (Harris/Ross 1987). In Analogie zu den zeitgenössischen Wildbeutern wurden prähistorische Bevölkerungen von niedrigen Wachstumsraten als Folge der begrenzten Nahrungsproduktion in Verbindung mit der Produktionweise des Sammelns und Jagens bestimmt. Es ist daher anzunehmen, daß auch schon in diesen Gesellschaften eine Kombination kulturell vermittelter Kontrollen über Geborenen- und Sterberaten besteht. Diese Kontrollen verstärken und dämpfen biologische Prozesse wie Spontanaborte, altersspezifische Sterblichkeit, die Laktationsamenorrhoe und das Einsetzen von Menarche und Menopause im Zusammenspiel mit den Kosten und Nutzen der Kinderaufzucht unter den örtlichen technoökonomischen und ökologischen Bedingungen (Harris/Ross 1987).

Wendet man den Blick auf den Prozeß der Staatenbildung, so spielt wiederum der Faktor Bevölkerung beim Übergang von Stammesgesellschaften zu Staaten eine entscheidende Rolle. Drei Voraussetzungen müssen erfüllt sein, damit sich aus Stammesgesellschaften Staaten entwickeln können:

(a) Bevölkerungswachstum, das - verglichen mit dem von Stammesgesellschaften - zu einer relativ hohen Bevölkerungsdichte führt;
(b) intensiver Bodenbau, der lagerfähige Überschüsse produziert;
(c) begrenzter Lebensraum, denn frühe Staaten entstanden in fruchtbaren Flußtälern, so daß Emigranten in weniger begünstigte Lebensräume hätten ausweichen und einen damit verbundenen schlechteren Lebensstandard hinnehmen müssen (Harris 1989, Harris/Ross 1987).

Sind diese Bedingungen in einer Stammesgesellschaft erfüllt, kommt es zu einem wirtschaftlichen und politischen Strukturwandel. Er bewirkt eine weitere Differenzierung der Schichten, vorausgesetzt, die Bevölkerungsdichte nimmt weiterhin zu und es sind Ernteüberschüsse zu verzeichnen. Es entstehen Führungseliten, die sich Handwerker und ein Berufsheer leisten können. Letzteres dient der Ausweitung des Machtbereiches, dem sich der Einzelne kaum noch entziehen kann. Frühe Staaten wie etwa China müssen im Sinne ihrer weiteren Expansion und Vorherrschaft ein Interesse an einer großen Zahl von Geburten gezeigt und daher eine pronatalistische Politk verfolgt haben.

Schon aus der Antike sind Gedanken zur Bevölkerungskontrolle bekannt. Hier lassen sich sowohl geburtenfördernde als auch geburtensenkende Politikströmungen ausmachen. Ein Ideal der Antike war die Großfamilie, was in ihrer pronatalistischen Förderung im Römischen Reich zum Ausdruck kommt. In Griechenland rief beispielsweise Perikles zur gemeinsamen Nutzung der Ehemänner auf. Er dachte dabei an eine bessere Ausnutzung der weiblichen Gebärfähigkeit, um nachteilige Effekte durch männliche Kriegssterblichkeit auszugleichen. Es wurden aber auch Stimmen laut, die eine Überbevölkerung und die damit verbundene Armut und Rebellion fürchteten. Aus ähnlichen Gründen trat Platon für die Abschaffung der Ehe ein und forderte die staatliche Kontrolle des Geschlechtsverkehrs der Oberschicht.

Die Kindestötung wurde sowohl in Griechenland als auch in Rom geduldet. Seit sie im christlichen Europa als Verbrechen betrachtet wurde, gewannen indirekte Methoden die Oberhand. Das Ammenwesen und die Praxis, Findelkinder auszusetzen, die dann in Waisenhäuser gebracht wurden, dürften einen ähnlichen Effekt wie die direkteren verbotenen Formen der Kindestötung gehabt haben.

Der christliche Pronatalismus entwickelte sich erst mit der zunehmenden Institutionalisierung der Kirche. Die Kirche war einerseits als Großgrundbesitzer an einer großen bäuerlichen Bevölkerung interessiert. Auf der anderen Seite schränkte sie im Mittelalter durch verschiedene Heiratverbote (etwa naher Verwandter) den Kreis der Eheschließenden ein. Diese Vorschriften haben antinatalistischen Charakter und bedeuten - vorausgesetzt, sie wurden streng angewandt - einen senkenden Einfluß auf die Fruchtbarkeit. Eine einleuchtende Erklärung dieses Verhaltens (Harris/Ross 1989) kristallisiert sich erst vor dem Hintergrund heraus, daß die Kirche ein starkes Interesse daran hatte, die Anzahl der Schenkungen wohlhabender Männer und Frauen zu vergrößern, die keine Erben hatten und ihren Besitz der Kirche vermachten. Harris folgert daraus weiter, daß das Zölibat den Abfluß kirchlicher Güter durch Erbschaft verhindern sollte.

Ein weiterer antinatistischer Kompromiß, den die Kirche schloß, waren Abtreibungen bis zur 18. Woche. Sie wurden von ihr bis ins 19. Jahrhundert stillschweigend geduldet (Harris/Ross 1987).

Es ist also naheliegend, daß in der gesamten Menschheitsgeschichte die Bevölkerungsentwicklung nicht nur von natürlichen Ursachen abhängig war, sondern der Mensch durch verschiedene kulturelle Praktiken und nach ökonomischen Interessen mehr oder weniger bewußt regulierend in ihr Wachstum eingegriffen hat.

Auch für den Kulturwandel und die Begründung der Geburtenbeschränkung in modernen Gesellschaften wie den USA liefert der Kulturmaterialismus interessante Aspekte. Die Veränderungen des Fruchtbarkeitsverhaltens, des Eheschließungs- und Scheidungsverhaltens, der Familienstruktur, die neuen Geschlechterrollen und neue Formen des Sexualverhaltens können mit der hyperindustriellen Produktionsweise in Zusammenhang gebracht werden (Harris 1981). Arbeiteten in den USA vor dem Zweiten Weltkrieg nur 15 Prozent der verheirateten Frauen außer Hause, steigt ihr Anteil auf 59 Prozent im Jahr 1985 an. Davon arbeiten 86 Prozent im Dienstleistungs- und Informationssektor. Wollten Frauen anfangs das Familieneinkommen stärken, wurde aufgrund der Inflation ihr Beitrag notwendig, um den mittelständischen Konsum- und Lebensstandard aufrechtzuerhalten. Gleichzeitig steigen auch die Kosten für Kinder auf ein gegenwärtiges Höchstmaß, was sich in der sinkenden Fruchtbarkeit bemerkbar macht. Hinzu kommt noch ein positiver Rückkopplungseffekt zwischen Berufstätigkeit, Berufstätigbleiben und Tragen der Kosten der Kinderaufzucht.

> »Je mehr eine Frau in ihre Berufstätigkeit investiert, um so mehr verdient sie, und um so höher sind ihre Opportunitätskosten in Form von 'entgangenem Einkommen'.« (Harris 1989: 424)

Steigende Scheidungsraten sind Ausdruck sowohl sinkender Fruchtbarkeit als auch des Eintritts der Frauen ins Berufsleben. Über Kinderlosigkeit und eigenes Einkommen zu verfügen fördert Unabhängigkeit und findet auch Ausdruck in neuen Lebensstilen und neuen Formen sexueller Beziehungen. Der Hauptanstoß dieses Wandels ging für Harris von

> »Veränderungen aus, die sich auf der Infrastrukturebene ergaben: dem Übergang von der Güterproduktion zur Dienstleistungs- und Informationswirtschaft. Veränderungen auf der Strukturebene zeigen sich erst, nachdem sich die Entwicklung zur neuen Produktionsweise vollzogen hatte« (Harris 1989: 426).

Damit räumt Harris der Ermittlung der infrastrukturellen Bedingungen sozialer Bewegung Priorität gegenüber den Werten und Vorstellungen ein, deren Bedeutung er aber nicht unterschätzt wissen möchte. Die Chancen, ein bestimmtes infrastrukturelles Potential zu verwirklichen, sind davon abhängig, in welchem Maße ein Verhalten ideologisch und gefühlsmäßig motiviert ist.

3. Bedeutung und Grenzen des Kulturmaterialismus

Diese Beispiele aus traditionellen, historischen und modernen Gesellschaften sollen Ergebnisse der kulturmaterialistischen Suche nach Kausalerklärungen für Unterschiede und Gemeinsamkeiten im Denken und Verhalten verschiedener Gruppen von Menschen und deren Rückführung auf materielle Zwänge demonstrieren, die Dreh- und Angelpunkt dieser Betrachtungsweise sind. Die geschickte Verknüpfung verschiedenster Wissenschaftsbereiche im kulturökologischen Denken Marvin Harris' weiten den Blick der oftmals engstirnigen Einzeldisziplinen.

Der Kulturmaterialismus liefert heuristische Konzepte für Kausalerklärungen der Bevölkerungskontrolle in prähistorischen, historischen und modernen Gesellschaften. Die Konzepte für eine empirische Überprüfbarkeit liegen jedoch außerhalb der Theorie. Dem Kulturmaterialismus haftet starkes reduktionistisches Potential an, dessen man sich im Umgang mit ihm bewußt sein muß. Ähnlich der Soziobiologie, die menschliches Sozialverhalten an den Nagel des Genegoismus hängt und von dort aus nahezu alles erklären vermag, rammt der Kulturmaterialismus seinen Pfosten in den Boden der Infrastruktur und findet von dort aus die Antworten auf fast alle Fragen. Nur die Stärke der einzelnen Faktoren, wie beispielsweise die der Produktionsweise, auf das soziale System einzuwirken, vermag der Kulturmaterialismus nicht zu bestimmen und kann daher keine Aussagen treffen, ob nicht vielleicht andere Faktoren möglicherweise einen stärkeren Einfluß haben als diejenigen, welche er annimmt. Die bisher mangelnde Quantifizierbarkeit und damit auch Objektivierbarkeit und der einseitige Blickwinkel, der Rückkopplungen der Struktur- und Superstrukturebene kaum zuläßt, stellen das größte Manko dieser Theorie dar.

Literatur

Bargatzky, Th. (1986): *Einführung in die Kulturökologie: Umwelt, Kultur und Gesellschaft*. Berlin

Boserup, E. (1965): *The Conditions of Agricultural Growth*. Chicago

Harris, M. (1968): *The Rise of Anthropological Theory*. New York

Harris, M. (1978): *Kannibalen und Könige*. Aufstieg und Niedergang der Menschheitskulturen. Frankfurt a. M.

Harris, M. (1979): *Cultural Materialism*. The Struggle for a Science of Culture. New York

Harris, M. (1981): *America Now*. Anthropology of a Changing Culture. New York

Harris, M. (1983): *Cultural Anthropology*. New York

Harris, Marvin (1989): *Kulturanthropologie*. Erweit. amerik. Ausgabe. Frankfurt a. M.

Harris, M./Ross, E. (1987): *Death, Sex, and Fertility*. New York

Howell, N. (1979): *Demography of the Dobe !Kung*. New York

Lee, R. B. (1979): *»The Kung San«: Men, Women and Work in a Foraging Society*. New York

Schmid, J. (1987): »Bevölkerung als Faktor kultureller Evolution«. *Zeitschrift für Bevölkerungswissenschaft*, 13 (1), S. 29-52

Auf dem Weg zu einer allgemeinen Humanökologie: Der kulturökologische Beitrag

Dieter Steiner

Inhalt

1. Ausgangsposition

Seit einiger Zeit zeichnet sich eine Entwicklung in Richtung einer allgemeinen, interdisziplinären Humanökologie ab, deren Ursprung im wachsenden Bewußtsein der ökologischen Krisensituation zu suchen ist. Es ist aber bisher nur ein Anfang. Um dieser Entwicklung wirklich zum Durchbruch zu verhelfen, braucht es weitere bewußte Anstrengungen. Daß es dabei gelingen könnte, eine selbständige und übergreifende Theorie der Humanökologie zu erarbeiten, ist allerdings kaum anzunehmen, schon deshalb nicht, weil es für den Menschen allein (d. h. ohne Umweltbezug) bislang keine umfassende wissenschaftliche Anthropologie gibt, die ihn ganzheitlich betrachten würde (Rössner 1986).[1] Als erreichbares Ziel dagegen erscheint ein Konzept, das auf einer Art von »konstruktivem Eklektizismus« beruht und fähig ist, disziplinär spezielle Theorien miteinander sinnvoll zu verknüpfen. Dies ist, was ich unter einer »allgemeinen Humanökologie« verstehen möchte.

Einen hilfreichen Hintergrund für ein solches Unterfangen bilden die »speziellen Humanökologien«, die sich innerhalb einzelner Disziplinen bis in neuere Zeit aus einem gewissermaßen »normalen« wissenschaftlichen Erkenntnisinteresse heraus entwickelt haben, nämlich einer Beschäftigung mit der Mensch-Umwelt-Beziehung in Anlehnung an die biologische Ökologie als einem nicht besonders ausgezeichneten Thema unter anderen (siehe dazu Young 1974, 1983, Weichhart 1989a). In den meisten der damit angesprochenen Disziplinen gibt es aber überdies eine neuere Entwicklung, die einer Integration förderlich sein könnte: Ein wachsendes Interesse am einzelnen Menschen als einem handelnden Individuum kann einen gemeinsamen Nenner abgeben.

Eine der Disziplinen, die im genannten Sinne eine humanökologische Geschichte aufweist, ist die Kulturanthropologie mit ihrer Teildisziplin Kulturökologie. Es ist das Ziel des vorliegenden Aufsatzes, zu zeigen, daß ihr grundlegender Beitrag für die Gestaltung einer allgemeinen Humanökologie in der kulturökologischen Fragestellung liegt: Welche Art von Beziehung besteht zwischen einer Gesellschaft und ihrer Umwelt?[2]

1 Es gibt einen guten Grund für diese Situation: Das Thema der menschlichen Existenz läßt sich nach üblichen wissenschaftlichen Kriterien nicht erschöpfend behandeln.

2 Die traditionelle Kulturökologie hat sich vornehmlich mit vorindustriellen Gesellschaften befaßt und meint deshalb mit »Umwelt« die natürliche Umwelt. Die Beziehung zu ihr ist Thema dieses Beitrags. In einer anzustrebenden allgemeinen Hu-

2. Ein erster Rahmen für eine allgemeine Humanökologie

Um die Bedeutung der kulturökologischen Fragestellung für eine allgemeine Humanökologie strukturiert diskutieren zu können, möchte ich hier für die letztere einen ersten Rahmen skizzieren.[3] Er besteht aus zwei grundlegenden Teilen, nämlich einer Vorstellung von rekursiven Systemen und einer evolutionären Perspektive. Die erste Komponente hat mehr mit Konzepten und Theorie, die zweite mehr mit Fakten und Empirie (oder, bescheidener ausgedrückt, mit dem, was wir zu wissen glauben, nämlich über die Evolution im allgemeinen und über die kulturelle Evolution im speziellen) zu tun. Beide Seiten sind voneinander abhängig und können sich gegenseitig befruchten. In einem gewissen Sinne könnten wir auch sagen, daß die erste Komponente einer synchronen Sichtweise (Frage: Wie stehen die »Dinge«, jetzt oder früher, in Beziehung zueinander?) entspricht, die zweite einer diachronen (Frage: Wie haben sich die »Dinge« in der Vergangenheit entwickelt und verändert?).

2.1 Rekursive Systeme

Es besteht eine gewisse Einigkeit darüber, daß man sich die Welt als aus Schichten aufgebaut vorstellen kann, wobei Teile auf einer unteren Ebene sich zu einer neuen Entität auf einer oberen zusammenschließen (vgl. z. B. Riedl 1985). Eine solche Entität mit ihren Teilen kann man als System betrachten. Von einem rekursiven System reden wir dann, wenn wir annehmen können, daß das Ganze und die Teile in einer wechselseitigen kausalen Beziehung stehen, d. h. daß den Teilen hinsichtlich des Ganzen eine konstitutive, dem Ganzen hinsichtlich der Teile gleichzeitig eine regulative Bedeutung zukommt. Eine derartige Sicht kann als repräsentativ für ein neues Weltbild gelten; sie stellt eine Verbindung oder Versöhnung zwischen zwei einseitigen Perspektiven her, die aus älteren Weltbildern stammen, nämlich der mechanistisch-atomistischen Sichtweise mit der exklusi-

manökologie müßte ein um die menschlichen Einflüsse und Umgestaltungen erweiterter Umweltbegriff verwendet werden.

3 Die allmähliche Entwicklung eines Konzeptes zur allgemeinen Humanökologie ist das angestrebte Ziel der Gruppe Humanökologie an der ETH Zürich. Ich möchte an dieser Stelle allen Beteiligten, in erster Linie aber Carlo Jaeger, Lisbeth Bieri, Gregor Dürrenberger, Huib Ernste, Franco Furger, Markus Nauser, Dagmar Reichert und Wolfgang Zierhofer danken.

ven konstitutiven Kausalität von den Teilen zum Ganzen und der morphologisch-holistischen Perspektive mit der exklusiven regulativen Kausalität vom Ganzen zu den Teilen.[4] Die Konsequenz ist, daß die verschiedenen Schichten der Welt als weitgehend eigenständige Realitäten aufzufassen sind, die sich nicht aufeinander reduzieren lassen, weder von oben nach unten noch von unten nach oben. Dies ist kompatibel mit einer Position, wie sie im »neuen Realismus«, einer wissenschaftsphilosophischen Strömung in England, vertreten wird (vgl. z. B. Bhaskar 1975, Harré 1986).

Für eine erste einfache Analyse bezüglich der Rolle, die rekursive Systeme für die humanökologische Situation spielen, ist die Betrachtung dieser Situation in Form des elementaren humanökologischen Dreiecks »Individuum-Gesellschaft-Umwelt« nützlich (vgl. Abbildung 1).

Abbildung 1: Das humanökologische Dreieck

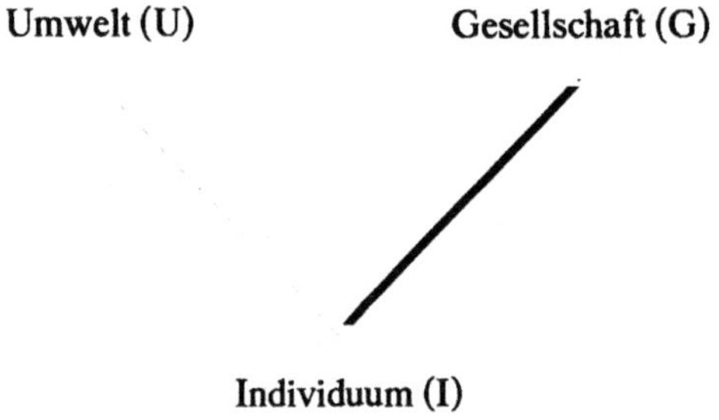

Die drei damit genannten Entitäten stellen verschiedene Ebenen der Realität dar. Als biologisches Wesen steht ein menschliches Individuum mit einer natürlichen Umwelt in Beziehung, es ist somit Teil eines übergeordneten Ökosystems. Als soziokulturelles Wesen ist dasselbe Individuum Teil eines gesellschaftlichen Systems. Es ergibt sich daraus, daß die beiden Dreiecksseiten I-U und I-G im Sinne rekursiver Systeme zu betrachten sind, und es stellt sich demnach die Frage, ob es bezüglich dieser Verbindungen passende Theorien gibt. Die Suche nach solchen Theorien ist dabei eine interdisziplinäre Angelegenheit, da den für eine allgemeine Humanökologie relevanten Disziplinen, mindestens ihren traditionellen

4 In Anlehnung an Poser (1987) bezeichnen wir das neue Weltbild als »evolutionär«. Dieser Begriff ist berechtigt, denn aus dem zirkulären Charakter von rekursiven Systemen läßt sich die Möglichkeit von Selbstorganisation und damit von Evolution ableiten. Zur Frage des Weltbildwandels, speziell im Zusammenhang mit der Frage der humanökologischen Bedeutung von Systemtheorie, siehe Steiner u. a. (i. V.).

Orientierungen, in Abbildung 1 Eckpositionen zugewiesen werden müssen. So gehören sowohl die Soziologie als auch die Kulturanthropologie in die Ecke G, Geographie und Biologie in die Ecke U, Psychologie und physische Anthropologie in die Ecke I.

Den traditionellen Unterschied zwischen Kulturanthropologie und Soziologie können wir so beschreiben, daß die erstere, mindestens in ihrer kulturökologischen Ausprägung, den Blick eher auf die Ecke U, die letztere dagegen eher auf die Ecke I gerichtet hält. Die Dreiecksseite G-U repräsentiert somit die uns hier besonders interessierende kulturökologische Fragestellung. Kann diese Verbindung ebenfalls im Sinne eines rekursiven Systems im oben genannten Sinne behandelt werden? Wir werden auf diese Frage in Abschnitt 3.1 zurückkommen.

Eine separate Betrachtung der Dreiecksseiten soll aber lediglich ein analytischer Zwischenschritt sein. Irgendwann später sollten wir fähig sein, die relevanten Relationen alle gleichzeitig zu betrachten. Letztlich ist das Dreieck eine Metapher für eine allgemeine Humanökologie, die sich mit der Einheit von Individuum, Gesellschaft und Umwelt befassen sollte. Dies spiegelt die Auffassung von Guattari (1989) wider, daß es drei untrennbar miteinander verflochtene Ökologien gebe, nämlich die soziale Ökologie eines Individuums in seiner Gesellschaft, die auf die biophysische Umwelt bezogene Ökologie eines Individuums und die individuelle Ökologie, d. h. die Beziehung eines Menschen zu sich selbst.

Die Rede von einer individuellen Ökologie bei Guattari deutet auf einen zusätzlichen wichtigen Punkt hin: Da ein menschliches Wesen Anteil an verschiedenen Ebenen des Seins und im Sinne des Dreiecks eine mindestens zweiseitige Orientierung, nämlich eine biologisch und eine soziokulturell getönte, aufweist, ist dieses Wesen selbst in seiner humanökologischen Bedeutung als rekursives System zu betrachten. Dies beinhaltet z. B. eine Beschäftigung mit Wechselwirkungen zwischen verschiedenen Bereichen der menschlichen Psyche (vgl. die in Abschnitt 4.2 angesprochenen verschiedenen Bewußtseinsebenen).

2.2 Evolutionäre Perspektive

Die oben genannten intradisziplinären Entwicklungen von speziellen Humanökologien der Vergangenheit haben zum Teil daran gekrankt, daß sie sich auf allzu stark biologisierende Fundamente gestützt haben. Dabei kamen auch immer wieder Vorstellungen über Anpassung und homöostatische Gleichgewichte zum Zuge, die unterdessen in der Biologie selbst in Frage gestellt werden (vgl. Trepl 1987, Teherani-Krönner 1992). Während ein gewisses Gleichgewichtsdenken gerade angesichts der ökologischen Krise wohl vonnöten ist, ist darüber hinaus auch die Möglichkeit von Wandel zu betonen. Dies wird mit der oben skizzierten Auffassung rekursiver Systeme möglich, d. h. wir können auf die humanökologische Situation eine evolutionäre Perspektive anwenden. Dabei ist zum einen die Vorstellung von Zukunftsoffenheit wesentlich, da sie uns zeigt, daß vieles von unserem Handeln abhängt und daß wir dafür Verantwortung tragen müssen. Zum anderen soll dies heißen, daß wir uns mit dem Verlauf der bisherigen kulturellen Evolution befassen wollen. Dies ist insofern von Bedeutung, als ein Verständnis für die heutige prekäre Situation, in die wir hineingeraten sind, nur aus der Untersuchung der Vergangenheit erlangt werden kann. Wir können untersuchen, welche der gesellschaftlichen Transformationen, die über die Jahrhunderte stattgefunden haben, heute zur Umweltzerstörung beitragen, und welche unter ihnen reversibel sein könnten, d. h. wir können einem Konzept von möglicher Fehlevolution nachgehen. Nach dem Prinzip der jederzeit offenen Zukunft ist ja auch die vergangene Evolution nicht etwas, das unausweichlichen Linien hat folgen müssen; sie hätte auch anders verlaufen können. Wenn wir reversible Fehlentwicklungen diagnostizieren können, stellt sich dann anschließend die Frage nach den Möglichkeiten von Regeneration.

In diesem Zusammenhang spielt die Kulturanthropologie eine wichtige Rolle. Ihre Beschäftigung mit vorwiegend vorindustriellen Gesellschaften hat erheblich zum Wissen über die kulturelle Evolution beigetragen und dabei auch vorherige Vorurteile über die »primitiven« Stadien der Menschheitsentwicklung korrigiert.[5] Dabei ist das akkumulierte Wissen über die Formen und den Wandel der Beziehung zwischen Kultur und Umwelt, also mögliche Antworten auf die kulturökologische Fragestellung, für unser humanökologisches Interesse von besonderer Bedeutung.

Die Beschäftigung mit der kulturellen Evolution ist aber nicht nur deshalb wesentlich, weil sie uns eine fundiertere rationale Argumentation über die Abhängigkeit des heutigen Zustandes von der vergangenen Entwicklung ermöglicht, sondern auch, weil sie uns einen emotionalen Zugang zu dieser Welt und unserem Menschsein in dieser Welt vermitteln und ein »Gefühl für das Ganze« zurückgeben kann.

---

5 Ich denke da z. B. an die Erkenntnis von Sahlins (1974), daß Jäger und Sammlerinnen nicht ständig um das Überleben haben kämpfen müssen, sondern im Gegenteil eine »original affluent society« gebildet haben.

3. Zum Wandel der Kulturökologie

Um den möglichen Beitrag der Kulturökologie zu einer allgemeinen Humanökologie würdigen zu können, wird hier ihre eigene Entwicklung und ihr Wandel betrachtet. Festzustellen ist, daß die traditionelle kulturökologische Fragestellung die Art der Verbindung zwischen Kultur und Umwelt auf einer strukturellen Ebene anspricht. Zur Unterstützung dieser Diskussion gibt Tabelle 1 eine stark vereinfachte Übersicht über wichtige Richtungen der Kulturanthropologie, die mit der kulturökologischen Fragestellung in Zusammenhang gebracht werden können. Aus der Erkenntnis heraus, daß bei den traditionellen Ansätzen die mit der Umwelt kausal in Beziehung stehenden handelnden Individuen im Dunkeln bleiben, hat sich in neuerer Zeit eine Richtung entwickelt, die sich mit Verhaltens- oder Handlungsmodellen aus psychologischer Sicht beschäftigt. Letztlich sollten aber die Wechselwirkungen zwischen der strukturellen und der individuellen Ebene betrachtet werden. Dies ist, was ich unten als vernachlässigte soziologische Fragestellung bezeichne.

3.1 Von der traditionellen kulturökologischen Fragestellung ...

Bei der traditionellen kulturökologischen Fragestellung geht es also um die Art der Beziehung zwischen Kultur und Umwelt. Der Begriff »Kultur« kann in einem weiteren oder in einem engeren Sinne verstanden werden.[6] Hier wird er zunächst im weiteren Sinne gebracht, und wir können uns für den Moment vorstellen, daß mit Kultur alle in einem gesellschaftlichen System vorkommenden Strukturen gemeint sind. Dazu gehören dann nicht nur etwa religiöse Gebote oder soziale Organisationsformen, sondern auch Aspekte der sogenannten materiellen Kultur, denn das Vorhandensein bestimmter Artefakte kann ebenso wie Gebote oder Organisationsformen auf menschliche Handlungsmöglichkeiten einen bestimmten Einfluß haben.

---

6 Wenn »Kultur« im engeren Sinne gemeint ist, bedeutet dies im allgemeinen, daß gleichzeitig eine Abgrenzung gegenüber »Gesellschaft« vorgenommen wird. Im anderen Fall haben die beiden Begriffe überlappende oder sogar synonyme Bedeutung (vgl. dazu die in Abschnitt 4.1 verwendete Systematik).

Tabelle 1: Hauptsächliche Richtungen der Kulturökologie

Klassischer Kulturevolutionismus
Zeitepoche: Zweite Hälfte des 19. Jahrhunderts
Schlüsselfigur und -publikation: Lewis H. Morgan: »Ancient Society« (1877)
Hauptthesen: Es gibt universelle Strukturen, die eine psychische Einheit der Menschheit bewirken und zur Folge haben, daß deren Kulturen sich überall parallel in festgelegter Reihenfolge durch gewisse Stadien hindurch entwickeln.

Klassischer Umweltdeterminismus
Zeitepoche: Jahrhundertwende
Schlüsselfigur und -publikation: Friedrich Ratzel: »Anthropogeographie«, 1. Band (1882)
Hauptthesen: In Anlehnung an die Darwinsche Interpretation der biologischen Evolution wird auch das Leben des Menschen als naturgesetzlich bestimmt angesehen. In unterschiedlichen Habitats sind deshalb unterschiedliche Kulturen anzutreffen.*

Possibilismus und historischer Partikularismus
Zeitepoche: Erste Jahrzehnte des 20. Jahrhunderts
Schlüsselfigur und -publikation: Franz Boas: »The Mind of Primitive Man« (1911)
Hauptthesen: Es gibt nur im negativen Sinne einen Umwelteinfluß, d. h. nur das regionale Fehlen von anderswo sonst möglichen kulturellen Merkmalen ist allenfalls umweltbedingt. Ansonsten läßt eine bestimmte Umwelt immer verschiedene Alternativen von Kultur zu. Die Präsenz von kulturellen Merkmalen kann deshalb nur aus der kulturellen Entwicklung selbst, d. h. historisch erklärt werden.

Klassische Kulturökologie
Zeitepoche: Ca. 1930 bis 1960
Schlüsselfigur und -publikation: Julian Steward: »The Theory of Culture Change: The Methodology of Multilineal Evolution« (1955)
Hauptthesen: Es gibt eine materialistisch interpretierbare Bestimmtheit menschlicher Kulturen, mindestens des Teils (des sogenannten Kulturkerns), der mit Technologie, wirtschaftlichen Arrangements, sozialer Organisation und Demographie zu tun hat. Andere Bereiche einer Kultur können das Resultat von autonomen Prozessen der kulturellen Geschichte sein.

Systemökologie
Zeitepoche: Jahrzehnte nach dem Zweiten Weltkrieg
Schlüsselfigur und -publikation: Roy A. Rappaport: »Ecology, Meaning and Religion« (1979)
Hauptthesen: In qualitativer Anwendung systemtheoretischer Ideen ist eine menschliche Gesellschaft beschreibbar als eine regulative Hierarchie, die aus verschiedenen Ebenen von Subsystemen besteht, wobei jedes Subsystem von einer übergeordneten Kontrollinstanz reguliert wird. Diese Struktur hat die Fähigkeit, sich an veränderte Umweltbedingungen anzupassen, wobei auch Verschiebungen in der Hierarchie auftreten können.**

Kulturmaterialismus
Zeitepoche: Seit ca. 1960
Schlüsselfigur und -publikation: Marvin Harris: »Cultural Materialism« (1980)
Hauptthesen: Eine Kultur läßt sich dreiteilig beschreiben durch die Infrastruktur (Erscheinungen, die mit Produktion und Reproduktion zu tun haben), die Struktur (Ausprägungen der sozialen Organisation) und die Superstruktur (übergeordnete kulturelle Regeln im eigentlichen Sinne und künstlerische Ausdrucksweisen). Die Infrastruktur hat eine kausale Wirkung auf die übrigen Komponenten, wobei allerdings Rückkopplungseffekte nicht ausgeschlossen sind.

Anmerkungen zu Tabelle 1:

* Im 2. Band seines Werkes hat Ratzel (1891) aber eine modifizierte Haltung ausgedrückt, die auch der historischen Entwicklung Raum läßt und damit bereits zur Phase des Possibilismus überleitet.

** Als Vorläufer der Systemökologie können funktionalistische Ansätze gelten, die in den Jahrzehnten vor dem Zweiten Weltkrieg aktuell waren und z. B. von Radcliffe-Brown und Malinowski vertreten wurden. Dabei wurde von feststehenden Strukturen ausgegangen, und die entscheidende Frage war, welche Funktionen (z. B. Rituale) vorhanden sind, um zur Erhaltung dieser Strukturen beizutragen. Für den Versuch einer Systematik bezüglich strukturalistischer und funktionalistischer Ansätze siehe Willke (1982).

Quellen: Bargatzky (1986), Dürrenberger (1989), Harris (1980), Hoebel (1966), Holt-Jensen (1980), Orlove (1980), Schwartz/Ewald (1968), Vayda/Rappaport (1968)

Die Geschichte der Kulturökologie zeigt - wie die anderer Disziplinen auch - den Einfluß verschiedener weltanschaulicher Positionen. Bei dem in der Vergangenheit vorherrschenden einseitig gerichteten linear-kausalen Denken gibt es zwei Möglichkeiten, die Verbindung von Kultur zur Umwelt zu betrachten: Entweder wird der ersteren oder aber der letzteren das Primat zugewiesen. Entsprechend kann von Kultur- bzw. von Umweltdeterminismus gesprochen werden (siehe Abbildung 2). Diese konträren Auffassungen haben immer wieder in einem reaktiven Sinne miteinander abgewechselt, so daß Orlove sagen kann, die ökologische Anthropologie verdanke ihre Existenz »to a number of swings on intellectual pendulums« (Orlove 1980: 236). Dabei werden anfänglich extremere durch später gemäßigtere Auffassungen abgelöst, und die anfängliche Einseitigkeit bezüglich Ursache und Wirkung macht langsam einem Wechselwirkungsdenken Platz.

Wir können dieses Schwingen des Pendels anhand der in Tabelle 1 aufgelisteten Richtungen der Kulturökologie erkennen. Der klassische Kulturevolutionismus entspricht einer extrem kulturdeterministischen Einstellung: Es gibt eine »supremacy of mankind over earth« (Morgan 1877: 19).[7] Der klassische Umweltdeterminismus dagegen nimmt eine ebenso extreme Gegenposition ein, d. h. eine Abhängigkeit der Kulturen

7 Insofern bei diesen kulturevolutionistischen Auffassungen von »naturgesetzlicher« Entwicklung der Menschheit die Rede ist, bedeutet es, daß sie einer darwinistischen und damit umweltdeterministischen Vorstellung von kultureller Evolution folgen. Mir scheint allerdings die angenommene Zielgerichtetheit der Entwicklung nicht in ein darwinistisches Schema zu passen, sondern im Gegenteil einem solchen entgegengesetzt zu sein. Dafür spricht auch, daß es kulturevolutionistische Vorläufer aus der Zeit vor Darwin gibt, z. B. das von Auguste Comte in seinem »Cours de philosophie positive« (6 Bände, 1830-1842) vertretene Dreistufengesetz der menschlichen Entwicklung (vgl. Hartfiel 1976).

von ihrer natürlichen Umwelt.[8] Der Possibilismus wiederum ist eine kulturdeterministische Antwort darauf. Die klassische Kulturökologie neigt dann auch einer (jetzt allerdings abgeschwächten) umweltdeterministischen Position zu. Aber Steward möchte auf alle Fälle der »fruitless assumption that culture comes from culture« (Steward 1955: 36) entgegentreten.

Abbildung 2: Die beiden konträren Positionen bei der traditionellen kulturökologischen Fragestellung

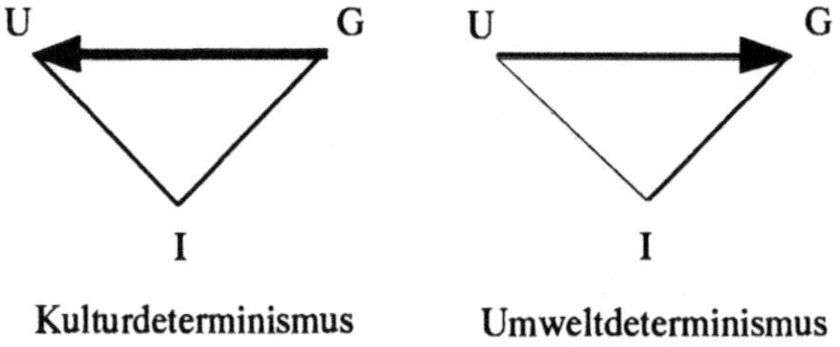

Bei den systemökologischen Ansätzen läßt sich streiten, ob diese eher zu den kultur- oder aber zu den umweltdeterministischen Ansätzen gehören. Da bei ihnen viel von Kulturwandel als Anpassungsprozeß bezüglich der Umwelt die Rede ist, könnten sie, wie es z. B. von Bargatzky (1986) getan wird, den letzteren zugeordnet werden. Es hängt aber auch davon ab, wie Anpassung interpretiert wird, d. h. ob dabei eher an einen zwangsweisen Vorgang oder vielmehr an eine kreative Eigenleistung des gesellschaftlichen Systems gedacht wird. Im letzteren Fall wird ein solches System als eine Art Superorganismus betrachtet, was die Systemökologen tun. Damit rücken sie in die Nähe der autopoietischen Systemtheorie, wie sie von Varela (1979) im Zusammenhang mit seinen Auffassungen über biologische Autonomie vertreten wird[9], und damit zu einer kulturdeterministi-

8 Wenn von Abhängigkeit der Kultur von der natürlichen Umwelt die Rede ist, wäre näher zu prüfen, ob damit ein Einfluß auf die menschlichen Erbanlagen oder auf eine gesellschaftliche Tradition gemeint ist. Offenbar ist, wie die von Freeman (1983) ausführlich geschilderte, in biologischen und anthropologischen Kreisen in dieser Zeit geführte »nature or nurture«-Debatte zeigt, normalerweise das erstere der Fall. Auch der Titel der deutschen Übersetzung des in Tabelle 1 genannten Buches von Boas, »Kultur und Rasse«, deutet auf diese Auseinandersetzung hin.

9 Zur autopoietischen Systemtheorie im allgemeinen und zu ihrer Übertragbarkeit auf soziale Systeme siehe Steiner (1989).

schen Interpretation.[10] Die kulturmaterialistische Richtung schließlich zeigt trotz der eingeräumten Möglichkeit kultureller Modifikationen wieder eindeutig umweltdeterministische Züge.

Es ist jetzt noch die Frage zu prüfen, wie die Verbindung G-U in Abbildung 1 überhaupt zu deuten ist. Nach heute vorherrschender Auffassung können wir dies nicht im Sinne einer echten Ursache-Wirkungs-Beziehung tun. Bei der Rede von einer Beeinflussung der Umwelt durch die Kultur oder umgekehrt ist implizit die Vorstellung enthalten, daß diese Beeinflussung letztlich über handelnde Individuen läuft. Die Pfeile wären also in Abbildung 2 entsprechend über die Ecke I zu zeichnen. So gesehen untersucht die traditionelle Kulturökologie explizit also nur strukturelle Verbindungen zwischen Kultur und Umwelt. Bei einer kausalen Interpretation ohne die Berücksichtigung von vermittelnden Individuen müßte die oben gerade erwähnte Annahme einer menschlichen Gesellschaft als einer Art Superorganismus gemacht werden, der als Ganzes auf Umwelteinflüsse reagieren und das kollektive Handeln seiner Mitglieder steuern kann.[11]

3.2 ... zur neuen psychologischen Fragestellung

Die Kritik an der gerade erwähnten Annahme eines Zusammenhangs zwischen Umweltfaktoren und menschlichen Kollektiven war seit dem Zweiten Weltkrieg Anlaß zu einer gewissen Verschiebung des Schwergewichtes der Kulturökologie von der strukturellen auf die individuelle Ebene. Insofern gesellschaftliche Veränderungen mit dem Agieren von Individuen in Zusammenhang gebracht werden müssen, kann auch von einer Verlagerung der Betrachtung soziokultureller Strukturen zu einer solchen soziokultureller Prozesse gesprochen werden. Nun stehen also nicht mehr ganze Kulturen, Populationen oder Gruppen im Blickfeld, sondern das Indivi-

10 Dies schließt aber die Möglichkeit nicht aus, daß bei zu großem Streß eine Anpassung nicht mehr gelingt. Butzer (1980) gibt in diesem Sinne eine systemökologische Interpretation der zyklisch auftretenden Blüte- und Zerfallserscheinungen der altägyptischen Hochkulturen.

11 Wenn so argumentiert wird, was ich allerdings als fragwürdig betrachte, könnten bei den Anpassungserscheinungen die Begriffe der »Assimilation« und »Akkomodation« aus der Entwicklungspsychologie von Piaget übernommen werden. Mit Assimilation ist die Internalisierung eines Umweltphänomens ohne strukturelle Änderung gemeint, mit Akkommodation dagegen eine Reaktion auf Umweltbedingungen, die in einer strukturellen Änderung besteht (Piaget/Inhelder 1969: 6).

duum und damit die Frage, wie es in bestimmten Situationen handelt. Im Gegensatz zum strukturellen Ansatz wird davon ausgegangen, daß solches Handeln nicht immer schon genormt ist, daß Menschen nicht Wesen sind, die einfach in passiver Weise strukturell definierte Handlungsanweisungen befolgen, sondern entscheidungsfähige Individuen, also eigentliche »Personen«, und daß diese normalerweise ihr Tun aus einer Reihe von Alternativen auswählen. Die Beschäftigung mit Handlungsmodellen (»actor-based models« bei Orlove 1980, mit ausführlichen Literaturhinweisen), die sich daraus entwickelt hat, hat deshalb gleichzeitig auch mit Entscheidungsmodellen zu tun. In diesem Sinne ist es berechtigt, von einer psychologischen Fragestellung zu reden. Dabei zeigen einige der Ansätze gewisse behavioristische Züge, etwa dann, wenn individuelle Antworten auf Umweltveränderungen studiert werden. In anderen Fällen dagegen könnte auch von einer Hinwendung zu einer ökonomischen Fragestellung gesprochen werden. In Anlehnung an entsprechende mikroökonomische Ansätze wird gesagt, daß Individuen Präferenzen haben, knappe Ressourcen Zielen und Zwecken zuordnen und ihren Nutzen zu maximieren versuchen. Da nach dieser Vorstellung das Individuum die Einheit ist, die von einer Handlung profitiert, wird auch vom »Individuum-Vorteil-Ansatz« (Bargatzky 1986) ausgegangen.

Die Hinwendung zu Individuen ist auf der einen Seite zu begrüßen, da nun mit einer prozessualen Sicht die Frage von Wandel und Veränderbarkeit von Gesellschaft angegangen werden kann. Die Sichtweise, die ein gesellschaftliches System als ein völlig integriertes und wenn nicht statisches, so doch homöostatisches Gebilde betrachtet, gehört denn auch zu den Punkten der Kritik an den alten kulturökologischen Vorstellungen. Aus der Annahme einer umweltorientierten Anpassungsfähigkeit eines gesellschaftlichen Systems könnte die gefährliche Erwartung entstehen, es müßte eine entsprechende Reaktion auch in der Zeit der heutigen ökologischen Krise geben. Irgendwie stellt sich alles von selbst ein, ohne daß es notwendig wird, über das Handeln und die Verantwortung von Individuen zu sprechen. Mit einer Konzentration auf die individuelle Ebene läßt sich erkennen, daß die Population einer Gesellschaft nicht mehr als etwas Uniformes aufgefaßt werden darf. Vielmehr ist von verschiedenen Gruppen mit ungleichen Interessen auszugehen, so daß die Möglichkeit von Veränderung sehr viel mit Konkurrenz und der Austragung von Konflikten zu tun hat.

Andererseits wirft die Neuorientierung aber auch neue Fragen auf. Wenn bisher bei den strukturalistischen, insbesondere den funktionalistischen und systemökologischen Ansätzen die Frage aufkam, wie es denn möglich sei, daß Individuen zum Wohle des Ganzen operieren, auch wenn es gegen ihre eigenen Interessen läuft, taucht hier umgekehrt die Frage auf (z. B. von Bargatzky 1986 ausgesprochen), wie aus den Handlungen und Interaktionen einzelner Menschen, die im Prinzip doch als hedonistisch angenommen werden, eine halbwegs geordnete Gesellschaft entstehen kann. Auf das Dreieck von Abbildung 1 übertragen: Wie können, wenn der Ausgangspunkt die Ecke I ist, soziokulturelle Strukturen überhaupt entstehen? Hier kann im Prinzip nur die im folgenden aufgegriffene soziologische Fragestellung weiterhelfen. Dies kann im Sinne eines Wechselwirkungsdenkens beantwortet werden, das die neue psychologische und die traditionelle kulturökologische Fragestellung miteinander verbindet.

3.3 Die vernachlässigte soziologische Fragestellung

Die soziologische Fragestellung entsteht an der Dreiecksseite G-I, wobei der Schwerpunkt bei G liegt. Ähnlich wie bei der kulturökologischen Frage nach dem Primat von entweder Kultur oder Umwelt, ist hier in der Vergangenheit darum gestritten worden, ob Gesellschaft die grundlegende primäre Realität sei und die daran teilnehmenden Individuen daher nichts anderes tun könnten, als strukturell vorgegebene Handlungsmöglichkeiten zu realisieren, oder ob umgekehrt das, was als Gesellschaft bezeichnet werde, lediglich ein aus vielen Einzelhandlungen resultierendes Aggregat, mithin ein bloßes Epiphänomen, sei. Ansätze der ersten Art sind strukturalistisch oder kollektivistisch genannt worden, solche der zweiten Art individualistisch oder auch humanistisch (siehe Abbildung 3, vgl. dazu Bhaskar 1978, Johnston 1986). Wir können gleich auch sehen, daß, auf weltbildliche Hintergründe bezogen, die ersteren einer holistischen, die letzteren einer atomistischen Position entsprechen.

Ich bezeichne die Fragestellung als (in der Kulturökologie) vernachlässigt, weil wir bei ihr eine gewisse Abwendung von der alten Beschäftigung mit der strukturellen Ebene und Hinwendung zu einer neuen Beschäftigung mit der individuellen Ebene festgestellt haben, ohne daß im allgemeinen explizit die Frage nach den Verbindungen zwischen den beiden Ebenen gestellt worden ist. Implizit hat sie natürlich schon immer eine Rolle gespielt, jedenfalls dann, wenn wir wie oben postulieren, daß eine Beeinflussung der Gesellschaft durch die Umwelt oder umgekehrt über handelnde Individuen laufen müsse. Wenn wir in dieser Hinsicht die historische Entwicklung der Kulturökologie nochmals Revue passieren lassen, so erwarten wir wohl eine Kongruenz von Kulturdeterminismus und Strukturalismus (die Richtung der Kausalität läuft von G über I nach U) bzw. von Umweltdeterminismus und Individualismus (Richtung der Kausalität läuft von U über I nach G). Tatsächlich können der klassische Kulturevolutionismus wie auch die funktionalistischen und systemökologischen Strömungen als (implizit) strukturalistisch bezeichnet werden. Umgekehrt haben der klassische Umweltdeterminismus, die klassische Kulturökologie und der neuere Kulturmaterialismus einen (wiederum implizit) individualistischen Charakter, wenn man sich vorstellt, daß die Umweltfaktoren sich zunächst bei Individuen auswirken und sich aus diesen Auswirkungen nachträglich die Kultur einer Gesellschaft ableitet. Die Richtung von »unten« nach »oben« ergibt sich bei Harris (1980) auch ohne explizite Berücksichtigung der Individuen (deren Rolle aber mit der Betonung der grundlegenden Bedeutung von Produktion und Reproduktion klar wird) aus der von ihm angenommenen kausalen Richtung vom Materiellen zum Ideellen.[12]

Abbildung 3: Die soziologische Fragestellung: Bestimmt die Gesellschaft die Individuen, oder bestimmen die Individuen die Gesellschaft?

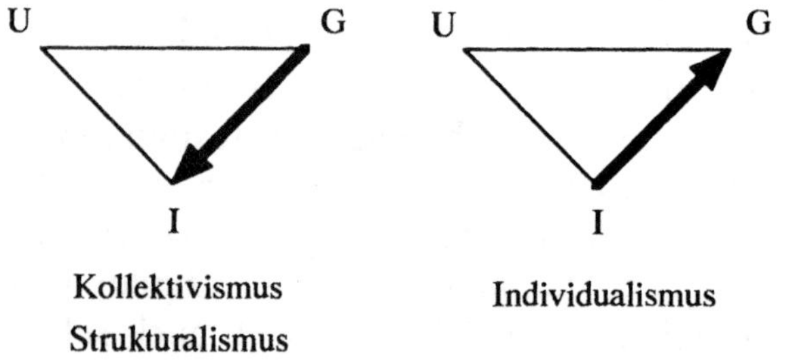

Eine Ausnahme von dieser Übereinstimmung scheint aber beim Possibilismus bzw. beim historischen Partikularismus vorzuliegen. Zwar hatten

12 In der Gegenüberstellung von Atomismus und Holismus steckt auch eine Verwandtschaft zum Gegensatz zwischen Materialismus und Idealismus. Es ist naheliegend, daß beim atomistischen Blick von unten nach oben von materiellen Grundlagen auszugehen ist, von stofflichen und energetischen Bedingungen. Hingegen wird beim holistischen Blick von oben nach unten, wenn Formen und Funktionen als Ausgangspunkt dienen, auf irgendwelche geistigen Prinzipien Bezug genommen, mindestens so lange, wie anzunehmen ist, daß diese Formen und Funktionen in ihrer Existenz der materiellen Realisierung vorausgehen.

seine Vertreter und Vertreterinnen zum Teil extreme kulturdeterministische Anschauungen. Gleichzeitig aber wandten sie sich gegen den klassischen Kulturevolutionismus und betonten demgegenüber die historischen Faktoren der gesellschaftlichen Entwicklung. Geschichte aber wird von Individuen gemacht.[13] Tatsächlich haben wir hier hinsichtlich der soziologischen Fragestellung einen Widerspruch. Dieser löst sich erst, wenn eine Wechselwirkung zwischen Individuen und Gesellschaft angenommen wird. Genau darauf aber möchten ich im Sinne des Konzeptes von rekursiven Systemen hinzielen.

Wie bereits erwähnt, hat in der Kulturökologie das lineare Denken einem zunehmenden Wechselwirkungsdenken Platz gemacht. In dieser Entwicklung spielen zweifellos die systemtheoretisch orientierten Ansätze eine wichtige Rolle. Diese haben sich aber, immer noch losgelöst von der expliziten Betrachtung von Individuen, auf die Frage von Beziehungen zwischen Subsystemen beschränkt. Zwar kommt bei Rappaport (1979) eine Hierarchie von Strukturen vor, die von den allgemeinen und abstrakten obersten sakralen Prinzipien bis hinunter zu den speziellen und konkreten Handlungsanweisungen für Individuen reicht. Die tatsächlichen Handlungen von Individuen sind aber immer noch ausgeklammert. Umgekehrt ist bei den Ansätzen, die sich nun explizit mit Individuen beschäftigen, die Gefahr eines latenten Individualismus vorhanden. Dies trifft wohl in erster Linie auf die mikroökonomischen Vorstellungen zu. In anderen Fällen wird aber der Kultur eine eigene Kausalität bezüglich menschlichen Handelns zugeschrieben: Sie beeinflußt die Optionen, zwischen denen ein Individuum wählt, und wird umgekehrt durch die kumulativen Konsequenzen solcher Entscheidungen beeinflußt (Orlove 1980).

Dies ist eine Entwicklung, die parallel zu der der neueren Soziologie verläuft. Ich möchte in diesem Zusammenhang auf die Strukturationstheorie der Gesellschaft von Giddens (1984) hinweisen (vgl. dazu auch Jaeger/Steiner 1988). Der Begriff der »Strukturation« weist auf das Beste-

13 Es ist interessant, darauf hinzuweisen, daß es eine die Frage der Menschwerdung betreffende biologische Parallele zur kulturökologischen Kontroverse zwischen Evolutionismus und historischem Partikularismus gibt (vgl. Bowler 1986). Im vorigen Jahrhundert standen sich die auf natürlicher Variation fußende Evolutionstheorie von Darwin und evolutionistische Vorstellungen, die an die Unabänderlichkeit des Fortschritts und bezüglich der Entstehung des Menschen an die Vollendung eines göttlichen Planes glaubten, gegenüber. Die erstere kann als atomistische Position interpretiert werden, die eine Bildung von immer wieder neuen Verzweigungen zuläßt, die letzteren als holistische Auffassung, die mit orthogenetischen und parallelen Entwicklungslinien operieren muß.

hen von Strukturen hin, die die gesellschaftliche Ebene repräsentieren und in einem sehr allgemeinen Sinne als »Regeln« verstanden werden können. Die Vorstellung einer rekursiven Wechselwirkung sieht bei dieser Theorie wie folgt aus: Wenn menschliche Individuen geboren werden, finden sie bereits bestehende Strukturen vor, deren Regelaspekt sie im Laufe der Sozialisation zum Teil internalisieren. Die Strukturen wirken sich aber nicht nur beschränkend auf das Tun der Menschen aus, sondern auch ermöglichend. Beispielsweise wird ein geordnetes Zusammenleben nur deshalb möglich, weil es eben Regeln gibt, die beachtet werden. Wenn Menschen in einem solchen Rahmen handeln, reproduzieren sie die Strukturen unabsichtlich. Über die Zeit kann eine wiederholte, sich mehr oder weniger rasch ändernde Reproduktion von Strukturen auch zu deren Transformation führen. Als Beispiel ist an die Veränderung menschlicher Sprachen zu denken (vgl. Keller 1990).[14]

Um die Betrachtung der Verbindung zwischen Umwelt und Kultur über agierende Individuen zu vervollständigen, müßte in entsprechender Form auch die Dreiecksseite I-U betrachtet werden. Es fehlt aber hier der Platz, um darauf eingehen zu können.

4. Kulturelle Evolution und Umweltproblem

4.1 Die Evolution als eine Ineinanderschachtelung rekursiver Systeme

Wir kombinieren jetzt die Vorstellung rekursiver Systeme mit einer evolutionären Perspektive. Wir sehen dabei, daß wir die Evolution, zunächst die abiotische, dann die biologische und schließlich die kulturelle, als einen Vorgang verstehen können, bei dem neue, d. h. emergente rekursive Systeme in alte rekursive Systeme eingeschachtelt werden. Stellen wir uns ein rekursives System als Kreis vor, der ein unteres Niveau der Teile mit einem oberen Niveau der Ganzheit verbindet (siehe dazu Abbildung 4). Die Pfeile deuten an, daß diese Verbindung als wechselseitige Kausalbeziehung verstanden werden kann. Die Ganzheit können wir uns als aus

14 Ein zusätzlicher Hinweis auf den Inhalt der Strukturationstheorie von Giddens stellt eine Verbindung zu den in Abschnitt 4.2 erwähnten Bewußtseinsebenen her: »Handeln« ist nicht nur zweckrationales Handeln, sondern auch diskursiv nicht hinterfragbares Tun in einem praktischen Bewußtsein. Das menschliche Alltagsleben zeichnet sich sogar dadurch aus, daß diese letztere Kategorie überwiegt.

Strukturen bestehend vorstellen.[15] Zwischen den Ebenen der Teile gibt es ebenfalls kausal interpretierbare Rekursivitäten, zwischen den Ebenen der Ganzheiten dagegen nur strukturelle Kopplungen.

Abbildung 4: Die Evolution als eine Ineinanderschachtelung rekursiver Systeme

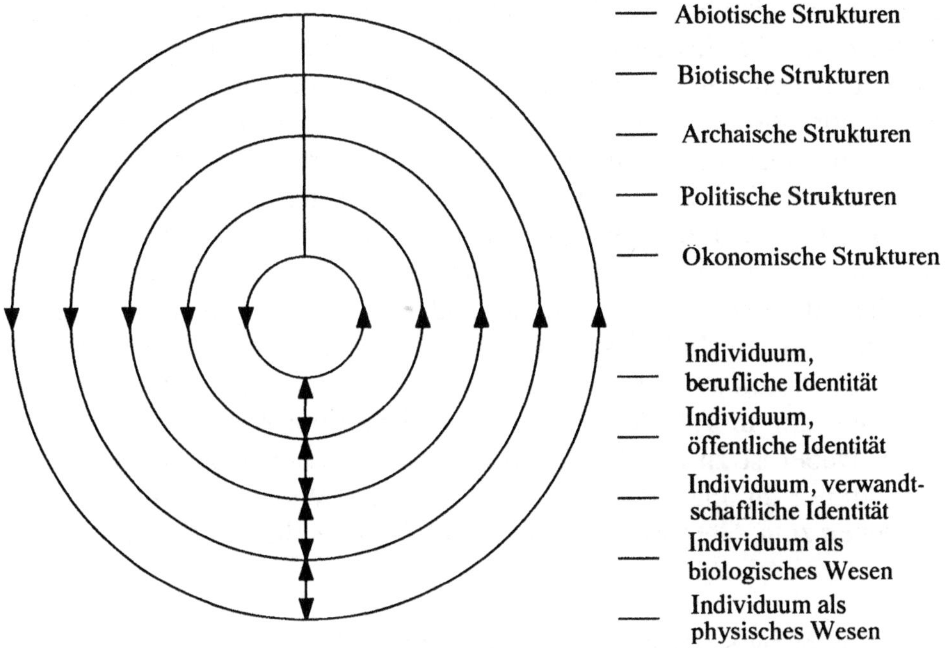

Die kulturelle Evolution kann selbst in drei emergente Stufen unterteilt werden, nämlich die der archaischen, die der politischen und die der ökonomischen Gesellschaften, die durch zwei »Revolutionen«, die neolithische und die industrielle, getrennt sind[16] (ich stütze mich dabei auf Dür-

15 Die Beschreibung einer solchen Ganzheit geschieht normalerweise mit einer Liste von verschiedenen Strukturen. Müßte es aber, damit das Ganze wirklich ein Ganzes ist, nicht noch eine letzte übergeordnete Struktur geben? Vermutlich ja, aber diese ist formal nicht mehr zu fassen. Das Problem bezeichnet Polanyi (1983: 81 ff.) als Unvollständigkeit bzw. »indeterminacy« der formalen Beschreibung.

16 Wenn hier von »Stufen« die Rede ist, soll damit keinesfalls die evolutionistische Sicht neubelebt werden, wonach die Menschheitsgeschichte eine Geschichte der »Höherentwicklung« ist. Mit dem Begriff der Stufen soll vielmehr die empirische

renberger 1989 und Jaeger 1983). Zur Charakterisierung der drei Stufen greifen wir auf die Dreiteilung der soziokulturellen Strukturen in Infrastruktur, Struktur und Superstruktur von Harris (1980) zurück und verwenden dazu unsere eigene Präzisierung wie folgt: »Infrastruktur« soll als Sammelbegriff für alle Strukturen gelten, die mit materiellen (biophysischen) Aspekten zu tun haben. Dazu gehören die unmittelbar den Lebenserfordernissen dienenden biometabolischen Vorgänge, aber auch alle über die Grundbedürfnisse hinausgehenden Beziehungen, die sich aus der Existenz von Artefakten ergeben und sich in ihrer Konsequenz für die Umwelt in dem niederschlagen, was Boyden (1987: 5) »technometabolism« nennt. »Struktur« verwenden wir als Sammelbegriff für alle Strukturen, die mit sozialer Organisation und damit mit der Art von sozialen Beziehungen, in die Menschen treten können, und mit der Frage von möglichen Positionen und Identitäten zu tun haben. Unter »Superstruktur« schließlich sei die eine Gesellschaft tragende Geistesverfassung verstanden, die auf einem Weltbild gründet und sich in Werten, Normen, Ideologien usw. äußert.[17] Mit diesem Rahmen versehen können wir nun die drei Gesellschaftsstufen in zwar grob vereinfachender, aber übersichtlicher Weise mit den in Tabelle 2 vermerkten wichtigsten Aspekten charakterisieren. Dabei ist zu beachten, daß die jeweils neuen Phänomene die jeweils älteren im allgemeinen nicht verdrängen. Was aber das Verhältnis des Neuen zum Alten ist, davon wird im folgenden die Rede sein müssen.

4.2 Emanzipation oder kollektiver Wahnsinn?

Ein in Abbildung 4 durch einen inneren Kreis repräsentiertes rekursives System ist, in evolutionärer Perspektive gesehen, später entstanden als die durch die äußeren Kreise dargestellten Systeme. Da es mit neuen emergenten Phänomenen verknüpft ist, die eine eigene kausale Wirkung gegenüber dem bisher Vorhandenen entwickeln können, ist damit ein gewisser Grad an Emanzipation (Verselbständigung) eines neuen gegenüber einem alten rekursiven System verbunden. Lebewesen können sich in gewissem Umfang aus der Abhängigkeit von abiotischen Naturgesetzlichkei-

Tatsache angesprochen sein, daß es eine Entwicklung mit jeweils neuen emergenten Phänomenen gegeben hat.

17 Diese Unterscheidung zwischen Struktur und Superstruktur deckt sich im wesentlichen mit derjenigen zwischen Gesellschaft (im eigentlichen Sinne) und Kultur (im eigentlichen Sinne), wie sie z. B. bei Hoffmann-Nowotny (1989) vorkommt.

Tabelle 2: Wichtige Merkmale der drei Stufen der gesellschaftlichen Entwicklung

Archaische Gesellschaften:	
Infrastruktur:	Jagen und Sammeln; einfache Werkzeugherstellung; Feuergebrauch; einfache Unterkünfte
Struktur:	kleine lokale Gruppen; individuelle Identität gegeben durch verwandtschaftliche Position, Geschlecht und Alter; Sexualität, Liebe, Zuneigung, Teilen, Kooperation usw. als Medium der gesellschaftlichen Integration
Superstruktur:	Emotional-religiöse Weltinterpretation, Rituale
Politische Gesellschaften:	
Infrastruktur:	Landwirtschaft; verschiedene handwerkliche Tätigkeiten; Städte und Dörfer
Struktur:	Politisch-administrative Organisation mit territorialem und hierarchischem Aspekt; individuelle Identität gegeben durch Bürgerschaft und Klassenangehörigkeit; Macht als Medium der gesellschaftlichen Integration
Superstruktur:	Rational-spekulative, philosophische Weltinterpretation
*Ökonomische Gesellschaft:**	
Infrastruktur:	Industrielle Produktion und Dienstleistung mit starker Arbeitsteilung; hoch entwickelte Technologie; Massenkonsum und großer Energieumsatz; globaler Handel und Verkehr; allgemeine Verstädterung
Struktur:	Ökonomische Organisation mit Lohnarbeit und Markt; individuelle Identität durch Art von und Stellung im Beruf; Geld als Medium der gesellschaftlichen Integration
Superstruktur:	Rational-empirische, wissenschaftliche Weltinterpretation

* Der Gebrauch des Singulars ist absichtlich, da es eigentlich nicht verschiedene ökonomische Gesellschaften, sondern nurmehr eine einzige Weltgesellschaft gibt.

ten befreien. Mit der Menschwerdung sind Lebewesen spezieller Art entstanden, die sich dank ihrer geistigen Fähigkeiten von gewissen in Bioökosystemen existierenden Zwängen lösen konnten. Dennoch aber muß ein inneres System auch einen gewissen Grad von Einbettung in die äußeren Systeme aufweisen. Das heißt, nur wenn es zwischen innen und außen eine gewisse kompatible strukturelle Kopplung gibt, wird es durch seine Verselbständigung die es umgebenden Systeme nicht so verändern oder gar zerstören, daß es selbst längerfristig existenzfähig bleiben kann.

Dies ist nun genau der Punkt, der uns im Zusammenhang mit der kulturellen Evolution interessiert. Die Tatsache, daß wir heute mit einer lebensbedrohenden ökologischen Krise konfrontiert sind, deutet darauf hin, daß die im Laufe dieser Evolution stattfindende Abkopplung zu weit gegangen ist, daß wir es hier also mit einer Erscheinung von Fehlevolution zu tun haben.[18] Soweit wir damit nicht nur die Existenz von anderen Lebe-

18 Gegen den möglichen Einwand, ein Begriff wie »Fehlevolution« sei nicht zulässig, weil die Evolution, auch die kulturelle, ein nicht zielgerichteter Prozeß sei, d. h. in einem Sinne stattgefunden habe, der kein Urteil über richtig oder falsch erlaube,

wesen und ganzer natürlicher Landschaften, sondern auch unsere eigene Existenz bedrohen, stellt sich die Frage, ob die Emanzipation nicht in einen kollektiven Wahnsinn umgeschlagen ist. Wenn Emanzipation die Entstehung oder Schaffung einer neuen Realität bedeutet, dann heißt kollektiver Wahnsinn ein Übermaß an eigener Wirklichkeit derart, daß eben der oben genannte gewisse notwendige Grad von Einbettung in das vorher schon Dagewesene nicht mehr vorhanden ist. Tatsächlich sind menschliche Gesellschaften fähig, eigene Wirklichkeiten zu konstruieren (Berger/Luckmann 1989). Sie können dies in erster Linie deshalb, weil sie Sprachgemeinschaften sind, d. h. Gemeinschaften, die Sprache als Kommunikationsmittel einsetzen und der Art und Weise, wie die sprachlichen Begriffe sich aufeinander und dann auf die äußere Welt beziehen, einen eigenen Sinn verleihen können. Extrem kommt dieser Tatbestand in den Auffassungen von Luhmann (1986) zum Ausdruck, der die Schaffung eigener Welten nicht nur auf ein Gesellschaftssystem als Ganzes bezieht, sondern auf dessen Subsysteme, und zwar derart, daß jedes Subsystem seinen eigenen Informationscode benutzt, womit die Kommunikation zwischen Subsystemen erschwert, wenn nicht unmöglich wird. Es sei auch darauf hingewiesen, daß ein expliziter Bezug auf gesellschaftlich konstruierte Welten in neueren Ansätzen der Kulturökologie in verschiedenen Varianten vorkommt (vgl. z. B. die Bemerkungen zur »Ethnoökologie« in Vayda/Rappaport 1968: 489 ff. oder den Gegensatz zwischen Studien »etischer« Art [aus externer Perspektive] und »emischer« Art [Berücksichtigung der internen, einheimischen Perspektive] bei Harris 1980: 32 ff.).

An dieser Stelle soll die evolutionäre Folge von Instinkt, Tradition und Verstand in die Diskussion aufgenommen werden. In einem frühen Stadium der biologischen Evolution ist das Verhalten eines Lebewesens gegenüber seiner Umwelt ein vorwiegend instinktives, d. h. ein genetisch vorprogrammiertes. Später gibt es, auf der Instinktgrundlage aufbauend, Verhaltenslücken, die durch ontogenetisch gelernte Sequenzen aufgefüllt werden müssen. Bis zum Menschen wird das Lernvermögen dabei zunehmend flexibler. Eine ontogenetische Lernfähigkeit aber stellt die Voraussetzung für eine »lamarckistische Vererbung« erworbener Eigenschaften

wäre zu sagen, daß sicher spätestens mit dem Erscheinen des Menschen ein Lebewesen aufgetaucht ist, das keinesfalls einfach einer unkontrollierbaren evolutiven Kraft ausgeliefert ist, sondern sehr wohl auf die Geschehnisse in der einen oder anderen Weise Einfluß nehmen kann. Damit aber haben wir es mit einer moralischen Dimension zu tun, auf die wir im letzten Abschnitt noch zu sprechen kommen werden.

dar, d. h. für die Möglichkeit, Bräuche und Sitten in einem Sozialisationsprozeß von einer Generation auf die nächste zu übertragen. Damit kann eine Tradition entstehen, die eine Kultur erst eigentlich möglich macht. Menschliche Kulturen sind in diesem Sinne, wie Hayek (1983) betont, nicht planender Verstandestätigkeit zu verdanken, sondern einem Phänomen, das »zwischen Instinkt und Verstand« liegt, oder, wie Keller (1990) es ausdrückt, einem »Phänomen der dritten Art«, das weder völlig naturgegeben noch völlig konstruiert ist. Der Verstand schließlich, als späteste Errungenschaft der Evolution, kann seinerseits das sonst nicht Hinterfragte einer Tradition grundsätzlich in Frage stellen und damit zum kulturellen Wandel beitragen, ist aber selbst darauf angewiesen, in eine Tradition eingebunden zu sein, wenn er nicht völlig den Boden verlieren will.

Zur genannten Folge von Instinkt, Tradition und Verstand gibt es eine Parallele zu den von Giddens (1984) unterschiedenen drei Bewußtseinsebenen eines menschlichen Individuums, nämlich dem Unbewußten, dem praktischen Bewußtsein und dem diskursiven Bewußtsein. Das Unbewußte (genauer hier: das kollektive Unbewußte) ist phylogenetisch erworben und stellt somit gewissermaßen den psychischen Aspekt unseres biologischen Erbes dar. Das praktische Bewußtsein entspricht einem psychischen Zustand, in dem Dinge einfach getan werden, ohne daß die fraglichen Personen unbedingt sagen könnten, wie oder warum sie etwas tun. Es entspricht dies einem Leben in einer Tradition, dessen routinisierte Aspekte wesentlich an der Vermittlung einer ontologischen Sicherheit für das Individuum beteiligt sind. Hierbei sind zwei Aspekte zu unterscheiden: einerseits körperliche Fähigkeiten (z. B. das Betreiben eines Handwerks, das Spielen eines Instrumentes, die Ausübung eines Sportes), die durch Imitation und eigene persönliche Erfahrung erworben werden, andererseits mentale, durch sprachliche Vermittlung entstandene Einstellungen darüber, wie etwa die Welt zu betrachten und wie mit Mitmenschen umzugehen ist. Beim diskursiven Bewußtsein schließlich handelt es sich um einen Zustand, in dem über Dinge geredet werden kann.[19]

Es ist möglich, die Inhalte von Unbewußtem und praktischem Bewußtsein mit dem in Verbindung zu bringen, was Polanyi (1985) implizites Wissen nennt. Die Inhalte des diskursiven Bewußtseins hätten dann im Ge-

19 Die Parallele zwischen Instinkt, Tradition und Verstand einerseits und Unbewußtem, praktischem und diskursivem Bewußtsein andererseits ist nicht vollständig in dem Sinne, daß Sprache selbst eine Tradition ist, aber auch die Grundlage für verstandesmäßige Argumentationen abgibt, speziell auch für Argumentationen, die auf wissenschaftlichem Expertenwissen beruhen.

gensatz dazu mit explizitem, verbal (oder auch mathematisch) formulierbarem Wissen zu tun. Implizites Wissen ist wohl ursprünglich an die Natur angebunden, kann aber in der Komponente, die sich auf Weltanschauungen und Wertvorstellungen bezieht, zu einer »schädigenden Tradition« führen, d. h. einer Tradition, die sich bereits eine zu stark abgehobene eigene Wirklichkeit geschaffen hat. Aber auch explizites Wissen ist nicht dagegen gefeit, zu einem Zustand von kollektivem Wahnsinn beitragen zu können. Es ist unvollständig; eine umfassendere Sicht auf Umwelt und Welt kann es nur in einer Kombination von implizitem und explizitem Wissen geben. Dies wird besonders deutlich, wenn wir nun im folgenden der vermuteten kulturellen Fehlevolution auf die Spur zu kommen versuchen.

4.3 Die moralische Inversion

Wir kehren nun zur traditionellen kulturökologischen Fragestellung zurück; genauer gesagt, wollen wir uns mit ihr nun im eingeengten Sinne befassen, nämlich bezogen auf die Kultur im eigentlichen Sinne bzw. Superstruktur, also auf die »höchsten« in einer Gesellschaft wirksamen Prinzipien oder Regeln, denen ethische und moralische Bedeutung zukommt. Rappaport (1979), auf dessen Hierarchie von Strukturen wir hingewiesen haben, redet davon, daß in der menschlichen Entwicklung von archaischen Gesellschaften zur ökonomischen Gesellschaft eine »Usurpation« stattgefunden habe, d. h. daß sich die Strukturen eines Subsystems, das an sich untergeordnet sein müßte, an den »sakralen Platz« der ursprünglichen obersten Prinzipien gesetzt haben. Er entwickelt also hier eine Vorstellung von Fehlevolution. Wie ist dies zu verstehen?

Wir haben oben davon gesprochen, daß sich im Laufe der Evolution »innere« rekursive Systeme als Emergenzen konstitutieren, die sich einerseits von der Grundlage der »äußeren« Systeme emanzipieren, andererseits aber für ihr Existieren weiterhin auf diese Grundlage angewiesen sind. Dies gilt auch für die drei genannten Stufen der kulturellen Evolution, die archaische, die politische und die ökonomische. Es heißt im Klartext, daß bis zu einem gewissen Grade eine politische in eine archaische und eine ökonomische in eine politische Kultur eingebettet bleiben müßte. Anders ausgedrückt, müßten Politik und Wirtschaft an sich untergeordnete Subsysteme in einem Gesellschaftssystem sein, das von gewissen archaischen Prinzipien geleitet wird. Gerade dies ist jedoch nicht der Fall, sondern eher das Umgekehrte. Das Beispiel des Verhältnisses von Politik und Wirtschaft ist hier vielleicht am augenfälligsten: Die letztere hat eine derartige Eigendynamik entwickelt, daß sie von der ersteren kaum noch kontrollierbar ist. Neben der oben genannten Fähigkeit menschlicher Gesellschaftssysteme oder -subsysteme, eigene Wirklichkeiten zu kreieren, spielt bei der Entstehung solcher Eigendynamiken auch die Tatsache eine Rolle, daß sich das hauptsächliche Prinzip der gesellschaftlichen Integration in den Worten von Giddens von »social integration« zu »system integration« verlagert hat (Giddens 1984: 28). Soziale Integration heißt direkte persönliche Beziehungen in Form von »face-to-face«-Kontakten, und archaische Gesellschaften beruhen ausschließlich darauf. Systemintegration dagegen kommt durch Medien zustande, die anonyme Beziehungen zwischen Gesellschaftsmitgliedern herstellen, also Beziehungen, die die körperliche Anwesenheit der Betroffenen nicht mehr erfordern. In den politischen Gesellschaften wird dies durch das Medium Macht, in der ökonomischen Gesellschaft durch das Medium Geld möglich.

Von dieser Entwicklung ist auch die Superstruktur betroffen. In archaischen Gesellschaften gibt es eine Homogenität von Infrastruktur, Struktur und Superstruktur in dem Sinne, daß sie alle direkt im alltäglichen Lebensvollzug integriert sind. Die führende Rolle spielt dabei die religiös interpretierte Sicht auf die Stellung des Menschen in der Welt. Diese ermöglicht die Entstehung ökologisch sinnvoller struktureller Verbindungen zwischen Mensch und Umwelt, d. h. von definierten möglichen Beziehungen zwischen Menschen und z. B. Pflanzen und Tieren (vgl. Weichhart 1989b), weil die menschliche Existenz in diesem Zustand noch nahe bei den biologischen Grundlagen, also noch nicht völlig von den phylogenetisch erworbenen und bewährten instinktmäßigen Grundlagen entfernt ist. In diesem Sinne können die obersten Strukturen nie völlig »falsch« sein; die betroffene Gesellschaft würde sonst zugrunde gehen. Wichtig ist dabei, daß sich eine solche Gesellschaft ethische Prinzipien nicht bewußt auferlegt, sondern sie entstehen als Tradition. Sie haben mit emotionalen Grundlagen und dem praktischen Bewußtsein bzw. mit implizitem Wissen zu tun.

Die Verdrängung der Religion durch die Philosophie und dann der Philosophie durch die Wissenschaft markiert die weitere kulturelle Entwicklung. Es bedeutet, daß der Verstand als urteilende Instanz hinsichtlich ethischer Grundlagen zunehmendes Gewicht bekommt. Die Aufklärung, die an der Schwelle der Neuzeit steht, ermöglicht es zwar, Dogmen und damit schädliche Traditionen aufzulösen, gleichzeitig verliert die Freiheit des Alles-in-Frage-stellen-Könnens jeglichen Boden unter den Füßen. In dieser Situation entwickelt sich eine Ethik gewissermaßen induktiv von »unten« her. Die Wissenschaft behauptet zwar von sich selbst, daß sie wertfrei sei, aber sie ermöglicht die Entstehung von Menschenbildern vom Typ des »homo oeconomicus«, und das heißt, daß empirisch beobachtete Präferenzstrukturen Werte ex post setzen. In diesem Sinne hat sich die Wissenschaft im Verein mit Technik und Ökonomie in usurpierender Weise an die oberste Stelle der Strukturhierarchie gesetzt. Dies ist, was Polanyi und Prosch in einem anderen Argumentationszusammenhang als einen »process of moral inversion« bezeichnen (vgl. Prosch 1975: 18).

4.4 Kulturelle Regeneration auf der Basis einer neuen umweltfreundlichen Tradition?

Wenn wir heute das strukturelle Niveau sowohl auf der gesellschaftlichen wie auch auf der Seite der natürlichen Umwelt betrachten und die Frage nach Verbindungen stellen, finden wir, daß solche entweder ganz fehlen (d. h. natürliche Phänomene sind im gesellschaftlichen Kontext Nicht-Entitäten oder, in ökonomischer Interpretation, freie Güter) oder aber derart gestaltet sind, daß sie Umweltzerstörung gewissermaßen legaliter ermöglichen (z. B. das Phänomen des Privateigentums nach dem Muster des »dominium«, das bedeutet, daß damit nach Belieben verfahren werden kann). Es ist nun für die heutige Situation von moralischer Inversion typisch, daß bezüglich der Frage der Schaffung neuer, Gesellschaft und Umwelt verbindender und die letztere schonender Strukturen in erster Linie umweltökonomische Maßnahmen (verschiedene Formen der Internalisierung von Umweltgütern in das Marktgeschehen) und in zweiter Linie umweltpolitische Maßnahmen (die dem wirtschaftlichen Tun gewisse Rahmenbedingungen auferlegen sollen) in Diskussion stehen.

Solche Maßnahmen sind wohl im Moment unumgänglich, die Lösung kann aber längerfristig kaum in ihnen allein liegen. Vonnöten wäre letztlich eine Erneuerung übergeordneter ethischer Strukturen von quasi-religiöser Qualität. Wie können wir dazu gelangen, ohne in Fundamentalismen zu verfallen, die dann ihrerseits wieder eigene, von der Umwelt losgelöste Wirklicheiten darstellen? Wir müssen dazu zur Beobachtung zurückkehren, daß die in archaischen Gesellschaften wirksamen ethischen Regeln nicht bewußt geplant, sondern in wiederholter Tradierung gewachsen sind. Wichtig ist dabei die Komponente, die mit im Laufe von Jahrhunderten erworbenem Erfahrungswissen zu tun hat, Wissen, das in langsamem und direktem Versuch-und-Irrtum-Umgang mit der Umwelt entstanden ist. Hier ist darauf hinzuweisen, daß es bis heute auch in politischen wie in ökonomischen Gesellschaften Teile gegeben hat, die noch erfolgreich auf der Basis solcher Erfahrung funktioniert haben. Ein ausführlich dokumentiertes Beispiel ist die im schweizerischen MAB (»Man and Biosphere«)-Programm untersuchte traditionelle Berglandwirtschaft, die, wohl nach anfänglichen Schwierigkeiten, eine schließlich ökologisch stabile Kulturlandschaft ermöglicht hat (Messerli 1989). Nach Bätzing (1988) ist die hier maßgebliche grundlegende Formel für die strukturelle Verbindung zwischen Gesellschaft und Umwelt »Produktion = Reproduktion«. Sie bedeutet, daß eine produktive Nutzung, damit sie nachhaltig bleiben kann, durch pflegerische Maßnahmen unterstützt werden muß. Genau solche Strukturen sind aber heute unter dem Druck der wirtschaftlichen Dynamik in Gefahr, ganz und endgültig zu verschwinden. Das Problem liegt dabei darin, daß das damit verknüpfte Wissen personengebunden ist, d. h. im praktischen Bewußtsein der Betroffenen residiert, und deshalb nur im Rahmen einer fortgeführten Tradition weiter vermittelt werden kann. Wie Messerli (1989) betont, ist nicht anzunehmen, daß die hier akkumulierte Erfahrung durch wissenschaftliches Expertenwissen völlig ersetzt werden kann.[20]

Die kulturökologische Fragestellung ist so gesehen nicht veraltet, sondern höchst aktuell. Allerdings hat sie nun eine modifizierte Form: Es geht nicht mehr um die Frage, ob Kultur oder Umwelt primär sind, sondern um das Problem der Bewahrung noch existierender oder aber um die Gestaltung neuer Strukturen, die eine ökologisch sinnvolle Verbindung zwischen Kultur und Umwelt ermöglichen. Sofern Bewahrung nicht möglich ist, stellt sich also die Frage der Gestaltbarkeit. Dazu ist an das Prinzip rekursiver Systeme im allgemeinen und an den Giddensschen Zirkel zwischen Individuum und Gesellschaft im speziellen zu erinnern. Strukturen können nur durch handelnde Individuen transformiert oder neu geschaffen werden. Es liegt dabei im Denken der heutigen Zeit, daß dabei wohl zuerst einmal an das Wirken eines planenden Verstandes gedacht wird, so wie z. B. bei den oben genannten umweltökonomischen oder -po-

20 In diesem Sinne kann die Kontroverse zwischen Kirsch (1989) und Weichhart (1989c) betreffend der Möglichkeit oder Unmöglichkeit von präventiver Umweltpolitik so interpretiert werden, daß die entscheidende Frage die ist, ob in unserer heutigen Gesellschaft bezüglich des Umgangs mit der natürlichen Umwelt Tradition möglich ist oder nicht.

litischen Maßnahmen. Das Problem liegt, wie schon erwähnt, darin, daß das damit verknüpfte Expertenwissen einseitig und unvollständig ist. Es ist nur dann von Nutzen, wenn es mithelfen kann, eine neue umweltfreundliche Erfahrung zur Tradition werden zu lassen. Dazu ist aber in erster Linie ein entsprechendes Alltagswissen notwendig, das sich die Bevölkerung durch Erfahrung in einem direkten Umgang mit Natur (oder ihren Resten) aneignen kann. Damit sind alternative Lebensweisen angesprochen: Es geht um die Rückgewinnung von umweltbezogener Handlungskompetenz, wozu ein sozialer Kontext von Beziehungen innerhalb von überschaubaren Gruppen notwendig sein dürfte (vgl. Schubert 1989). Eine neue übergeordnete Ethik läßt sich nicht verordnen, sondern nur mit Hilfe von im direkten Lebensvollzug wesentlichen emotionalen Grundlagen gewinnen. In diesem Sinne ist von der Notwendigkeit einer gewissen »Archaisierung« der Gesellschaft zu sprechen.[21]

Die entscheidende Frage scheint mir die zu sein: Kann es rechtzeitig gelingen, eine neue Tradition im gewünschten Sinne zu entwickeln? Wie läßt sich das gegenwärtige enorme Entwicklungstempo so weit abbremsen, daß wir die nötige Zeit dafür haben?

Literatur

Boas, F. (1911/1938): *The Mind of Primitive Man*. Überarb. Ausgabe. New York: Macmillan

Bätzing, W. (1988): *Ökologische Labilität und Stabilität der alpinen Kulturlandschaft*. Fachbeiträge zur Schweizerischen MAB-Information 27, Bundesamt für Umweltschutz. Bern

Bargatzky, T. (1986): *Einführung in die Kulturökologie*. Umwelt, Kultur und Gesellschaft. Berlin: Dietrich Reimer

Berger, P. L./Luckmann, T. (1989): *Die gesellschaftliche Konstruktion der Wirklichkeit*. Eine Theorie der Wissensoziologie. Frankfurt a. M.: Fischer

Bhaskar, R. (1975): *A Realist Theory of Science*. Leeds: Leeds Books

Bhaskar, R. (1978): »On the Possibility of Social Scientific Knowledge and the Limits of Naturalism«. *Journal for the Theory of Social Behaviour*, 8, S. 1-28

Bowler, P. J. (1986): *Theories of Human Evolution*. A Century of Debate, 1844-1944. Oxford: Basil Blackwell

21 Taylor meint etwas Entsprechendes mit dem Begriff der »paraprimitiven Gesellschaft« (Taylor 1974: 235).

Boyden, S. (1987): *Western Civilization in Biological Perspective*. Patterns in Biohistory. Oxford: Clarendon Press

Butzer, K. W. (1980): »Civilizations: Organisms or Systems?« *American Scientist*, 68, S. 517-523

Dürrenberger, G. (1989): *Menschliche Territorien*. Geographische Aspekte der biologischen und kulturellen Evolution. Zürcher Geographische Schriften 33. Zürich: Verlag der Fachvereine

Freeman, D. (1983): *Margaret Mead and Samoa*. The Making and Unmaking of an Anthropological Myth. Cambridge, MA: Harvard University Press

Giddens, A. (1984): *The Constitution of Society*. Outline of the Theory of Structuration. Berkeley: University of California Press

Guattari, F. (1989): *Les trois écologies*. Paris: Éditions Galilée

Harré, R. (1986): *Varieties of Realism*. A Rationale for the Natural Sciences. Oxford: Basil Blackwell

Harris, M. (1980): *Cultural Materialism*. The Struggle for a Science of Culture. New York: Vintage Books, Random House

Hartfiel, G. (1976): *Lexikon der Soziologie*. Zürich: Ex Libris

Hayek, F. von (1983): »Die überschätzte Vernunft«. In: R. Riedl/F. Kreuzer (Hg.): *Evolution und Menschenbild*. Ein Symposium. Hamburg: Hoffmann & Campe, S. 164-192

Hoebel, E. A. (1966): *Anthropology: The Study of Man*. New York: McGraw-Hill

Hoffmann-Nowotny, H.-J. (1989): »Begrüßungsansprache«. In: M. Haller/H.-J. Hoffmann-Nowotny/W. Zapf (Hg.): *Kultur und Gesellschaft*. Frankfurt a. M.: Campus, S. 11-15

Holt-Jensen, A. (1980): *Geography*. Its History and Concepts. London: Harper & Row

Jaeger, C. (1983): »Wirtschaftswachstum - eine Fehlevolution?« *Alemantschen*, 3, S. 125-135

Jaeger, C./Steiner, D. (1988): »Humanökologie: Hinweise zu einem Problemfeld«. *Geographica Helvetica*, 43 (3), S. 133-140

Johnston, R. J. (1986): *Philosophy and Human Geography*. An Introduction to Contemporary Approaches. London: Edward Arnold

Keller, R. (1990): *Sprachwandel*. Von der unsichtbaren Hand in der Sprache. Tübingen: Francke

Kirsch, G. (1989): »Prävention und menschliches Handeln«. In: B. Glaeser (Hg.): *Humanökologie*. Grundlagen präventiver Umweltpolitik. Opladen: Westdeutscher Verlag, S. 255-265

Luhmann, N. (1986): *Ökologische Kommunikation*. Kann die moderne Gesellschaft sich auf ökologische Gefährdung einstellen? Opladen: Westdeutscher Verlag

Messerli, P. (1989): *Mensch und Natur im alpinen Lebensraum*. Risiken, Chancen, Perspektiven. Bern: Paul Haupt

Morgan, L. H. (1877): *Ancient Society or Researches in the Lines of Human Progress from Savagery, through Barbarism to Civilization*. New York: Henry Holt and Co.

Orlove, B. S. (1980): »Ecological anthropology«. *Annual Review of Anthropology*, 9, S. 235-273

Piaget, J./Inhelder, B. (1969): *The Psychology of the Child*. New York: Basic Books

Polanyi, M. (1983): *Personal Knowledge*. Towards a Post-Critical Philosophy. London: Routledge and Kegan Paul

Polanyi, M. (1985): *Implizites Wissen*. Frankfurt a. M.: Suhrkamp

Polanyi, M./Prosch, H. (1975): *Meaning*. Chicago: The University of Chicago Press

Poser, H. (1987): »Gibt es eine Einheit der Wissenschaft? Zum Naturverständnis der Gegenwart«. *Information Philosophie*, 15 (5), S. 5-18

Rappaport, R. A. (1979): *Ecology, Meaning, and Religion*. Richmond, CA: North Atlantic Books

Ratzel, F. (1882): *Anthropogeographie, oder Grundzüge der Anwendung der Erdkunde auf die Geschichte*. Stuttgart: Engelhorn

Ratzel, F. (1891): *Die geographische Verbreitung des Menschen*. Anthropogeographie II. Stuttgart: Engelhorn

Riedl, R. (1985): *Die Spaltung des Weltbildes*. Biologische Grundlagen des Erklärens und Verstehens. Berlin: Paul Parey

Rössner, H. (1986): »Bemerkungen zum anthropologischen Defizit«. In: H. Rössner (Hg.): *Der ganze Mensch*. Aspekte einer pragmatischen Anthropologie. München: dtv, S. 9-28

Sahlins, M. D. (1974): *Stone Age Economics*. London: Tavistock Publications

Schubert, H. J. (1989): »Zum Zusammenhang von Ethik und Macht am Beispiel Eigenarbeit«. In: B. Glaeser (Hg.): *Humanökologie*. Grundlagen präventiver Umweltpolitik. Opladen: Westdeutscher Verlag, S. 128-140

Schwartz, B. M./Ewald, R. H. (1968): *Culture and Society*. An Introduction to Cultural Anthropology. New York: The Ronald Press Company

Steiner, D. (1989): »Zur autopoietischen Systemtheorie«. In: G. Braun/R. Schwarz (Hg.): *Theorie und quantitative Methodik in der Geographie*. METAR 14, Geographisches Institut, Freie Universität Berlin. Berlin, S. 133-150

Steiner, D./Furger, F./Jaeger, C.: »Mechanisms, Forms and Systems in Human Ecology«. In: G. Young/D. Sutton/R. Borden/J. Pratt (Hg.): *Human Ecology and Decision-Making: An International and Interdisciplinary Collaboration* (in Vorbereitung)

Steward, J. H. (1955): *Theory of Culture Change*«. Urbana: University of Illinois Press

Taylor, G. R. (1974): *Das Experiment Glück*. Entwürfe zu einer Neuordnung der Gesellschaft. Zürich: Ex Libris

Teherani-Krönner, P. (1992): *Human- und kulturökologische Ansätze zur Umweltforschung*. Ein Beitrag zur Umweltsoziologie. Opladen: Westdeutscher Verlag

Trepl, L. (1987): *Geschichte der Ökologie: vom 17. Jh. bis zur Gegenwart*. Frankfurt a. M.: Athenäum

Vayda, A. P./Rappaport, R. A. (1968): »Ecology, Cultural and Non-Cultural«. In: J. A. Clifton (Hg.): *Introduction to Cultural Anthropology*. Boston: Houghton Mifflin, S. 476-497

Varela, F. J. (1979): *Principles of Biological Autonomy*. Oxford: North Holland

Weichhart, P. (1989a): »Die Rezeption des humanökologischen Paradigmas«. In: B. Glaeser (Hg.): *Humanökologie*. Grundlagen präventiver Umweltpolitik. Opladen: Westdeutscher Verlag, S. 46-56

Weichhart, P. (1989b): »Werte und die Steuerung von Mensch-Umwelt-Systemen«. In: B. Glaeser (Hg.): *Humanökologie*. Grundlagen präventiver Umweltpolitik. Opladen: Westdeutscher Verlag, S. 76-93

Weichhart, P. (1989c): »Ist Prävention möglich? Anmerkungen zu den Thesen von Guy Kirsch«. In: B. Glaeser (Hg.): *Humanökologie*. Grundlagen präventiver Umweltpolitik. Opladen: Westdeutscher Verlag, S. 266-271

Willke, H. (1982): *Systemtheorie*. Stuttgart: Gustav Fischer

Young, G. L. (1974): »Human Ecology as an Interdisciplinary Concept: A Critical Inquiry«. In: A. Macfadyen (Hg.): *Advances in Ecological Research*, Bd. 8. London: Academic Press, S. 1-105

Young, G. L. (Hg.) (1983): *Origins of Human Ecology*. Stroudsberg: Hutchinson Ross

Zum anschaulichen Umgang mit komplexen Aspekten der Kultur- und Ökokrise

Kurt Egger und Susanne Rudolph

Inhalt

1. Vom Störungssymptom zur bildhaften Utopie

Es besteht heute weitgehend Konsens darüber, daß die Ökokrise ein Symptom menschheitlicher Funktionsdefizite ist. Dies gilt gleichermaßen für die urban-industriell bedingten Probleme von Rohstofferschöpfung und Umweltbelastung wie für die spezifischen Störungen der Ökosysteme im Bereich der Landwirtschaft - modern oder traditionell.

Als Egger und Glaeser vor zwanzig Jahren anfingen, die grüne Revolution der tropischen Landwirtschaft in Frage zu stellen und an ihrer Stelle Gegenmodelle eines ökologischen Produzierens zu entwerfen (Egger/Glaeser 1975), begann dieses »Ecofarming« auf agrarökologisch-technischer Ebene, war aber von Anfang an mitbegründet durch Argumente sozialer und entwicklungspolitischer Zielkritik. Erst langsam wurde uns selbst klar, daß dies keine unzulässige Vermengung verschiedener Ebenen war, sondern ein Prinzip: Es ging tatsächlich nicht darum, einige ungenügende Techniken durch geeignetere auszuwechseln und Schäden zu reparieren, vielmehr standen sich, wenn auch noch nicht klar genug und explizit, Grundhaltungen und Gesamtentwürfe gegenüber - »Soil mining« gegen ökologische Agrarkultur (Glaeser 1986). »Soil mining« steht dabei für das bedenkenlose Ausbeuten des Bodens und für das Treibenlassen im Strudel technischer Innovation - Agrarkultur aber als Gegenparadigma für zugleich sinnbewahrende und sinnstiftende Behutsamkeit (Glaeser 1987).

Dieses Bemühen, landwirtschaftlich nicht zukunftsfähige Entwicklung zu analysieren und nachhaltige Gegenmodelle nicht nur zu postulieren, sondern auch beispielhaft zu realisieren, sieht sich nun dem Vorwurf ausgesetzt, zu vordergründig am Symptom - analytisch und kurierend - zu bleiben. Dazu ist aber zu bedenken:

1. Erkannt wird das Ausmaß der Disfunktionalität gerade an den äußeren Symptomen.
2. Beim Versuch, die Symptome zu beseitigen, wird man Schritt für Schritt zu tieferen Ursachen geleitet.
3. Die Entfremdung von und die Geringschätzung der ökologischen Dimension gehört sicherlich zu den Kernursachen der Störung überhaupt.
4. Leitend muß bei der Suche nach einer Ursachenbehebung die positive Utopie im ökologischen Symptomfeld sein - der Bewußtseinswandel wird gerade durch sie bestärkt und gefördert.

Diese frühere Hoffnung, gut funktionierende Ecofarming-Modelle (Egger 1979) würden sich unmittelbar ausbreiten und einen Wandel der Entwicklung auslösen, war eine naiv verkürzte Sicht des humanökologischen Wirkungsgefüges. Doch wie soll der Wirkzusammenhang durchschaut, der innergesellschaftliche Bogen durchschritten werden? Viele Jahre der Enttäuschung über die geringe Fähigkeit des Gegenwartsmenschen, aus rationaler Einsicht in krisenhafte Entwicklungen konsequente Motivation zum kursverändernden Handeln zu gewinnen, lassen uns Ausschau halten nach Möglichkeiten erfolgreicheren Umgangs mit den drängenden Existenzproblemen. Dabei halten wir daran fest, in der Mitte der Kommunikation den rationalen Diskurs zu belassen, auch wenn die Themen ins Transrationale reichen und die exponentiell wachsende Komplexität die Mühe um Durchblick lähmt.

Modellhaft vereinfachende Betrachtungen und Visualisierungen wichtiger systemischer Zusammenhänge in Abbildungen scheint uns dabei so etwas wie eine interdisziplinär verbindende Metasprache der Humanökologie zu sein, geeignet, dem Verlangen nach höherer Aggregation, Abstraktion und Transparenz gleichzeitig Rechnung zu tragen.

2. Die Grundaufgabe: Paradigmenwechsel

Das Gegenüber verschiedener Grundhaltungen und Lebensentwürfe, um das es heute geht, wird mit Blick auf die Wissenschaft und wissenschaftlich gestützte Politikberatung gern als notwendiger Paradigmenwechsel interpretiert (Saint/Coward 1977). Bedenken wir, daß die Krisenzeichen im ökologischen und sozialen Bereich erscheinen, die Akteure im Bereich der Wirtschaft konzentriert sind und gewisse Charakterisierungen von Zustand und Ziel sich herausschälen, könnte man das »humanökologische Paradigma« dahin präzisieren, die heute noch vorherrschende, analytisch und ausbeutend wirkende technisch-ökonomische Orientierung durch eine eher systemisch-bewahrende, ökologische und soziale Orientierung abzulösen. Dafür besteht im Grunde weitgehender Konsens.

Wenn hier im folgenden versucht wird, diesen bereits konsensfähigen Sachverhalt in einfachen Visualisierungen zu fassen, verbindet sich damit eine weitergehende Absicht. Die einfache Abbildung wird zu komplexeren Bildern entfaltet, um bestimmte Vermutungen über humanökologisch relevante, aber bislang unterbewertete Zusammenhänge plakativ anbinden zu können. Es betrifft:

- die Übertragung des Prinzips der Gewaltenteilung zwischen Legislative - Exekutive - Judikative auf eine viel weiter gefaßte Ebene zwischen Kultur - Politik und Wirtschaft und zur Verdeutlichung der Fehlgewichtung dieser Subsysteme (Abbildung 1);
- die Klärung der Binnenstruktur des normativen Bereichs, insbesondere der kritischen Würdigung der normativen Rolle der Naturwissenschaften (Abbildung 2);
- die kritische Strukturierung des bestehenden Gesellschaftgefüges, wobei durch Rückgewinnung eines gleichwertigen Wechselspiels zwischen Kultur, Politik und Wirtschaft (Abbildung 1) und unter Einbeziehung der faktisch wirksamen Normen (Abbildung 2) die disfunktionalen Beziehungen des Gesamtsystems verdeutlicht werden (Abbildung 3);
- dies mündet schließlich in den Versuch einer humanökologischen Systematisierung, wobei humanökologisch relevante Aussagen für ein revidiertes Menschenbild aus den Bereichen der Ethologie, evolutionären Erkenntnistheorie und Tiefenpsychologie berücksichtigt werden (Abbildung 4).

3. Fehlgewichtung der Subsysteme

Zur Veranschaulichung der geforderten humanökologischen Paradigmaverschiebung bietet sich die Unterscheidung der gesellschaftlichen Subsysteme an, in der sogleich die Dominanz der Wirtschaft ausgedrückt wird, wie Abbildung 1 zeigt (Egger 1975).

Abbildung 1: Fehlgewichtung der Subsysteme

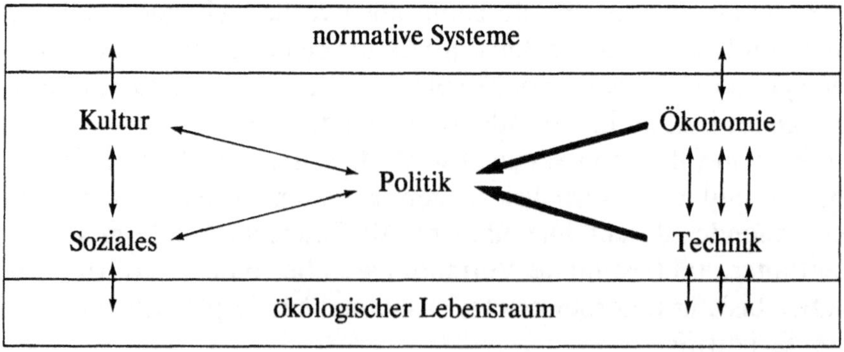

Die inneren Entfaltungswünsche der Wirtschaft steuern die Politik und bestimmen die Einwirkungen auf die Ökosphäre - die Impulse der anderen Subsysteme werden überdeckt. Damit stellt sich die Frage: Welche Leitwerte, welche Weltbilder bestimmen das Verhalten, was steht im »Normenstratum«? Dabei wird deutlich, daß der Weg in die moderne Industriegesellschaft von einem fast vollständigen, wenn auch nicht expliziten Wertewandel begleitet wurde. Der religiös begründete Wertebereich wurde faktisch durch Leitziele abgelöst, die das materialistisch-naturwissenschaftliche Weltbild und Lebensgefühl suggerieren. Diese »Werte« sind weniger formal begründet als vielmehr faktisch wirksam, wenn der Weg zu ihnen auch durch Phasen explizit normativ verstandener Emanzipation (Wissenschaftsreligion, Humanismus, Aufklärung) führt (vgl. Egger 1974).

4. Vergleich der Leitwerte hervorbringenden Bereiche

Wir können beide »Systeme« - das alte religiöse und das wissenschaftliche Wertesystem - gegeneinanderstellen und dabei einige normative Ambivalenzen einbeziehen. Es drängen sich funktionale Analogien auf, die wir durch Parallelführung in Abbildung 2 sichtbar machen wollen.

Man kann nun fragen, ob nicht das alte Wertesystem weiterhin gültig, wenn auch vernachlässigt, das neue aber lediglich ein Pseudosystem sei, das schwach gewordene alte Leitwerte mit Zeittendenzen ersatzweise fülle. Niemand würde heute die dynamischen Handlungsantriebe als begründete Normen deklarieren - sie sind es faktisch, man folgt ihnen. Ist das erste nur »gut«, das zweite nur »triebhaft«? Oder verbirgt sich hinter dem zweiten doch eine berechtigte Reaktion auf Einseitigkeiten des ersten, wobei die Reaktion - sie begann mit Aufklärung, Emanzipation, Rationalismus! - ihre Orientierung verloren, überschritten oder noch nicht gefunden hat? Die sorgfältige Klärung des Normativen - der Verbindlichkeit von Normen, d. h. der Anbindung von Verantwortung, der normativen Rolle des »Faktischen«, und des Umgangs mit normativen Pluralismus und Antagonismus - sind ein Zentralproblem der Humanökologie.

Abbildung 2: Normativ wirksame Bereiche im Vergleich

Religiös-ethischer Bereich	Wissenschaftl.-technischer Bereich
Nicht Objektivierbares	Objektivierbares
Innerlichkeit und Transzendenz	Empirisches und Rationales
Sinn und Wertvorstellungen als Führung	Wissenschaftlich-technisch Machbares als Führung
Ziele:	*Ziele:*
Inneres Wohlbefinden, gutes Gewissen, Geborgenheit durch sinnerfülltes, gottgefälliges Leben in Unterordnung	Innere Emanzipation von Natur, Mitmenschen und Innerlichkeit, materielle Befriedigung von Macht-, Erwerbs- und Konsumtrieben
Wahrheit:	*Wahrheit:*
Offenbarung, Weisheit, religiöse Erfahrungen als Lebenshilfe	Wissen über Naturgesetze als Basis für Macht und Erwerb
Gültigkeit	Richtigkeit
Werteskala:	*Werteskala:*
Ordnung Maß Bindung Qualität Sinn	Beliebigkeit Wachstum Mobilität Quantität Wandel
Metawelt der transzendalen Vorstellungen/Offenbarungen	Metawelt der wissenschaftlichen und techn. Kenntnisse/Theorien
Ideologie gottgewollter Ordnung	Ideologie von Fortschritt und Wachstum
Theokratie	Expertokratie und Managertum
Theokratisierung der Kultur	Ökonomisierung der Kultur

5. Die fällige Gewaltenteilung

Der faktische Wertewandel begleitet und interpretiert zugleich das in der Abbildung 1 dargestellte. Diese Abbildung 1 kann jetzt noch pointierter gefaßt werden, um das Dominanzverhältnis Wirtschaft über Politik und den Ersatz sinnbezogener Normen durch Erhebung dynamischer Antriebe zu Leitwerten im Gewand zwingender wissenschaftlicher Rationalität herauszustellen (Behrend 1972). Unsere Visualisierung in Abbildung 3 versucht dies.

Abbildung 3: Disfunktionale Beziehungen im Gesellschaftsgefüge

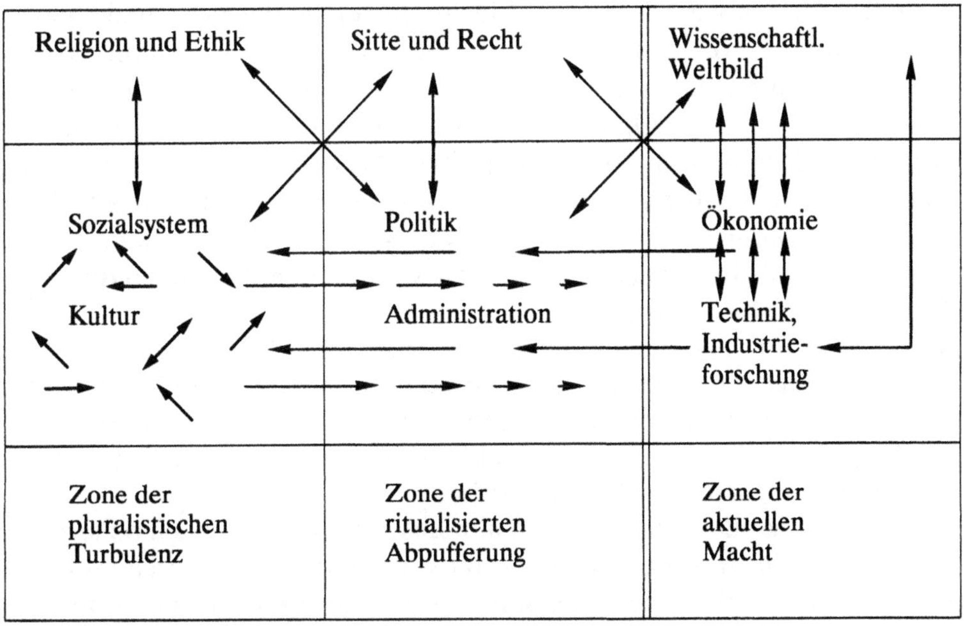

Was steckt in diesem Bild? Zunächst haben wir den Bereich von Sitte und Recht eingefügt, um auszudrücken, daß das mittlere Feld der Politik der Gerechtigkeit, dem Ausgleich der divergierenden Impulse der Subsysteme und der Sicherung der teleonomen Beziehung zu den Grundnormen zu dienen hätte. Statt dessen empfängt es übermächtige Impulse aus dem Bereich der hochorganisierten materiellen Interessen - den Giganten der Wirtschaft, die sich ideologisch hinter wissenschaftlicher Rationalität und Sachlichkeit verbergen.

Wie konnte diese Situation entstehen? Der Übergang zur wissenschaftlich-technischen Rationalität vollzieht sich historisch in doppelter

Legitimation: im Protest gegen den häufigen unheiligen Machtmißbrauch von Klerus und Adel, wodurch das Wertesystem 1 (vgl. Abbildung 2: Bereich von Religion und Ethik) an Kraft verliert, und im Vertrauen auf die befreiende Kraft der naturwissenschaftlich-technischen Erkenntnisse, die dadurch in den Rang eines handlungsmotivierenden und -orientierenden Weltbildes rücken und das Normenstratum beliefern (Wagner 1970).

Die Emanzipation wurde als Ablehnung alter Unterordnung und zur Befreiung und Selbstentfaltung vollzogen - technisch-ökonomische Ungleichheiten und schließlich Machtballungen wurden zunächst als Erfolge verbucht, Sozialprobleme durch innere Kämpfe gelöst. Der neuen Dynamik fehlen begrenzende Regelmechanismen. So können Strukturen und Manifestationen wirtschaftlicher Macht entstehen, die nicht mehr individuell, sondern von neuen Teilkollektiven (Machteliten) vorangetrieben werden. Dadurch kann die Hervorbringung kultureller und zivilisatorischer Gebilde und Strukturen - wir bezeichnen diese Formenbildung als transhumane Evolution - bisher ungeahnte Ausmaße annehmen. Diese inflatorische Entfaltung hat keine transzendenten, übergeordneten Ziele, ihr Telos ist vielmehr der Teufelskreis der Selbstverstärkung. Spitze dieser Evolution sind die Megagebilde - allen voran der militärisch-industrielle Komplex (Kreibich 1986).

Die Begründung der Leitwerte des wissenschaftlichen Bereiches liegt immer weniger in sinnstiftenden Erkenntnisimpulsen und ordnenden Weltbildern als zunehmend im Imponiergehabe der multinationalen, kapital- und industriegebundenen Großforschungszentren. Damit ist die Zone der eigentlichen Macht angesprochen.

Die Politik allerdings wird von hier aus keineswegs einfach beherrscht, sondern scheint ihre Legitimation von vorneherein in der Sicherung des wirtschaftlichen Wachstums zu sehen, was zum Politikversagen im Umweltbereich führt (Forsthoff 1971, Jänicke 1986). Impulse, die aus dem Bereich des Kultur- und Geisteslebens kommen und die dies in Frage stellen, werden daher als Gefährdung von Staatszielen empfunden und mehr oder weniger sanft von einer Einflußnahme abgeschirmt. Das geschieht durchaus nach rechtsstaatlichen Regeln, aber mit dieser Zielvoreingenommenheit. So entsteht kein ehrlicher rationaler Diskurs, sondern ein Spiel mit doppelten Karten. Nennen wir es Zone der ritualisierten Abpufferung.

Der Raum von Kultur und Geistesleben genießt nun unbestreitbar ein hohes Maß an Meinungsfreiheit; die zahlreichen divergierenden Stimmen aber, in die sich Politik und Wirtschaft selbst nochmals übermäßig stark einbringen, zehren in der Beliebigkeit und Unverbindlichkeit der öffentlichen Meinungen sich gegenseitig weitgehend auf. Entwicklungen bestimmende geistige Strömungen ergeben sich selten, es überwiegt - um im Bilde zu bleiben - pluralistische Turbulenz. Wohin mögen unsere humanökologischen Erörterungen gehören? Leicht ergibt sich vollends ein Abgleiten in belanglose Unterhaltung auch dann, wenn die Medien sich existentiellen Themen zuwenden. Damit aber wird der Sinn der Freiheit gefährdet - sie ist verantwortungsunfähig organisiert. Die faktische Gewalt ist in den Raum der Wirtschaft abgewandert. Die industrielle Revolution hat de facto zu einer Aushöhlung politischer Macht geführt, ohne daß die Wirtschaft diesen Freiraum zu füllen vermag. Um dem Sinn der politischen Gewaltenteilung als Garantie freiheitlicher Ordnung zu entsprechen, müßte es ein Anliegen der Humanökologie sein, eine bewußte Neuordnung der Gewaltenteilung zwischen Politik, Wirtschaft und Öffentlichkeit anzustreben.

6. Versuch einer humanökologischen Systematisierung durch Berücksichtigung neuer Aspekte zum Menschenbild

Wie ist nun eine solche Neuordnung im Sinne der schon angesprochenen Gewaltenteilung zwischen Kultur, Politik und Wirtschaft zu erreichen? Bevor wir diese Frage durch Einordnung in das humanökologische Gesamtgefüge systematisch präziser fassen, sei das bisher Gesagte kurz rekapituliert:

- Das Wechselspiel zwischen Kultur - Politik - Wirtschaft ist durch eine einseitige Impulsgebung aus dem wirtschaftlichen Bereich, bei gleichzeitiger Isolierung bzw. Vernachlässigung der kulturell-ethischen Komponente, gestört.
- Die dabei als Ersatznorm dienende naturwissenschaftlich-technische Weltsicht ist zwar kein begründeter, dennoch ein faktisch wirksamer Wertebereich.
- Die historisch erklärbare Ablösung des religiös-ethischen Normenstratums durch ein naturwissenschaftlich-technisches Weltbild verdeutlicht die disfunktionalen Beziehungen im Gesellschaftsgefüge: Der zunächst positiv wirkende Emanzipationsprozeß von theokratischen Machtstrukturen mündet, bei fortschreitender technisch-industrieller Revolution und gleichzeitigem Fehlen begrenzender Regelmechanismen, in

neue Abhängigkeiten - jetzt von den Megastrukturen transhumaner Evolution.

Diesen Ablösungsprozeß wollen wir nun noch einmal schärfer ins Auge fassen. Es handelte sich dabei um einen Wechsel des Weltbildes und - wir haben dies bisher unterbetont - des Menschenbildes. Dies wollen wir nachholen, denn wenn eine neue Gewichtung der Subsysteme mit mehr Impulsen aus dem ethisch-kulturellen Bereich gefordert sein sollte, ist am Menschenbild anzusetzen. Zudem handelt es sich hierbei um ein ureigenes Feld der Humanökologie. Sie muß, soll sie vom Verhältnis zwischen Mensch und Umwelt handeln, über Welt- und Menschenbild Rechenschaft abgeben. Darüber hinaus behaupten wir, wie ganz zu Anfang dieser Abhandlung schon angedeutet, daß hier Korrekturen vorzunehmen sind bzw. Funktionsdefizite vorliegen. Folgende Vorstellungen und Kritiken lassen sich hierbei anführen:

Da ist zunächst das religiöse Menschenbild. Wie in Abbildung 2 aufgezeigt, handelt es sich dabei um ein umfassendes Selbstverständnis des Menschen. Es ist jedoch im öffentlichen Bereich weitgehend durch das naturwissenschaftlich-technische abgelöst, in seiner faktischen Wirksamkeit höchstens im Privaten gültig. Als genereller Normengeber greift es nicht mehr.

Ebenso wurde schon das naturwissenschaftlich-technische Menschenbild angesprochen. Seine Beschreibung des Menschen wurde zunehmend als zu mechanistisch und einseitig erkannt und wird heute, nach einem Siegeszug als Ersatznorm, weitgehend kritisiert.

Bleibt noch das humanistische Menschenbild. Gerade die Herausforderung der Ökokrise ließ in den letzten Jahren verstärkte Appelle an die Vernunftinstanz des Menschen laut werden. Doch auch hier scheint etwas nicht zu stimmen. Ohne Zweifel verfügt der Mensch über Verantwortungsempfinden, ethische Impulse, die durch Vernunft und Rationalität vermittelt werden. Die Annahme aber, daß er deshalb bei hinreichender Einsicht in gefährliche Situationen auch schon zu Gefahr abwendendem Handeln motiviert sei, wird enttäuscht, im Gegenteil: Je gefährlicher eine Situation, desto eher tritt Vorsicht (Vorsorge) zurück und leichtsinniger Wagemut jenseits rationalen Bedenkens dominiert (Dörner 1979). Hier zeigen sich Tiefenschichten, die das Menschenbild der Aufklärung verschweigt, das uns als vernunftbestimmte Wesen ansieht. Es ist daher unvollständig.

Welche Alternativen bieten sich an, wenn die bisherigen Menschenbilder entweder obsolet geworden, einseitig oder unvollständig sind? Wir möchten im folgenden den Versuch eines ganzheitlichen Menschenbildes anbieten und vorschlagen, daß humanökologisch relevante Ergänzungen aus den Bereichen der Ethologie, evolutionären Erkenntnistheorie und der modernen Tiefenpsychologie hinzuzuziehen sind.

- *Evolutionäre Erkenntnistheorie*
  Eine ihrer wesentlichen Kernaussagen lautet, daß einfache Lösungen die »richtigen« sind. Das heißt, vernunftmäßige Erkenntnis ist von physiologischen Voraussetzungen abhängig (zentrales Nervensystem, Sinnesorgane = ratiomorpher Apparat), die wiederum eine zur Monokausalität tendierende Denkökonomie begünstigen. Diese ist evolutiv durch Anpassung an die Umwelt erworben und vermittelt ein selektives, d. h. unvollständiges Weltbild. Besonders deutlich wird dieses Funktionsdefizit bei Situationen, in denen der Mensch durch naturwissenschaftlich-technische Hilfsmittel die Dimensionen seiner ursprünglich angepaßten Umwelt (mittlere Dimensionen) verläßt: bei hohen Geschwindigkeiten, extrem kleinen, großen oder komplexen Situationen. Wir verstehen sie, erfahren und erleben sie aber nicht mehr (Lorenz 1973, Vollmer 1987).
- *Ethologie*
  Diese Passung an eine Welt der mittleren Dimensionen wird durch zahlreiche Ergebnisse der Ethologie belegt. Es ist weiterhin anzunehmen, daß z. B. vernunftmäßig erfaßte, aber nicht erlebte komplexe Situationen zu erschwerten Reaktionen im Verantwortungsbereich führen. Abläufe außerhalb des mittleren Wahrnehmungsbereichs machen nicht betroffen und betreffen den Einzelnen daher nicht mehr. Die Wahrnehmung von Mikro-/Makro- oder Hochkomplexbereichen ist somit perspektivisch eingeengt, d. h. durch die Evolution nicht angelegt worden (Eibl-Eibesfeld 1984, Vogel 1989).
- *Moderne Tiefenpsychologie*
  Die kulturvergleichende Ethnologie kennt seit langem das Phänomen, daß Menschen unterschiedlichster Kulturstufe sich in (dem rationalen Verständnis) undurchsichtigen Situationen durchaus angemessen verhalten können. Die Tiefenpsychologie spricht hier von wichtigen Wirkimpulsen tieferer Seelenschichten, die bei Leistungen des Kulturschaffens, aber auch bei solchen des ethisch motivierten Handelns eine maßgebliche Rolle spielen. Dieser Wertbegründungsbereich - wir wollen ihn als Transrationales bezeichnen - ist mit hoher Wahrscheinlichkeit genetisch verankert und als genetische Erkenntnis allen Menschen zugänglich (Dieckmann 1988, Obrist 1988).

Abbildung 4

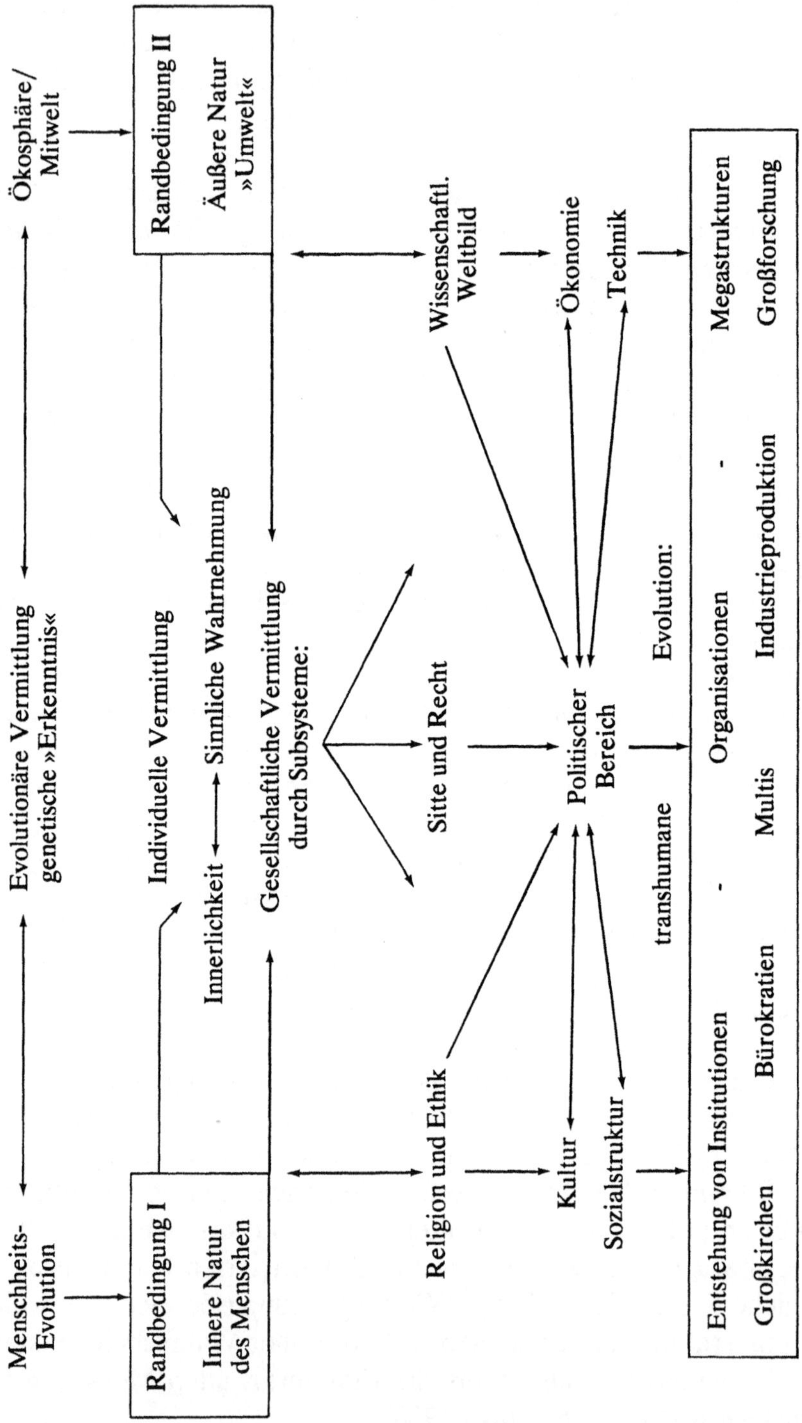
Menschheits-
Evolution
Randbedingung I
Innere Natur
des Menschen
Evolutionäre Vermittlung
genetische »Erkenntnis«
Ökosphäre/
Mitwelt
Randbedingung II
Äußere Natur
»Umwelt«
Individuelle Vermittlung
Innerlichkeit
Sinnliche Wahrnehmung
Gesellschaftliche Vermittlung
durch Subsysteme:
Religion und Ethik
Sitte und Recht
Wissenschaftl.
Weltbild
Kultur
Sozialstruktur
Politischer
Bereich
Ökonomie
Technik
transhumane
Evolution:
Entstehung von Institutionen - Organisationen - Megastrukturen
Großkirchen
Bürokratien
Multis
Industrieproduktion
Großforschung

Was ist durch diese Aussagen zum Menschenbild für unser Anliegen - einer Neuordnung des Verhältnisses zwischen Kultur - Politik - Wirtschaft - gewonnen? Wir wollen dies mit Hilfe der Abbildung 4 aufzeigen.

1. Durch eine evolutionäre Sichtweise wird die Herkunft von Mensch und Ökosphäre einbezogen. Die aktuelle Gesamtsituation nähert sich dadurch einem vollständigeren Gesamtbild, da die Rahmenbedingungen (I) der inneren Natur des Menschen und (II) die der äußeren Natur berücksichtigt werden können. Das, was sich koevolutiv gemeinsam entwickelt hat, wird nicht durch ein künstliches (wenn auch weithin noch dominierendes), reduktives Menschen- und Weltbild getrennt.
2. Aus den Ergebnissen der evolutionären Erkenntnistheorie, Ethologie und Tiefenpsychologie läßt sich der ethisch-religiöse Bereich durch Wiederanerkennung rückgewinnen - jetzt aber nicht bloß als Neuauflage eines weitgehend überholten Normenstratums, sondern als individuelle Vermittlung zwischen Innerlichkeit und sinnlicher Wahrnehmung, die gesellschaftliche Impulse an die Subsysteme weiterzuleiten vermag.
3. Wissenschaftlichem Weltbild, Sitte und Recht, Religion und Ethik kommt nun gleichgewichtige Bedeutung zu, sie können gemeinsam auf die Handlungsebene einwirken.
4. Ein wesentlicher Erkenntnisgewinn liegt jedoch in einem tiefergehenden Verständnis transhumaner Evolution: Das beschleunigte Wuchern transhumaner Megastrukturen wird als redundante Uniformität verständlich, technische Evolution als Wiederholung einfacher Teileinheiten deutlich (Kafka 1989).

Fazit

Die Absicht dieser Untersuchung war, zum einen normative Gedankengänge im Dienste größerer Transparenz zu visualisieren, zum anderen humanökologisch relevante Vorstellungen in das Gesamtsystem zu integrieren, die vermuten lassen, bisher unausgefüllte Verständnislücken zu schließen. Das vorherrschende unvollständige Menschenbild durch ein ganzheitliches Verständnis zu ersetzen scheint uns als entscheidender Schritt in diese Richtung. Denn erst dann, wenn der Gesamtzusammenhang »begreifbar« wird, kann der Mensch auch sinnvoll »eingreifen,« durch Reflexion der Folgen seiner Handlungswahl eine positive Wechselwirkung zwischen Noosphäre und Biosphäre herstellen (Egger 1991).

Literatur

Behrendt, R. F. (1972): »Zerstörbarkeit und Gestaltbarkeit der Zukunft«. *Technische Umschau*, 64 (11-13). Bern

Dieckmann, H./Springer, A. (Hg.) (1988): *Weltzerstörung - Selbstzerstörung*. Eine tiefenpsychologische Analyse unserer Situation. Olten: Walter

Dörner, D. (1979): »Ut desint vires ... Über den Umgang mit sehr komplexen Systemen«. *Scheidewege*, 9 (2.2), S. 167-188

Egger, K. (1974): »Landwirtschaft und Überlebenskrise«. In: A. M. K. Müller (Hg): *Überlebensfragen*. Bausteine für eine mögliche Zukunft. Radius

Egger, K./Glaeser, B. (1975): »Ideologiekritik der grünen Revolution: Weg zur technischen Alternative«. In: *Technologie und Politik*, aktuell-Magazin. Reinbek: Rowohlt

Egger, K. (1975): »Die Umwelt des Menschen - Einführung in die Problematik«. In: Redaktion für Naturwissenschaft und Medizin des Bibliographischen Instituts (Hg.): *Wie funktioniert das?* Mannheim: Meyer, S. 12-29

Egger, K. (1979): »Ökologie als Produktivkraft - Erfahrungen beim 'Ecofarming in Ostafrika'«. In: Elsenhans (Hg.): *Agrarreform in der dritten Welt*. Frankfurt a. M.

Egger, K. (1991): »Agrarentwicklung und Bewußtseinsevolution«: In: H. Wehrt/R. Heege (Hg.): *Ökologie und Humanökologie*. Frankfurt a. M.: Peter Lang

Eibl-Eibesfeld, I. (1984): *Menschenforschung auf neuen Wegen - Die naturwissenschaftliche Betrachtung kultureller Verhaltensweisen*. München: W. Goldmann

Forsthoff, E. (1971): *Der Staat der Industriegesellschaft: Dargestellt am Beispiel der Bundesrepublik Deutschland*. München: C. H. Beck

Glaeser, B. (Hg.) (1986): *Krise der Landwirtschaft*. Frankfurt a. M.: Campus

Glaeser, B. (Hg.) (1987): *The Green Revolution Revisited*. London: Allen & Unwin

Jänicke, M. (1986): *Staatsversagen*. München: Piper

Kafka, P. (1989): *Das Grundgesetz vom Aufstieg*. München: Hanser

Kreibich, R. (1986): *Die Wissenschaftsgesellschaft*. Frankfurt a. M.: Suhrkamp

Lorenz, K. (1973): *Die Rückseite des Spiegels*. Versuch einer Naturgeschichte menschlichen Erkennens. München: Piper

Obrist, W. (1988): *Neues Bewußtsein und Religiosität*. Evolution zum ganzheitlichen Menschen. Olten: Walter

Saint, W. S./Coward, E. W. (1977): »Agriculture and Behavioural Science: Emerging Orientations«. *Science*, 197, S. 733-737

Vogel, C. (1989): *Vom Töten zum Mord*. Das wirklich Böse in der Evolutionsgeschichte. München: Hanser

Vollmer, G. (1987): *Evolutionäre Erkenntnistheorie*. Stuttgart: Hirzel

Wagner, F. (1970): *Weg und Abweg der Naturwissenschaft: Denk- und Strukturformen, Fortschrittsglaube und Wissenschaftsreligion*. München: C. H. Beck

Grundlagen einer modernen Kulturökologie

Josef Schmid

Inhalt

1. Kulturökologie als Spezifikum

Seit den fünfziger Jahren ist Ethnologen und Kulturanthropologen eine »Kulturökologie« bekannt. Julian Steward hat nach Untersuchung von Indianerstämmen im Westen der USA es unerläßlich gefunden, Umwelt als harte äußere Bedingung für Lebensformen stärker als bis dahin üblich dem Forschungshorizont einzuverleiben (Bargatzky 1986). Die amerikanische Kulturanthropologie nach Alfred Kroeber und Clyde Kluckhohn, die ihr deutsches Herkommen nicht verleugnen kann, begnügte sich mit einer »gedeuteten« Außenwelt, einer idealistisch-sprachlichen Konstruktion dessen, was um eine Gruppe herum vorgeht. Der Umweltdeterminismus kam vom anderen Extrem und wollte im Innenleben von Gesellschaften nur den Reflex auf äußere Naturgewalten sehen. So mußte Kulturökologie schon längst der vielversprechende Mittelweg sein, der idealistische und materialistische Einseitigkeiten vermeidet. Sie erlöst den Kulturbegriff aus dem hermeneutischen Zirkel der Selbstdeutungen, indem sie ihn in äußeren physischen Gegebenheiten zur Bewährung aussetzt. Einerseits beseitigt sie den umweltdeterminierten Kulturbegriff, indem sie verblüffend zeigt, wie gleichartige Räume verschiedenartige Kulturen ausbilden und beherbergen können, sie hält andererseits Kultur und Umwelt nicht für reine Kopfprodukte, obwohl ihre rechte Wahrnehmung an kognitive Vorgänge gebunden bleibt. Kulturökologie wertet das Kulturelle auf, weil sie dies für die Vermittlungsinstanz zwischen Menschengruppen und der Umwelt hält. Kultur gewinnt einen Eigenstatus. Gesellschaften können als *kulturökologische Systeme* aufgefaßt werden, die den Darwinschen Existenzprinzipien gehorchen müssen, wollen sie Fortdauer (survival) und ausreichend Nachwuchs (proliferation, successful reproduction) sichern. Diese Grundprinzipien zeigen sich vielgestaltig und beweglich. Die Vielfalt der Kulturen ließe sich ohne weiteres darstellen an dem Phantasiereichtum, mit dem sie diesen Prinzipien Rechnung tragen, und an der funktionalen Auffächerung, die sie erfahren. Kulturökologie erforscht die Gründe und Formen, mit denen Gesellschaften Natur benützen, und die Folgen, die dabei für die Individuen, die Organisation der Gruppe und schließlich für die benutzte Natur entstehen. Sie zielt auf die jeweiligen Verarbeitungs- und Reaktionsmuster, die dem Überlebenswillen unterliegen und Gesellschaften das eigene Gepräge geben. Die Differenzen zu anderen menschlichen Raumbewältigungsformen erscheinen letztlich als »Kulturunterschied«.

Man könnte Kulturökologie und Humanökologie synonym verwenden, wenn das Betätigungsfeld nicht so groß geworden wäre. Die Zusatzangabe einer Spezialisierung ist erforderlich. Der Humanökologie kann eine gewisse Nähe zum Individuellen unterstellt werden, ja sogar zu einer dynamischen Anthropologie, die in Verhaltensformen das Resultat eines Bewährungskampfes von Individuen sieht, ohne ausdrücklich ihre kulturelle Organisation im Blick zu haben. Sollte sich die Primärsicht auf Tradition, Wissen, Information, Nachwuchs und seine Erziehung («Akkulturation«) erstrecken, wird die Spezifikation einer Kulturökologie sinnvoll und notwendig.

Der ebenso verwandte Terminus »Sozialökologie« ist eine Erfindung amerikanischer Stadtsoziologen in den zwanziger Jahren (Park u. a. 1925, McKenzie 1933). Sie sahen im Lebenszyklus von Quartieren, ihrem Aufblühen und Vergehen ökologische Prozesse am Werk. Phänomene der Konzentration, Segregation und Wanderung in Städten wie Chicago verschafften ökologischem Denken auch außerhalb der Biologie Aufmerksamkeit. Die Kulturökologie von Julian Steward und seinen Nachfolgern enthält eine umweltbezogene Gesellschaftsanalyse in nuce, und sie mit der »Chicagoer« Analyse von Massenbewegungen in Problemzonen der Gegenwart zu verbinden, lag nahe. Unter diesen Bemühungen sticht ein Werk von Otis Dudley Duncan hervor, der einen ausbaufähigen Entwurf für einen modernen kulturökologischen Komplex lieferte.

2. Konzeptionelles

2.1 Der ökologische Komplex

Duncan konstruierte einen »ökologischen Komplex«, d. h. ein systemgebundenes Spannungsfeld zwischen vier existentiellen Säulen lebender Systeme: Bevölkerung, Technologie, Sozialorganisation und Umwelt (Duncan 1966: 678 ff.). Dem Autor kam schon in der Zusammenarbeit mit Felix Tretter diese Konstruktion gelegen, weil sie sich um die Problempunkte gegenwärtiger, postindustrieller Gesellschaften erweitern ließ (Schmid/ Tretter 1976: 397 ff., 1977: 226 ff.; vgl. auch Tretter, Teil IV in diesem Band).

Abbildung 1

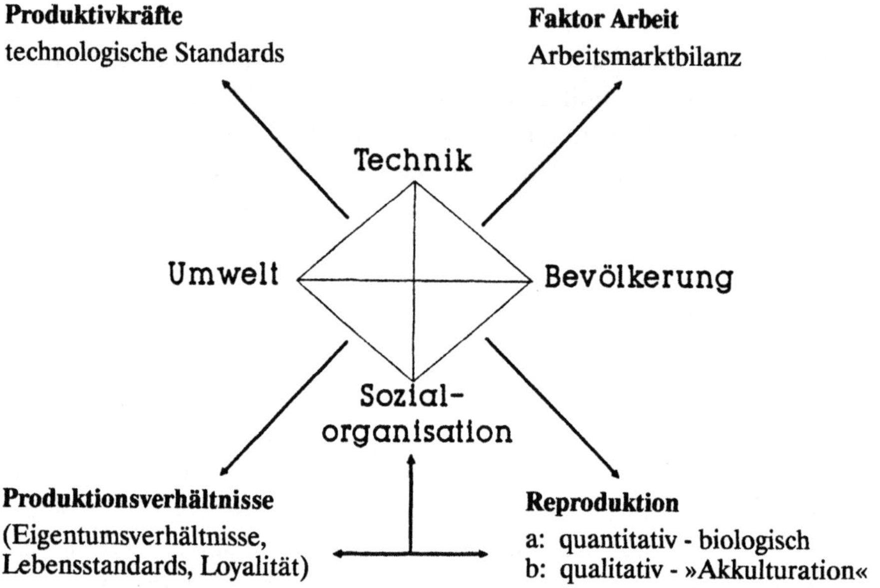

Der innere Zusammenhang der vier existentiellen Säulen des ökologischen Komplexes ist einsichtig. Zwischen die einzelnen Säulen schieben sich jedoch die permanenten Aufgaben moderner Gesellschaften.

Das Verhältnis von Sozialorganisationen und Bevölkerung ist leicht zu kennzeichnen: Zwischen diesen beiden Säulen des ökologischen Komplexes spielen sich entsprechend Verwandtschaftsbeziehungen, Familienverband, Familienformen, Generationsablöse und biologische Reproduktion ein.

Bevölkerung besteht aus abhängigen (Jungen und Alten) und aktiven Jahrgängen, die die biologische und die materielle Reproduktion leisten. Bevölkerung liefert also hier im Zusammenhang mit der nächsten Säule *Technologie* das funktionale Erwerbspotential (Humankapital), das nicht nur über die nachwachsende Generation biologisch ersetzt werden muß, sondern auch sozial, in Form von Erziehung, von Investitionen in Wissen und Können des Nachwuchses.

Umwelt steht im ökologischen Komplex als eine Säule unter anderen, und zwar zu Recht. Die allzu starke Ausrichtung an einer essentiellen

Säule des Komplexes wie ein ausschließlicher Umweltbezug kann eine Vernachlässigung der jeweils anderen bedeuten und für das lebendige System insgesamt existenzgefährdend sein (wie es beispielsweise im Konflikt zwischen Umweltschutzinvestitionen, Arbeitskosten und internationaler Konkurrenzfähigkeit zum Ausdruck kommt).

Das Verhältnis von *Technologie und Umwelt* ist ebenfalls einsichtig. Es geht hier um die materielle Raum- und Umweltnutzung in ihrer physischen sichtbaren Auswirkung, aber auch um die Herstellung von Naturwissen in immer weiteren Bereichen. Wir bezeichnen angewandtes Wissen bereits mit dem Suffix »-technologie«, wie Atom-Technologie, Gen-Technologie usw. Dieser Zusammenhang bleibt jedoch materiell, physisch und auf die Verwendung von Rohstoffen bezogen. In modernen, postindustriellen Gesellschaften wird in Wechselwirkung mit einem leistungsfähigen Humankapital *Wissenschaft* zur ersten Produktivkraft und überflügelt somit das klassische Trio: Boden, Arbeit, Kapital. Der ökologische Komplex muß auf Pflege und Entwicklung des »Rohstoffes Geist« ausgerichtet sein (Taylor 1975: 18).

Jede Sozialorganisation benutzt Umwelt auf ihre Weise. In der historischen Typenfolge der Gesellschaften sticht dies geradezu ins Auge. Hier geht es weniger um den technischen Eingriff in die physische Außenwelt - oder um die Kenntnis von Naturgesetzen - als vielmehr um die soziale *Raumnutzung*, worunter wir Siedlungsformen, Ballungszentren und Infrastruktur verstehen: die Raumwirkungen der Sozialstruktur. Zwischen Umwelt und Sozialorganisation zeigen sich also die sozialen Mittel der Arbeitsteilung und Hierarchien, die mit der Entwicklungsfähigkeit des Komplexes in Einklang stehen müssen.

Aktueller Problemfall: Stehen materielle und soziale Techniken nicht in einem entwicklungsfähigen und mit den ökologischen Zielen einer Gesellschaft vereinbaren Zusammenhang, sei es, daß die materiellen Bedingungen es nicht erlauben, hohen sozialen Ansprüchen nachzukommen, sei es, daß ein Modernismus und Funktionalismus sich rücksichtslos ausbreitet, wird es zu Friktionen und Rebellionen kommen. Der spürbare Grad der Abweichung von Technik und Sozialorganisation oder ihr Auseinanderstreben bezeichnet Walter Bühl als »ökologische Knappheit«. Es ist Aufgabe der Gesellschaft, zwischen Sozialorganisation, Technologie und Umwelt einen zielführenden Zusammenhang herzustellen und sich auf den Weg einer »ökologischen Reifung« zu begeben (Bühl 1981).

Die *Ziele* des ökologischen Komplexes sind die gleichen wie die der übrigen lebenden Systeme: (1) »Überleben« und (2) erfolgreiche materielle und ausreichende biologische Reproduktion. Die *Mittel* jedoch, dies in einem gegebenen, in Maßen veränderbaren ökologischen Komplex zu erreichen, sind der eigentliche Forschungsgegenstand.

2.2 Die Darwinsche Chance: Versuch, Spiel, Selbstfindung

Systeme und Organisationen erhalten sich am besten, wenn sie der »Darwinschen Chance« Raum geben und passende Fügungen sich in Freiheit selbst finden lassen. Hierbei wird von den linearen, rationalistischen Kategorien wie Gesetz, Kausalität und Planung abgegangen und sich den Prinzipien des Evolutionsprozesses, d. h. den Existenzproblemen von Lebewesen in der Umwelt zugewandt. Peter Kafka, der große Kenner der physikalisch-naturwissenschaftlichen Seite der Evolution, sagt dazu treffend: »Nicht in ihren Gesetzen liegt der Wert der Welt, sondern in den Beziehungen, die im Raum der Möglichkeiten durch Versuch und Irrtum ertastet und verwirklicht wurden.« (Kafka 1989: 133)

Ursache und Kausalität werden unter dem Aspekt der biologischen Evolution in ihrem Inhalt verändert bzw. aufgelöst. Denn Verursacher der Existenzformen bleibt die Auslese durch die Natur (natural selection), die sich in der Generationsablöse und jeweils gesteigerter Überlebensfähigkeit vollzieht. Kausalität, die durchgehend determiniert, ist ein Produkt der Aufklärung. Auch die Idee, mit logisch perfekter Gesetzgebung die sozialen Verhältnisse zu ordnen, stammt von der Aufklärung, doch die Sozialwissenschaften haben es nicht so leicht. Eine »soziale Physik«, wie sie Auguste Comte forderte, ist Wunschtraum geblieben. Die Naturwissenschaft hat erst in unserem Jahrhundert über Quantentheorie und Chaosforschung zu gegenteiligen Paradigmen gefunden.

Statt dessen rückt *Komplexität* ins Bild, jener Raum der unberechenbaren Selbstsuche von Vorgängen, und die aus ihr hervorgehende Selbstorganisation von Systemen (Jantsch 1982). Sie ist in Kategorien des Evolutionsprozesses zu denken, d. h. als »Spiel der Zufälle«: Nach dem »Selektionsprinzip« bestmöglichen Überlebens ergreifen Organismen die Gelegenheit zu »Mutationen« (Eigen 1985).

Ein wichtiger Schritt ist die Anerkennung von *offenen Systemen*. Sie lösen das Schreckbild der Entropie auf, wonach alle Systeme auf ein thermodynamisches Gleichgewicht zustreben, jenen Zustand der Lauheit und Langeweile. In ihm wären oben und unten, heiß und kalt auf ein Mittelmaß eingependelt. Offene Systeme bedeuten Zufuhr und Abfluß von

Energie und Information, und das erleichtert ihre Aufgabe, durch Versuch und Irrtum, durch Herumtasten die Systemteile zu förderlichen Beziehungen zu fügen (Eigen 1985: 52).

Zufall und Spiel symbolisieren volle Freiheit, Phantasie und damit Gehirnleistungen. Das Ertasten und Auswählen von evolutionären Möglichkeiten im menschlichen Gehirn heißt dort *Denken*. Denken ist das wichtigste Mittel der Selbstorganisation auf der Stufe des jüngsten Produktes der Evolution. Das Gehirn denkt auf Pfaden, auf denen es selbst geworden ist, es denkt sich selbst. Evolution ist *Aufstieg* und wird von Peter Kafka folgendermaßen zusammengefaßt:

> »Das Grundgesetz des Aufstiegs der Strukturen in Raum und Zeit vom Urknall bis zur menschlichen Freiheit lautete: Wertschöpfung, also die Verwirklichung komplexerer Gestalten, geschieht allein nach dem Prinzip evolutionärer Selbstorganisation. Das heißt: Abtasten des Raumes der Möglichkeiten mittels zufälliger Schwankungen, Auffinden und Ausprobieren von Wahrscheinlichem, Überleben des besser Zusammenpassenden, also Langlebigeren, und dessen Modifikation in immer raffinierterer gegenseitiger Anpassung beim Weitertasten - durch Verflechtung einerseits und Isolation andererseits. Die höchsten bisher in diesem Fortschrittsprozeß verwirklichten Gestalten sind Seele und Geist des Menschen mit all ihren Inhalten und den Kulturen, in die sie sich einbetten.« (Kafka 1989: 99)

2.3 Der bio-ökologische Ansatz

Das biologische Paradigma stellt die Probleme des Lebens in der Umwelt, d. h. der Fortexistenz (survival) und der Reproduktion in den Mittelpunkt (Corning 1975: 61 ff.). Dies geht artspezifisch vor sich. Dennoch ist das *Überlebensproblem* der gemeinsame Nenner aller Systemprozesse und seine Bewältigung gleichbedeutend mit Leben selbst. Wie bereits betont, vollzieht sich die biologische Auslese in der Generationenfolge und im Sinne von Überdauern. Jede Art zeigt ihre spezifische Angepaßtheit oder Funktionalität hinsichtlich dieser biologischen Imperative. Das ganze Gebäude der Evolution stellt - streng genommen - eine Geschichte von fortlaufenden Versuchen und momentanen Lösungen für das Überlebensproblem dar.

Das Entscheidende ist nun, für jede Art die *Umweltbeziehungen* aufzudecken, die im Sinne dieser Problemlösung arbeiten. Denn Überleben bedeutet mehr als bloße Katastrophenvermeidung. Es erfordert die Befriedigung einer ganzen Reihe von biologisch fundierten »Bedürfnissen«.

»Überleben« ist somit ein komplexes Unternehmen, das die erfolgreiche Anpassung der Organismen an höhere Organisationsformen und -ebenen schaffen muß. Der biologische Ansatz ist damit zum *bio-ökologischen* erweitert. Mit ihm läßt sich eine ansehnliche Hypothesenkette erstellen:

1. Die biologische Evolution, aus der der Mensch hervorgegangen ist, ist ein einzigartiger und unumkehrbarer Vorgang. Sozialanalytische Forschungsfragen stehen prinzipiell im Rahmen dieses Vorgangs, auch nachdem kulturelle Evolution der genetischen den Rang abgelaufen hat.
2. Evolution ist historischer Natur und kumulativ: Sie ist gekennzeichnet durch Kontinuität und Wandel in der Zeit.
3. Das Verhalten der Organismen und ihr Gestaltwandel (Morphologie) haben einen Bezug zu Überlebensstrategien. Im biologischen Paradigma gibt es keine scharfe Grenze zwischen der Struktur der Organismen und ihrem Verhalten. Sie interagieren miteinander und bilden sich aneinander.
4. Kulturelle Evolution ist eine Dimension des Evolutionsprozesses und vollzieht seine Gesetze in vielfach schnelleren Kombinationen. Sie schafft erst die human meßbare Zeit. Kulturentwicklung ist umständebedingt - Spielprodukt und potentielle Fehlanpassung zwar, aber unumkehrbar.
5. Auch für den Homo sapiens sind Überleben und Reproduktion die Hauptprobleme. Jedes Kulturmilieu zeigt andere Lösungen hierfür.
6. Der Homo sapiens bewältigt das Überlebensproblem im großen und ganzen nur durch Arbeitsteilung und im Zusammenwirken innerhalb einer Gruppe. Daher kann die Menschengesellschaft als ein »kollektives Unternehmen zum Überleben« (collective survival enterprise) bezeichnet werden.
7. Das Überlebensproblem für den Menschen ist sowohl eine individuelle wie auch eine kollektive Anstrengung. Die Bedürfnisse des Individuums und die Erfordernisse der Gemeinschaft (collectivity) überschneiden sich nur und sind nicht völlig identisch.
8. Soziale Prozesse haben für Individuen und für Gruppen jeweils verschiedene Konsequenzen (ein Extremfall ist, wenn sich ein Individuum für seine Gruppe opfert). Es gibt hier verschiedene *Ebenen der Analyse* innerhalb dieses Paradigmas, und zwar (a) des Individuums, (b) verschiedener sozialer Einheiten, die von der Primärgruppe bis zum internationalen System reichen, und (c) die künftigen Bedürfnis-

se dieser Einheiten. Ein Sozialanalytiker, der bio-ökologisch arbeitet, muß klarmachen, welche und wieviele Ebenen er im Blick behält.

9. Ursache oder Verursachung (causation) im Biologischen bedeutet Wechselwirkung zwischen verschiedenen Ebenen der Organisation und zwischen den Organismen und ihrer Umwelt. Diese Wechselwirkungen sind zielorientierte, multivariate, interaktive und nichtlineare Prozesse.
10. Jede Organisation hat eine *Architektur*, die an Hierarchien eines kybernetischen Systems erinnert. Das heißt, daß zielorientierte Rückkopplungskontrollen existieren, die mit Neben- oder Subsystemen mit ihren jeweiligen Umwelten zusammenwirken. Das kybernetische Modell ist außerdem sowohl für die molekulare wie auch für die politische Ebene geeignet (Miller 1973: 29 ff., Deutsch 1966).
11. Kulturelle und politische Vorgänge in Menschengruppen sind funktional (und gelegentlich dysfunktional) mit dem Überlebensprogramm verbunden. Funktionen sind also *Überlebensmuster* (designs for survival), Ziel-Mittel-Kombinationen, die aus Auslese und Anpassungsmechanismen, wozu auch das Lernen zählt, hervorgegangen sind.
12. Das Zusammenspiel von menschlichen Zwecken (purposes), subjektiven Nutzen (utilities) und Überlebensfunktionen ist komplex und macht oft Umwege. Selten ist ein Anpassungsprozeß oder ein Werkzeug (artifact) unmittelbar und absichtlich auf das Überlebensbedürfnis hin geplant. Eher umgekehrt: Wenn menschliche Ziele zu stark auf Überleben ausgerichtet werden, führen sie sicher zu (unbeabsichtigten) Fehlanpassungen. Wenn Evolution als *Spiel* begriffen wird, dann ist *Planung* sinnlos: »Planung ersetzt den Zufall durch den Irrtum« (Kafka 1989: 19, Ackoff/Emery 1975: 14).
13. Politik ist der Vorgang, mit dem Gesellschaften versuchen, ihr Verhalten zu steuern, verbindliche Entscheidungen zu treffen und mit »öffentlichen« Problemen fertig zu werden. »Politics involves the authoritative selection and implementation of societies' collective survival strategies.« (Corning 1975: 62)
14. Wegen des historischen und politischen Wesens von Gesellschaft sind Vergangenheit und Zukunft (d. h. Erfahrung und antizipierte Ereignisse) Einflußgrößen, die in den politischen Entscheidungsprozeß eingehen.
15. Für den bio-ökologischen Ansatz gilt das Prinzip der »*Komplementarität der Vorgänge*«. Heraklit nannte es »Harmonie der Gegensätze«.

Für die moderne Naturwissenschaft (Niels Bohr) beruhen optimale Beziehungen in der Natur meist auf einer Balance scheinbarer Gegensätze: Innovation und Nachahmung, Freiheit und Ordnung, Kooperation und Konkurrenz, Determinismus und Autonomie, Individuum und Gruppe, das Universelle und das Spezifische. Im Balanceakt wird die Wirkungsgrenze der widerstreitenden Kräfte bestimmt. Solche Balanceakte sind oft gelungene Anpassungen und Versuche, zwei oder mehrere Überlebenserfordernisse optimal zu kombinieren. Auch das bio-ökologische Paradigma ist vom *Prinzip und Erfahrung der Grenze* bestimmt.

3. Wachstum eines kulturökologischen Systems

3.1 Transformation aus positiver Rückkopplung

Wachstum und Transformation eines Systems sind die Folgen einer positiven Rückkopplung, die erst zum Stillstand kommt, wenn ein neuer Sättigungsgrad erreicht ist, der auch den Charakter eines neugewonnenen Gleichgewichts trägt. *Gleichgewicht* ist dabei ein heuristisches Konzept, das sich zur Messung von Abweichungen bestens eignet. Gleichgewicht ist das Ergebnis einer langfristigen Beobachtung, nach der die einzelnen Änderungen unbedeutend erscheinen und auf Wiederherstellungskräfte schließen lassen. In systemökologischen Paradigmen ist Gleichgewicht eine Funktion des Betrachtungszeitraums.

Mit der menschengemäßen kulturellen Evolution ist eine Wandlungsdynamik eingetreten, die den Zeithorizont aller davorliegenden Evolutionen sprengt. Gleichgewichtige, *homöostatische Systeme* spüren nun die innere Potenz, zu wachsen. Das Bevölkerungsgleichgewicht, als *»demographische Homöostase«* bezeichnet, das in vorindustrieller Zeit verbürgt schien und das Stammeskulturen über Jahrtausende zu bewahren wußten, wird allmählich suspendiert (Schmid 1990). Bevölkerungsdruck, egal wodurch veranlaßt, zwingt zu Systemtransformationen, zur Änderung von Lebensgrundlagen, wenn wachsende Bevölkerungen der Malthusschen Sterbefalle entrinnen wollen. Solche Bestrebungen sind für alle Menschheitsepochen verbürgt, wenn auch mit unterschiedlichem Erfolg. Die markantesten Schübe der Transformation waren die *neolithische Revolution*, die Seßhaftwerdung ca. 10 000 bis 5 000 Jahre v. Chr. und schließlich die

Abbildung 2

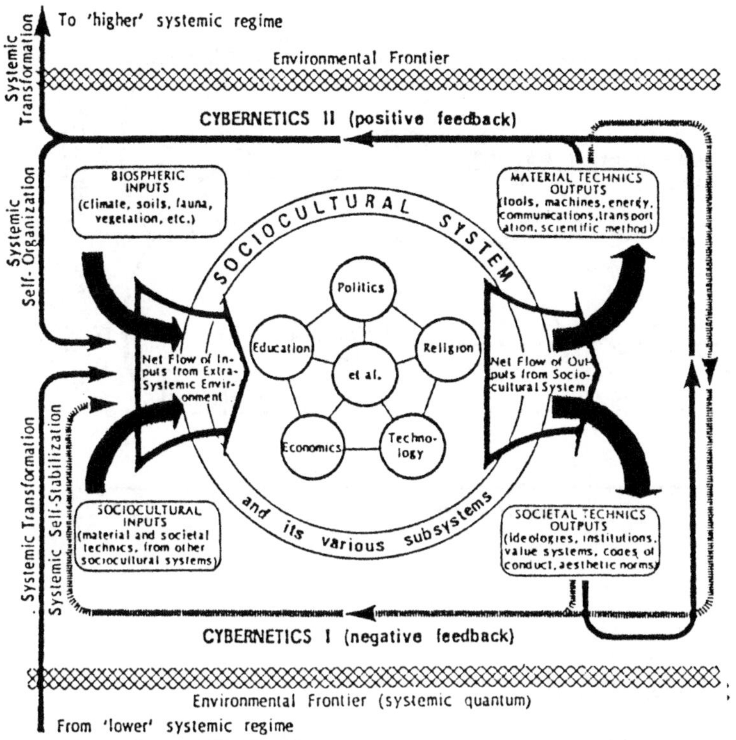

Quelle: Taylor (1975: 19)

Industrielle Revolution im ausgehendem 18. Jahrhundert, die mit Erstarken bürgerlicher Macht, der Aufklärung und mit der Überwindung menschlicher und tierischer Kraft durch Erfindung (Dampfkraft, Elektrizität) die radikalsten Veränderungen im Westen brachte. Beiden Transformationen folgte immer wieder eine Ruhephase: nach der neolithischen Revolution eine von Jahrtausenden, während sich die quasi-stabilen Ruhephasen der Industriellen Revolution, die noch andauert, nur noch in Jahrzehnten messen.

Die in Abbildung 3 durchgezogene Linie zeigt den Anstieg eines Entwicklungsniveaus. Diese Linie verdeutlicht auch den Anstieg des Bevölkerungsvolumens, der sich während der Transformationen und positiven Rückkopplungsprozesse ereignete.

Abbildung 3

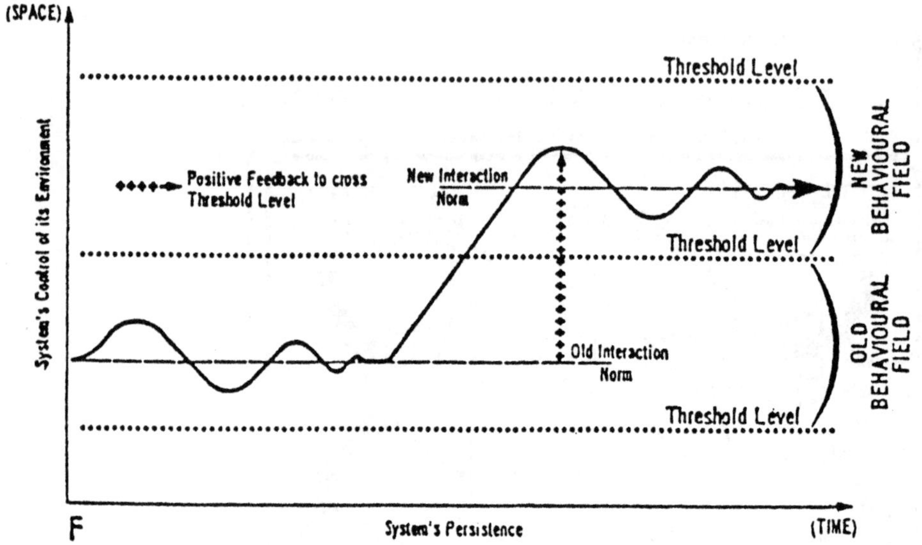

Quelle: Taylor (1975: 27)

Abbildung 4

Neolithische Revolution

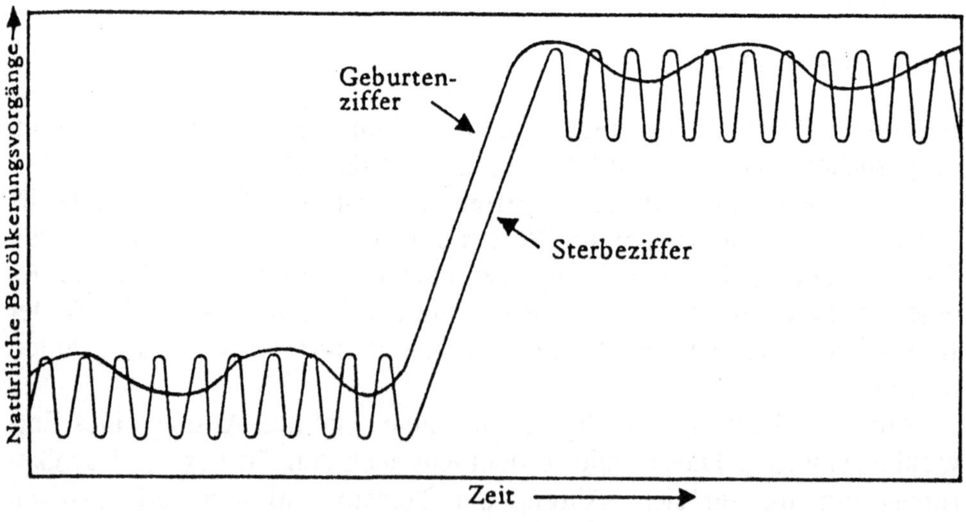

Quelle: Coale (1976: 113)

Die Agrarökonomin Ester Boserup hat nachgewiesen, daß seit der neolithischen Revolution derartige Wachstumsschübe stattfinden, um dann in den nachhaltigsten, nämlich den der Industriellen Revolution, einzumünden. Das brutale Gleichgewichtsmodell nach Malthus, wonach das Bevölkerungswachstum immer über den Nahrungsspielraum hinausschießen würde, wurde von ihr mit dem Hinweis revidiert, daß der Bevölkerungsdruck bei Erreichen einer Unerträglichkeitsschwelle dazu zwinge, die Subsistenzbasis zu verändern, um eben diesen Nahrungsspielraum mit technischen und organisatorischen Mitteln zu erweitern. Sobald dies geschehen ist, hat der Mensch jedoch eine Unterhaltsbasis für viel mehr Menschen geschaffen, als für ihre Einrichtung ursprünglich den Anlaß gegeben hatten. Die Industrielle Revolution schafft die Existenzgrundlage für doppelt und dreifach größere Bevölkerungen, als zu Beginn der Industriellen Revolution überhaupt vorhanden waren. Ester Boserup sagte selbst, daß sie das Malthus-Modell nicht unbedingt beseitigen wollte, sondern nur dessen enge Buchhaltung des Todes mit Hilfe der Geschichte der Agrartechnik aufgebrochen habe (Schmid 1987: 29 ff.). Mit dem Eintritt eines »Organismus mit sensorisch-kognitiven Fähigkeiten«, genannt Mensch, in die natürlichen Regelkreise geht die Zeit der bloß natürlich-passiven Gleichgewichte zu Ende und erzwingt den Schritt zum *manipulativen* Gleichgewicht, weil der »Werkzeugmacher« Mensch die Systeme derart von ihrem ursprünglichen Zustand abbringt, daß die alten Kontrollen und Selbstheilungskräfte versagen und nachgeholfen werden muß.

Die Streitfrage, wodurch positive Rückkopplung und Systemwachstum ausgelöst würden, ob dies Bevölkerungsdruck wäre oder Wissenschaft und Technik, füllt inzwischen Bibliotheken (Binford 1968). Nach Walter Bühl preschen Wissenschaft und Technologie vor und zwingen die *Sozialorganisation*, für neue Ausgleichs- und Stabilisierungsbedingungen zu sorgen. Das über positive Rückkopplungsprozesse Gewachsene muß also über neuartige, negative Rückkopplungen, die für neue Gleichgewichtsbedingungen sorgen, abgesichert werden. Wie das zu schaffen ist, ist das Dauerproblem der modernen Systeme und damit auch der System- bzw. Kulturökologie. Denn ein Stillstand der Entwicklung ist weder festzustellen noch vorstellbar. Würde man am jüngst Erreichten statisch festhalten wollen, ginge es bald verloren. Es läßt sich nur binden - über die genannte Balance widerstrebender Kräfte: zwischen Stabilität und Flexibilität, zwischen Wachstum und organisatorischer Sicherung.

3.2 Systemgerechte Steuerungsmodelle (Kybernetik I bis IV)

Mehrmals wurde von Kybernetik gesprochen. Kybernetik wächst mit den Problemen und Erkenntnisfortschritten. So kennen wir bereits Entwicklungsstufen der Kybernetik, denn auch sie unterliegt dem Informationszuwachs und dem Paradigmenwechsel (Bühl 1986: 387).

Die mit *Kybernetik I* bezeichnete Form meint ihre erste Konzeption durch Norbert Wiener: ein mechanistisches Steuerungs- und Gleichgewichtsmodell, das den homöostatischen Zuständen entspricht und sich für Populationen eignet, die im Rahmen ihrer Umweltbedingungen stabil halten. Abweichungen lösen Wiederherstellungskräfte aus und führen den ursprünglichen Zustand herbei.

Kybernetik II bedeutet nun die Transformation eines Systems über positive Rückkopplung. Nach den Worten des Entdeckers dieser Kybernetik-Stufe, Erwin Laszlo, ist positive Rückkopplung eine »function of adaptation to environmental disturbances resulting in the *re-organisation* of the system's state, involving, with a high degree of probability, an overall *gain* in the system's *negentropy* and *information content*« (Laszlo 1972: 36).

Damit ist die oberflächliche Sicht eines monostabilen, alle Störungen regelnden Gleichgewichtssystems überwunden. Kybernetik II entspricht der Stufe eines wissenschaftlichen Managements, wo man mit Substitutionseffekten bereits experimentieren kann und weiß, wie ein adaptives, in allen Teilen auf das Ziel hingeordnetes System aufrechtzuerhalten ist. Es sind zweckgerichtete (purposeful) oder auch »zielbewußte Systeme« (Ackoff/Emery 1975). Die Systeme der Kybernetik II stießen schon auf die Probleme der *Komplexität* und der *Hierarchisierung* von Systemfunktionen zu Kontrollzwecken.

In den siebziger Jahren haben die modernen Systeme einen Flexibilitätsschub erlebt. Anlaß waren Probleme mit Knappheit (Energiekrise), mit neuer Technologie und sozialer Dynamik (Qualifizierungsschub, der strukturelle Arbeitslosigkeit bewirkt hat; Dynamisierung der Branchenstruktur). Solchen Zuständen wiederum entspricht eine *Kybernetik III*. Es hat sich die Erkenntnis durchgesetzt, daß *multistabile Systeme* die beste Lösung für solche Probleme wären. Sie besitzen relativ autonome Funktionszentren. Die Aktivierung und Verkopplung der Subsysteme erfolgt nach Versuch und Irrtum bzw. nach Adaptation und Selektion. Die Systeme gewinnen eine gewisse Eigengesetzlichkeit. Das führt zur Ausschaltung unangepaßter Systemeinheiten. Wenn wir uns über unvorhergesehene Folgen von Planungsmaßnahmen, über »kontra-intuitives Verhalten«

wundern, dann heißt das, daß wir immer noch im Denken monostabiler Systeme befangen sind. Wir müssen eine kooperative Selbstfindung in den Systemen herstellen und nicht glauben, sie beherrschen oder planen zu können, denn entweder werden sie übersteuert (over-shoot), oder die Steuerung entgleitet völlig (a drifting system). Kybernetik III steht auf der Stufe des systemischen Managements und berücksichtigt bereits Interaktionen und Synergismen zwischen den Subsystemen bzw. zwischen dem Gesamtsystem und der Umwelt. Kann Kybernetik II noch hoffen, ein neues System der Stabilität und Homöostase auf höherer Ebene zu verwirklichen, so wird diese Sicht in der Kybernetik III aufgegeben. Danach bleiben soziale Systeme zwar weiterhin *fließende Systeme*, streben aber niemals auf einen Ruhepunkt zu: und wenn schon, dann nur kurzfristig. Ein Gleichgewichtszustand löst einen anderen ab und durchwandert »strukturtypische Passagen«. Die Anpassungsvorgänge erfassen auch die ganze Grundstruktur, so daß der Wandel nicht mehr homöostatisch zu erfassen ist, sondern nur noch homöorhetisch (Bühl 1982: 62). Homöorhese ist ein Prozeß, in dem das System zwar auf einem evolutionären Entwicklungspfad treu seinen Prinzipien folgt, das Ergebnis jedoch offen bleibt.

Abbildung 5

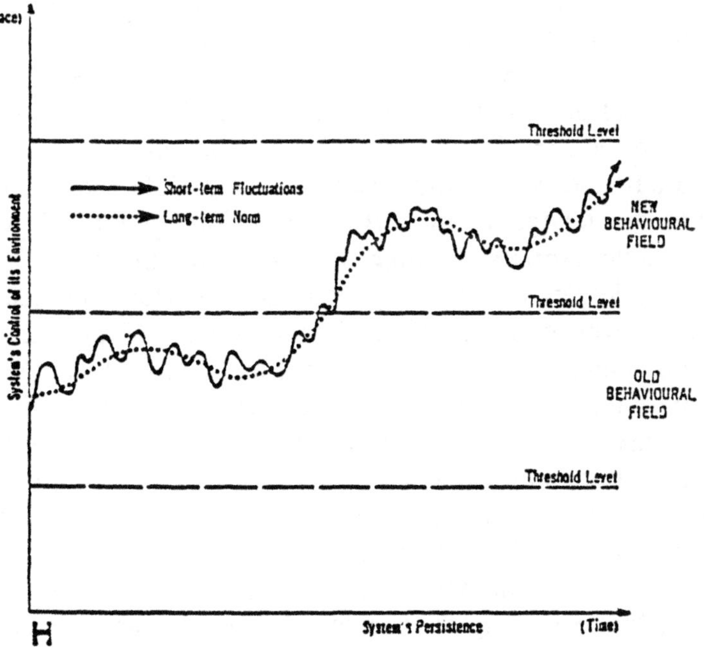

Quelle: Taylor (1975: 27)

Homöostase entpuppt sich als ein Sonderfall der Homöorhese. Letztere ist der geschichtlichen Realität näher und basiert auf einem undogmatischen Begriff von Gleichgewicht. Trotz aller Wandlungsfähigkeit und *Fluktuation* behält das System eine gewisse Grundarchitektonik bei. Die Bewahrung von Identität ist für ein System ebenso wichtig wie gute Anpassungschancen, wozu deren Zweck, die innere Komponentenstruktur und die Parameter offenbleiben.

In einem weiteren Entwicklungsschritt wird den Systemen gleich *Selbstorganisation (Referenz, Autopoiesis)* zugestanden. Sie haben keine konventionellen Ordnungsstrukturen mehr, die sie schwerfällig machen, und kein zentrales Entscheidungszentrum mehr. Mehrere relativ autonome Akteure und Kontrolleure stehen in einem ständigen Aushandlungsprozeß um Mittel und Ziele des Systems. Dies wäre die Stufe einer *Kybernetik IV*, eines strategischen Managements: Systeme sind Agentur der Informationsverarbeitung und Steuerung.

3.3 Anpassung

Eine solche Systembetrachtung erfordert auch eine neue Sicht des Anpassungsproblems (Corning 1983). Anpassung agiert zwischen System und Evolutionsprozeß und sorgt für mehr als nur Flexibilität und Beweglichkeit. Anpassung muß zum einen Systemziele verwirklichen helfen (survival and reproductive success) und zum anderen das System für weitere Anpassungen bereit halten, sie darf sich nie im Stillstand wähnen.

Daher kann und darf die Anpassungsleistung nicht perfekt sein, denn damit würde gerade die letztgenannte Fähigkeit verlorengehen (R. C. Lewontin). Die optimale Anpassung muß »suboptimal« bleiben. Das schärft den Blick für alles, was Anpassung behindert: Perfektionssucht, Spezialisierungen, die Verluste an Verhaltensflexibilität und Nischengeneralisierung (= überall zuhause sein können). Bei Karl Deutsch heißt Anpassungsfähigkeit überhaupt »Lernkapazität«: Nicht die Datenmenge hilft weiter, auch nicht das große Bewußtsein, das nur problematisiert, sondern die verstehende Verarbeitung der (über-)lebenswichtigen neuen Daten.

Anpassungsfrist und Anpassungskriterium hängen eng zusammen. Wenn technischer Fortschritt das alleinige Anpassungskriterium wird, dann wird Anpassung zu kurzfristig definiert, weil wegen kurzfristiger Gewinne die Anpassungsfähigkeit langfristig aufs Spiel gesetzt wird. Wenn die Kriterien dem Industrialisierungsprozeß entstammen (Bevölkerungswachstum, Steigerung und Einsatz der Energiemengen, Zunahme des Bruttosozialprodukts und des Pro-Kopf-Verbrauchs usw.), dann wird an eine überholte Wachstumsgesellschaft angepaßt - mit absehbaren negativen Folgen.

Eine zeitgemäße Anpassungsstrategie wäre die Erhöhung der Komplexität, weil hochkomplexe Systeme besser reagieren und sich dauerhafter einrichten können. Wird sie jedoch zum alleinigen Anpassungskriterium erhoben, dann werden die Kräfte der Selbstorganisation überstrapaziert und bald erschöpft.

3.4 Evolution

Dies bringt uns zu einer umfassenden Sicht der *Evolution*. Ihr Darwinsches Konzept ist unzureichend, obwohl in ihren Kurzformeln nicht falsch. Sie muß jedoch alles, was an Systembeziehungen, Bewegungsgesetzen und Systemverhalten bekannt ist, miteinbeziehen. Bühl spricht von einem interaktionistischen Konzept der Evolution, Peter Corning von einem interaktionalen Paradigma (Bühl 1982: 48; Corning 1983). Es sind nun fünf Attribute der Evolution herauszuheben:
1. die »Grundmasse« oder der Genpool einer Population;
2. die Definition von »Verhalten«: Die Evolution von Humanpopulationen hängt vom Verhalten ab. Bewußtes, intentionales Handeln dagegen wird für die systemökologische Analyse immer unwichtiger und besser in sozialorganisatorisch kanalisierte Verhaltensweisen eingeordnet. Damit ist keineswegs eine Abschaffung des Subjekts verbunden;
3. die kulturspezifische Hervorbringung von Nachwuchs, des »reproductive success«. In der Evolution wird der Nachwuchs quantitativ verringert und qualitativ erhöht. Von der r-Strategie (= so viel als möglich wie bei Fliegen, Fröschen usw.) zur k-Strategie (wenig, aber so hochqualifiziert wie möglich [Primaten, Menschen]; vgl. Pianka 1970: 592 ff., Schmid 1974: 49 ff.);
4. der Mensch ist ein »kulturelles Wesen sozusagen von Natur aus« (Alland 1975: 59 ff.);
5. Evolution ist nur als irreversibler Prozeß zu begreifen.

Ohne ein Endziel der Evolution postulieren zu können oder zu wollen, bleiben dennoch die inneren Eigenschaften evolutionärer Systeme bedeutungsvoll: Flexibilität, Entwicklungsfähigkeit, Lernfähigkeit als Hauptanpassungskriterium, Reichtum des Verhaltensspektrums und eine gewisse

Offenheit gegenüber anderen politischen und kulturellen Systemen. Sie alle stehen in der modernen Sicht von neuzeitlicher sozialer Evolution, einem Prozeß mit offenem Ausgang, im Mittelpunkt.

Zwischen der Evolution des Menschen und den von ihm geschaffenen Überlebensformen muß es eine Analogie geben. Beide sind ein offener Prozeß mit irreduziblem Mehr-Ebenen-Charakter: von Zelle, Organismus, Mensch, Familie, Staat bis zur Biosphäre. Manche meinen, sich noch an das Darwinsche Muster der Evolution halten zu können. Man weiß aber, daß dieses für über 99 Prozent der Arten eine Sackgasse darstellte und das Bild von »Schlachthaus Evolution« gar nicht so falsch ist. Daher sollte der Mensch die Klugheit, mit der er sich frühzeitig aus diesem Schlachthaus fortgemacht hat, weiter benutzen und sie für seine Zukunft einsetzen. Die These vom Menschen als Teil der Natur, der bedingungslos auch ihr Schicksal teilen müsse, ist daher diskussionswürdig (Elias 1986). Die moderne Sicht von Evolution, die Spiel, Zufall und Tastversuchen großen Raum einräumt, wird immer bedeutsamer.

3.5 Systemfluktuation

Systeme, die zwar Prinzipien folgen, ihre Zukunft aber nicht einer Geschichtsmetaphysik unterwerfen, sondern offenhalten, sind *nichtlineare Systeme*. Fluktuationen prägen die nichtlinearen Systeme. Ihre Unterkonzepte sind Selbstorganisation (Autopoiesis), Chaos und Synergetik. Sie drücken Veränderlichkeit und Überraschungseffekte am besten aus und wurden deshalb von einer rationalistischen Wissenschaft vorsorglich ausgeklammert. Formen der Fluktuation sind Diffusion (soziale Ansteckung), Aggregation (Vermassung) und Turbulenz (Bühl 1988).

Nachdem das symmetrische Gleichgewichtsdenken obsolet geworden ist, kommt die Idee wie gerufen, moderne Systembewegungen als *Fluktuationen* zu sehen. Sie führt aber in die Irre, wenn sie ein beliebiges, anarchisches Ausufern und Vagabundieren der Systemkomponenten suggeriert (Luhmann 1984, Bühl 1987: 245 ff.). Für eine Systemanalyse bedeutet das eine doppelte Frustration, weil zum einen der mathematische Aufwand, der für nichtlineare Prozesse ohnehin schon hoch ist, noch weitergetrieben werden muß; zum anderen, weil die Analyse der Systemkontrolle, die ein unverzichtbarer Bestandteil jeder Sozialanalyse ist, unter solchen Systemgegebenheiten gar nicht mehr möglich ist. Die Zeit, in der man diese

Phänomene beiseite lassen konnte, ist aber vorbei. Die »neue Rationalität«, wie Ilya Prigogine sie nennt, ist längst Forschungsgegenstand.

Dieses neue Systemdenken taucht erstmals bei Georg Simmel auf, der von einer Polarität von Fluß und Kristallisation spricht (Simmel 1968: 442). Dies nun auf eine dynamische Systemtheorie übertragen bedeutet, daß Polarität (»Grenze«) weiterbesteht zwischen Stabilität und Flexibilität, zwischen Gleichgewicht und Fluktuationen, zwischen linearen und nichtlinearen Modellierungen, zwischen Anpassung und Garantie der Anpassungsfähigkeit in einer sich wandelnden Welt. Sie müssen zusammen ein dynamisches, multistabiles System ergeben. Ein solches verfügt über *mehrere Gleichgewichtslagen*.

Die Anpassungsfähigkeit eines Systems bedeutet einen Kompromiß zwischen Beweglichkeit und Zuverlässigkeit. Heftige Fluktuationen würden zwar für Beweglichkeit sorgen, aber auch das System richtungslos treiben lassen. Zu geringe Fluktuationen würden einen überholten Gleichgewichtszustand stabilisieren und das System erstarren lassen. Das *multistabile System* dagegen gibt einige Subsysteme phasenweise für die Fluktuation frei, wodurch das Gesamtsystem homöostatisch reagieren kann: »Die Makrostabilität wird durch Mikrovariablität gewährleistet, eine relative makroskopische Ruhe wird nur durch laufende mikroskopische Bewegungen ermöglicht.« (Bühl 1988: 43)

4. Kulturökologische Themen für den Ausgang des 20. Jahrhunderts

Kulturökologie sieht in den kulturellen Äußerungen eines Gemeinwesens Instrumente seines Existenzkampfes: Familiensysteme, Verhaltensweisen, die Regelungen zur Verteilung von Aufgaben, Wissen und Macht stehen im Dienste der Überlebensprinzipien, die immer ein Umweltverhältnis beinhalten (Schmid 1992).

4.1 Stammeskulturen im traumatischen Konflikt

Kulturökologie kann für alle Epochen ihren genannten Zusammenhang herstellen. Das Ende des Jahrhunderts wird auf ihre Analyse nicht verzichten können. Ihre Herkunft als Wissenschaft von der räumlichen Bewegung von Stammeskulturen ist dabei kein Hindernis. Die Kulturökologie hat die Grenzen des Völkerkundlichen längst überschritten, weil der Zustand der Welt es gar nicht mehr gestattet, sich länger mit geschlossenen Stammeskulturen zu befassen. Die fortschreitende westliche Zivilisation tangiert inzwischen die entferntesten Winkel der Erde und dringt in die letzten geschlossenen Weltbilder von Naturvölkern ein, die entweder mit Abschließung oder Öffnung reagieren können oder zu irgendeiner »Zwischenlösung« gezwungen werden, wie die Einweisung in ein Reservat. Für den Kulturökologen ist es beklemmend, weil bis ins Detail verstehbar, wie eine Vielzahl von Stammeskulturen, die sich homöostatischen Existenzformen verschrieben hatten, vor dem Raubbau von wachsenden Systemen, die den europäischen Entwicklungsweg in beschleunigter Form imitieren wollen, nicht mehr sicher ist und das Feld räumen muß. Kulturökologie weist nach, wie sich Kultur über einen schmerzhaften Weg von Versuch und Irrtum als Verteilungs- und Ordnungsmechanismus etabliert. Der Kulturkonflikt, schon Thema der alten Kulturanthropologie, hat ein Gefühl für das Traumatische geschärft, das sich in den Seelen von Angehörigen von Stammeskulturen abspielt, wenn etwa auf ihrer Südseeinsel ein amerikanischer Luftstützpunkt entsteht und Naturkinder eine »Konversion« zu Dienstmädchen, Hausboys, Hilfspolizisten, Handlangern und Trinkgeldempfängern erfahren - wenn sie kollektiv an ihren Weltbildern irre werden und in Cargokult und Nativismus verfallen. Die Kulturökologie greift diesen Faden auf und begreift dies als Konflikt zwischen unvereinbaren ökologischen Komplexen, wo der wirksamere und mächtigere die Selbsterhaltungssysteme beseitigt. Der Kulturökologe will also nicht bloß den Regenwald retten oder Kohlendioxyd reduzieren, sondern den Lebensraum suchen, der für überlebende Stammeskulturen und aufstrebende Industrienationen mit rasch wachsender Bevölkerung genutzt werden kann. Was gefunden werden muß, damit eine »nachhaltige Entwicklung« Platz greifen kann, ist eine Disziplinierung dessen, was Schumpeter einst schöpferische Zerstörung genannt hat. Es gibt einen Punkt, wo die zerstörerischen Kräfte die schöpferischen im wahrsten Sinne des Wortes zu Boden ziehen. In der klassischen Studie »Grenzen des Wachstums« (Meadows 1972) wurde ein solches Katastrophenszenario ausgemalt.

4.2 Politische Ökologie im Zwiespalt

Die politische Ökologie moderner Systeme schwankt zwischen Deregulierung und Machtkonzentration. Erstere wäre unerläßlich für ein sanftes Energiekonzept und für eine regionale Verteilung geschlossener Kreisläufe für Materie und Information. Machtkonzentration erlaubt raschere Umsetzung und Entwicklung schonender Techniken. Erstere verfällt gerne der Utopie einer Gartenbauethik - ausgerechnet im Zeitalter explodierender Sozialbudgets. Letztere spielt mit dem Gedanken an eine »Öko-Diktatur« zur raschen Durchsetzung des »Richtigen« und »Rettung der Erde«. Die Idee der »Öko-Macht« sündigt in der alten Weise fort, denn die Superstrukturen, die sie beibehalten möchte, sind dem Untergang geweiht - wie die jüngste Weltgeschichte lehrt. Ein richtiger Systemzweck kann sich nicht mit falscher Systemkonstruktion verwirklichen.

Die Rolle des Individuums wird in allen Konzepten ambivalent gesehen. Wie man gegen die Organisationsprinzipien (als einzelner) sündigt und dabei das System untergräbt, wurde schon oft eindrucksvoll belegt, so vom Neomalthusianer und politischen Ökologen Garrett Hardin. Er hat sich mit dem *kollektiven Schaden* befaßt (Hardin 1970: 30 ff.). In seinem bekannten Ansatz »Die Tragik der Allmende« zeigt er, wie der zeitweilige Nutzen für den einzelnen sich allmählich zum Schaden für jedermann summiert. Das Übergrasen der Gemeindewiese durch heimlich vermehrte Viehbestände führt zum Ruin des Gemeinbesitzes. Hardin hat hier allerdings die Überbevölkerung der Erde im Blick und plädiert für eine gegenseitige Zurückhaltung in Produktion und Konsum, damit eine Katastrophe, wie von Malthus beschrieben, verhindert werde. Die kurzfristigen Vorteile der Familie mit einer größeren Kinderschar werden in vielen Teilen der Welt mit einem allgemeinen Desaster für eben diese Welt erkauft. Nur durch einen allseitig ausgeübten Zwang kann eine gegenseitige Rücksichtnahme erreicht werden. Es ist der »Hinlanger« (»free rider«), der Systemen langsam den Garaus macht, indem er private Kosten meidet und private Gewinne aufgrund von Handlungen einstreicht, die in ihrer Summe einen Schaden für alle (collective bads) bedeuten.

Diese Kritik stellt sich auf die Seite des »öffentlichen Interesses«, worüber Regierungen wachen müssen. Die Betonung der Rolle der Regierung zeigt die geistige Herkunft von Hobbes: Sie soll als Polizist oder zumindest als Makler für die Einhaltung gewisser Spielregeln sorgen, mit denen vernünftige Menschen ihr »aufgeklärtes Selbstinteresse« verwirklichen (Rawls 1971).

Diese Hobbesianer der politischen Ökonomie haben die wichtige Frage, wie *Knappheit zwischen den Generationen* aufgeteilt werden solle, übersehen. Wie sollen die Lebensgrundlagen künftiger Generationen gegenüber den Wünschen der lebenden Generationen Priorität bekommen, wenn Überlebenspolitik ein generationenübergreifendes Nullsummenspiel ist, die Gegenwärtigen auf Kosten der Künftigen leben? Dann muß entweder die weitsichtige Ethik eines »aufgeklärten Selbstinteresses« für eine Umorientierung sorgen, oder es muß die Möglichkeit eines generationsübergreifenden Wohlstands ins Auge gefaßt werden, auch wenn wir noch nicht genau wissen, was er uns kosten wird. Normen lassen sich nicht von einer individualistischen Sicht herleiten. Sie übersteigen die Summe der Einzelinteressen.

Die Intellektuellen haben utopische Baupläne unter sich aufgeteilt: die friedliche Anarchie einer »Zivilgesellschaft« sowie Machterringungskonzepte im Namen eines »ökologischen Umbaus«. Da werden im Gerichtsbezirk von Industrieanlagen Scheinwohnsitze angemeldet, um fortgesetzt Klagen einreichen zu können. Luhmann warnte vor der Zweckverfehlung bei reiner Obstruktion seitens antipolitischer Ökologen (Luhmann 1986).

Indem die Kulturökologie den ökologischen Komplex als Ganzes und seine Hauptsäulen als gleichwertige Akteure sieht, neigt sie nicht zu Fetischisierungen. Ihr Realitätssinn befähigt sie sogar zur Ideologiekritik und zur Sonde für manische und sektiererische Werthaltungen.

4.3 Kulturkreise in der Bewährungsprobe

Mit dem Zerfall der Imperialismen tauchen wieder Ethnien und Kulturen im Zeitgeschehen auf, um statt des bankrotten Unionismus handlungsfähige Einheiten in passender Vielfalt entstehen zu lassen. Dieser Vorgang in Ost- und Südosteuropa ist eine konvulsivische Erscheinung und hat noch keinen überzeugenden Ausweg aus der Misere der Spaltprodukte von Großreichen des 20. Jahrhunderts gewiesen. Aus der unhaltbaren Hegemonialordnung werden zweifellos neue Machtzentren hervorgehen, die wiederum Gebilde in Abhängigkeit halten. Die militärischen Machtkriterien sind ökonomisch-politischen gewichen - eine Entwicklung, die den kulturökologischen Ansatz herausfordert.

4.3.1 Flexible und effiziente Organisationen

Das Verhältnis von Umwelt zu Organisation (gelegentlich mit System gleichgesetzt) gibt sich immer differenzierter. Die bekannten Eigenschaften und Anforderungen an Systeme haben keine Zeit mehr, sich ausschließlich um sich selbst zu kümmern. Sie stehen im ständigen Austausch mit Umwelten, die ihrerseits verschieden strukturiert sind und die Systeme ständig herausfordern und transformieren. Aus der Vielzahl der Systemeigenschaften haben Flexibilität und Effizienz einen gewissen Oberbegriffscharakter und erlauben ein gewisses Urteil darüber, inwieweit Systeme ihren Umweltanforderungen gerecht werden; Flexibilität und Effizienz müssen auf jeden Fall gewahrt bleiben. Unter diesem Gesichtspunkt bedeutet Flexibilität einer Organisation ihre Fähigkeit, Inputs von außen, Prozesse im Innern und abgabefertige Produkte auch bei Umweltänderungen zu bearbeiten und zu diesem Zweck das eigene System notfalls zu reorganisieren. Es ist das Geheimnis einer innovativen Organisation, das Spannungsverhältnis zwischen Organisation und Umwelt in einer gedeihlichen Balance zu halten, wozu auch das bewußte Herbeiführen und Bewältigen von Ungleichgewichten zählt.

Die Effizienz einer Organisation bemißt sich durch das Verhältnis von Aufwand und Ertrag, z. B. bei Produktentwicklung bzw. deren Marktgängigkeit. Effizienz geht nicht unmittelbar aus der Flexibilisierung hervor, sondern aus dem Gegenteil: Für sie sorgt die Stabilisierung der Organisation, Standardisierung der Produkte und Verfahren. Effizienz ist ein Zustand, der nicht zu verewigen ist. Er steht gleichfalls im Dienste einer »flexiblen Balance« von Organisation und Umwelt. Für moderne Organisationen ist Umwelt ein Konglomerat aus konkurrierenden und kooperierenden Nachbarsystemen innerhalb und außerhalb des Kulturkreises.

Effizienz und Flexibilität lassen sich nicht gleichzeitig optimieren, denn Effizienzkriterien gelten nur kurzfristig, während Flexibilität auf lange Sicht wünschenswert ist. Es gelten hier wieder die Gesetze, mit denen bei Beeinflussung von Systemen zu rechnen ist: Je mehr man sich auf ein Ziel konzentriert, um so sicherer wird man es verfehlen. Je besser alles organisiert ist, um so schlechter ist eine Organisation. Wenn alles bloß auf Anlernen und Anpassen ausgerichtet ist, muß Lernen und Denken aus eigenem Antrieb und ein Erfahrungssammeln, das nicht ausdrücklich befohlen ist, verkümmern. Die Stelle, wo sich Flexibilität und Effizienz treffen, bestimmt die Umweltsituation. Ist die Umwelt stabil, dann besteht wenig Bedarf an Flexibilität, weil sich Effizienz problemlos nach ökonomischen Kriterien planen läßt. Da dies aber niemals zutrifft und Umwelt immer instabil ist, ja von der eigenen Organisation her laufend instabil gemacht wird, ist immer eine Flexibilität erforderlich und verhindert, daß Effizienz bis zum letzten ausgereizt wird.

Das Geheimnis einer innovativen Organisation besteht darin, diese Erfordernisse in einem Gleichgewicht zu halten, wobei dieses Gleichgewicht insgesamt als Reaktion auf Umwelteinflüsse gedeutet werden kann. Gleichgewicht ist also hier kein starres Gleichgewicht, sondern ein dynamisches Fließgleichgewicht, das sich aus dem Eingehen zweckorientierter Ungleichgewichte ergibt. Hinweis auf geglückte Gewichtsverlagerung ergibt das *Effizienzkriterium*.

Umweltbeschaffenheit (stabil/instabil) und Flexibilitätsgrad (gering/hoch) müssen sich zur Systemeffizienz kombinieren lassen:

		Flexibilität des Systems	
		gering	hoch
Umwelt	stabil	A Statik, Bürokratisierung, Positionierung	B Untergang durch Konzentrationsschwäche
	instabil	C Untergang in unbeherrschbare Turbulenzen	D innovativ-dynamische Kombinationen

Es schälen sich zwei idealtypische Organisationsformen heraus: statisch-positionale (A) und dynamische oder innovative (D). Effizient ist eigentlich nur das Systemmodell A, jedoch in einer höchst unwahrscheinlichen, stabilen Umweltsituation. Sie ähnelt fast dem Verhältnis von Stammeskulturen in ihrer natürlichen Umwelt. In der Gegenwart aber finden wir rückständige überbürokratisierte Organisationen, die ihre Umwelt künstlich stabil halten durch Protektionismus, Abschottung oder Subventionen. Gefährlich ist eine solche Politik der »Positionierung«, weil sich eine Organisation damit unverrückbar und mächtig halten will, was ihr bei Verlust von Anpassungsfähigkeit nicht gelingen kann. Es wäre eine Strategie des »Faulbetts«. In Entwicklungsländern sind sie häufig anzutreffen. Auch die südlichen Regionen der Europäischen Gemeinschaft, Portugal, Spanien und Griechenland, machen noch in dieser Hinsicht Sorgen. Das Systemmodell D ist nicht bloßes Wunschbild, sondern deutet die Richtung an, an der sich Systeme zu organisieren haben, wenn sie an der neuen Umwelt, die von Innovationswettbewerb gekennzeichnet ist, teilhaben wollen.

4.3.2 Innovationswettbewerb

Innovation geht aus der *Invention* hervor. Invention ist die erkenntnismäßige Erschließung einer neuen und vielversprechenden Möglichkeit, während die Innovation die Umwandlung einer Invention in ein marktfähiges Produkt darstellt. Nur ein Zehntel der Inventionen bringt es zur Innovation. Die Bruchstellen zwischen Invention und Innovation müssen geglättet und überwunden werden. Der Weltmarkterfolg der Japaner soll nicht zuletzt von dieser Leistung herrühren. Nationen und Volkswirtschaften haben ein bestimmtes Innovationsklima. Es besteht aus dem technischen Risiko, der Art und Weise seiner Bewußtwerdung und Bewußtmachung und schließlich aus einem Marktrisiko. Der organisierte Öko-Protest in Deutschland konzentriert sich meistens auf das technische Risiko und übersieht dabei, daß das Marktrisiko für innovative Firmen wesentlich größer ist. Sie benötigen dazu eine dezentrale Betriebsstruktur, die Forschungs- und Entwicklungsabteilungen miteinschließt und in der gesamten Betriebsstrategie sowohl eine Außenorientierung als auch Flexibilität nach innen besitzt, die auf die Projektions- und Entwicklungsabteilungen ausgedehnt ist. Ein wesentlicher Punkt ist ferner eine offene Strategie, um mit den Unsicherheiten der Umwelt, wozu das Verhalten der Konkurrenten gehört, umgehen zu können. Firmen, die sich über Subventionen oder staatliche Forschungsgelder »positioniert« haben, sind die ersten, die in diesem Wettbewerb unterliegen werden.

Innovation und Markt

Die Frage ist, wo eigentlich Innovation im gegenwärtigen Marktgeschehen auftaucht. Seit den siebziger Jahren wird in der OECD eindeutig eine Schwerpunktverlagerung von der Marktnachfrage zur Angebotsseite beobachtet, d. h. hin zum wissenschaftlich-technologischen Angebot und zur planmäßigen Förderung von Forschung und Entwicklung. Es ist unverkennbar die Angebotsseite, die den Markt beeindruckt, durcheinanderbringt und umstrukturiert - in erster Linie in Sektoren, wo Qualität wichtiger ist als der Preis und sich Qualität auch verkaufen und exportieren läßt. Der Markt kommt wieder ins Spiel, wenn fortgeschrittene Technologie einen Konkurrenzvorteil bedeutet. Die Vorteile liegen allerdings nicht mehr in den konventionellen Marktvorstellungen, also weniger in den Ausdehnungen des Marktes und den Standortvorteilen, sondern in der größeren Fähigkeit, sich an die schnell wandelnde Technologie und Gebrauchsgewohnheiten anzupassen und sich mit Hilfe einer aktiven Innovationspolitik den nun wachsenden Ressourcenrisiken (Information wird Ressource) zu entziehen. Der Nachfrage- oder Marktbedarfsansatz wird deswegen nicht überflüssig, im Gegenteil, denn der Markt muß weiterhin Invention, Innovation und Diffusion steuern (wenn auch indirekt) und darf sie nicht einer externen oder autonomen staatlichen Förderung ohne Rückkoppelung über den Markt überlassen. Der Markt bleibt also wichtigste Determinante für die Richtung der Erfindungstätigkeit der Entwicklung und ihrer Größenordnung.

Ein Entwicklungsmuster, das zeigt, wie sich Innovationen über die Angebotsseite her den Markt erobern, sieht folgendermaßen aus: Neue wissenschaftliche Erkenntnisse lösen Innovationen aus, die zu Produkten und ihrer Vermarktung führen. Die Angebotsseite wird dadurch zur Marktbasis technologischen Trend-Settings. Der Markt dankt deshalb nicht ab, weil die Regierungen allein nicht über staatliche Forschungsförderung und -planung für die Wellen tragfähiger Innovationen sorgen können. Der Markt spielt eine größere Rolle als je zuvor, denn auch die gewagteste Innovation muß ihren Markt finden.

Markt und wissenschaftliches Angebot sind unlöslich miteinander verbunden, und die Tatsache, daß eine grundlegende Neuerung das Gleichgewicht des Marktes stören kann, ist nun selbst nicht auf den bestehenden Markt zurückzuführen, liegt nicht in ihm, wird nicht die Ursache dieser Neuerung sein. Es ist ein typisches Kennzeichen einer angebotsdominierenden Marktlage, daß die neuen Güter am Markt getestet werden, aber sich ihm nicht ausschließlich verdanken, sondern einem neuen Nebenmarkt, nämlich dem internationalen Wissensaustausch, dem Leistungsstreben und der Aufstiegsorientierung von Wissenschaftler-Teams und ihrer Institutionen. All dies bleibt nicht ohne Gratifikationen. Die Verschiebung der Innovation zur Angebotsseite hin bedeutet nun, daß Wissenschaft und technologische Entwicklung den Markt grundlegend umstrukturieren. Entwicklung, Innovation und Probe auf dem Markt müssen sich in dauerhafter Anstrengung etablieren. Das bedeutet nun, daß man neben dem Markt eine aktive Forschungs- und Technologiepolitik wird einrichten müssen für die Anwendung neuer Erkenntnisse und für alles das, »was nicht ohnehin und von selbst geschieht« (Bühl 1983: 62), und das heißt, sich der Angebotsseite zuwenden: »*Aktive Technologiepolitik*« heißt nicht, daß nun der Staat unter Umgehung des Marktes die Zügel an sich zu reißen hat.

Nicht nur in den Sozialwissenschaften, auch in den Wirtschaftswissenschaften, die die Zusammenhänge von Technik, Produktion und Marktchancen untersuchen, geht man von einer Theorie ab, die noch die Möglichkeit optimaler Gleichgewichtszustände unterstellt hatte, und auch von Denkmustern, die der klassischen Physik entnommen waren, wie dem Gesetz der abnehmenden Erträge. Moderne Wirtschaftstheorie sieht sich auf moderne nichtlineare Physik verwiesen, da sie sonst die von Spitzentechnologie geprägte Wirtschaft und deren Bewegungen nicht mehr verstehen kann (Arthur 1990: 122 ff.). Auffällig ist, daß der Kampf um Marktanteile keine klassischen Gütergleichgewichte mehr zuläßt, denn es geht um Mengenbewegungen, die durch Zufallserträge ausgelöst wurden und nun weitere Mengen anziehen und Konkurrenten unwissentlich oder unwillentlich einen Marktanteil zuschanzen. Als noch Landwirtschaft, Massengüterproduktion und Bergbau vorherrschend waren, also die Phase der Hochindustrialisierung, war die Wirtschaft dem Gesetz abnehmender Erträge unterworfen. Im postindustriellen Zeitalter, das sich seit den siebziger Jahren entfaltet, erzielen die vom technischen Wissensstand abhängigen Teile einer Volkswirtschaft *zunehmende Erträge* (Computer, Arzneimittel, Raketen, Flugzeuge, Automobile, Software, Telekommunikation). Diese neuen Produktionsgüter sind nicht mehr eindeutig Investitions- oder Konsumgüter, sie gehen aus teuren und komplizierten Forschungs- und Entwicklungsprozessen hervor. Sind sie jedoch einmal auf dem Markt, verbilligt sich ihre Herstellungskapazität. Erringt eine Marke, die Geräte zur Nachrichtenübertragung und Computer herstellt, einen großen Marktanteil, entsteht für die Konsumenten ein starker Anreiz, noch mehr von dieser Marke zu beschaffen, weil mit immer mehr Benutzern eben dieser Geräte kommuniziert werden kann. Wir haben hier das Beispiel für eine *positive Rückkopplung*, die zur Marktbeherrschung führt. Man darf keineswegs von da auf die Überlegenheit ihrer Technologie schließen, sondern eher auf zufällige Ereignisse, die auf fruchtbaren Boden fallen konnten. Es gibt also positive Rückkopplungsprozesse, hinter denen nicht immer technischer Fortschritt steckt. Noch ergeben gleiche Anfangsbedingungen auf einem derartigen Markt die gleichen Ergebnisse, weil sie auf Zufallsereignissen beruhen: Es ist eine Frage der Wahrscheinlichkeit, ob bestimmte Ausgangsbedingungen zu einer bestimmten Marktsituation führen, denn es laufen hier *nichtlineare Zufallsprozesse* ab.

Man könnte diesen Erscheinungskomplex *Theorie der selbstverstärkenden Mechanismen* nennen, die sich heute überall finden lassen. Bei der Entstehung von Zentren wirkt nicht nur Geographie und Ressourcenlage mit: Wo schon etwas war, dort wächst wieder etwas hinzu. Zufall setzt das Spiel von Notwendigkeit fort. Es wirkt auch im internationalen Wettbewerb von Produkten der Hochtechnologie. Verfügt ein Land in hohem Ausmaß darüber, so hat es einen Kosten- und Qualitätsvorsprung und kann anderen Ländern den Zugang zum Markt verwehren (vgl. Japan, USA, Deutschland). Das bedeutet, daß Regierungen bei Hochtechnologieprodukten die Unternehmen zu aggressiven Produkt- und Prozeßinnovationen ermuntern müßten, um auf dem Weltmarkt erfolgreich zu sein. Sie müßten die nationale Forschungskapazität stärken und Industriezweige unterstützen, Ressourcen in Gemeinschaftsunternehmen bündeln, um Entwicklungs- und Anlaufkosten sowie Marketingnetze, technisches Wissen und Standards zu nutzen. Die *Theorie zunehmender Erträge* zeigt auch, daß bei Forschung und ihrer Anwendung der richtige Zeitpunkt zu wählen ist. Es hat wenig Sinn, in einen Markt einzutreten, der schon fast gesättigt ist oder aus anderen Gründen wenig Erfolgschancen bietet.

Diese Fragen sind noch lange nicht ausgegoren, und auch die Formen staatlicher Beteiligung oder Anreize sind nicht geklärt. Im einen Fall kann eine Produktkette eingeleitet und weltmarktmäßig verstärkt werden, im anderen Fall werden teuere Luftschlösser finanziert, bis die schädlichen Folgen der Subventionierung sich bemerkbar machen.

Eine innovative makroökonomische Organisation muß dagegen Mikrovariabilität stützen, und das tut sie durch nichts Besseres als Wettbewerb auf der Stufe der Unternehmen.

Versuche, das Risiko von den Unternehmen fernzuhalten, auf ein Makrogebilde höherer Ordnung zu übertragen (durch Fusion, Monopolbildung, Konzentration, Verstaatlichung, Protektion vor ausländischer Konkurrenz), aber auch unrealistische Arbeitsplatzgarantien bzw. die kleinen Fluktuationen zu unterdrücken, werden zu großen Fluktuationen und Zusammenbrüchen führen.

Der Rückgriff auf die Marktfunktionen ist nicht nur eine Frage der Ideologie oder eines Parteiprofils, sondern schlicht eine Frage des Überlebens. Wettbewerb am Markt ist ein Entdeckungsverfahren für tausendfältiges und situationsspezifisches Wissen, das sich nur dem Handelnden am Markt selbst erschließt. Es kann nicht von oben oder anderswoher kommen. Systeme, die glauben, ohne diesen Knappheitsindikator und Informationsträger »Markt« auskommen zu können, gehen zugrunde, wie es das Schicksal der zentralen Verwaltungswirtschaften vorgeführt hat. Das Lebenswerk des liberalen Ökonomen Friedrich von Hayek besteht darin, nachzuweisen, daß dynamische Gesellschaften nur über freie Märkte organisationsfähig bleiben können.

5. Schlußbemerkungen

Die Kulturökologie steht angesichts des wirtschaftlichen und politischen Zusammenschlusses Europas vor einer neuen Aufgabe. Sie enthält sich auch hier der Schönfärbereien. Sie kann helfen, Friktionen aufzuzeigen und Desaster zu vermeiden. Sie hat zu warnen vor der Errichtung einer neuen Superstruktur, die das von besserer Ausgangslage im Westen imitiert, was soeben im Osten zusammengebrochen ist. Die größte Aufmerksamkeit schenkt sie den Forderungen nach »Subsidiarität«, das zum Herzstück politischer Ökologie erkoren werden müßte: Was auf kleinen lokalen Einheiten geleistet werden kann, soll nicht an übergeordnete Bürokratien delegiert werden. Sie sieht in den nationalen Selbstbehauptungen und Bewahrungsversuchen kultureller Identität nicht gleich Egoismus und Nationalismus, sondern das Wirken der »Zweiten Menschennatur«, aus der allein der Wille zu internationalen Zusammenschlüssen dauerhaft erwächst. Die Regionen und Kulturen allein können verhindern, daß ein neuer Großstaat mit dem Charakter einer Mega-Massengesellschaft entsteht.

Die völkerkundliche Kulturökologie hat feststellen können, wie Stammeskulturen über ihre »limitierenden Faktoren«, die Bewegung und Konsum begrenzen, ihre Umweltverhältnisse genau kennen. Während bei Stammeskulturen diese Knappheitssignale noch aus der äußeren Natur kamen, finden sich diese begrenzenden Faktoren nun in der Kultur der modernen Organisationen, die sich zunehmend immaterialisiert und funktionalisiert. Dadurch ist Kultur jetzt »das Funktionieren von Kultur selbst«. Organisationskapazitäten, das günstige Aufeinandertreffen von Anpassungsfähigkeit und Wirkungsgrad im Hinblick auf eine immer komplexere Umwelt sind inzwischen die limitierenden Faktoren, die es in Zukunft zu beachten und nach Möglichkeit zu beherrschen gilt.

Literatur

Ackoff, Russel L./Emery, Fred E. (1975): *Zielbewußte Systeme - Anwendung der Systemforschung auf gesellschaftliche Vorgänge*. Frankfurt a. M.

Alland, Alexander (1975): »Adaption«. *Annual Review of Anthropology*, 4, S. 59-73

Arthur, W. Brian (1990): »Positive Rückkopplung in der Wirtschaft«. *Spektrum der Wissenschaft*, April 1990, S. 122-129

Bargatzky, Thomas (1986): *Einführung in die Kulturökologie*. Berlin

Binford, Sally R./Binford, Lewis R. (Hg.) (1968): *New Perspectives in Archaeology*. Chicago

Bühl, Walter L. (1981): *Ökologische Knappheit*. Göttingen

Bühl, Walter L. (1982): *Struktur und Dynamik des menschlichen Sozialverhaltens*. Tübingen

Bühl, Walter L. (1983): *Die Angst des Menschen vor der Technik - Alternativen im technologischen Wandel*. Düsseldorf

Bühl, Walter L. (1986): »Grenzen der Autopoiesis«. *Kölner Zeitschrift für Soziologie und Sozialpsychologie*, 39, S. 225-254

Bühl, Walter L. (1988): »Die dunkle Seite der Soziologie«. *Soziale Welt*, 1, S. 18-46

Coale, J. A. (1974): »The History of Human Population«. *Scientific American*, 231 (3), S. 48

Corning, Peter A. (1975): »Toward a Survival-oriented Policy Science«. *Social Science Information*, 14 (5), S. 61 ff.

Corning, Peter A. (1983): *The Synergism Hypothesis - A Theory of Progressive Evolution*. New York

Deutsch, Karl W. (1966): *The Nerves of Government*. New York

Duncan, Otis D. (1966): »Human Ecology and Population Studies«. In: P. M. Hauser/ O. D. Duncan (Hg.): *The Study of Population*. Chicago, S. 678-716

Duncan, Otis D. (1969): »Social Forecasting - The State of the Art«. *The Public Interest*, 17, S. 88-118

Duncan, Otis D./Schnore, L. F. (1959): »Cultural, Behavioral and Ecological Perspectives in the Study of Social Organization«. In: *American Journal of Sociology*, 65, S. 132-146

Eigen, Manfred (1985): *Das Spiel*. Naturgesetze steuern den Zufall. München

Elias, Norbert (1986): »Über die Natur«. *MERKUR*, 40 (448)

Hardin, Garrett (1970): »Die Tragik der Allmende«. In: M. Lohmann (Hg.): *Gefährdete Zukunft - Prognosen angloamerikanischer Wissenschaftler*. München, S. 30-48

Jantsch, Erich (1982): *Die Selbstorganisation des Universums*. München

Kafka, Peter (1989): *Das Grundgesetz vom Aufstieg*. München

Laszlo, Ervin (1972): *Introduction to Systems Philosophy*. New York

Luhmann, Niklas (1984): *Soziale Systeme: Grundriß einer allgemeinen Theorie*. Frankfurt a. M.: Suhrkamp

Maturana, Humberto/Varela, Francisco J. (1987): *Der Baum der Erkenntnis*. Bern

McKenzie, R. D. (1933): *The Metropolitan Community*. New York

Meadows, Dennis u. a. (1972): *Die Grenzen des Wachstums*. München

Miller, James G. (1973): »The Nature of Living Systems«. In: F. Baker (Hg.): *Organizational Systems*. Homewood, Ill., S. 29-63

Park, R. E./Burgess, E. W./McKenzie, R. D. (1925): *The City*. Chicago

Pianka, E. R. (1970): »On r- and k-Selection«. *American Naturalist*, 104, S. 592-597

Rawls, John (1971): *A Theory of Justice*. Cambridge, MA: Harvard University Press (deutsch: *Eine Theorie der Gerechtigkeit*. Frankfurt a. M.

Schmid, Josef (1974): *Der Kulturbegriff als analytisches und ideologiekritisches Instrument der Soziologie*. Philosph. Diss. München

Schmid, Josef (1976): Einführung in die Bevölkerungssoziologie. Reinbek

Schmid, Josef (1987): »Bevölkerung als Faktor kultureller Evolution«. *Zeitschrift für Bevölkerungswissenschaft*, 13 (1), S. 29-52

Schmid, Josef (1992): *Das verlorene Gleichgewicht*. Eine Kulturökologie der Gegenwart. Stuttgart

Schmid, Josef (1990): »Demographische Homöostase - Mythos oder heuristisches Konzept?« In: Dietmar Petzina/Jürgen Reulecke (Hg.): *Bevölkerung, Wirtschaft, Gesellschaft seit der Industrialisierung*. Untersuchungen zur Wirtschafts-, Sozial- und Technikgeschichte, Band 8. Festschrift für Wolfgang Köllmann. Gesellschaft für Westfälische Wirtschaftsgeschichte e. V. Dortmund

Schmid, Josef/Tretter, Felix (1976): »The Social Systems Approach as Analytical Concept for Human Ecology«. In: *Verhandlungen der Internationalen Tagung für Humanökologie, Wien 1975*, Bd. 1. St. Saphorin, S. 397-401

Schmid, Josef/Tretter, Felix (1977): »Entwicklungen in der Sozialökologie«. In: *Colloquium Internationale*, 2 (6), S. 226-230

Simmel, (1968): *Soziologische Untersuchung über die Formen der Vergesellschaftung*. 5. Aufl. Berlin

Spencer, H. (1974): »Begründung der Zwei-Kind-Familie«. In: J. Schmid: *Einführung in die Bevölkerungssoziologie*. Reinbek, S. 49 ff.

Taylor, Alastair M. (1975): »A Systems Approach to the Political Organisation of Space«. *Social Science Information*, 14 (5), S. 7-40

Teil IV

Anwendungsbereiche und Beispiele aus Agrar- und Industriekulturen

Übersicht

Das empirische Forschungsfeld der Humanökologie der Chicagoer Schule und der Sozialökologie liegt in urbanen Gesellschaften. Der Großteil bisheriger kulturökologischer Untersuchungen anthropologischer Tradition wurde dagegen in agrarischen, nichtindustrialisierten Gesellschaften der Dritten Welt durchgeführt. Die folgenden empirisch orientierten Forschungsergebnisse aus Industrieländern und Ländern der Dritten Welt verdeutlichen das breite Anwendungsgebiet human- und kulturökologischer Ansätze. Ob Forstwirtschaft oder Kartoffelanbau bei andinen Bauern, Desertifikation im Sahel oder Viehhaltung in Niedersachsen, ob Stadtteiluntersuchungen in Österreich oder Drogenkultur in deren Import- und Exportgebieten - sie alle zeigen die Vernetzung materieller und immaterieller Bereiche der Lebensgestaltung. Die folgenden Beiträge sind Demonstrationsbeispiele, wie durch Berücksichtigung und Verknüpfung dieser Bereiche ökologische und kulturelle Prozesse besser verstanden werden können.

Gemeinsam ist den Beiträgen die Hinwendung zur lokalen Kultur und zur Lebenswelt der Bevölkerung. Die Arbeiten verdeutlichen auch die Verbindung der individuellen Ebene mit der sozialen und der naturräumlichen Umwelt und damit die Interaktion von Natur und Kultur in verschiedenen Gesellschaften und in unterschiedlichen Milieus. Diese Interaktionsbeziehungen sind sowohl in der humanökologischen Pyramide von Park konzeptualisiert als auch im Kulturkern bei Steward methodisch entwickelt worden.

Die Ausbaufähigkeit des kulturökologischen Bezugsrahmens für moderne rurale Gesellschaften im Hinblick auf Umweltbelastungen schildert *Bruckmeier*. *Neugebauer* verdeutlicht die kulturschaffende Kraft von Landnutzungskonzepten, die Vorbilder für die Gestaltung neuer land- und agroforstwirtschaftlicher Systeme sein können, anhand der Beispiele der Kayapó-Bevölkerung im Amazonasgebiet und der Maya-Hochkultur in Yucatán, Mexika. Aufschlußreich für das Umweltkonzept andiner Kleinbauern ist ihr Verständnis von Raum und Zeit. *Salas* gibt eine anschauliche Darstellung der Kenntnisse und Weltanschauung der Kleinbauern, deren Wurzel im Kartoffelanbau, ihrer Existenzgrundlage, zu finden ist.

Dieses lokale Wissenssystem wird aber von der offiziellen Kultur kaum zur Kenntnis genommen.

Von der Entwicklungspolitik übergangen wird auch die kulturökologische Handlungsrationalität der Bevölkerung in der Sahelregion. *Lachenmann* ermittelt mit ihrem handlungstheoretischen Ansatz die ökologische Krise in Afrika als Krise der Gesellschaft. Ökologische Konzepte für eine umweltfreundliche Agrarwirtschaft in Ländern der Dritten Wert sind in ihrer Umsetzung in Afrika genauso verwoben und kompliziert wie in Europa. Dies wird am Beispiel der intensiven Tierhaltung in Norddeutschland demonstriert. Auch in diesem agrarindustriellen Raum kommt es bei der Implementation (Umsetzung) von Maßnahmen des Umweltschutzes auf die Problemwahrnehmung der Bevölkerung an. Wichtig für das Handeln sind alte regionale Traditionen genauso wie gesellschaftliche Normen und Tabus bezüglich der Reinheitssymbolik - ein Beispiel zu Eders »Ökologismus« in Teil II.

Anknüpfend an die Forschungstradition der Chicagoer Schule und der Sozialökologie im urbanen Milieu, ermittelt *Weichhart* die unterschiedliche Identifikation der Bewohner Salzburgs mit ihrem Bezirk. Als Ausdruck einer gebrochenen Identität mit der Gesellschaft sieht *Tretter* den Drogenkonsum in Industriegesellschaften an. Zunächst eine Begleiterscheinung der Protestbewegung der sechziger Jahre, führt dessen Kriminalisierung dazu, daß sich in den Industrieländern - anders als in den Anbauländern - keine gesellschaftlich eingeübten Rituale des Drogengebrauchs entwickelt haben.

In der konkreten empirischen Praxis stellen sich Human- und Kulturökologie weniger in Konkurrenz als vielmehr in Kongruenz zueinander dar. Gerade in der Verbindung dieser Forschungstraditionen sind neue Perspektiven bei der Untersuchung der Wechselwirkungen von Natur und Kultur zu entwickeln und Handlungsspielräume für zukünftige Entwicklungssprozesse zu erkennen. Deutlich wird, daß für anthropogen verursachte Umweltprobleme naturwissenschaftliche Erkenntnisse oder technische Lösungen allein nicht hinreichend sind, Umwelthandeln vielmehr von der kulturellen Problemperzeption und Handlungsrationalität der betroffenen Bevölkerung mitentschieden wird.

Rurale Gesellschaften aus kulturökologischer Perspektive

Karl Bruckmeier

Inhalt

> *»Cultural ecology differs from human and social ecology in seeking to explain the origin of particular cultural features and patterns which characterize different areas rather than to derive general principles applicable to any cultural-environmental situation. It differs from the relativistic and neo-evolutionist conceptions of culture history in that it introduces the local environment as the extracultural factor in the fruitless assumption that culture comes from culture. Thus, cultural ecology presents both a problem and a method. The problem is to ascertain whether the adjustments of human societies to their environments require particular modes of behavior or whether they permit latitude for a certain range of possible behavior patterns.«*
> (Steward 1972: 36)

1. Gibt es ein kulturökologisches Forschungsprogramm »rurale Gesellschaften«?

Die Chicagoer Schule des frühen 20. Jahrhunderts bildet einen gemeinsamen Ausgangspunkt von soziologischer und kulturökologischer Forschung über bäuerliche Gesellschaften. Florian Znaniecki, dessen Untersuchungen zur Kultur polnischer Bauern für die kulturökologische Analyse ruraler Gesellschaften ebenso wichtig sind wie seine epistemologische Konstruktion des Kulturbegriffs, die von einer wechselseitigen Durchdringung von Kultur und Natur ausgeht, gehörte dieser Schule an.[1] In der weiteren Entwicklung kam die Gemeinsamkeit beider Disziplinen, die sich über die Chicagoer Schule hätte anbahnen können, nicht zustande. Agrarsoziologie und Kulturökologie differenzierten sich, der disziplinären Arbeitsteilung von Soziologie und Kulturanthropologie folgend, entlang der Linie eigene/fremde Gesellschaften. Bei Steward und seinen Nachfolgern Minz, Wolf und Scott, den kulturökologischen Klassikern, ist die Forschung bereits weitgehend auf außereuropäische und »traditionale« oder »vormoderne« Gesellschaften festgelegt. In der gegenwärtig zu beobachtenden Wiederbelebung der Kulturökologie und bei ihrer Weiterentwicklung geht es auch um die Frage, wie sich Konzepte, Ansätze und Forschungsergebnisse der Kulturökologie aus nicht industrialisierten Gesellschaften für Industriegesellschaften nutzbar machen lassen.

1 »Man is absolutely unable to perceive or to conceive any other nature than the one he sees through the prisma of culture, absolutely unable to act upon nature otherwise than in culturally determined ways.« (Znaniecki 1919: 16)

Im folgenden werden die Ergebnisse kulturökologischer Agrarforschung nicht im einzelnen dargestellt. Dazu muß auf die Originalliteratur und andere Darstellungen verwiesen werden.[2] Es geht vielmehr um die Frage nach den Vor- und Nachteilen der Übertragung kulturökologischer Ansätze auf modernisierte oder im Modernisierungsprozeß begriffene rurale Gesellschaften.

1.1 »Rurale Gesellschaft« als Forschungsthema

Bevor geklärt werden kann, ob die Kulturökologie ein eigenständiges Forschungsprogramm über agrarische oder ländliche Gesellschaften enthält oder sich ein solches aus kulturökologischen Ansätzen entwickeln läßt, bedürfen die Leitbegriffe »rurale Gesellschaft« und »rurale Kultur« der Explikation. Erst danach kann gefragt werden, ob sich in den klassischen oder zeitgenössischen kulturökologischen Ansätzen ein derartiges Forschungsprogramm abzeichnet.[3]

Der Begriff der *ländlichen oder ruralen Gesellschaft* ist soziologischer Herkunft. Den vorherrschenden Verwendungsweisen nach ist er kein historischer oder epochenbezogener Gesellschaftsbegriff, sondern ein analytisch-theoretischer. Er läßt sich in Abgrenzung gegen verwandte (vor allem: Agrargesellschaft) und gegen konträre Begriffe (vor allem: Industriegesellschaft) charakterisieren. *»Agrargesellschaft«* zeigt eine produktionsbezogene und sektorale Sichtweise, *»rurale Gesellschaft«* eine räumliche, sowohl in geographischer bzw. naturräumlicher wie in sozialräumlicher Dimension. Beiden Begriffen fehlt der Bezug auf ein distinktes kulturelles und soziales Subjekt von agrarischen oder ländlichen Gesellschaften. Gleichwohl sind beide auch als historische Begriffe verwendbar, und soziale Trägerschichten sind jeweils konkret bestimmbar. (Beispielsweise ist »Agrargesellschaft« weitgehend identisch mit vorindustriellen oder traditionalen Gesellschaften; ihre sozialen Träger bzw. die Agrarporoduzenten waren bis in die Gegenwart Bauern). Beide Gesellschaftskategorien gewinnen theoretische Konturen durch den Gegenbegriff der Industriegesellschaft, dessen sozialräumliche Bezugsgröße die moderne Stadt bzw.

2 Vgl. die klassischen Arbeiten von Steward, Scott und Wolf; auch in diesem Band sind Beispiele für kulturökologisch beeinflußte Analysen afrikanischer (Lachenmann) und lateinamerikanischer (Salas) Agrargesellschaften enthalten.

3 Zur Rekonstruktion der Entwicklung kulturökologischer Forschungsansätze siehe Bargatzky (1986) und Steiner in diesem Band.

die urbanisierte Gesellschaft ist, deren Sozialstruktur und bürgerliche Kultur die gesamte Gesellschaft prägt. Im Verhältnis dazu erscheinen rurale Gesellschaften heute als gesellschaftliche Subsysteme und als abhängige (Teil-)Gesellschaften, die im sozialen Wandel, in dem als Modernisierung bezeichneten Prozeß, ihre Eigenständigkeit bzw. Autonomie verloren haben oder verlieren.[4] Damit ist die langfristige Entwicklungsperspektive angedeutet, in die sich der Begriff historisch und evolutionär einfügt: In vorindustriellen Agrargesellschaften läßt sich das Verhältnis von ruraler Gesellschaft und Gesamtgesellschaft so deuten, daß die rurale Gesellschaft als »pars pro toto« steht, die Landwirtschaft die gesellschaftlich dominierende Produktions- und Lebensweise darstellt (z. B. im europäischen Feudalismus). Ob das Verhältnis zwischen ruraler Gesellschaft und ganzer Gesellschaft eher vom Begriff der Gesellschaft oder von dem der Kultur her zu fassen ist, kann zunächst so beantwortet werden, daß beide Kategorien sich sinnvoll ergänzen können, wenn sie begrifflich nicht so weit gefaßt sind, daß sie bedeutungsgleich werden.

Die historische und soziale Analyse von *Kulturen im ländlichen Raum* ist traditionell von der kulturanthropologischen Forschung geleistet worden, aus der auch die Leitbegriffe, vor allem die der »peasant culture«, des »culture core« (Steward) und neuerdings der »Agrarkultur« (vgl. Glaeser 1986) sowie der »rural culture« (Bodenstedt 1990) hervorgingen. Alle diese Begriffe tragen das Signum multi- und interdisziplinärer Orientierung, was auch für die Kulturökologie generell gilt.

Im Begriff der *bäuerlichen Kultur* erscheinen die Bauern als soziales und historisches Subjekt von Agrargesellschaften, jedoch weniger aufgrund von Klassen- oder Schichtzugehörigkeit innerhalb der ganzen Gesellschaft, sondern infolge gemeinsamer Lebensformen und vielfältiger Abhängigkeiten von lokaler Umwelt und sozialer Gemeinschaft.[5] Die Ver-

4 Zum Begriff der »Teilgesellschaft«: »A peasantry, as Kroeber first put it, was necessarily only a 'part-society'. The household, that is, is always part of a local community (whether concentrated in villages or dispersed in hamlets); while collectively peasant communities further constitute only a segment of the society as a whole. Redfield was to add that this distinctiveness was a cultural and not merely a structural phenomenon, the 'little community' having its own cultural forms, which were, always encompassed within or articulated to the 'Great Tradition' of the wider society.« (Worsley 1984: 72)

5 »Peasant culture is intertwined with and in reality inseparable from the life of small rural communities and the particularities of family farming. Lack of anonymity, powerful normative controls and conformism treated as a virtue, relative egalitarianism and mutual dependence in the face of powerful 'external forces' (of nature

bindung beider Begriffe verweist auf das geläufige Verständnis von Agrargesellschaften, die in historischer Perspektive als »vormoderne« oder »traditionale« Gesellschaften erscheinen. Der Begriff des *Kulturkerns*, wiewohl von Steward nur undeutlich expliziert, stellt von der theoretischen Konstruktion und der Verwendungsweise her die begriffliche Verschmelzung von Phänomenen dar, die nach heutiger Terminologie auf den Ebenen der Infrastruktur, der Struktur und der Superstruktur von Gesellschaft liegen.[6] Der Begriff Kulturkern ist an agrarischen oder ruralen Gesellschaften »geeicht«, und seine Generalisierung bzw. Universalisierung als strukturbildendes Moment von Gesellschaften überhaupt, etwa als Gegenmodell zu einem ebenso abstrahierten Basis-Überbau-Modell, ist zumindest theoretisch bedenklich. Steward selbst warnt in der eingangs zitierten Deutung der Kulturökologie vor derartigen Generalisierungen. Ferner gibt er seinem Ansatz eher eine »antikulturalistische« als eine »antimaterialistische« Deutung. Es ist jedoch zu betonen, daß die Kulturökologie seither und in ihrer Entwicklung außerhalb der traditionellen philosophischen Denksysteme von Materialismus und Idealismus steht. Vorherrschend waren nach Steward und bei seinen Nachfolgern Ansätze, die sich eher als »materialistische« kennzeichnen ließen (vgl. Steiner in diesem Band). Will man die Besonderheiten bäuerlicher Kulturen innerhalb moderner oder industrialisierter Gesellschaften kulturökologisch rekonstruieren, so könnte man von einem Hinweis Stewards ausgehen: Moderne Sozialsysteme sind in ihrer Komplexität nicht auf Gleichförmigkeiten individuellen Verhaltens reduzierbar. Bäuerliche Kultur erscheint in solchen Gesellschaften als die einer »Subgesellschaft«, die noch auf gemeinsamen Verhaltensweisen und Orientierungen ihrer Mitglieder beruht.[7]

as much as of markets or of state policies) and collective identities are expressed in what James Scott described as 'subsistence ethics' - the mutual links of peasant consciousness and community are powewrful and clear.« (Shanin 1987: 259)

6 Zur Unterscheidung der drei Kategorien vgl. Steiner in diesem Band. Kulturkern ist nach Steward »the constellation of features which are most closely related to subsistence activities and economic arrangemenmts. The core includes such social, political, and religious patterns as are ewmpirically determined to be closely connected with these arrangements.« (Steward 1972: 37)

7 »Nations are not patterned in terms of uniformities of individual behavior. They are extremely heterogeneous entities whose total 'pattern' consists of intricately interrelated parts of different kinds. It is only subcultural groups - these might be called subsocieties - whose individual members share a substantial core of behavior.« (Steward 1972: 47; zum Begriff der Subkultur vgl. ebenda, S. 46 f.)

Die Besonderheit kulturökologischer Analyse ruraler Gesellschaften liegt jedoch nicht auf dieser epistemologischen Ebene. Die bei Steward genannten und in allen weiteren Ansätzen bewahrten Momente der örtlichen Begrenztheit und der lokalen Umwelt als erklärungsstiftende Größen für die ökologische, ökonomische, soziale und kulturelle Konstitution der territorialen Untersuchungseinheiten kennzeichnen den Ansatz. Dies gilt auch für die neueren Konzeptionen der Agrarkultur und der ruralen Kultur, die unten näher erläutert werden.

Als Ausgangspunkt eines kulturökologischen Forschungsprogramms über rurale Gesellschaften ließe sich demnach die Integration der Perspektiven von soziologischer und kulturökologischer Forschung auf begrifflicher Ebene festhalten. Ein kulturökologisch gefaßter Begriff der ruralen Gesellschaft weist folgende Bedeutungsdimensionen auf (im Unterschied zu herkömmlichen soziologischen Kategorien):

- *Rurale Gesellschaften in räumlicher Perspektive:* Die territoriale Dimension von lokalen oder lokal spezifischen Gesellschaften hat kaum Bedeutung in der Soziologie. Diese Wissenschaft stiftete für die Analyse lokaler Gesellschaften den traditionsreichen Begriff der Gemeinschaft (Tönnies) als Sozialstrukturkategorie.[8] Im Unterschied zur innergesellschaftlichen, gemeinschaftsbildenden Interaktion interessiert in kulturökologischer Analyse jedoch vorrangig die Interaktion von (bäuerlicher) Kultur und Umwelt, die an die Dimensionen der Räumlichkeit und Territorialität gebunden ist. Beide sind konstitutive Momente des »außerkulturellen Faktors« lokale Umwelt (Steward) und der Landschaft, die durch Landwirtschaft kulturell überformt wird (»Kulturlandschaft«).
- *Rurale Gesellschaften in evolutionärer Perspektive:* Die historische Identität ruraler Gesellschaften beruht auf einer eigenständigen Entwicklungsdynamik. Heute, aus der Perspektive »industrialistischer« Entwicklungsdynamik, erscheint solche Eigenständigkeit zumeist als Rückständigkeit. Rurale Gesellschaften sind jedoch nicht statische, wie sie von außen betrachtet erscheinen. Aus der Binnenperspektive solcher Gesellschaften ist ihre Entwicklungsdynamik zunächst wiederum geprägt von lokalen Umweltbedingungen, etwa der Abhängigkeit landwirtschaftlicher Produktion von physikalischer Umwelt und natürlichen Ressourcen (z. B. Kältegrenze, Trockengrenze, Wasserverfügbarkeit, Bodenqualität), der Domestikation des Raumes (z. B. landschaftsverän-

8 Auch in neueren Arbeiten zur ländlichen bzw. Agrarsoziologie wird die Bezugsgröße »lokale Gesellschaft« betont, siehe z. B. Bodiguel (1986: 60 ff.).

dernde Aktivitäten wie Melioration, Flurbereinigung), der Anpassung an (jahres-)zeitliche Wachstumszyklen von Pflanzen. Erst in diesem Rahmen kommen weitere - soziale, ökonomische und kulturelle - Faktoren zur Wirkung, kommt Gesellschaftsgeschichte zustande. Daß sich solche Gesellschaften heute nur noch im Rahmen anderer, größerer ökonomischer und sozialer Strukturen wandeln, beruht auf einem mit der Industrialisierung dominant gewordenen Entwicklungspfad, wodurch die eigenständigen Entwicklungsmöglichkeiten ruraler Gesellschaften stark eingeengt werden.

- *Rurale Gesellschaften in kultureller Perspektive:* Die Dimensionen von traditional/modern reichen nicht aus, um Entwicklungsrichtungen ruraler Gesellschaften zu rekonstruieren. Die Entwicklung verläuft nicht unilinear, sondern nach kulturspezifischen Differenzierungen. Der Kulturbegriff ist für empirisch orientierte Analysen ruraler Gesellschaften nur mehrdimensional zu gebrauchen. Er bezieht sich auf den ökologischen Komplex der Beziehungen zwischen Gesellschaft und Natur, auf die sozialen Institutionen und auf Ideologien oder symbolische Werte. Kultur manifestiert sich in Institutionen (ökologisch bedeutsame Institutionen sind z. B. die Formen des Eigentums und der Nutzungsrechte an natürlichen Ressourcen, vor allem an Boden und Wasser) als Lebensform von Mitgliedern und als Wertsystem.[9]

Rurale Gesellschaft erscheint in kulturökologischer Perspektive als historisch spezifisches, lokal oder regional begrenztes soziokulturelles Interaktionssystem. Sie existiert sowohl in vormodernen und nicht industrialisierten Gesellschaften wie auch innerhalb von Industriegesellschaften. Damit ist zunächst »Lokalität« die originäre Perpektive kulturökologischer Forschung, nicht »the native's point of view« wie in der Kulturanthropologie allgemein oder in ethnomethodologischen Ansätzen der heutigen Soziologie. Es geht um den »dialogue between cultural heritage and local environment« (Cole/Wolf 1974: 119). Erst innerhalb dieses spezifischen Bezugsrahmens ist die Kulturalanalyse von der subjektiven Wahrnehmung oder von »the native's point of view« geleitet. Das ist allerdings keine Besonderheit der Kulturökologie, vielmehr eine Gemeinsamkeit vieler Ansätze der »hermeneutischen Soziologie«, wie beispielsweise Phänomenologie oder Ethnomethodologie.

9 Zum damit auch angesprochenen allgemeinen Verhältnis von Kultur und Sozialstruktur vgl. zusammenfassend Eisenstadt (1986). Zur Mehrdimenionalität des Kulturbegriffs vgl. statt anderer Alverson (1986), Schudson (1989), Taylor (1989).

1.2 Ein mögliches Forschungsprogramm

Näher an die Beantwortung der Frage nach dem kulturökologischen Forschungsprogramm führt der zweite Aspekt der Kulturökologie, auf den Steward hinweist: Sie ist ein methodologisches Werkzeug zur Analyse der Angleichung (Akkomodation) von Kultur an ihre Umwelt. Die Spezifik eines derartigen Forschungsprogramms wäre demnach im weiteren über ihren methodologischen Ansatz zu erfassen. Steward stellt drei methodologische Regeln für die Untersuchung auf:

1. Analyse der Wechselbeziehungen zwischen »exploitative or productive technology and environment«
2. Analyse der »behavior patterns involved in the exploitation of a particular area by means of a particular technology«
3. Analyse des »extent to which the behavior patterns entailed in exploiting the environment affect other aspects of culture«.[10]

Es geht dabei nicht nur um die drei Stufen der Analyse von Technologie, sozialer Organisation und anderen kulturellen Momenten. Vielmehr wird darauf Wert gelegt, daß durch die Wahl der Bezugsgrößen lokale Gesellschaft und lokale Umwelt keine isolierende Betrachtung mit falschen Schlußfolgerungen entsteht. Stewards Warnung vor »the fallacy of misplaced concreteness« folgt den klassischen Prinzipien des »methodologischen Holismus«.

Vor dem Hintergrund dieser konzeptionellen und methodologischen Kategorien läßt sich ein mögliches kulturökologisches Forschungsprogramm über rurale Gesellschaften formulieren. Dabei geht es im ersten Schritt um die Konturen eines begrifflich-theoretischen Bezugsrahmens der Kulturökologie, der sich in folgenden Thesen zusammenfassen läßt:

1. Der Zugang zu agrarischen und ruralen Gesellschaften erschließt sich nicht von einem vorgängigen theoretischen Gesellschaftsbegriff her, sondern von den *Besonderheiten der landwirtschaftlichen Produktion in ökologischer Perspektive*, die sich in der kulturspezifischen Interaktion von agrarischen Produzenten mit ihrer natürlichen Umwelt ausformt. Die kulturellen Besonderheiten der Landwirtschaft beruhen zum großen Teil auf den Beziehungen zwischen Mensch und Natur in der

10 Alle Zitate aus: Steward (1972: 40 f.). »The third procedure requires a genuinely holistic approach, for if such factors as demography, settlement pattern, kinship structures, land tenure, land use, and other key cultural features are considered separately, their interrelationships to one another and to the environment cannot be grasped.« (S. 42) Zur weiteren Interpretation vgl. Teherani-Krönner (1992).

agrarischen Produktion: Insofern kann Kulturanalyse im hier dargelegten Sinn, ausgehend von der kulturökologischen Forschungstradition, die Analyse der »exploitative technology« einschließend, einen Schlüssel zur Analyse der ökologischen Restrukturierung modernisierter Agrarproduktion bieten.

2. Was den Begriff der *agrarischen Produktionsweise* angeht, hat sich die Kulturökologie in der Nachfolge von Tschajanows Theorie der bäuerlichen Familienwirtschaft entwickelt, wo mit dem Begriff der bäuerlichen Produktionsweise nicht nur eine ökonomische Produktionsweise, sondern gleichzeitig eine soziale Lebensform erfaßt wird. So greift insbesondere Wolf auf Tschajanow zurück, und Scott entwirft im Rahmen von Untersuchungen außereuropäischer Agrargesellschaften einen Begriff von bäuerlicher Ökonomie, »the moral economy of the peasant«, der einerseits die historische Spezifik, andererseits die Verwobenheit von Ökonomie und Kultur in der landwirtschaftlichen Produktion zum Ausdruck bringt.[11]
3. Gesellschaft erscheint in kultureller Perspektive als *Lebensform*. Die kulturökologische Analyse ist eine die soziologische Analyse von System- und Sozialstrukturen ergänzende. Sie läßt sich jedoch nicht in die Grenzen der beiden Gesellschaftsdimensionen »System« und »Lebenswelt« verweisen, da in der Eigentümlichkeit bäuerlicher Produktionsweisen und Kulturen sich gewissermaßen ein Lebenswelt-System-Kontinuum ausformt, das sich bisher durch alle gesellschaftlichen Epochen und in allen großen Gesellschaftssystemen erhalten hat.
4. Theoretische Zentralkategorie kulturökologischer Analysen der Gesellschaftsform ist nicht der soziologische Kernbegriff »Sozialstruktur«, sondern »Institution«. Inzwischen sehr vielfältig verwendet, markiert dieser Begriff in den meisten Varianten jedoch die Differenz zu

11 Vgl. Scott (1976) und Taylor (1989). Wird der Begriff der bäuerlichen Ökonomie allerdings in ein rein analytisches Konzept verwandelt und universalisiert, droht er, wie Stewards eingangs zitierte Äußerung zeigt, bedeutungslos zu werden. Zum Begriff der bäuerlichen Produktionsweise siehe Harrison (1977); vgl. Worsley (1984: 71): »The differences between peasant life and these other forms of existence, [i. e. pre-peasant, capitalist and post-peasant production] for Chayanov, had to be sought not so much in the relationship of the peasant family or village vis-a-vis the outside world, as in its internal constitution, dynamics and functioning. The peasant household was, therefore, the jumping-off point of his analysis, and though he concentrated on the economic relations between its members, for him it was not simply an economic institution, but a social one; not just a mode of production, but a *way of life*.«

einem analytischen Sozialstrukturkonzept: Er schließt an historisch-kulturelle Merkmale einer Gesellschaft an und verweist auf normengeleitetes Handeln. Er vereinigt die Bezüge auf spezifisches soziales Handeln, auf bestimmte soziale Akteure sowie auf die historische Identität sozialer Organisationsformen. Auch die (Wieder-)Gewinnung ökologischer Stabilität kann als Prozeß institutionellen Wandels verstanden werden.

5. Die Interaktion zwischen lokaler Gesellschaft und Umwelt steht im Zentrum kulturökologischer Analyse, jedoch weniger im Sinne einer Umweltanpassung, die dem biologisch vorgeprägten Begriff *»adaptation«* entspricht. Die in der Human- und Kulturökologie entwickelte Konzeption von *»accomodation«* betont statt der reaktiven Qualität die (inter-)aktiven und konstruktiven Leistungen und Handlungen in dieser Interaktion. Im Unterschied zu biologischer Anpassung bezieht sich Akkomodation auf die kulturell vermittelten Auseinandersetzungen zwischen den Menschen und der Umwelt (vgl. Teherani-Krönner 1992). Akkomodation ist ein Begriff, der Erwartungen an das Erkenntnisvermögen kulturökologischer Analyse weckt, jedoch ist er im Rahmen empirischer Untersuchungen ruraler Gesellschaften noch kaum verwandt worden.
6. Bei der Untersuchung der Interaktion zwischen Natur und Gesellschaft in der kulturökologischen Tradition haben *empirische Untersuchungen stärkeres Gewicht als theoretische Konzepte und Konstrukte*. Daß die wesentlichen Erklärungsmomente, die Interaktion von Kultur und Umwelt, der Kulturkern, die Produktionsweise unter anderem empirisch zu untersuchen und nicht begrifflich-theoretisch zu rekonstruieren sind, stellt seit Steward eine Eigentümlichkeit kulturökologischer Forschung dar. Damit liegt ein Theoriemodell nahe, das den neueren Vorstellungen von »grounded theory« entspricht (Glaser, Strauss u. a.).
7. Die kulturökologische Analyse ruraler Gesellschaften in kulturell-evolutionärer Hinsicht folgt nicht der verengten Perspektive traditional/modern, sondern spezifischen Entwicklungsdimensionen dieser Gesellschaften, die auch die »kulturellen Wahrnehmungen« der Prozesse sozialen Wandels durch die sozialen Subjekte einschließen. Die Vorstellung einer »Gerichtetheit« der Entwicklung, die sich in Form von Systemzwängen oder Entwicklungsgesetzen, unabhängig vom Willen der sozialen Subjekte, durchsetzt, wäre zugunsten der Annahme mehrerer möglicher Entwicklungspfade und der relativen Offenheit

sozialer Prozesse bzw. ihrer »gesellschaftlichen Gestaltbarkeit« aufzugeben. Nicht nur daß sich diese Eigenständigkeit und Offenheit heute unter dem Primat universaler und »industrialistischer« Entwicklungsdynamik zunehmend weniger erhalten und entfalten kann, wäre zu registrieren; vielmehr ginge es um die weitergehende Frage, warum sich die »ursprüngliche kulturelle Differenziertheit« nicht mehr zu erhalten scheint. Im Hinblick auf die in den vorherigen Thesen angesprochene Interaktion zwischen Natur und Gesellschaft wäre, zumindest hypothetisch, ein Entsprechungsverhältnis zwischen kultureller und genetischer Vielfalt anzunehmen, das eine Bedingung für ökologische Nachhaltigkeit agrarischer Produktionsweisen darstellt.

8. Die aus historischen und soziologischen Analysen entstehenden Thesen vom »*Ende der Bauern*« (Mendras u. a.), von der *Kolonialisierung bäuerlicher Lebenswelten* in modernen Industriegesellschaften - und ähnliche - sind in der kulturökologischen Forschung, die sich auf die Frage nach der Wiedergewinnung von Subjekteigenschaften bei den Agrarproduzenten und der ökologischen Akkomodation richtet, neu zu interpretieren. Vor allem bedarf es eines zureichenden Verständnisses davon, warum die bäuerliche Kultur und Gesellschaft vielleicht ausstirbt, wenn der gegenwärtige Entwicklungsprozeß in westlichen Gesellschaften universell wird. Hierzu bietet sich folgende Ausgangsthese an: »Bis vor nicht langer Zeit ist landwirtschaftliche Ökonomie immer eine Ökonomie innerhalb einer Ökonomie gewesen. Es ist diese Tatsache, die sie befähigte, die globalen Umwälzungen der übergreifenden Ökonomie zu überleben - feudale, kapitalistische, sogar sozialistische.« (Berger 1982: 268; vgl. auch Worsley 1984: 119 ff.)
9. Die Frage nach dem sozialen Subjekt der agrarischen und ruralen Gesellschaften ist im Sinn der Kulturökologie nicht allein mit konventioneller soziologischer Klassen- oder Schichtanalyse zu lösen. Shanin hat die Bauern als »awkward class« bezeichnet, Berger als »Klasse Überlebender«. Beide weisen darauf hin, daß die seit langem in den verschiedensten soziologischen und ökonomischen Theorien geäußerten Prophezeihungen vom Verschwinden der Bauern bisher nicht eingetreten sind.[12] Die Subjekthaftigkeit bäuerlicher Gesellschaften kon-

12 Vgl. Worsley (1984: 70); vgl. Berger (1982: 267 f.). Zur dörflichen Sozialstruktur vgl. Brüggemann/Riehle (1985: 105): »Die soziale Differenzierung im Dorf erfolgt nicht primär nach sozioökonomischen Kriterien, sie basiert vielmehr auf einem gemeinsamen Regelwissen und daraus resultierenden Zuschreibungen, die sich zusammensetzen aus Kriterien wie: Familie und Herkunft, Haus- und Grund-

stituiert sich nicht primär auf der Ebene sozialer Schichtung der ganzen Gesellschaft, sondern in der bäuerlichen Kultur, in der Familienwirtschaft und im Haushalt als sozialer Einheit der Produktion.

10. Die in den beiden letzten Thesen berührten Fragen nach der *Transformation moderner ruraler Gesellschaften* in »nachbäuerliche Gesellschaften« - nach der Differenzierung ihrer Sozialstrukturen, nach dem Funktionswandel ländlicher Räume und der »Industrialisierung des Landes« - sind in der kulturökologischen Forschung noch ebensowenig beantwortet wie in den aktuellen sozialwissenschaftlichen Diskussionen über dieses Thema.[13] Doch wäre es ein Mißverständnis, das kulturökologische Erkenntnisinteresse an der subjektiven Konstitution ruraler Gesellschaften und an der ökologischen Nachhaltigkeit der Agrarproduktion als eine Forderung im Sinne von »Zurück zur vorindustriellen Natur!« auszulegen.
11. Auch wenn bisher in der Gesellschaftsgeschichte die bäuerliche Wirtschaft im ländlichen Raum dominiert hat, ist die Frage nach dort auftretenden anderen Produktions-, Lebens- und Kulturformen nicht überflüssig gewesen (z. B. die nach der Rolle der handwerklichen Produktion). In der kulturökologischen Analyse wird diese Frage in der Form interessant, ob es um »symbiotische« oder koexistente Kulturen geht oder um Verdrängungsprozesse (wie z. B. im Verhältnis von Industrie- und Agrarkultur).
12. Das Konzept der »Ganzheitlichkeit« kann nur unter Schwierigkeiten in methodologische Regeln umgesetzt werden. Soll es in empirischen Untersuchungen nicht zur Trivialität werden, kann es vorerst nur als eine allgemeine Richtschnur der Analyse dienen. Deren Sinn ist es, zu verhindern, daß aus der isolierenden und abstrahierenden Analyse von bestimmten Institutionen, Strukturen, sozialen Prozessen falsche Schlüsse gezogen werden (Whitehead/Parsons: »fallacy of misplaced concreteness«). Diese Vorsichtsregel ist in der Kulturökologie durch eine zweite zu ergänzen: die Warnung vor dem »naturalistischen Fehlschluß«, indem etwa davon ausgegangen würde, daß die Natur Normen und Regeln des »richtigen« Verhaltens setzen würde.

---

besitz, ordentliches Verhalten und gutes Arbeiten sowie soziale Aktivitäten im anerkannten Rahmen (in Vereins- und Gemeindepolitik).« Vgl. auch Shanin (1987; siehe Fußnote 5).

13 Zum Stand der Debatte vgl. ASG (1988). Die Diskussion markiert das Ende der »dualistischen« Ansätze, die von einer Integration oder Inkorporation des Agrarsektors in die Industriegesellschaft ausgehen (vgl. ebenda, S. 30 ff.).

Theoriebezogene Fragestellungen einer kulturanthropologischen Analyse ruraler Gesellschaften können nicht in einheitlicher und allgemeiner Form formuliert werden, da sich die Kulturökologie nicht aus einem starren theoretischen Bezugsrahmen entwickelt. Die Leitfragen sind jedoch in der bisherigen Darstellung bereits genannt worden. Das *Erkenntnisinteresse kulturökologischer Forschung*, übersetzt in politik-, praxis- und anwendungsbezogene Formen, wird markiert durch die Frage nach der Rekonstitution eines kulturell und sozial integrierten Subjekts und der (Wieder-) Erlangung einer ökologisch nachhaltigen agrarischen Produktionsweise.[14] Wie weit diese bäuerliche Landwirtschaft bleiben kann, bleiben muß oder wieder werden kann, ist den noch weitgehend fehlenden empirischen Untersuchungen über eine »Ökologisierung« der Agrarproduktion in industrialisierten Gesellschaften zu überantworten.

2. Konvergenzlinien: Die Rückkehr des Subjekts in die Gesellschaftsanalyse

2.1 In die Kulturökologie integrierbare Forschungskonzepte

Aus der neueren soziologischen Forschung über Landwirtschaft in den westeuropäischen Gesellschaften läßt sich eine Reihe von Konzepten und Untersuchungergebnissen nennen, die sich mit kulturökologischen Ansätzen vereinigen lassen. Hier werden nur Beiträge aus dem deutschsprachigen Raum angeführt, ohne Anspruch auf Vollständigkeit:

- die gesellschaftstheoretisch orientierten historischen Untersuchungen zur Modernisierung agrarischer Gesellschaften, die nach dem *Verhältnis der Bauern zur Industrialisierung* fragen: Die Entwicklungsdynamik moderner Gesellschaften war demnach bis in die jüngste Zeit geprägt von einer »Symbiose von kapitalistischer Industrie und bäuerlich-handwerklicher Gesellschaft«[15];

14 Als Bezugsgröße können hier »peasant ecotypes« dienen: »Muster der Ausbeutung natürlicher Ressourcen unter gegebenen makro-ökonomischen Rahmenbedingungen« und zugleich »ökonomische Netze, die die Haushalte einer Region verknüpfen« (vgl. Löfgren 1986: 101 ff.).

15 Lutz (1986: 125; 1984), ASG (1988). Die ältere Arbeit von Poppinga (1975), in der auch das politische Verhalten von Bauern mit untersucht wird, markiert den Beginn solcher, in der Bundesrepublik nicht sehr zahlreicher, Untersuchungen.

- die Untersuchungen ländlicher Lebenswelten und des Wandels bäuerlicher Lebensformen im Modernisierungsprozeß: Die Forschungsergebnisse sind zwiespältig, jedoch tritt in der aktuellen Untersuchung von Brüggemann/Riehle (1986) die Persistenz bäuerlicher Lebensformen und kultureller Orientierungen auch im modernisierten Dorf hervor (vgl. Schmals/Voigt 1986, Brüggemann/Riehle 1986, Giordano/Hettlage 1989);
- die Untersuchungen, in denen einzelne Krisenpunkte und *Bruchstellen bäuerlichen Bewußtseins* zum Thema gemacht werden: Der Modernisierungsprozeß, der Marginalisierungs- oder Kolonialisierungsprozeß und die Umweltzerstörung sind bisher Thema verschiedener Untersuchungen, jedoch kaum alle zusammen, als gleichzeitig ablaufende Prozesse, die widersprüchliche Bewußtseinsformen begünstigen (siehe auch Pongratz 1987, Kölsch 1989, Rau 1989).

Die allgemeine Aussage soziologischer Forschung über moderne westeuropäische Gesellschaften der Gegenwart zeigt Ratlosigkeit an: Der Prozeß der Modernisierung ländlicher Gesellschaften ist weithin zum Abschluß gekommen und hat zu krisenhaften Folgen, tendenziell zum Untergang der kulturellen und sozialen Identität ruraler Gesellschaften, geführt, was als Landflucht, als Ausbildung peripherer Räume und als »Kolonialisierung« der ländlichen Kultur durch die dominante industrielle und städtische Kultur rekonstruiert wurde. Über die Zukunft und die zukünftigen Entwicklungsperspektiven ruraler Gesellschaften herrscht - über das eher alltäglicher praktischer Beobachtung abgewonnene pessimistische Konstatieren eines Untergangs der Bauern hinaus - in den soziologischen Analysen dennoch weitgehend Unklarheit. Die Kulturökologie kann hier nicht unbedingt Abhilfe schaffen, jedoch die Befunde und Erkenntnisse neu überdenken (auch auf die Eignung der Begriffe zur Beschreibung der sozialen Prozesse hin), um sie nicht vorschnell als »eherne Gesetze« zu besiegeln. Vielmehr wäre nach Möglichkeiten der Beeinflussung und Änderung solcher Entwicklungen zu suchen.

2.2 Von der Umwelt als Bezugsgröße zur Umweltzerstörung als Problem ruraler Gesellschaften

In der Zeit der Entstehung der Kulturökologie und in ihren klassischen Untersuchungen waren Umweltprobleme moderner, intensivierter Landwirtschaft kein Thema. Heute rückt dieses in den Mittelpunkt aller sozialwissenschaftlichen Agrarforschung, und ein kulturökologisches Forschungsprogramm über rurale Gesellschaften ist auf sein Erkenntnisvermögen zu diesem Thema zu befragen.

Die Bündelung der empirischen Fragestellungen zu Umweltproblemen moderner Landwirtschaft könnte am ehesten im Rahmen eines sich interdisziplinär verstehenden, handlungsbezogenen Forschungsansatzes geschehen, der sich im deutschsprachigen Raum unter dem Begriff »Agrarkultur« entwickelt.[16] Das Agrarkulturkonzept ist zwar bereits nach wenigen Jahren des aktualisierten Gebrauchs im Zusammenhang der Agrarumweltdiskussion in eine Reihe theoretischer Bedeutungen zerfasert - die jedoch hier nicht weiter diskutiert werden sollen - und droht durch überstrapazierten Gebrauch begrifflich zu verschwimmen. Neben der begrifflichen Rekonstruktion gibt es jedoch Ansätze, dieses Konzept in einen praktischen Forschungsansatz zu übersetzen.[17]

Als alternative Idee zu einer ausschließlich über den Weltmarkt gesteuerten Agrarentwicklung entstand im Agrarkulturansatz, zurückgehend auf ältere Ansätze von »eco-development«, die *Konzeption regionaler Agrarkulturen*. Diese können nach folgenden Kriterien beurteilt werden: ökologisch nachhaltige (z. B. standort- und klimagemäße), sozial und kulturell »eingebettete«, subsistenz- und marktorientierte Produktion miteinander verträglich gestaltende Formen der Landwirtschaft.

Agrarkultur ist nicht gleichzusetzen mit ökologischem Landbau, bäuerlicher Landwirtschaft (»peasant farming«), Kleinlandwirtschaft, Subsistenzproduktion, extensiver Landnutzung oder angepaßter Technologie. Der Ansatz bezieht alle diese Elemente und Formen ein. Er bezeichnet jedoch kein einheitliches und universales Modell einer ökologischen Produktionsweise, die es nicht geben kann, vielmehr ein *situatives Konzept*, in dem solche Elemente in Abhängigkeit von räumlichen und kulturellen Gegebenheiten als variabel kombinierbare analysiert werden können. Es geht in diesem Ansatz um qualitativ andere Wege von Wachstum und Entwicklung, nicht um Nullwachstum und Rückentwicklung; um Ökologisierung als qualitative Verbesserung landwirtschaftlicher Produktionssysteme und um das Herausfinden von Wegen dahin.

Ein kulturökologischer Ansatz stellt einen brauchbaren Bezugsrahmen zur empirische Erforschung von Agrarkulturen dar. Es gibt bislang aller-

16 Ein allgemeiner Überblick über landwirtschaftliche Umweltprobleme aus der Perspektive des Erhalts bäuerlicher Landwirtschaft ist in AbL (1989 und 1990) zu finden.

17 Zur Entstehung des Ansatzes vgl. Glaeser (1986).

dings keine umfassenden empirischen Untersuchungen, in denen er angewandt worden ist, ebensowenig wie das weitere, stärker analytisch gefaßte Konzept von »rural culture«.[18]

2.3 Nützlichkeit eines kulturökologischen Bezugsrahmens für die Analyse modernisierter ruraler Gesellschaften

Die eingangs aufgeworfene Frage nach den Vor- und Nachteilen der Übertragung kulturökologischer Ansätze auf modernisierte oder industrialisierte rurale Gesellschaften kann auch nach der Diskussion eines möglichen Forschungsprogramms nur vorläufig beantwortet werden. Der ideale Fall, daß in der kulturökologischen Forschung gerade die Themen und Probleme bearbeitet werden können, die von anderen Ansätzen und Theorien ausgeblendet werden, liegt nicht vor. Vielmehr gibt es programmatische Überschneidungen mit verwandten Ansätzen sozialwissenschaftlicher Forschung über den ländlichen Raum, ländliche Lebenswelten und Kulturen. Bei der Frage nach den methodischen Vorteilen kulturökologischer Analyse scheint der wichtigste Punkt die empirische Analyse im spezifischen, auf rurale Gesellschaften zugeschnittenen Bezugsrahmen lokaler Umwelt zu sein. Ein weiterer, damit zusammenhängender Vorteil kann darin gesehen werden, daß sich kulturökologische Ansätze weniger abhängig gemacht haben vom Paradigma der »universalen industriellen Entwicklung«, die der soziologischen Theorie Problem, Erklärungsansätze und analytische Bezugsrahmen gestiftet hat. Sie sind daher weniger darauf angewiesen, rurale Gesellschaften nur noch aus der Perspektive des Angleichens an oder der Reaktion auf das dominante gesamtgesellschaftliche Entwicklungsmuster der industriebedingten Modernisierung zu analysieren. Das empirieorientierte Vorgehen schließt zwar einen Verzicht auf große Theorie ein, was jedoch ebenfalls kein Nachteil sein muß. Es würde erst dann einer, wenn die kulturökologische Analyse zu Verkürzungen und Mißdeutungen führen würde, die der Vernachlässigung einer Analyse konstitutiver Strukturen der untersuchten Sozial- und Gesellschaftssysteme geschuldet wären.

---

18 Die Projektgruppe Agrarkultur am Wissenschaftszentrum Berlin bereitet solche Untersuchungen derzeit vor. Zum Konzept der »rural culture« siehe Bodenstedt (1990: 46): »Rural culture in its historical guise is a complex of empirical experience constructs which are significantly opposed to those dangerous and detrimental traits of today's industrial culture.«

Literatur

AbL (Arbeitsgemeinschaft bäuerliche Landwirtschaft) (Hg.): (1989): *Wachstumslandwirtschaft und Umweltzerstörung*, Band I. Rheda-Wiedenbrück

AbL (1990): *Wachstumslandwirtschaft und Umweltzerstörung*, Band II. Rheda-Wiedenbrück

Alverson, H. (1986): »Culture and Economy«: Games that 'Play People'«. *Journal of Economic Issues*, 20 (3), S. 661-679

ASG (Agrarsoziale Gesellschaft) (Hg.) (1988): *Ländliche Gesellschaft im Umbruch*. Göttingen

Bargatzky, Th. (1986): *Einführung in die Kulturökologie*. Umwelt, Kultur und Gesellschaft. Berlin

Berger, J. (1982): *SauErde*. München

Bodenstedt, A. (1990): »Rural Culture - a New Concept«. *Sociologia Ruralis*, 30 (1), S. 34-47

Bodiguel, M. (1986): *Le rural en question*. Paris

Brüggemann, B./Riehle, R. (1985): »Soziale Gruppen im Dorf«. *Loccumer Protokolle*, 5, S. 104-114

Brüggemann, B./Riehle, R. (1986): *Das Dorf*. Frankfurt a. M.

Cole, J./Wolf, E. R. (1974): *The Hidden Frontier*. Ecology and Ethnicity in an Alpine Valley. New York

Eisenstadt, S. N. (1986): »Culture and Social Structure Revisited«. *International Sociology*, 1 (3), S. 297-320

Giordano, C./Hettlage, R. (Hg.) (1989): *Bauerngesellschaften im Industriezeitalter*. Zur Rekonstruktion bäuerlicher Lebensformen. Berlin

Glaeser, B. (Hg.) (1986): *Die Krise der Landwirtschaft*. Zur Renaissance von Agrarkulturen. Frankfurt a. M.

Harrison, M. (1977): »The Peasant Mode of Production in the Work of Chayanov«. *The Journal of Pesaant Studies*, 4, S. 323-336

Kölsch, O. (1989): *Die Lebensform Landwirtschaft in der Modernisierung*. Frankfurt a. M.

Löfgren, O. (1976): »Peasant Ecotypes. Problems in the Comparative Study of Ecological Adaptation«. *Ethnologia Scandinavia*

Lutz, B. (1984): *Der kurze Traum immerwährender Prosperität*. Frankfurt a. M.

Lutz, B. (1986): »Die Bauern und die Industrialisierung.« In: J. Berger (Hg.): *Die Moderne - Kontinuitäten und Zäsuren*. Göttingen, S. 119-137

Pongratz, H. (1987): »Bauern - am Rande der Gesellschaft?« *Soziale Welt*, 38 (4), S. 522-544

Pongratz, H. (1990): »Cultural Tradition and Social Change in Agriculture«. *Sociologia Ruralis*, 30 (1), S. 5-17

Poppinga, O. (1975): *Bauern und Politik*. Frankfurt a. M.

Rau, Th. (1989): *Umweltprobleme und umweltorientierte Landbewirtschaftung im Meinungsbild der Landwirte Nordrhein-Westfalens*. Diss. Bonn

Schmals, K. M./Voigt, R. (Hg.) (1986): *Krise ländlicher Lebenswelten*. Analyse, Erklärungen und Lösungsperspektiven. Frankfurt a. M.

Schudson, M. (1989): »How Culture Works«. *Theory and Society*, 18, S. 153-180

Scott, J. C. (1976): *The Moral Economy of the Peasant: Rebellion and Subsistence in Southeast Asia*. New Haven, Conn.

Shanin, T. (Hg.) (1987): *Peasants and Peasant Societies*. London

Steward, J. H. (1972): *Theory of Culture Change*«. Urbana

Taylor, M. (1989): »Structure, Culture and Action in the Explanation of Social Change«. *Politics & Society*, 17 (2), S. 115-162

Teherani-Krönner, P. (1992): *Human- und kulturökologische Ansätze zur Umweltforschung*. Ein Beitrag zur Umweltsoziologie. Wiesbaden

Worsley, P. (1984): *The Three Worlds: Culture and Development*. Chicago

Znaniecki F. (1919): *Cultural Reality*. Chicago

Von Indianern lernen?
Landnutzung als kulturschaffende Kraft

Bernd Neugebauer

Inhalt

1. Agrar-Kultur-Ökologie

Die sozialen Bewegungen der vergangenen hundert Jahre haben vermocht, viele Abhängigkeiten abzubauen - eine verblieb: die Abhängigkeit des Menschen von der Natur. Und wenngleich im selben Zeitraum ungeahnte Möglichkeiten des Umgangs mit der Natur und ihren Ressourcen eröffnet und praktiziert wurden, so stehen wir doch heute wieder vor einem Punkt, wo letztendlich die Abhängigkeit von ihr unseren weiteren Fortschritt begrenzt.

Um uns aus dieser Abhängigkeit zu befreien, gilt es die Zerstörung der Erdoberfläche zu beenden. Boden und Wasser, die uns tragenden Elemente, sind zu Mangelfaktoren geworden, Erosion und Waldvernichtung bedrohen ganze Lebensräume. Der Zerstörungsprozeß geht - direkt oder indirekt - einher mit der Einführung einseitig nutzungsorientierter land- und forstwirtschaftlicher Methoden, mit Formen der Land- und Forstwirtschaft, die die explotative Naturnutzung in den Vordergrund stellen und sich den Möglichkeiten des Landbaus, des Kultivierens, der Kultur, nur in zweiter Linie widmen.

Derartige Vorgehensweisen entsprechen nicht dem wirklichen Wissen in Praxis und Wissenschaft. Landnutzungstechnische Alternativen existieren durchaus, doch sie werden nicht konsequent angewandt und politisch kaum vertreten. Es kann jedoch angesichts der heutigen Krisen nicht mehr darum gehen, ausschließlich Produktionssysteme zu optimieren und ansonsten weiter fortzuschreiten auf einem Wege, der sich darauf beschränkt, die Wirkungen und ökologischen Schäden der Landnutzung zu begrenzen.

Evident geworden ist, daß mit der Umweltzerstörung auch die Bedrohung unseres wirtschaftlichen und sozialen Lebens einhergeht. Landflucht - vor allem in Entwicklungsländern -, Arbeitslosigkeit und Verschuldung zeugen davon. Hunger und Armut bedrohen die Menschheit. Mit dem Versuch, die Natur zu beherrschen, ist nicht Freiheit von ihr, vielmehr sind bislang unbekannte Abhängigkeiten geschaffen worden.

Die Entscheidungsfindung über Landnutzungsoptionen orientiert sich also nicht am tatsächlichen Erkenntnisstand - es ist bekannt, auf welche Weise nachhaltig im Sinne der Natur gewirtschaftet werden könnte. Entscheidungen zur Landnutzung aber werden in Unkenntnis von Alternativen und oft im Sinne einseitiger Interessen getroffen.

Wie und wo also kann der Mensch - kann die Menschheit - angesichts der fortschreitenden Zerstörungsdynamik ihren Platz in der Natur und ihr

Verhältnis zur Produktivität neu und nachhaltig definieren? Die Schärfe der Problematik verlangt nach qualitativer Umorientierung, nach einem grundsätzlichen Überdenken unserer Rolle in der Natur und der Bedeutung des Landbaus als Grundlage menschlicher Kultur. Landnutzung spielt sich heute überall auf der Welt im dichtbesiedelten Raume ab und ist damit immer auch eine Frage der sozialen, der wirtschaftlichen und der kulturellen Beziehung zwischen all jenen Gliedern einer Lebensgemeinschaft, die sich einen Naturraum teilen, in ihm leben und produzieren.

Auseinandersetzungen um eine qualitative Umorientierung sind deshalb nicht im Rahmen der Suche nach Landnutzungstechnologien allein zu führen. Indem Bauern und Agronomen mit ihren Schwierigkeiten alleingelassen werden, verleugnen Staat und Gesellschaft ihre Verantwortung für sie.

2. Kulturökologie und Agrarkultur

2.1 Die Rolle der Bauern

Wer sind sie, die Bauern? In erster Linie doch die Akteure des direkten Umganges mit der Natur, diejenigen, deren Produktions- und Lebensgrundlage die Natur selbst ist; diejenigen, die auf informellem Wege dafür garantieren, daß Erfahrungen im Umgang mit der Natur an künftige Generationen weitervermittelt werden. Gleichzeitig stellen sie, und insbesondere die kleineren unter ihnen, diejenige menschliche Gruppe dar, die - gemeinsam mit der Natur - marginalisiert wird. In der industrialisierten wie in der Dritten Welt schlagen sich Umwelt- und soziale Zerstörung für sie direkt im Verlust ihrer Lebensgrundlage und ihrer menschlichen Würde nieder.

Wir sind damit geschichtlich an einem Punkt angelangt, an dem wir uns fragen müssen, ob die Menschheit eigentlich ohne Bauerntum leben und sich weiterentwickeln kann. Es ist zu fragen, ob wir gerade auf jene Teile der Gesellschaft verzichten können, die das aktive Bindeglied zur Natur und zu ihrem Verständnis darstellen. Hier ist, neben der Frage nach den landnutzungstechnischen Optionen, die uns den sorgsameren Umgang mit der Natur erlauben könnten, eine umfassendere, eine integrale Sichtweise gefordert, die soziale Aspekte systematisch miteinbezieht.

2.2 Die kulturökologische Sicht

In Forschung und Entwicklung bedarf es einer neuen Disziplin. Denn vor drei Jahrzehnten noch wurden rein produktionstechnische, dann ausschließlich agrarwissenschaftliche und nun endlich erste ökologische Betrachtungsweisen verlangt. Jetzt ist ein weiterreichendes Instrumentarium erforderlich, das anbau- und nutzungstechnische Fragen zu den sie ergänzenden sozialen Kategorien in Beziehung zu setzen vermag: Die Kulturökologie fragt dabei nicht nur nach der Rolle des Menschen im ökologischen Kontext, sie sucht den systematischen Zusammenhang zwischen der menschlich-gesellschaftlich geprägten Kultur und der natürlichen Umwelt.

Die kulturökologische Sichtweise wird damit von einem Bewußtsein getragen, das von dem bisherigen Verständnis land- oder forstwirtschaftlichen Fortschritts weit abrückt und doch darauf abzielt, dieses zu ergänzen und zu vervollständigen. Problemlösungen im Agrarbereich zu suchen heißt, im kulturökologischen Sinne nach einer Bereicherung der menschlichen Existenz in der Natur zu suchen; Möglichkeiten des Wachstums und der Entwicklung aufzuspüren, Lebenssituationen als ein Ganzes zu erkennen, aufzunehmen und wandeln zu können.

Die Humanökologie bietet dazu einen analytischen Zugang, indem sie den Menschen und die menschliche Erkenntnis über die Natur zum Gegenstand der Betrachtung macht. Doch über den humanökologischen Erkenntnisweg hinaus müssen Handlungsformen entwickelt und erprobt werden, die einen entsprechenden Wandel menschlichen Tuns in der Natur einleiten und fördern können. Hierin liegt die weiterreichende Aufgabe und Möglichkeit kulturökologischer Analyse.

2.3 Kultur im Landbau

Im Deutschen verstellt der ökonomische Tenor des Begriffes Landwirtschaft die Sicht auf den engen Bezug zwischen Landbau und menschlicher Kultur. In anderen Sprachräumen verweisen vielerlei Varianten des Begriffes »Agrikultur« darauf, daß im Landbau kulturschaffende Kräfte wirken, deren Nährboden die Produktivität des Ökosystems ist.

»Landbau« umfaßt eben mehr als nur »Landwirtschaft«. Das zeigt sich mit aller Deutlichkeit, wenn wir Nutzungsformen unterschiedlicher Klimazonen und Kulturräume miteinander vergleichen. Das zeigt sich auch, wenn wir die sektorale Trennung einzelner Bereiche der Landnutzung auf ihre Gültigkeit unter sich wandelnden Bedingungen untersuchen.

So wurde zum Beispiel in Mitteleuropa die Trennung zwischen Land- und Forstwirtschaft zur Grundbedingung erfolgreichen Wirtschaftens erklärt. Dies war aus seiner geschichtlichen Situation heraus sinnvoll und verständlich - indes, es stimmt nicht immer. In der Praxis wird diese Trennung ausgerechnet von jenen Bauern unterlaufen, die sich der Aufgabe ihrer Höfe am längsten widersetzen konnten. Immerhin gab es allein in der alten Bundesrepublik noch 1961 etwa 420 000 bäuerliche Waldbesitzer, deren wesentlicher Beweggrund für die waldbauliche Aktivität wirtschaftlicher Natur war.

Dennoch: in Zentraleuropa war die Trennung der Nutzungsformen über lange Zeit eine insgesamt durchaus erfolgreiche Strategie. Dies ist insbesondere der Tatsache zuzuschreiben, daß die Nachteile, die aus der mangelhaften Abstimmung der Nutzungsformen enstanden, aufgewogen wurden durch ein effizientes administratives und planerisches Instrumentarium, das, wo notwendig, für die Verknüpfung beider Bereiche sorgte. Erst mit der sich verstärkenden Umweltkrise verdeutlicht sich, daß es nicht immer greift. Verfeinerte Regulierungsmechanismen müssen geschaffen werden.

In den Tropen haben erfolgreiche Landbauformen seit jeher nicht ohne eine solche Feinabstimmung zwischen land- und forstwirtschaftlichen Methoden existieren können. Man könnte argumentieren, daß es hier an der notwendigen administrativen Perfektion fehle, doch gibt es darüber hinaus einen ökologischen Grund: Bäume und Wald stellen im tropischen Raum eine weit in jeden Landbau hineinreichende Produktivkraft dar. Sie kann nicht ohne Verlust ausgeschaltet werden.

Untersuchungen an traditionellen tropischen Anbausystemen ergaben, daß Waldbau vor der Einflußnahme westlicher Technologien niemals integrierter Bestandteil der »Landwirtschaft« war, ja daß Landwirtschaft gar nicht als solche, in Abgrenzung von waldbaulichen Aktivitäten gesehen wurde. Traurige Konsequenz der somit falsch gesetzten Parameter der postkolonialen Landnutzung ist die tropische Waldzerstörung. Erst nach vielen Jahren zerstörerischer und vielerorts erfolgloser Landnutzung wurde dies überhaupt als Problem erkannt. Doch die damit entstandene Herausforderung zur Integration der Methoden wurde deshalb weder von der Agronomie noch der Forstwissenschaft konsequent zur Kenntnis genommen. Ein Beispiel soll dies verdeutlichen.

3. Ansätze integrierter Land- und Forstwirtschaft

Die Begriffe »Shifting Cultivation«, »Brandrodungs-« oder »Wanderfeldbau« werden zur Beschreibung nicht permanenter, meist traditioneller Formen kombinierter land- und forstwirtschaftlicher Nutzung verwandt.

Im ursprünglichen, integrierten Brandrodungsbau werden landwirtschaftliche Kulturen, Waldprodukte und Wildtiere nachhaltig genutzt. Doch in dieser Form ist er nur noch selten anzutreffen. Seine Nachhaltigkeit ist mittlerweile vielerorts dem wachsenden Bevölkerungsdruck zum Opfer gefallen, und der Brandrodungsbau selbst ist zum Zerstörungsfaktor geworden. Er dient insbesondere in Kolonisierungsgebieten der Tropen dazu, Wald zu roden und »urbar« zu machen.

Dabei vertritt der integrierte Brandrodungsbau einen höheren Grad ökologischer und sozialer Angepaßtheit als die meisten modernen Landnutzungsverfahren. Ihm fehlt jedoch die Anpassung an moderne soziale und wirtschaftliche Rahmenbedingungen, und so wird er sicherlich nie mehr eine tragfähige Alternative der Landnutzung sein können. Andererseits könnte das ihm zugrundeliegende technologische Konzept Ausgangspunkt für zukunftsträchtige Landbaustrategien werden. Es entspricht modernen Forderungen nach agroforstlicher Integration[1]:

> »Der Nutzen agroforstlicher Systeme besteht in ihrer Fähigkeit, die Produktivität des Landes wiederherzustellen oder zu erhalten. Dies trifft für alle nichtkontinuierlichen Anbauverfahren zu, bei denen eine Baumbracheperiode in das Nutzungsverfahren integriert ist. [...] häufig beruht jedoch das Versagen von Programmen, die den Wanderfeldbau ablösen sollen, im Nichterkennen der Waldbrache als integriertem Bestandteil des landwirtschaftlichen Systems.« (Arnold 1984: 3)
>
> »Bäume können diese Bodenverbesserungsfunktion auch in bestimmten permanenten Anbausystemen erfüllen; indem sie als Streifenkulturen eingesetzt werden, Nährstoffe in Form von Fallaub oder Frischmilch an die Bodenoberfläche bringen oder durch die Einbringung vom Leguminosen Stickstoff anliefern. In anderen Worten ausgedrückt, stellen sie eine kostenersparende Alternative der Düngung und Bodenverbesserung dar. Bäume werden auch eingesetzt, um den Boden durch ihre Schattenwirkung zu schützen; sei es vor Wind, vor der zerstörerischen Wirkung des Regens, dem Abtrag der Deckkrume o. ä.« (ebenda)

1 Agroforstwirtschaft ist die moderne Bezeichnung für kollektive Landnutzungssysteme, in denen holzige perenne Pflanzen zusammen mit krautigen Nutzpflanzen oder Tieren in einer räumlichen Einheit oder in Rotation bewirtschaftet werden. In agroforstlichen Systemen bestehen sowohl ökologische wie auch ökonomische Interaktionen zwischen den Bäumen und anderen Kulturen.

Es wird zu überprüfen sein, ob die Brandrodungstechnologie mit derartigen Beschreibungen hinreichend charakterisiert ist. Die kulturökologische Analyse fragt über die ökologische Betrachtung hinaus noch nach wirtschaftlichen und sozialen Charakteristika. Agroforstlich orientierte Wissenschaftler argumentieren da folgendermaßen:

> »Dieser [ökologische] Nutzen wird durch den betriebswirtschaftlichen Vorteil erhöhter Produktionsvielfalt ergänzt. Indem unterschiedliche Baumprodukte in die Nutzung einbezogen werden, vermindert sich das Subsistenzrisiko nach dem Verlust einer oder mehrerer Feldkulturen. Zudem stehen marktfähige oder anders nutzbare Produkte über eine größere Zeitspanne zur Verfügung. [. . .] Bäume können eine Kapitalreserve für Notzeiten oder Momente hohen Kapitalbedarfes darstellen [. . .] da sie nicht zu bestimmten Zeitpunkten geerntet werden müssen und mit der Zeit an Wert zunehmen, besitzen sie in dieser Hinsicht eine einzigartige Bedeutung.« (Arnold 1984: 4)

Diesen Beobachtungen kann in der Sache zugestimmt werden. Sie reichen aber nicht an den Kern der Problematik heran. Die Integration unterschiedlicher Nutzungsformen kann nicht allein darauf beruhen, jedweden möglichen Nutzen unterschiedlicher Gewächse aus verschiedenen Blickwinkeln zu beleuchten. Kulturökologische Wissenschaft, die sich um die Integrität der Landnutzung bemüht, muß die Analyse auf einer anderen Ebene vornehmen. Ihr Ziel ist es, systematische Zusammenhänge zwischen der menschlichen Kultur und der Umwelt im Anbausystem zu erkennen. Die oben beispielhaft angeführte Beschreibung »integrierter« agroforstlicher Systeme ist demgegenüber eine einfache Katalogisierung von an sich reduktionistischen Betrachtungsweisen, die der Besonderheit des Anbausystems in seiner Rolle für Mensch und Natur nicht gerecht werden.

Traditionelle integrierte Systeme bieten anhand von Beobachtungen der internen Dynamik des »lebenden« Beispiels einer Agrar-Kulturökologie hervorragende Untersuchungsmöglichkeiten. Sie erlauben die Erarbeitung von entwicklungsrelevanten Maßstäben zur Bewertung auch moderner Landbauverfahren. Selbst wenn es sich beim Untersuchungsobjekt um eine Form des Wanderfeldbaues handelt, die unter heutigen Bedingungen keine Zukunft mehr hat, so reichen doch die möglichen Erkenntnisse aus der Beobachtung anbautechnischer Differenzierungsprozesse des Systems in ihrer Bedeutung weit darüber hinaus. Genau diese Kenntnisse werden angesichts der dringend notwendigen Überführung des weltweit dominierenden Brandrodungsbaus zu intensiveren permanenten Verfahren benötigt.

Die konventionelle Agrar- und Forstwissenschaft haben solche Fragestellungen nicht zugelassen, worin einer der Gründe ihrer geringen Relevanz für die Weiterentwicklung integrierter Ansätze des Landbaues liegt. Ihre Empfehlungen lauten auf einerseits intensive Landwirtschaft oder andererseits Aufforstung mit je eigener Regie und Verantwortlichkeit.

4. Indianische Agrarkultur

Sollte sich die Fachwissenschaft nicht spätestens dadurch alarmiert fühlen, daß traditionelle Völker nicht nur gegen Staudämme und Umsiedlungsmaßnahmen protestieren, sondern auch gegen die Aufforstungen der Regionen, in denen sie leben?[2] Da kaum jemand die Vorteile des Waldes so gut kennt wie die in ihm lebenden Völker, kann ihr Protest nur bedeuten, daß die Aufforstungen falsch angelegt werden.

Die etablierte Forstwirtschaft weiß keine Konzepte zur integrierten, allen lokalen Anforderungen gerechten Nutzung des Landes vorzuweisen. Waldreservate auf der einen Seite, einseitig auf die Wertholzproduktion orientierte Forstnutzungsverfahren auf der anderen haben eines gemeinsam: Sie verweisen die lokale Bevölkerung an die Peripherie des Geschehens und negieren, was immer an wirklichen Erfahrungen vorliegen mag (vgl. auch Lachenmann und Salas zum Thema »Lokale Wissenssysteme«, Teil IV in diesem Band).

In Brasilien wird derzeit ein Aufforstungsprojekt mit insgesamt acht Baumarten über 8 Millionen Hektar geplant. Das entspricht ungefähr der Fläche Belgiens. Die Maßnahmen werden von den gleichen Großgrundbesitzern vorgenommen, die hier fünfzehn Jahre zuvor den Wald abholzten. Sie werden dabei von den gleichen Finanziers gefördert.

Der Konflikt wird noch an einem weiteren Beispiel deutlich. Öko-Bewegungen agieren zum Schutz der Natur in den Tropen, soziale Bewegungen kämpfen für die Rechte der dort lebenden Menschen. Allzu oft passiert es, daß die beiden Gruppierungen schließlich gegeneinander kämpfen. Wer sich für den Schutz tropischen Waldes einsetzt, gerät mit jenen in Konflikt, die den in diesem Wald lebenden Indianerstämmen die angestammten Nutzungsrechte sichern möchte. Indianern wird vorgeworfen, daß sie Bäume fällen oder den Wald abbrennen. Dem engen Lebenszusammenhang zwischen Bäumen und Indianern wird das nicht gerecht, es fehlt die kulturökologische Dimension.

2 So letztlich in Thailand und Brasilien.

Die Verantwortlichen der industrialisierten Welt nutzen nur wenige Baumarten des tropischen Waldes, oft werden hundert Bäume zerstört, um einen Mahagonistamm zu ernten. Diese Bäume fallen der Unkenntnis zum Opfer, die Marktwirtschaft weiß ihnen keinen Nutzen zuzuordnen. Nur etwa 2 Prozent der Arten des tropischen Regenwaldes sollen angeblich nutzbar sein. Doch traditionelle Waldvölker kennen wenigstens 95 Prozent der in ihrem Lebensgebiet wachsenden Pflanzen. Dieses Gebiet erstreckt sich oft über Hunderte von Quadratkilometern. Dabei kann jede einzelne Pflanze vielen unterschiedlichen Zwecken dienen. Die Kultur indianischer Völker fußt direkt auf ihrer Pflege.

Der indianischen Landnutzung liegt ein anderes Verständnis der Natur, eine andere Klassifizierungsweise zugrunde, die in viel stärkerem Maße als unser wissenschaftliches Denken das Begreifen von Vernetzungen möglich macht. So können Indianer ein bestimmtes Insekt einem bestimmten Boden und diesem wiederum bestimmten Pflanzen zuordnen. Jedes einzelne dieser Elemente dient als Indikator für das Vorhandensein eines anderen. Indianer vermögen im Dunkeln zu jagen, indem sie nach den Geräuschen von Bienenstöcken lauschen. Einzelne von insgesamt 50 vorhandenen Bienenarten können das Vorhandensein bestimmter Tierarten aufzeigen. Sie vermögen zu jagen, indem sie mit nackten Füßen auf den Boden aufstampfen, so die Bodenart erkennen und die Bodenart wiederum zum Vorhandensein einer bestimmten Tierart in Beziehung setzen. Diese Techniken sind in höchstem Maße funktional, ja effizient.

4.1 Agroforstwirtschaft bei den Kayapó

Es gibt heute im Amazonasgebiet noch 3 500 Kayapó-Indianer auf einer Fläche von insgesamt 4 Millionen Hektar. Archäologische Funde in der Region deuten darauf hin, daß die Kultur dieser Indianer seit fast 35 000 Jahren besteht und sich den Wald nutzbar gemacht hat. Für die Kayapó gibt es keine Trennung zwischen Landbau und Waldbau. Ihre Art der Agroforstwirtschaft kennt differenzierte Verfahren, wie sie von Posey (1985) beschrieben werden:

(a) Verfahren: Eine Lichtung im Wald

Hochwald erlaubt keinen strauchartigen oder krautartigen Bewuchs. Erst in einer Lichtung, sei sie auf natürliche Art und Weise durch Baumfall enstanden oder künstlich angelegt, entstehen die Wuchsbedingungen für jene Pflanzen, die die Ernährung, die Versorgung mit medizinischen Substanzen und die Erzeugung vieler anderer Produkte garantieren. Dabei wurden vor der Kolonialzeit die Bäume von den Kayapó geringelt, blieben mehrere Jahre stehen, bis sie trocken waren, und wurden dann verbrannt. Heute werden Metalläxte eingesetzt. Vornehmlich werden Bäume gefällt, die im Kronenbereich Bienennester tragen: Das gewährleistet nach der schweren Arbeit des Fällens den Lohn einer guten Honigernte. So kommt es, daß mancherorts behauptet wird, daß Indianer ganze Bäume fällen, nur um an Honig zu gelangen. Sie fällen Bäume, weil sie zur Pflanzenproduktion eine Lichtung brauchen, günstigere Lichtverhältnisse.

Solche Pflanzen werden dann aus älteren Lichtungen in die neu entstandene Lichtung verpflanzt. Nach jeder Wuchsperiode wird das Artenspektrum verändert, den sich verändernden Wuchsbedingungen entsprechend. So entsteht ein Mosaik unterschiedlicher Sukzessionsstufen, in dem die künstlich eingebrachten Pflanzen eine wesentliche Rolle spielen. Gleichzeitig kommt es zwar auch zur natürlichen Regeneration, doch sind die so behandelten Waldflächen später deutlich anthropogen beeinflußt. Selbst der schließlich entstehende Hochwald ist ein vom Menschen manipulierter Nutzwald, in dem auch die Nutzpflanzen der frühen Phasen, Knollenfrüchte und Sträucher ihr Regenerationspotential über lange Zeit behalten - bis auf der Fläche nach 40 oder 50 Jahren ein weiteres Mal gerodet wird.

(b) Verfahren: Kriegsgärten

Sie tragen ihren Namen, weil sie der Nahrungsversorgung auf langen Kriegsmärschen oder auf Wanderungen dienen. Um nicht im Wald zu verhungern oder einer Krankheit ausgeliefert zu sein, werden verschiedene nahrungsmittelliefernde Pflanzen, Heilkräuter und anderes in natürliche Lichtungen eingebracht, wann immer und wo immer diese vorgefunden werden. Sie erhalten keine weitere Pflege, die Pflanzorte bleiben jedoch bekannt, und auf der nächsten Wanderung, auch wenn sie erst Jahre später stattfinden sollte, finden die Indianer die notwendige Verpflegung, ja auch das notwendige pflanzlich gespeicherte Wasser an solchen Stellen. Nahrungsmittel werden also weit gestreut im Wald produziert.

(c) Verfahren: Bergkuppenanbau

Eine andere Art der Landwirtschaft wird auf den Kuppen von Hügeln praktiziert. Hier entstehen auch in kleinen Lichtungen geeignete Wuchsbedingungen für besonders lichtliebende Pflanzen.

Zwei Drittel der nach diesen Verfahren angebauten Pflanzen sind nicht gezüchtete Arten. Sie haben den Vorteil, daß sie im Wald eine langfristige Überlebenschance haben, auch wenn sie nicht vom Menschen gepflegt werden. Damit wird, völlig anders als in der westlichen Landwirtschaft, der permanente Anbau unabhängig von der permanenten Pflege möglich. Auch nach langen Waldbracheperioden können sich solche Pflanzen noch ohne menschliches Zutun regenerieren.

(d) Verfahren: Savannenaufforstung

Im Lebensbereich der Kayapó gibt es Wald- und Savannenbiotope. Während im Wald Lichtungen geschaffen werden müssen, um die elementaren Wuchsvoraussetzungen für Kulturpflanzen zu schaffen, müssen in der Savanne eher Schutzvorkehrungen vor Austrocknung, extremer Sonneneinstrahlung und Wind geschaffen werden. Die Kayapó forsten hierzu kleine Teile der Savanne auf. Sie heben an einzelnen Orten Mulden aus und füllen diese mit organischer Materie sowie Ameisenerde. Exakt zum Beginn der Regenzeit werden ausgewählte Pionierbaumarten in die Mulden gepflanzt. Sie werden alljährlich durch neue Arten ergänzt, die den sich verändernden Schatten und Bodenverhältnissen entsprechen. Langsam wächst das anfangs sehr einfache Biotop zu einem vielfältigen Waldbiotop heran. Diese kleinen Waldbiotope in der Savanne bieten Wuchsbedingungen, unter denen bestimmte Pflanzenarten besser gedeihen als in den Lichtungen des Regenwaldes. Erfolgreiche Aufforstungsmethoden für tropischen Wald gibt es also schon seit langer Zeit. Sie benötigen keinen Kapitalaufwand und erlauben die vollkommene Integration der lokalen Bevölkerung, da sie nur durch sie durchgeführt werden können.

Unterschieden werden kann somit zwischen den Methoden, mit denen im Wald auf beschränktem Raum ein Savannenklima geschaffen wird, und Methoden, mit denen in der Savanne auf beschränktem Raum ein Waldklima erzeugt wird. Die Produktion der vom Menschen nutzbaren Pflanzen geschieht vornehmlich in den so entstandenen Grenzbereichen, den »biotop-interfaces«. Recht kleine Eingriffe, die mit einfachen manuellen Mitteln erfolgen, sorgen dafür, daß das Ökosystem Regenwald insgesamt zu einem stark manipulierten, damit nutzbaren, aber immer noch stabilen Ökosystem wird. Die Landschaft ist hier wesentlich verändert, auch wenn Fremde sie gerne als eine reine Naturlandschaft sehen wollen. Und doch liegt es einzig daran, daß sie die anthropogenen Veränderungen nicht erkennen und die Nutzungsmöglichkeiten der eingebrachten Pflanzen nicht berücksichtigen.

4.2 Die kulturschaffende Kraft der Landnutzung

Auf der Grundlage solcher Vorgehensweisen konnten in vergangenen Jahrhunderten und Jahrtausenden Hochkulturen entstehen, die unseren heutigen Forderungen nach einer Ökologisierung der Landnutzung in ungeahnt hohem Maße entsprachen. Eine der bekanntesten dieser Hochkulturen war die der Maya. In Yucatán hinterließ sie neben imposanten architektonischen Relikten auch Spuren der land- und forstwirtschaftlichen Aktivitäten, die zu ihrem Reichtum wesentlich beigetragen haben, wenn sie nicht sogar die wichtigste Grundlage aller Leistungen dieses Volkes waren.

4.2.1 Prinzipien des Mayalandbaues

Die frühe prähispanische Kulturentwicklung erfolgte ausgerechnet im als unwirtlich angesehenen, tropisch wechselfeuchten Yucatán im Südosten Mexikos. Das Mayavolk war in der Lage, sich unter diesen Bedingungen einen hohen Lebensstandard zu leisten, es war ein Volk der Städtebauer, Kunst- und Sprachgelehrten.[3] Die Grundlage hierfür schufen sie aus eigener Kraft; Landbau und Selbstversorgung spielten eine bedeutende Rolle im Leben dieser Menschen. Deshalb sollte man ausschließen können, daß sich die Maya aufgrund der Unkenntnis ökologisch verträglicher Nutzungsformen selbst zerstörten. Der Versuch, den Untergang ihrer Kultur mit den zerstörerischen Auswirkungen des Brandrodungsbaues zu erklären, überzeugt nicht und würde mindestens eine plausible Theorie für ihre Landnutzungsmethoden und die wirtschaftliche Grundlage ihrer Kultur erfordern.

Inzwischen zeigen aber auch konkrete Funde, daß intensive Optionen der Landnutzung jahrhundertelang praktiziert wurden und in einer engen Beziehung zum regionalen Entwicklungsniveau standen (Harrison 1978: 1-10). Die Fehlinterpretation entstand wiederum durch die Vernachlässi-

3 Manche Forscher vertreten die Auffassung, daß die Tieflandmaya ein Handelsvolk gewesen sein müßten. Das schließt die Notwendigkeit einer intensiven Landnutzung zur Versorgung der Städte nicht aus. Auch der erfolgreiche Handel kann nur auf der Grundlage gesicherter Selbstversorgung ablaufen. Anders ist auch die Kontinuität einer Stadt wie Dzibilchaltun mit 25 000 Einwohnern nicht zu erklären, die sich über mehr als 1 000 Jahre zu erhalten vermochte. Andere Städte hatten mehr als 100 000 Einwohner. Wenigstens 45 solche Großstädte wurden entdeckt, nur sechs davon teilweise ausgegraben.

gung der Komplexität der Beziehungen zwischen der kulturellen Leistung und dem Landbau.

Dabei erlauben verbesserte Forschungstechniken, wie die pollen- und karbonanalytische Auswertung von Boden- und Seeablagerungsstrata und Satellitenphotos, durchaus Aussagen über vorspanische Landschaftsveränderungen (Adams u. a. 1982). Ergänzt durch kulturökologische Untersuchungen noch bestehender traditioneller Landbaumethoden lassen sich bereits mehrere Verfahren des Dauerfeldbaues beschreiben, deren Produktivität weit über der des Brandrodungsbaues liegt (Neugebauer 1986: 283 ff.). Diese Verfahren orientieren sich an drei Regeln:

1. Es wird eine räumliche und zeitliche Diversität der Anbauform angestrebt. Mehrere Anbauverfahren mit unterschiedlichen Nutzungsprinzipien werden nebeneinander und nacheinander eingesetzt, um den sich ändernden Bedingungen des Bedarfs, der Flächenverfügbarkeit, des Klimas, der Bevölkerungsdichte und des Arbeitskräfteangebotes gerecht zu werden (Harrison 1978: 4 f.). Diese Grundregel entspricht dem Beispiel der Kayapó.
2. Je nach dem standörtlichen Bedarf wird eine ausgleichende Regulierung des Wasserhaushaltes vorgenommen. Vorhandenes Regen-, Fluß- oder Grundwasser wird räumlich und zeitlich bedarfsgemäß verteilt oder entsorgt.
3. Voraussetzung der Flexibilität der Nutzung ist das Vorhandensein sehr wirkungsvoller Praktiken der Bodenrehabilitation. Die Kombination der angewandten Landbaumethoden war damit insgesamt, nicht aber notwendigerweise in jeder ihrer Einzeltechnologien nachhaltig.

Die folgenden Beispiele belegen diese Prinzipien. Ihre Beschreibung ist lückenhaft, nur Teilaspekte können durch archäologische und anbautechnische Daten vollkommen schlüssig belegt werden. Die Variablität der Beispiele läßt aber ahnen, in welchem »Geiste« Landwirtschaft bei den alten Mayas betrieben wurde.

4.2.2 Intensiver Feldbau der Tallagen

Die Halbinsel Yucatán ist ein oberflächenwasserfreies Karstplateau. In ihrem Zentrum liegen mehrere kleine Täler mit fruchtbaren Talböden. Die Wasserversorgung ist für die hier lebenden Menschen und die Landwirtschaft ein limitierender Faktor. Während der Trockenzeit bieten einzig einige Höhlen Zugang zu Frischwasserreserven, aber kein einziger Brunnen reichte an den 50 Meter tief gelegenen Grundwasserspiegel heran. In der Regenzeit konzentrieren sich die wenigen starken Regenfälle derart, daß der Zufluß von den karstigen Hängen die fruchtbarsten der Talböden versumpfen läßt. Während der Kolonialzeit gab es deshalb in diesen fruchtbaren Tälern bis zur Installation einer modernen Infrastruktur keine Siedlungen. Bauern, die hier Landwirtschaft betrieben, kehrten regelmäßig in die weit entfernten Dörfer zurück. Die Täler wurden weit unter ihrem Potential genutzt (Neugebauer 1983).

Während der vergangenen 20 Jahre wurde die Problematik der Zone über die Bereitstellung von Elektrizität, Tiefbrunnenanlagen und Bewässerungssystemen teilweise gelöst. Viele der damit verbundenen organisatorischen und finanziellen Probleme bereiteten erhebliche Schwierigkeiten, rentabel waren diese Maßnahmen nicht. Auch aus hygienischen Gründen sind die Installationen bedenklich: Im durchlässigen Karst versickert das Oberflächenwasser in Rissen und Brüchen. Es gelangt ohne natürliche Filterung ins Grundwasser, erhöht den Durchfluß und verstärkt die Auswaschung. Verschmutzungen reichern sich dann im Grundwasser an, gelangen mit dem Brunnenwasser wieder an die Oberfläche, verbreiten intestinale Krankheiten und Parasiten.

Die gleiche Gegend ist flächendeckend von Resten prähispanischer Zeremonialbauten und Gebäuden verschiedenster Art, Pyramiden und den Sockeln einfacher Häuser, durchzogen. Alte Straßenreste, Plätze und Begrenzungsmauern lassen sie als ehemaligen Stadtbereich erscheinen, nur auf den ebenen Talböden fehlt jegliche Spur einer Bebauung. Hier bringt das Erdreich Tonscherben, Pfeilspitzen und Schneidwerkzeuge zutage. Jedem aufmerksamen Beobachter wird deutlich, daß sich in diesen Talzügen einmal sehr viele Menschen dauerhaft aufgehalten haben. Somit stellt sich die Frage nach deren Wasserversorgung, die, wie immer geartet, ergiebig und zuverlässig gewesen sein muß.

Brunnen kamen dafür also nicht in Betracht. Die vorhandenen Höhlen erlauben kaum mehr als einigen hundert Leuten das Überleben.[4] So kamen nur einige natürliche und künstliche Wasserspeicher in Frage (siehe Tabelle 1). Die Wassereinzugsgebiete dieser Anlagen überschneiden sich. Chultunes liegen meist im Hangbereich. Sie sind völlig außer Gebrauch gekommen, versiegelt, vergraben oder verschüttet (Thompson

4 Versuchsweise Abstiege in einige der Höhlen führten über »alpin« anmutende Felswände 40 bis 50 Meter tief. Nur die Höhle Loltun führt schon in etwa zwanzig Metern Tiefe gutes Trinkwasser, das nie versiegt und gut zugänglich ist (vgl. auch Mercer 1975).

1897). Die meisten anderen Speicheranlagen halten kein Wasser mehr, das Fehlen sorgfältiger Pflege schränkt ihre Funktionsfähigkeit ein.

Tabelle 1: Prähispanische Einrichtungen zur Wasserversorgung in Zentralyucatán

Typus	Kapazität in l	Häufigkeit	Beschreibung
Aguada	10 - 150 Mio.	1 pro Tal	Künstlicher See, der sich über zahlreiche ebenfalls künstlich angelegte Zuflüsse füllt
Aguadita	1 000 - 50 000	3,7 pro km^2 unterer Hangbereich	Unter Ausnutzung natürlicher Geländeformen angelegter kleiner See, gemauert oder auf Ton, mit oder ohne Zufluß
Chultun	20 000 - 45 000	bis zu 65 pro km^2 im Plattenkalkstein	Künstlich ausgegrabene unterirdische Zisterne, innen verputzt abgedichtet, darüber eine feste Regenwassersammelfläche von durchschnittlich 100 bis 200 m^2 Größe
Haltun	100 - 20 000	verstreut	Natürliche Erosionstasche in festem Fels, künstlich abgedichtet, mit Zuflußkanälen
Pila	5 - 20	nicht zählbar	Ausgehöhlte Felsblöcke für kleine Wassermengen zum sofortigen Gebrauch

An den Aguadas hat das Wild sein Wasser gefunden. Sie dienten darüber hinaus wohl hauptsächlich der Landschaftspflege und wurden als heilige Orte geschützt. Mit dem Ende traditioneller Bewirtschaftung füllten sie sich nicht mehr und versumpften. Zu ihrer Pflege gehörte das alljährliche Ausbrennen der inneren Wände, die Säuberung der Zulaufkanäle und der gelegentliche Aushub des Buuté, einer befestigten Zisterne am tiefsten Punkt des Sees. Dieser Buuté hat, wenn die Aguada einmal leer war, der Wasserfauna als Refugium gedient. Es wird berichtet, daß hier das Wasser nie versiegte.

Stephens hat vom einstigen Vorkommen mehrerer hundert solcher künstlicher Seen in der Umgebung des inzwischen ausgegrabenen Zentrums Uxmal berichtet (Stephens 1963/1843). Doch die Stadtbevölkerung kann ihr Trink- und Brauchwasser kaum aus Seen bezogen haben. Die Verteilung der anderen, kleineren Wasserspeicher, auf Abbildung 1 dargestellt, gibt hierüber Aufschluß. Auf jeder Terrasse liegt wenigstens ein Chultun, der an der Oberfläche von je einer, meist um die 150 Quadratmeter großen Wasserauffangfläche umgeben ist. Doch auch das Gefälle der Terrassen selbst führt jeweils über den Chultun zur nächst niedriger gelegenen Terrasse. Das Regenwasser konnte also abgeleitet werden - entweder in einen Chultun oder gezielt hangabwärts.

*Abbildung 1: Skizze der südlichen Seite eines Abschnittes des Tales von Cooperativa/Oxkutzcab, dem Einzugsgebiet der Aguada Xpotoit**

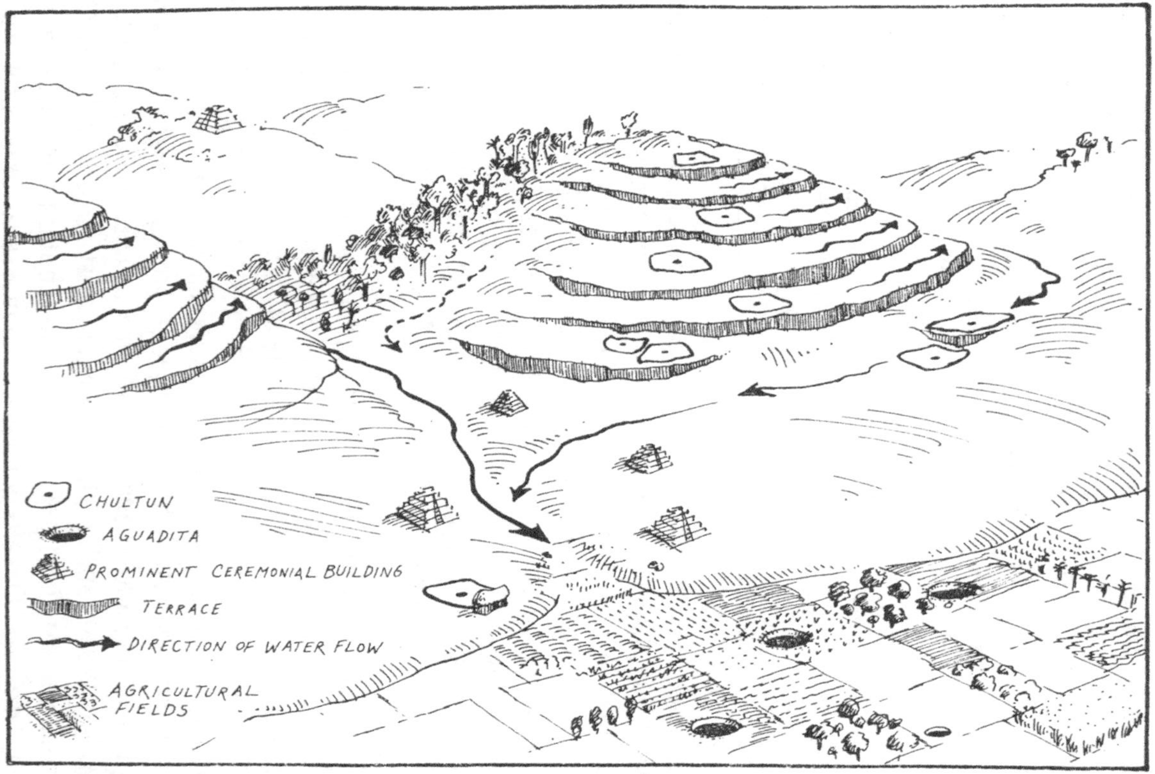

* Den entscheidenden Fund stellten hier Terrassen und Chultunes auf allen steileren Hängen der Hügel dar. Die Terrassen wiesen Reste alter Pflasterung auf, sie waren also keine landwirtschaftlichen Flächen. Reste von Hausfundamenten deuten auf ehemalige Wohngebiete im Umkreis der *Chultunes*. Die Lage ist dafür ausgezeichnet, selbst an heißesten Tagen weht eine leichte Brise über die Hänge, der Blick über das Tal macht sie zum idealen Aufenthaltsort. Es wurden nur einige wenige der vorhandenen Wasserspeicher eingezeichnet. Die Dichte der Chultunes liegt z. B. bei $50/m^2$.

Der Schlüssel zur Nutzung der Chultunes liegt einerseits im Zusammenwirken von Auffangfläche und Speicher, andererseits aber auch in ihrer Einbindung in ein Regelsystem des Wasserabflusses von den Hängen. Ihre jeweilige Kapazität betrug durchschnittlich 45 000 Liter. Wenn sie allein von ihrer eigenen Auffangfläche gespeist wurden, füllten sie sich mit durchschnittlich 300 Milliliter Niederschlag. Wurde der Gesamtniederschlag der sie umgebenden Fläche (beispielsweise der gepflasterten Terrassen) aufgefangen, so konnten sie sich mit 20 Milliliter Niederschlag füllen, hohe Verdunstungswerte und Verluste miteingerechnet. Solche Regenfälle von 20 Milliliter sind auch inmitten der mehrmonatigen Trockenperioden Yucatáns möglich. Das Gesamtnetz der Chultunes hielt dann allein um die 2 Millionen Liter Wasser pro Quadratkilometer bereit.[5]

Tatsächlich wurde der Zulauf von anderen Flächen als den Auffangflächen flexibel gehandhabt. Nur wenn die jeweilige Regenmenge nicht ausreichte, um die Zisternen zu füllen, wurde vom abfließenden Strom Wasser abgezweigt. Dies zeigt der Fund kleinen Kanäle, zwischen den Auffangflächen (vgl. Abbildung 2). Am talseitigen Ende der Auffangflächen waren Ausflüsse angelegt, um Wasser gegebenenfalls weiter bergab leiten zu können. Praktische Versuche an einer Rekonstruktion bestätigten diese Annahmen.

Am Hangfuße lagen dann die Aguaditas. Teilweise waren auch hier noch Zulaufrinnen und Kanäle sichtbar. Sie erhielten den Zufluß, der nicht von den Chultunes aufgenommen wurde. Ihr Gesamtfassungsvermögen ist dem der Chultunes vergleichbar. Der Unterschied zwischen den beiden Speichern besteht darin, daß die Chultunes das Wasser vollkommen sauber halten, während die Aguaditas offen sind und deshalb wohl vornehmlich der Fischzucht und der Bereitstellung von Gießwasser dienten. Was auch in den Aguaditas nicht aufgenommen wurde, floß in die am tiefsten Talpunkt gelegene zentrale Aguada.

Diese Infrastruktur hatte Folgen für die räumliche Verteilung unterschiedlicher Nutzungsformen. Im Talbereich mußten die empfindlicheren, intensiv genutzten Feldfrüchte und Gemüse angebaut werden, während sich für die extensiv genutzten, wenig anfälligen Kulturen der Wald und die nicht bewohnten Hanglagen eigneten. Von den Hängen wurde, darauf deuten überdurchschnittlich mächtige Kolluvialböden an den Talrändern hin, nicht nur der Wasserabfluß, sondern auch die Bodenerosion gezielt

5 Weitere Analysen des Systems in Neugebauer (1983).

gefördert. Mit dem Wasser konzentrierte sich demnach auch das Wuchssubstrat im Tal.

*Abbildung 2: Vergleich der Wasseraufnahme zweier Chultunes mit unterschiedlich großen Regenwasserauffangflächen**

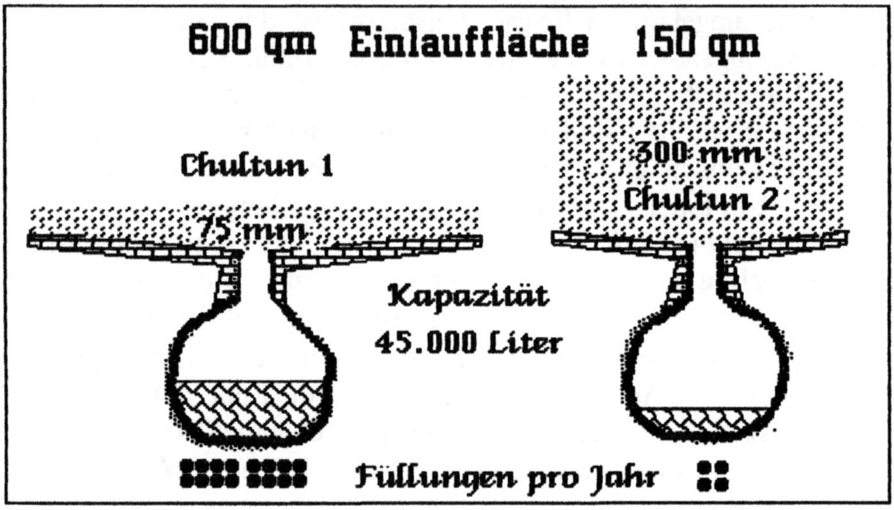

* Chultun 1 mit einer überdimensionierten Fläche von 600 m² füllt sich bei mittleren Jahresniederschlägen 16 mal im Jahr, es müssen erhebliche Wassermengen verbraucht werden, wenn seine Speicherkapazität voll genutzt werden soll. Chultun 2 mit einer Fläche von 150 m² füllt sich hingegen viermal im Jahr. Die nachfolgenden Wasserbilanzen beziehen sich auf den häufigeren Typ des Chultun 2.

Der über Kanäle gesteuerte, sicher oft sehr heftige Wasserfluß berührte die im Tal gelegenen Felder nicht. Überschwemmungen während heftiger Regengüsse wurden verhindert, und es stand auch in trockenen Perioden Wasser zur Verfügung. Wie derartige Wassermengen nicht nur im täglichen Gebrauch, sondern auch landwirtschaftlich sinnvoll eingesetzt werden können, verdeutlichten eigene Versuche mit intensiven ökologischen Anbaumethoden. Das Anbaurisiko bei unerwarteten Trockenperioden kann mit kleinen Wassermengen weitgehend ausgeglichen werden. Die Pflanzung von Bäumen, die Anlage von Saatbeeten und intensive Nutzungsformen können damit betrieben werden. Die Möglichkeit hochproduktiver Landwirtschaft in der Region ist nur und erst durch die Wasserbewirtschaftung gegeben.

Ein weiteres Charakteristikum ist die Integration von Wohngebieten und landwirtschaftlicher Nutzfläche innerhalb eines geschlossenen Wassereinzugsgebietes. Wie immer sie in ihren sozialen und wirtschaftlichen

Aspekten bewerkstelligt wurde, sie ist eine unbedingte Voraussetzung für das Funktionieren des Systems. Nur ein hohes Maß an Präsenz und an individueller und gesamtgesellschaftlicher Verantwortung kann erklären, wie ein so weit verzweigtes System von Speichern und Kanälen erfolgreich gebaut, in Stand gehalten, gepflegt, gesäubert und genutzt werden konnte. Ohne intensive Pflege, das zeigte vor allem auch die experimentelle Nutzung einer Rekonstruktion, verkommt es schnell.

5. Von Indianern lernen?

Die naturnahe, integrierte Land- und Waldnutzung der Kayapó ist keine Alternative für andere vom Niedergang der Produktivität bedrohten Völker. Im Gegenteil, die Kayapó selbst sind der Bedrohung ausgesetzt, der Bedrohung durch eine Welt, die sie nicht versteht. Und dennoch, der Beobachter kann von ihnen lernen, wie sie auf erfolgreiche Art und Weise mit einem Lebensraum umgehen, der uns nicht »nutzbar« und nicht »bebaubar« erscheint. Sie bieten die Möglichkeit zum Erlernen eines anderen Verständnisses der Realität. Denn die Realität ihres Lebensraumes besteht, bestand zumindest, wie sehr sie auch von der westlichen Wissenschaft immer ignoriert worden sein mag.

Die dominante westliche Wissenschaft hat sich der indianischen Kultur bisher nicht angenommen und hat deren Existenz nicht einmal im Sinne von Arbeitshypothesen anerkannt, obwohl darin eine besondere Herausforderung liegt; eine zu große vielleicht, weil das Instrumentarium ganzheitlicher Betrachtungsweisen im Westen nicht ausreichend entwikkelt und geschult wurde.

Indianische Kulturen sind der lebende Beweis für die Sinnhaftigkeit und Notwendigkeit einer kulturökologischen und insbesondere einer agrar-kultur-ökologischen Wissenschaft. Sie muß, um wirksam zu sein, auf Paradigmen fußen, die auch der indianischen Sichtweise und Wissenschaft Raum geben und sie zu integrieren in der Lage sein. Sie sollte Orientierung in all den Bereichen der Landnutzung geben können, mit deren Untersuchung die herkömmlichen sektoralen Wissenschaften überfordert sind.

Die beschriebenen Landnutzungsformen gingen und gehen mit den indianischen Völkern selbst verloren. Sie sind nicht kopierbar und lassen sich nicht konservieren. Doch als Instrument der Analyse und als Repräsentanten alternativer wissenschaftlicher und, in der Umsetzung, planerischer Konzeptionen sollten sie bestehen bleiben. Zu diesen Konzeptionen gehört als Grundprinzip der Erhalt und die Förderung biologischer Diversität. Dies gelingt durch Kreativität im Umgang mit lokalen Ressourcen und durch Flexibilität in der Anwendung des Erworbenen. Die beschriebene Wasserwirtschaft der Maya stellte ein Raster dar, innerhalb dessen der Einzelne, jeder an seinem Platz, das geschaffene Potential optimal nutzen konnte und mußte. In ebensolchem Sinne nutzen die Kayapó jede passende Gelegenheit zur Vermehrung ihrer Nutzgewächse, sei nun gerade Bedarf gegeben oder nicht. Hierin haben Mayalandbau und Kayapówirtschaft ihre Gemeinsamkeit.

Das Prinzip erscheint unserem Denken wie eine ethische Verpflichtung und nicht wie eine Anweisung zum Landbau. Aber es bezeugt nur ein Paradigma kulturökologischen Denkens: daß der Mensch als zentraler und handelnder Akteur des Ganzen zu sehen ist. Für das geforderte grundsätzliche Überdenken unserer Rolle in der Natur und der Bedeutung des Landbaus für das Werden menschlicher Kultur bestehen hier konkrete Ansatzpunkte.

Dem stehen die Paradigmen westlicher Vorstellungen oft entgegen. Beispielhaft seien Stewart (Steward 1949) und Wittfogel (Wittfogel 1956) genannt. Sie argumentieren, daß es die Steigerung der Bevölkerungsdichte und der Nutzungsintensität sei, die schließlich immer die Bewässerung notwendig mache. Bewässerung sei dann grundsätzlich eine nur zentristisch steuerbare Angelegenheit und setze autoritäre, tendenziell despotische Formen der Verwaltung voraus. In Asien mag es derartige hydraulische Systeme gegeben haben. Im Falle der Maya deutet alles darauf hin, daß nur ein hohes Maß an individueller Verantwortung jedes Beteiligten die Funktion des Systems gewährleisten kann. Die im Umgang mit der Natur bewiesene Kreativität dürfte aber schwerlich mit despotischen Führungsformen vereinbar sein. Wenn aber die Anbauform eine demokratische politische Kultur voraussetzt, muß das auch für die Förderung eigenständiger Entwicklung in ländlichen Räumen Konsequenzen haben. Weniger direktive als vielmehr der Kreativität fördernde, standörtlich spezifische Methoden sollten eingesetzt werden.

6. Perspektiven

6.1 Landnutzungsförderung

Brandrodungsbau wird von Agronomen und Forstleuten zumeist als zerstörerisch und gefährlich angesehen. Daß er auch mit einem spezifischen Wissen und Erfahrung mit tropischen Ökosystemen verbunden sein kann, wurde erst in den siebziger Jahren zur Kenntnis genommen. Man begann zu erkennen, daß die Trennung zwischen Land- und Waldbau nicht unumstößlich sein muß und Kombinationen beider durchaus produktiv sein können. Land- und forstwirtschaftliche Planer begründeten daraufhin eine neue Disziplin und den Begriff Agroforstwirtschaft.

In analytischer Hinsicht ist der Begriff brauchbar und durchaus sinnvoll. Die potentielle Bodenschutz- und Bodenregenerierungsfunktion agroforstlicher Maßnahmen ist unumstritten. Wo Erosion den Verlust von organischer Materie und Pflanzennährstoffen bewirkt, können agroforstliche Techniken eine höhere Produktivität bewirken (Young 1989). Wird der Begriff jedoch entwicklungsbezogen gebraucht, so entstehen eigenartige Verzerrungen: Agroforstwirtschaft wird dann leicht zu einer neuen Landnutzungskategorie erhoben, als gelte es, der Land- und der Forstwissenschaft noch einen dritten Sektor hinzuzufügen.

Die konsequente Trennung von Land- und Forstwirtschaft hat die notwendige Integration unterschiedlicher Bewertungen und Sichtweisen von Landnutzungstechnologien verhindert. Agroforstwirtschaft kann in diesem Kontext eine Bereicherung sein, wenn sie als Erweiterung bestehender land- und forstwirtschaftlicher Konzepte verstanden wird, wenn sie Technologien, die bis dato zu isoliert, zu einseitig betrachtet wurden, integriert. Indem Agroforstwirtschaft aber als eigenständige Kategorie betrachtet wird, kann sie nur allzu leicht kontraproduktiv wirken. Denn wirkliche Integration setzt nicht neue fachliche Konzepte, sondern eine neue Sichtweise voraus. Auch agroforstliche Verfahren können aufgrund ihrer Komplexität und Störanfälligkeit mehr noch als andere in Frage kommende Bewirtschaftungssysteme nur von den Bauern selbst getragen werden. Was passieren kann, wenn sie im direktiven oder sektoralen Sinne eingeführt werden, zeigt wiederum das folgende Beispiel.

6.2 Agroforstwirtschaft an Hanglagen

In einem agroforstlichen Projekt der Bundesregierung wurden Bäume auf terrassierten Hängen gepflanzt. Die Terrassen wurden an ihren Rändern jeweils von Wasserauffanggräben begrenzt, die der Regulierung des Wasserhaushaltes und dem Erosionsschutz dienten. Die Projektverantwortlichen entschieden sich dafür, die Bäume in regelmäßigen Abständen, über die ganze Fläche verteilt, oberhalb des jeweiligen Grabens an der unteren Terrassenseite zu pflanzen.

Vom Gesichtspunkt der optimalen Standortnutzung her sollten jeweils die schwächeren Standorte für Bäume genutzt werden. Auf den Terrassen sammelt sich oberhalb der befestigten Gräben der beste und tiefgründigste Boden an. Hier ist also der jeweils beste Standort, an dem die Bäume stehen. Auf diese Art und Weise kann natürlich eine sehr hohe Baumproduktivität erreicht werden. Es wird aber nicht nachgewiesen, ob diese hohe Baumproduktivität höher bewertet werden kann als die unter den verbesserten Bedingungen hier ebenfalls zu erwartende extrem hohe Produktivität. Wahrscheinlich ist, daß die Bäume ihren standörtlichen Vorteil unterhalb der Terrassenkante haben, dort, wo der Unterboden zutage tritt.

Ein weiterer Aspekt mag diesen Unterschied in der Sichtweise verdeutlichen: Eine der immer wieder betonten wesentlichen Funktionen von Bäumen kann die Festigung des Bodens an Hanglagen sein. Die Bewaldung von Steilhängen stellt, sofern sie den wichtigsten Standortsansprüchen genügt, deshalb auch einen sehr effektiven Erosionsschutz dar. Bauern, die einen bodenkonservierenden Landbau auf Hanglagen betreiben wollen und können, legen zu diesem Zweck Terrassen an. Auch diese Terrassen bewirken, sofern sie richtig angelegt wurden, einen sehr effizienten Erosionsschutz. Nun entsprach es im beschriebenen Projekt der Logik agroforstlichen Denkens, Erosionsschutzmaßnahmen zu optimieren, indem Terrassen und Bebaumung kombiniert wurden: mit der möglichst gleichmäßigen Bebaumung der Hanglage - Terrassen in regelmäßigen Abständen - und Bäumen zur Befestigung der Terrassenränder.

Die regelmäßige Einstreuung der Bäume in die landwirtschaftliche Fläche führt aber ein Element extensiver Nutzung in das System ein: Bäume bringen weniger Ertrag als intensiv geführte landwirtschaftliche Kulturen, deshalb werden sie normalerweise nicht auf extrem guten landwirtschaftlichen Standorten angebaut. Auch wenn es darum geht, ihre Schutzfunktion für andere Kulturen zu nutzen, sollten sie außerhalb der wertvolleren Böden stehen und eher in Gruppen zusammengefaßt werden.

Geht es um die bodenfestigende Funktion der Bäume an der Terrassenkante, so stellt sich ein ähnliches Problem. Bäume vermögen mit ihren Wurzeln den Boden zu festigen; wenn ihr Bodenfestigungspotential jedoch mit dem anderer Pflanzen verglichen wird, stellt sich heraus, daß Gras viel effizienter ist. Gras erlaubt eine stärkere Retention von Wasser und feinen Bodenteilen, wächst ohne jedes Problem über das an der Terrassenkante jeweils neu angereicherte Substrat hinaus und sorgt bei entsprechender Pflege für die dauerhafte Stabilisierung der Kante. Bäume hingegen verkraften nur in seltenen Fällen die Anreicherung von Boden über dem Stammfuß und müßten, sofern überhaupt eine kontinuierliche Wirkung der Terrassierung erreicht wird, gegebenenfalls schon nach wenigen Jahren nachgepflanzt werden.

Es spricht demnach alles dafür, die optimalen Funktionen von agronomischen Maßnahmen und der Pflanzung von Bäumen nicht unbedingt zu kombinieren. Vielmehr geht es darum, die Bebaumung im Vergleich zu agronomischen Maßnahmen zu bewerten und jeweils geeignetere Lösungen anzuwenden. Das kann in diesem Fall durchaus dazu führen, daß die Anlage von Terrassen ohne Bäume erfolgt. Agroforstwirtschaft kann eben kein Selbstzweck, sondern höchstens ein Denkansatz sein. Agroforstliche Technologien können und sollten dort eingesetzt werden, wo sie rein landwirtschaftlichen oder rein forstwirtschaftlichen überlegen sind. Eine solche Zieldefinition hat im genannten Beispiel gefehlt.

In solchen Fällen ist Agroforstwirtschaft mehr als andere Methoden geeignet, im kleinbäuerlichen Bereich Nutzungsformen entstehen zu lassen, die es den Bauern selbst erlauben, ihr Einkommen zu erhöhen und gleichzeitig die Natur zu schützen. Dies wird im Vergleich mit den vorherrschenden agrarwissenschaftlichen Konzeptionen deutlich.

7. Schlußfolgerungen für eine kulturökologische Agrarwissenschaft

Zu den Zielen moderner Agrarwissenschaft gehört es vor allem, die Modernisierung schon moderner landwirtschaftlicher Betriebe und deren Anpassung an die allgemeinen Marktbedingungen konsequent weiterzutreiben: Die Monetarisierung aller bäuerlichen Tätigkeiten, die einzelbetriebliche Spezialisierung und Optimierung, die Durchdringung der Lebensmittelproduktion vom Finanzkapital, die Strukturentwicklung hin zu internationaler Wettbewerbsfähigkeit, die Ausgrenzung des bäuerlichen Haushaltes aus der Produktion, die Technisierung und Chemisierung der Erzeugung gehören zum Zielkatalog (Voegelin 1988). Diese Art der Wachstumslandwirtschaft ist jedoch - nicht zuletzt durch die Umweltdiskussion - in Frage gestellt worden (Poppinga 1988).

Darüber hinaus zeichnet sich die Agrarwissenschaft auch im europäischen Raume durch stark ideologische Züge aus. Sie hat sich weitgehend von anderen Wissenschaftsbereichen abgegrenzt. Entwicklungen der Sozialwissenschaften, der Ethnologie oder der Ökologieforschung werden kaum wahrgenommen. Und auch die gegenseitige Nichtbeachtung der ökologisch ausgerichteten Agronomen auf der einen Seite und der Wachstumsagronomen auf der anderen ist hierauf zurückzuführen.

Diese Agrarwissenschaft ließ kritische und phantasievolle Denkansätze nur schwerlich gedeihen (Voegelin 1988). Kreativität wurde, wenn überhaupt, dann nur im Praxisbereich entwickelt. Auf eigene Faust wurden auch in der Bundesrepublik, anknüpfend an alte bäuerliche Traditionen, neue Verfahren erprobt und begründet. Die Methoden des ökologischen Landbaues sind hierfür ein hervorragendes Beispiel. Die damit in Verbindung stehenden Untersuchungsmethoden, Anbautechniken, artgerechte Formen der Tierhaltung und anderes sind nicht unter dem Einfluß der herrschenden Wissenschaft entstanden.

Parallelen zwischen der Problematik der bäuerlichen Entwicklung in der Bundesrepublik und im kleinbäuerlichen Bereich tropischer Regionen der Dritten Welt werden damit offensichtlich. Sollte aber nicht in beiden Fällen die Wissenschaft in die Lage versetzt werden, ihren Beitrag zu leisten? Besteht nicht gerade im Rahmen der Wissenschaft die Möglichkeit, die hier geforderte Kreativität zu fördern und zu entwickeln?

Während die herkömmlichen Wissenschaften sich der Komplexität der Zusammenhänge zwischen Ökonomisierung und Strukturwandel einerseits sowie Bodendegradation, Landschaftszerstörung und Waldvernichtung andererseits nicht gewachsen zeigen, ist seitens der aus der Praxis entstandenen oppositionellen Bauernbewegungen, Umweltverbände und Verbraucherinitiativen eine große Offenheit für neue wissenschaftliche Vorgehensweisen entstanden. Kulturökologische Ansätze entsprechen diesem Bedarf, indem sie sich mit den Beziehungen und Interaktionen zwischen dem Menschen und seiner Umwelt, zwischen Gesellschaft und Natur, befassen (Glaeser 1988: 60). Die klassische Ökologiedefinition von Ernst Haeckel stellt Ökologie als »die gesamte Wissenschaft von den Beziehungen des Organismus zur umgebenden Außenwelt« auf und entspricht dem hier dargestellten Ansatz, demzufolge ökologische Betrachtungsweisen in Landnutzungsfragen eben nicht nur die Beziehung zwischen der Anbau- und Nutzungspraxis und der Umwelt, sondern vor allem auch die Rolle des Menschen selbst in der Natur berücksichtigen müssen.

Damit aber müssen wir Landbau und Landnutzung als technisch, wirtschaftlich und sozial geprägte Tätigkeitsbereiche ansehen. Sie umfassen grundlegende Bereiche dessen, was die Prägung menschlicher Kultur ausmacht. Da hiermit der Bereich der Primärproduktion angesprochen ist, wirken Landbau und Landnutzung in sehr viel stärkerem Maße kulturprägend als andere zivilisatorische Tätigkeiten. Die humanökologische Betrachtungsweise leitet deshalb implizit über zu einer kulturökologischen Sicht. Wenn mit der wirtschaftlichen Spezialisierung Kultur- und Geschichtsverlust verbunden waren, aber auch Naturverlust im Sinne der Einbuße an ökologischer Diversität und damit häufig auftretender Umweltzerstörung (Glaeser 1988: 62), so zielt die kulturökologische Betrachtungsweise auf die Schaffung einer positiven Interaktion von Mensch und Natur im ländlichen Raum, die in dem alten Begriff »Agrarkultur« bereits ausreichend und umfassend beschrieben wird. Wissenschaftler, die sich diesem Anspruch stellen wollen, erkennen damit die Notwendigkeit der direkten politischen Umsetzung sozialwissenschaftlicher und ökologischer Forschung an. Diese Umsetzungsarbeit kann nur geleistet werden, wenn die Forschung es schafft, im engeren Sinne mit Bauern, ja, der Praxis und der Realität überhaupt, zusammenzuarbeiten.

Literatur

Adams, R. E. W. u. a. (1982): »Mapas de Radar, Arqueología y Explotación de la Tierra de los Antiguos Mayas«. *Ciencia y Tecnología*, 4 (66). México

Arnold, J. E. M. (1984): »Economic Constraints and Incentives in Agro-forestry«. In: J. K. Jackson (Hg.): *Social, Economic and Institutional Aspects of Agro-forestry*. Tokyo: The United Nations University, S. 3-10

Glaeser, B. (1988): »Humanökologie als Leitbild einer 'andersartigen' Agrarentwicklung«. In: *Für eine bäuerliche Landwirtschaft*. Materialien zur Tagung in Bielefeld-Bethel. Kassel, S. 60-62

Harrison, P. D. (1978): »So the Seeds Shall Grow. Some Introductory Comments«. In: P. D. Harrison/B. L. Turner (Hg.): *Prehispanic Maya Agriculture*. Albuquerque, S. 1-10

Mercer, H. (1975): *The Hill Caves Of Yukatán*. Oklahoma, USA

Neugebauer, B. (1983): »Watershed Management by the Maya Civilization of Central Yucatán, México«. *Vierteljahresberichte F. E. S.*, 94, S. 395-409

Neugebauer, B. (1986): *Der Wandel kleinbäuerlicher Landnutzung in Oxkutzcab/Yucatán*. Ein Beitrag zur Entwicklung sozial und ökologisch angemessener land- und forstwirtschaftlicher Methoden in den feuchten Tropen Mexikos. Freiburg

Poppinga, O. (1988): »Nicht Wissenschaft oder Politik, sondern Wissenschaft und Politik«. In: *Für eine bäuerliche Landwirtschaft*. Materialien zur Tagung in Bielefeld-Bethel. Kassel, S. 1-8

Posey, D. A. (1985): »Indigenous Management of Tropical Forest Ecosystems: The Case of the Kayapó Indians of the Brasilian Amazon«. *Agroforestry Systems*, S. 139-158

Stephens, J. L. (1963) [1843]: *Incidents of Travel in Yucatán*. 2. Bde. New York

Steward, J. H. (1949): »Cultural Causality and Law: A Trial Formulation of the Development of Early Civilization«. *American Anthropologist*, 51 (1), S. 1-27

Thompson, E. (1897): *The Chultunes of Labná*. Report of Explorations by the Museum 1888-1889 and 1880-1891. Peabody Museum of American Archaeology and Ethnology. Cambridge, MA: Harvard University

Voegelin, D. (1988): »Einleitung«. In: *Für eine bäuerliche Landwirtschaft*. Materialien zur Tagung in Bielefeld-Bethel. Kassel (ohne Seitenangabe)

Wittfogel, K. A. (1956): »The Hydraulic Civilizations«. In: W. L. Thomas (Hg.): *Man's Role in Changing the Face of the Earth*. Vol. I. Chicago, S. 152-164

Young, A. (1989): *Agroforestry for Soil Conservation*. CAB (Commonwealth Agricultural Bureau) International. Oxford

Kulturökologische Kategorien bei andinen Kleinbauern in Peru

Maria Salas

Inhalt

1. Offizielle und regionale Kultur

Für die peruanische Kultur existiert noch das stereotype Bild einer scharf getrennten Gesellschaft. Nach dieser Ansicht verläuft eine Grenzlinie mitten durch die Gesellschaft und spaltet das peruanische Volk in zwei Teile:

- die indianische Unterschicht und
- die weiße Oberschicht.

Die Angehörigen der »indianischen Unterschicht« werden als die gegenwärtigen Erben einer Kultur der Ureinwohner des amerikanischen Kontinentes angesehen, während die »weiße Oberschicht« einer spanischen Kulturtradition angehöre.

Statt dessen kann aus einer ethnologischen Perspektive heraus die gegenwärtige peruanische Kultur als ein Prozeß verstanden werden, in dem zwei gegensätzliche Kräfte zusammenwirken:

- Auf der einen Seite steht die offizielle Kultur (westlich orientiert, städtische Konsumkultur, kapitalistisch etc.).
- Auf der anderen Seite stehen die unterschiedlichen regionalen Kulturen, die vor allem im andinen Hochland und im Dschungelgebiet existieren. Sie stellen eine Pluralität von kulturellen Gruppen mit selbständigen Sprachen und Lebensarten dar.

Diese Kulturformen sind nicht voneinander getrennt, sondern fügen sich in einem gesellschaftlichen Zusammenspiel zusammen, in dem unterschiedliche Mechanismen wirken. Die offizielle Kultur versucht durch Schulen, Medien, Religion, Druck, Entwicklungspolitik und andere Mittel die regionalen Kulturen einzubeziehen, zu integrieren.

Trotz des ungleichen Zusammenspieles zwischen der offiziellen Kultur und den regionalen Kulturen gelingt es diesen, ihre Identität weiter zu behaupten. Diese kreative Kraft, diese originellen, eigenen Formen der regionalen Kulturen, sich der offiziellen Kultur zu widersetzen, nenne ich Kultur des passiven Widerstandes. Dies ist kein Streben gegen die moderne Gesellschaft, sondern es handelt sich um dynamische Mechanismen, sich in der Gesellschaft ohne Entfremdung und ohne Identitätsverlust zu artikulieren. Diese haben ihre Grundlagen in den kulturellen Prinzipien der andinen, bäuerlichen Gesellschaft.

2. Die Regionalkultur im Mantaro-Tal

Die kulturelle Pluralität ist im andinen Hochland besonders ausgeprägt. Da sind deutlich erkennbar die Aymara und die Quechua, kulturelle Gruppen, die verschiedene Sprachen haben. Die Naturbedingungen des andinen Raumes haben weiterhin zur Gestaltung regionaler und lokaler Gruppierungen geführt, zum Beispiel der Pokras, Chankas, Urus, Collaguas, Huancas unter vielen anderen.

In der Zentral-Region, im interandinen Hochtal, das nach dem Fluß Mantaro seinen Namen hat, liegt der geographische Raum der Huanca-Kultur. Das Mantaro-Tal liegt auf 3 200 Meter Höhe, seitlich ragen die Berge bis auf über 6 000 Meter Höhe, so daß sich eine reiche ökologische Diversität ergibt. Spanisch und Huanka (von der Quechua-Sprachenfamilie) sind Hauptverkehrssprachen. Die Einwohner dieses Tales sind meistens Bauern, deren Identität in der Familie und in der Dorfgemeinschaft eingebettet ist.

2.1 Familie - Dorfgemeinschaft

Das Überleben der Huanca-Kultur wäre undenkbar außerhalb der dialektischen Beziehung zwischen Familie als der minimalen sozialen Einheit und der Dorfgemeinschaft als Ausdruck des kollektiven Handelns. Die Familie entspricht der sozialen Achse, die in der westlichen Kultur von der individualistischen, egozentrischen Identität eingenommen wird. In der Huanca-Kultur ist der Familienname die Bezugsebene der individuellen Identität, aber vorrangig steht die dorfgemeinschaftliche Herkunft. Ein Bauer oder eine Bäuerin des Mantaro-Tales stellt sich so vor: »Ich komme aus der Dorfgemeinschaft so und so (Pucará, Cochas), mein Familienname ist (Poma, Rojas).«

Die Familie - Klein- und Großfamilie - ermöglicht die Existenzgrundlage innerhalb einer größeren, aber mit der Familie gleich bedeutsamen Einheit der Dorfgemeinschaft. Beide Sozialorganisationen bieten Identitätsbezüge für die Campesinos, die Familie auf der individuellen Ebene, die Dorfgemeinschaft (la communidad) auf kollektiver Ebene. Die Bauern interagieren über die Familie, die Arbeit, die gegenseitige Hilfe, Feste, Rituale, Zeremonien. Wenn aber Bauern z. B. Kontakte mit der städtischen Gesellschaft aufbauen wollen, tun sie es nicht als einzelne Familien, sondern als Mitglieder der Dorfgemeinschaft, weil sie die Quelle für die kulturelle Identität nach außen ist.

2.2 Zur Rolle der Dorfgemeinschaften in Peru

Dieser Sachverhalt der sozialen Organisation trifft auch auf andere Regionen der Anden zu. So ist die Zahl der Dorfgemeinschaften seit 1977 von 2 835 anerkannten »Comunidades« mit etwa 3 Millionen Bewohnern auf mehr als 5 000 legale Dorfgemeinschaften angestiegen. Die Bauerndörfer bedeuten für die Landbevölkerung eine soziale und rechtliche Absicherung im zerstörerischen allgemeinen Modernisierungsprozeß sowie der soziale Rahmen zur Bewahrung der eigenen Identität.

3. Das Wissenssystem der bäuerlichen Bevölkerung

Der Kartoffelanbau ist für die Bauern eine neuralgische, zentrale Handlung. Der Anbau ermöglicht die Produktion und die Reproduktion der Menschen und beinhaltet eine *materielle* und eine *symbolische* Dimension. Die materielle Dimension bezieht sich auf Prozesse innerhalb des Mensch/Natur-Verhältnisses. Sie findet in einem natürlichen Bereich statt. Die symbolische Dimension des Kartoffelanbaus bezieht sich auf Prozesse innerhalb des Mensch/Mensch-Verhältnisses. Sie liegt im Bereich der Kultur.

Beide Dimensionen werden im Agrar- und Ritualzyklus strukturiert und vereinigt, deutlich erkennbar in den zeitlichen und räumlichen Kategorien, die die Bauern alltäglich benutzen.

Auf Vallée (1972) basiert das in Abbildung 1 dargestellte Modell: Beide Dimensionen des andinen Landbaus (materiell und symbolisch) spiegeln sich im Bauernwissen wider, das innerhalb der Dorfgemeinschaft und der Bauernfamilien im Mantaro-Tal entsteht, verbreitet und angewandt wird. Bauernweisheit entsteht als Alltagswissen in der Beziehung zwischen Mensch und Natur, zwischen Bauern und andinem Hochland. Es ist nicht das Ergebnis einer gezielten Forschungsfunktion.

Die Verbreitung und Einbeziehung des Wissens geschieht in der sozialen Beziehung zwischen Menschen, wobei das Erfahrungswissen in das kollektive Gedächtnis der lokalen und regionalen Bauerngesellschaft eingebettet ist. Das Wissen wird als Schlüsselaspekt in der Überlebensstrategie von Familie und Dorfgemeinschaft angewandt und ist damit nicht mit primitivem Denken zu verwechseln.

Abbildung 1

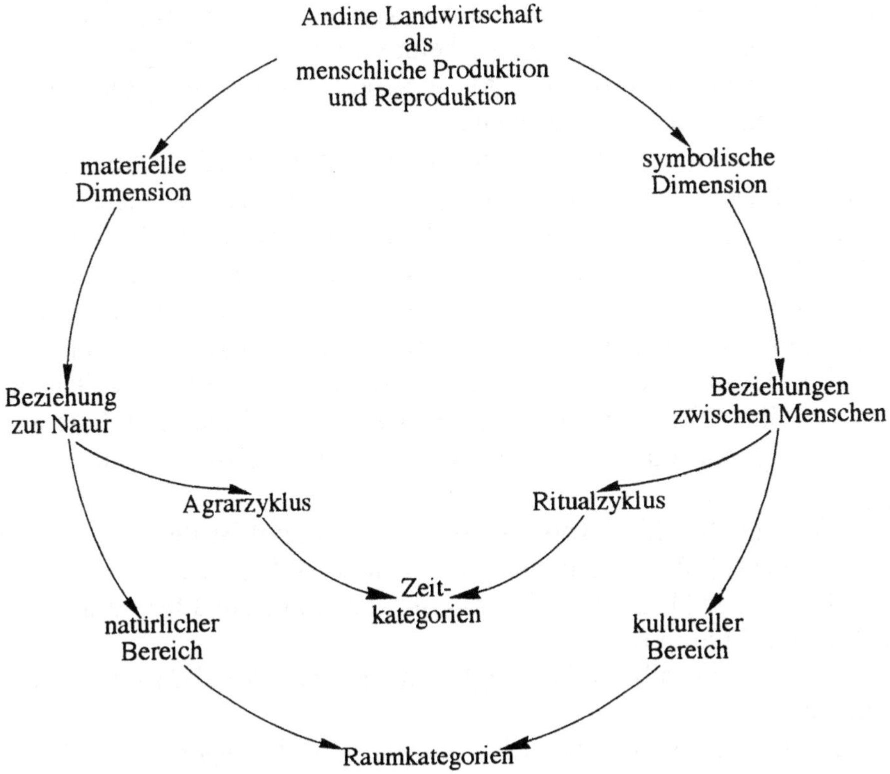

Das Wissenssystem der andinen Kleinbauern hat eigene Merkmale und Grundlagen, die aus der Geschichte der Dialektik zwischen Mensch und Natur im Hochland erwachsen sind. Diese Wissensgrundlagen werden mit den eigenen Kategorien der Bauern rekonstruiert. Dazu verwende ich Bauernaussagen und die Wiedergabe von Bauernpraktiken in der Bauernzeitung Minka (1984-1987) unter Berücksichtigung der in den letzten Jahren gewonnenen Einsichten.

4. Die Kategorien der Zeit im Jahresablauf

4.1 Der »Sommer«

Im Juni fängt das bäuerliche Jahr an, sobald das Siebengestirn aufgeht. Astronomisch ist das die Wintersonnenwende der südlichen Halbkugel. Die Bauern jedoch nennen diese Periode, die im Juni beginnt, den »Sommer«, weil an jedem Tag die Sonne scheint und nur wenig Regen bei gelegentlichen Wärmegewittern fällt. Ab Juni regiert die Sonne, die für die Bauern eine männliche Bedeutung hat.

Der 24. Juni mit dem Aufgang des Siebengestirns wird als Neujahr gefeiert. Die Bauern sammeln alte Gegenstände und Kleiderreste in der Nacht vor dem 24., die im Namen des Heiligen Johannes verbrannt werden. Nach Mitternacht warten die Bauern auf den Aufstieg des Siebengestirns am Sternenhimmel, um dessen Botschaft zu sehen. Je nach Leuchtkraft der einzelnen sieben Sterne, die mit bloßem Auge erkennbar sind, werden die Merkmale des kommenden Agrarjahres entziffert, so daß die Bauern sich über die Chancen einzelner Kulturen und die Hauptaussaatzeit Gedanken machen können. Die Kartoffel wird zu drei Terminen gepflanzt:

1. nach dem 25. Juli (der Apostel Jakob = Santiago) ist die Zeit für die frühe Aussaat (»Punta talpuy« oder »michka« in Huanca);
2. am 18. Oktober (Tag des Heiligen Lukas) beginnt die allgemeine, große Aussaat (»hatun talpuy«);
3. nach dem 2. November (Totentag) ist noch einige Wochen Zeit für die späte Aussaat.

In der Sommerzeit wird der Bauernkalender nach folgenden Anhaltspunkten strukturiert:

- »Wiedergewinnung der Fruchtbarkeit der Mutter Erde«: In kurzer Wiederholung von jeweils sieben Tagen nach dem 25. Juli (Fest des Apostel Jakob - Santiago) praktizieren die Bauern Rituale, um die Fruchtbarkeit der Mutter Erde zu erlangen bzw. wiederzugewinnen. Ebenso wird der Berggott, der Geist der Bergspitzen, mit Opfergaben und Ritualen, welche die gegenseitigen Beziehungen zwischen Familien verstärken, beschenkt, um die Fruchtbarkeit der Haustiere abzusichern. Während dieser Zeit (Juli bis August) werden die ersten Kartoffeln in den unteren Agrarzonen auf bewässertem Land gepflanzt.
- »Den Regen herbeirufen«: Am 8. September feiern die Bauern das Fest der Heiligen Maria von Cocharcas in einigen Dorfgemeinschaften

des Mantaro-Tales. Da pilgern die Bauern nach Sapallanga, wo das größte Fest stattfindet und wo früher das Hauptheiligtum der Huancas stand, oder nach Orcotuna oder Apata. Die Bauern ziehen mit der Heiligenfigur durch das Dorf und bitten um Regen, der die allgemeine Aussaat im Regenfeldbau der mittleren und höheren Agrarzone begünstigen soll. Die Familien gehen auch auf ihre verstreuten Parzellen, um von »Mütterchen Regen« das befruchtende Wasser zu erbeten, das die Aussaat ab dem 18. Oktober erst ermöglicht.

4.2 Der »Winter«

Im Dezember verschwindet das Siebengestirn wieder vom Sternenhimmel. Die trockene Jahreszeit ist vorbei. Astronomisch ist am 21. Dezember die Sommersonnenwende auf der südlichen Erdkugel. Der gerufene Regen, der ab September langsam und sporadisch einsetzt, wird ab Dezember eine fast tägliche Erscheinung. Die Tage werden zwar nicht kürzer (eher um eine Stunde länger), aber dafür dunkler. Deswegen ist von jetzt ab im Bewußtsein und im Ausdruck der Bauern der »Winter«. Der Winter ist die Zeit des Mondes, der eine weibliche Symbolik besitzt. Jetzt wachsen die Pflanzen heran, und die Gefahren von Frost, Hagel oder Trockenheit müssen von der erhofften Ernte abgewandt werden. Zur Sicherung von Kartoffeln und Mais widmen die Bauern Opfergaben und Anbetung der Heiligen Barbara. Am 4. Dezember wird nachts Feuer angezündet und der Schutz der Heiligen Barbara erbeten, damit die jungen Pflanzen nicht im Frost erfrieren. Ab Dezember haben die Feste den Sinn, den »Regen zu sichern«, weil ohne Regen die Kartoffelpflanzen keine Knollen entwikkeln, oder die Nutzung von Bewässerungskanälen im Ritual und symbolisch sicherzustellen (z. B. »Chinchilpos und Gamonales« in Huayucachi).

Ab Januar werden die Kartoffelfelder gehegt und gepflegt. Auf vielen Feldern blühen die Kartoffeln schon; das wird von den Bauern mit großer Freude aufgenommen. Mit den liturgischen Festen der Karwoche finden gleichzeitig auf den Kartoffelfeldern sexuelle Initiationsriten zwischen jungen unverheirateten Leuten statt.

Ab März können die frühen Kartoffeln geerntet werden. Aber erst der April und der Mai sind die intensiven Monate für die Kartoffelernte und auch die Maisernte; Getreide ist einen Monat später dran. Im Mai werden Feste des Kreuzes zum Erntedank gefeiert. Die Kreuze, die auf den Bergen den »Wamanis«, den Berggewalten, gewidmet sind und dort das Jahr über stehen, werden zwischen den Feldern und im Dorf mit Prozessionen herumgetragen. Noch während des Ausklangs der Kartoffelernte geht im Juni das Siebengestirn wieder auf. Das Ende des letzten und der Anfang des neuen Kartoffelzyklus fallen zusammen.

Das heißt, der Jahresablauf ist auch ein Teil der zyklischen, ganzheitlichen Wahrnehmung, vergleichbar mit dem Ablauf von Tag und Nacht, Sonne und Mond und beinhaltet symbolisch den Unterschied von männlich und weiblich. Diese Kategorien, die aus dem einjährigen Agrarzyklus der Kartoffel deutlich werden, wie zyklische Wahrnehmung der Zeit, naturbezogene Feste und Ritualisierungen, die mit der katholischen Liturgie verkleidet sind, sind Grundlagen der Kognition des Bauernwissens. Langfristig haben die Bauern eine zyklische, mehrjährige Einteilung der Zeit, die in einer Spirale abläuft.

Alle Kategorien werden ausgehend von einer materiellen Basis in der Gesellschaft kulturell und symbolisch verarbeitet.

5. Die Kategorien des Raumes

Die Kartoffel wird von den Bauern in drei Agrarzonen angebaut. Bevorzugt werden die Parzellen, die vom Dorf jedes Jahr in der Puna (zwischen 3 700 und 4 200 Meter Höhe) an die Mitglieder verteilt werden. Oben wachsen die »Geschenkkartoffeln« und die bitteren Sorten, die auch den Frost aushalten können und aus denen entwässerte Kartoffeln (chuño) erzeugt werden. »Oben« wird zuletzt ausgesät und nur mit dem Trittgrabscheit (taklla). Der Boden ist ausgeruht, zu kompakt für den Ochsenpflug, zu steil für den Traktor. Die Anbautechniken behalten »oben« die Namen in Huanca, z. B. die tikpa = minimale Bodenbearbeitung. Hier wird nur mit kompostiertem Mist und Dung gedüngt und für den eigenen Verbrauch erzeugt. Zwischen 3 400 und 3 700 Meter Höhe liegen die Agrarzonen der »Mitte«. Außer bitteren Sorten können hier alle anderen Arten angebaut werden, hauptsächlich in der allgemeinen Aussaat ab dem 18. Oktober. Wenn die Parzellen nicht zu steil sind, wird der Boden mit dem Ochsenpflug bearbeitet. Hier wachsen Kartoffeln, andine Knollen wie Mashua und Oca, Weizen, Gerste und Bohnen im jährlichen Wechsel. An einigen warmen Stellen probieren die Bauern auch ein wenig den Maisanbau. Die Parzellen der Mitte sind meist kleiner als eine Yugada, d. h. soviel wie ein Ochsenpflug am Tag bearbeiten kann - je nach Steilheit um die 3 000 Quadratmeter. Jede Familie besitzt dort mehrere unterschiedlich große Parzellen in verschiedenen Teilen der »Mitte«.

»Unten« hat meist Bewässerungsmöglichkeit und liegt zwischen 3 200 und 3 400 Metern und schließt die fruchtbare Talsohle mit ein. Hier ruht der Boden kein Jahr aus. Für den Verkauf bestimmte Kartoffelsorten wachsen hier in der Fruchtfolge mit Mais, Bohnen, Alfalfa (Luzerne) und Gemüse. An diesem Standort können die Kartoffeln schon früh gesetzt werden. Das Eigentum ist privat, die Parzellen sind von Eukalyptusbäumen und Mauern umgeben, um Schäden durch weidende Tiere zu vermeiden.

Die gesamte Fläche, »Oben«, »Mitte«, »Unten«, ist in Miniflächen oder Punkte aufgeteilt, die eigene Namen aus dem Huanca behalten haben. Diese Namen beinhalten geologische, klimatische und geschichtliche Merkmale der Parzelle. »Chuñumasana« ist z. B. eine Parzelle, auf der bittere Kartoffeln für »chuño« angebaut werden können, die mit Hilfe der Nachtfröste im Juli und August entwässert werden.

- Physisch: Bodenqualität, Farbe, Geschmack, Relief
- Klimatisch: Sonne, Frost, Hagel
- Geschichtlich: gute Erfahrung mit bitterer Kartoffel

Oben, Mitte und Unten sind kognitive Kategorien für die Strukturierung des andinen Raumes. Die Mitte ist für die Dörfer der Seitentäler des Mantaro die Hauptsiedlungszone. Diese drei Kategorien haben auch eine symbolische Bedeutung zur Wahrnehmung des Kosmos.

- Hanaqpacha: die obere Welt, wo Sonne, Mond, Sterne, Milchstraße wohnen
- Kaypacha: diese unsere Welt, wo Menschen, Tiere und Pflanzen leben
- Ukhupacha: ist die untere Welt, wo die Toten »leben«.

Oben, Mitte, Unten dient auch zur Bezeichnung kleinerer Räume: Täler, Dorfviertel, größere Parzellen werden damit eingeordnet.

In der vollständigen Version dieses logisch-kognitiven Modells werden die drei Raumkategorien mit der Zeit assoziiert.

- Hanaqpacha (oben): ist die Welt der zeitlosen Gottheiten
- Kaypacha (hier): ist die Welt von hier und jetzt
- Ukhupacha (unten): ist die Welt der Vergangenheit der verstorbenen Generationen und Ahnen.

Für den Kartoffelanbau ist das wichtig, da die Vereinigung von zeitlichen und räumlichen Kategorien beim Kartoffelanbau die Grundlage für das in sich geschlossene Modell des Agrarkalenders bildet.

In diese Aufteilung lassen sich noch kosmische und symbolische Kategorien einbringen, die mit der einen oder der anderen Region je nach Jahreszeit unterschiedlich verbunden sind.

Eine weitere Anwendung der Verbindung von Zeit und Raum innerhalb dieser Weltanschauung ist der mehrjährige Agrarzyklus:

Pulun - Huapal - Rastrojo

Pulun:
ist der Boden, der mehrere Jahre ausgeruht hat. Je höher, um so länger lassen die Bauern den Boden brachliegen, da die Erholung des Bodens in der kälteren oberen Zone länger andauert als unten, d. h. bis zu zehn Jahren. Dieser ausgeruhte Boden ist am besten für den Kartoffelanbau. Dort, wo im unteren Bereich bewässert werden kann, gibt es keinen Pulun, da die Parzellen ständig in jährlicher Fruchtfolge (bis zu zwei Ernten pro Jahr) bebaut werden.

Huapal:
ist der Boden nach der Kartoffelernte, der noch so fruchtbar und gleichzeitig schön locker ist, daß Mais, Olluco, Bohnen zu pflanzen sind. Danach kommt Getreide - Weizen oder Gerste und schließlich vielleicht noch mal Gerste oder Hafer als grünes Viehfutter.

Rastrojo:
ist der Boden nach der Mais-, Bohnen- oder Getreideernte, wo die Stoppeln stehen bleiben, die vom Vieh abgeweidet werden. Dann bleiben der Urin und der Dung im Boden, der jetzt mehrere Jahre ausruht und nur extensiv beweidet wird.

6. Schlußfolgerungen

Um künftige Entwicklungen für das Wissenssystem der Bauern bewerten zu können, ist es notwendig, die historischen, politischen und wissenschaftlichen Bedingungen zu berücksichtigen.

Die Raum- und Zeitkategorien der Bauern des Mantaro-Tales sind noch aktive Mechanismen der heutigen andinen Bauerngesellschaft. Sie sind wesentliche Elemente einer sozialen und naturbezogenen Überlebensstrategie. Sie werden jedoch von den externen Beobachtern unterschätzt oder sogar ignoriert. Diese Nachlässigkeit ist seit der Kolonialzeit das Ergebnis einer ungleichen Interaktion zwischen Stadt und Land. Daraus resultiert die Marginalisierung der materiellen, sozialen und kulturellen Äußerungen bäuerlichen Ursprungs durch die peruanische Gesellschaft.

Seit dem Zweiten Weltkrieg haben die peruanischen Regierungen versucht, die Landbevölkerung in eine offizielle peruanische Kultur zu integrieren, die jedoch keinen Spielraum für eine kulturelle Pluralität gibt und in bezug auf Wissen nur ein westliches Wissenschaftsmodell zuläßt. In engem Zusammenhang mit dieser Integrationspolitik hatten die meisten ländlichen Entwicklungsprojekte zum Ziel, die Bauerndorfgemeinschaften in die Logik der einseitigen Produktivitätssteigerung zu lenken. In diesen Projekten ist das vorhandene Potential des traditionellen Bauernwissens nicht ernsthaft bewertet und aufgenommen worden.

Außer diesen aktiven Faktoren zur Erodierung des agrarischen Wissens möchte ich noch zwei gleicherweise destruktive Tendenzen von Wissenschaftspositionen erwähnen:

- Die eine Tendenz legitimiert Wissenserzeugung nur dann, wenn sie durch wissenschaftliche, anerkannte und institutionalisierte Individuen und Gruppen geleistet wird. Forscher dieser Tendenz setzen sich für die universell gültige Eignung und Anwendung des westlichen Wissenssystems ein: eine Wahrheit für alle Zeiten und alle Standorte der Welt. Mit dieser Vorgabe werden Erkenntnisprozesse im Alltag von Bauern unwichtig und wertlos. Da sie zu lokalen Situationen und Ereignissen gehören, sind sie für eine Veränderung der Welt nicht relevant.
- Die andere wachsende Tendenz wird als romantischer Indigenismus (Populismus) bezeichnet. Dessen Ansatz ist die Ablehnung jeglichen westlichen Einflusses auf den Bauernalltag und strebt den Wiederaufbau einer idealisierten Vergangenheit an.

Daraus ergeben sich für mich folgende Schlußfolgerungen:

1. Autochthone Wissenssysteme benötigen eine sorgfältige Bestandsaufnahme im Rahmen eines eigenen Forschungsgebietes. Dabei ist die ethnozentrische Betrachtungsweise zu vermeiden.
2. Ein schwerwiegender Mangel bei der Untersuchung des autochthonen Wissens ist der unkritische Enthusiasmus bei der Anwendung wissenschaftlicher Modelle, so daß die Forschungsergebnisse von vornherein vorbestimmt sind. Die Untersuchung von Bauernwissen führt zur Entdeckung bisher unbekannter Regeln, Grundlagen und Verfahren, welche die Erzeugung, Verbreitung und Nutzung von Problemlösungen

strukturieren. Die Forschung baut daher eher auf den eigenen Bauernkategorien (emic) auf, die für die Bauern bedeutsam sind.
3. Ein anderes Hindernis ist die Überbewertung von Neuerungen, d. h. die weitverbreitete Annahme, daß das Bauernwissen externen Rat für die Lösung der Bauernprobleme braucht. Forscher dieser Ansicht bauen Modelle und Verfahren auf, die dazu dienen, Wissenslücken zu suchen, die mit Technologietransfer bewältigt werden können.
4. Eng mit der Überbewertung von Neuerungen ist die Ansicht des sozialen Wandels oder der Entwicklungsideologie verbunden. Diese hat zur Folge, daß das Bauernwissen sich entwickeln muß, um in den allgemeinen Strom von Modernisierung zu passen.
5. Schließlich gibt es auch noch eine neutrale Position, die Wissen als ideelle Komponente ansieht, die vom Alltag und von Machtfragen getrennt zu sehen ist. Allein die Ideen sind in diesem Falle Macht an sich. Diese Positionen wertbelasteter Verfälschungen müssen bei der Überlegung der Zukunft bäuerlichen Wissens vermieden werden.
6. Aus dem vorhergehenden entstehen neue Herausforderungen: Wissenschaftliche Theorien und Methoden sind zu reformulieren, um autochthones Wissen gezielter unterstützen zu können. Damit entsteht die Möglichkeit, traditionelle Kategorien, Methoden und Institutionen als funktionierende, legitime und logische Problemlösungen anzuerkennen. Sie entstehen aus der gesammelten kollektiven Erfahrung und beweisen intime Kenntnis der lokalen Bedingungen.
7. Ein weiterer Schritt muß getan werden: Dieses andine Wissenssystem ist bedeutsam auch für die politischen Entscheidungsstrukturen. Die Anerkennung der Bauernkultur, ihrer Organisationen und ihres Wissens führt zu einem Dialog zwischen allen Teilen der peruanischen Gesellschaft, der die Basis für ein neues nationales Projekt auf demokratischer Basis schaffen kann. Solange noch kein Dialog zwischen den verschiedenen Wissensystemen existiert, führt dies zum ungerechtfertigten Verlust von originellen menschlichen Problemlösungen.

Die Plejaden, das Siebengestirn

- *Eine gelähmte Witwe sagte ihren sieben Söhnen: »Geht mal das Feld umgraben, die Saatzeit kommt bald.« Sie gab ihnen ein Vesper mit. Die sieben Söhne gingen aufs Feld, vesperten und ruhten sich aus.*
- *An einem anderen Tag sagte sie: »Geht mal aussäen, liebe Söhne.« Das unter Schwierigkeiten gesammelte Saatgut wurde von den Söhnen auf dem Felde gekocht (in*

»pachamanca«), und sie stahlen auch ein Schaf vom Nachbarn, um zusätzlich Fleisch zu genießen.

- *Als die Zeit gekommen war, sagte die Mutter: »Gehen wir ernten.« Aber die sieben Söhne blieben unter Vorwänden zuhause. Die Mutter setzte sich auf einen Esel, um zum Feld zu kommen. Die Nachbarn warnten sie: »Diese Söhne sind faul, nichts haben sie ausgesät, nur gestohlen haben sie.«*
- *Die Mutter kehrte verzweifelt nach Hause zurück. Alles war still und stumm, Totenstille. Sie dachte: »Ich möchte nichts mehr vom Leben, meine Söhne sollen mich aufessen.« So schnitt sie ihr einziges Bein ab und kochte damit eine Suppe, auch mit Kartoffeln, die sie von den Nachbarn bekommen hatte.*
- *Die sieben Söhne kamen zurück. »Eßt«, sagte sie. Nachdem die Söhne gegessen hatten, ergänzte sie: »Wieso habt ihr mich betrogen? Ich weiß alles. Nun habt ihr mich aufgegessen. Jetzt solltet ihr zufrieden sein.«*
- *Die Mutter starb und die Söhne waren tief erschüttert. »Was können wir tun? Wenn wir uns in Holz verwandeln, werden wir abgehackt. Wenn wir uns in Steine verwandeln, werden wir mit Füßen getreten.«*
  Was wird aus uns?
  Wir werden Sterne, um leiten zu können.
  Und sie gingen in den Himmel, um den Bauern Hilfe zu leisten.

Literatur

Ansión, Juan (1986): *El árbol y el bosque en la sociedad andina*. Lima: FAO

Flores, O. (1980): *Política de abastecimiento de alimentos cambio tecnológico en el Perú*. Lima: IICA

García Canclini, N. (1982): *Las culturas populares en el capitalismo*. Casa de las Américas. Havanna

Grupo Talpuy: *Minka a favor de una auténtica ciencia campesina*. Huancayo/Peru

Lévi Strauss, C. (1962): *El pensamiento salvaje*. Fondo de cultura económica. Mexiko

Mayer, E. (1981): *Uso de la tierra en los andes ecología y agricultura en el Valle del Mantaro del Perú con referencia especial a la papa*. Lima: CIP

Vallée, Lionel (1972): »Cycle écologique et cycle rituel: le cas d'un village andin«. *Rev. canad. Soc. & Anth/Canad. Rev. Soc. & Anth.*, 9 (3)

»Grüner Wall gegen die Wüste« oder ökologischer Diskurs im Sahel

Gudrun Lachenmann

Inhalt

1. Ökologische Krise als Krise der Gesellschaft

Die afrikanische Krise, deren ökologischer Schwerpunkt aufgrund der kurzfristigen wirtschaftlichen Probleme schon bald wieder in den Hintergrund getreten ist, ist - so die These - auch eine fundamentale Krise der Gesellschaft (Lachenmann 1990). An der »Sahelproblematik« wird exemplarisch versucht, die verschiedenen Analysestränge eines soziologischen Ansatzes zu verfolgen. Obwohl nicht die Meinung vertreten wird, in diesem Fall sei es leicht, die Verflechtung von Gesellschaft und Ökologie aufzuzeigen, da es sich um »einfache« oder »traditionale« Gesellschaften handle, treten gewisse Wirkungslinien und Zusammenhänge unmittelbarer hervor, wahrscheinlich da die unmittelbare Existenzbedrohung größer ist. So zeigt Spittler (1988) am Fall der Nomaden während der Dürre im Niger sehr klar, wie bei Unterbrechung eines Kreislaufes, der Herausnahme eines Elements eines Systems (z. B. die Beschaffung des Tauschgutes Salz mit Kamelen), sehr schnell der Punkt erreicht ist, wo das Überleben nicht mehr gesichert ist und wo dann tatsächlich meist die extreme, kumulative Umweltschädigung eintritt.

Als »Sahelproblematik« wird ein rapider Degradationsprozeß der natürlichen Ressourcenbasis mit unmittelbaren existenzbedrohenden bis hin zu tödlichen Folgen für eine Reihe betroffener Menschen und mittelfristig dauerhaftem Verlust der Sicherung der Ernährungsbasis (und möglicherweise langfristiger negativer Beeinflussung des Weltklimas) bezeichnet.[1] Die ökologische und wirtschaftliche Krise hat in den Ländern des Sudan-Sahelraums zu einem Zusammenbruch der Nahrungsmittelselbstversorgung sowie zu einem rapiden Fortschreiten der Desertifikation geführt und macht sich angesichts von Trockenheit, Bevölkerungsdruck und fehlender Produktivitäts- und Technologieentwicklung auch in den übrigen Ländern Afrikas immer stärker bemerkbar.

Der fortschreitende Prozeß der Entwaldung, Wüstenausbreitung, Bodenerosion und Grundwasserschädigung wird als Desertifikation bezeichnet, die letztlich anthropogen verursacht, d. h. vom Menschen gemacht ist. Die Interaktion des Menschen mit der Natur hat zerstörerische Formen

1 Laut FAO gehen jährlich 37 000 km^2 Wald in Afrika verloren, die Beschleunigung dieses Entwaldungsprozesses in den letzten vier bis fünf Jahrzehnten ist enorm (z. B. Burkina Faso 6 Millionen Hektar Wald 1950, 1,2 Millionen 1980). Fast 6 Millionen Hektar fruchtbarer Boden gehen jedes Jahr durch Desertifikation verloren, und 21 Millionen Hektar werden in so hohem Umfang degradiert, daß die Ernten sich nicht mehr lohnen.

angenommen in Gesellschaften, die von ihrer Weltanschauung und Wirtschaftsweise ein Austausch- und kein Ausbeutungsverhältnis zur Natur hatten.

Am Sahelfall kann aufgezeigt werden, wo verschiedene, exemplarisch benannte theoretische Ansätze und Disziplinen unbefriedigend bleiben, und angedeutet werden, wie ein soziologischer Ansatz weitergehend argumentieren muß. Dazu erfolgt eine kurze Diskursanalyse im entwicklungstheoretischen und -politischen Bereich. Die verschiedenen Dimensionen eines handlungstheoretischen, verstehenden soziologischen Ansatzes werden verfolgt, um einer Gesamterklärung näher zu kommen.

Es geht darum, den »ökologischen Diskurs« zu analysieren, d. h. die Art und Weise, in der in Wissenschaft, Entwicklungspolitik und Öffentlichkeit hier im Hinblick auf und mit den Entwicklungsländern über die Umweltproblematik gesprochen wird, welche Ursachen und Faktoren gesehen und entsprechend welche Lösungsansätze diskutiert werden.

Dabei zeigt sich, daß unangemessen oft nur einzelne Faktoren herausgegriffen und analysiert werden (z. B. Bevölkerungswachstum), Probleme nur isoliert von einem Standpunkt aus betrachtet werden bzw. einzelne Disziplinen jeweils nur ihren Gegenstandsbereich behandeln, ohne Gesamtzusammenhänge, Wechselwirkungen zwischen ökologischen Erscheinungen und ökonomischen Veränderungen oder ungewollte Folgen zu sehen.

Durch die eindimensionale Ursachenzuschreibung findet meist eine Schuldzuschreibung - im Sinne des »blaming the victim« - statt. Es herrschen Vorstellungen über irrationale »traditionelle« Naturnutzung vor, und es wird nicht analysiert, wie die Handlungen zustandekommen, die der tatsächlich »anthropogenen«, d. h. von Menschen gemachten Umweltzerstörung, z. B. Desertifikation, zugrunde liegen, welche strukturellen Handlungszwänge vorhanden sind.

Damit wird insbesondere die systemhafte Involviertheit der Industrieländer in die globale Umweltzerstörung nicht in Betracht gezogen, und die Bewältigungs- und Lösungsansätze werden technokratisch, paternalistisch und greifen daher nicht - im Gegenteil, sie verstärken die »organisierte Unverantwortlichkeit« (Beck 1988).

In einer verstehenden Analyse der Sahelproblematik wäre demgegenüber zu argumentieren, daß das zugrundeliegende Menschen- oder Gesellschaftsbild wesentlich bei der Erfassung der Ökologieproblematik ist, daß ein systemtheoretischer Ansatz nicht ausreichend hinsichtlich des Verstehens des ökologisch relevanten Handelns sowie der zugrundeliegenden Wandlungsprozesse ist. Dagegen ist die »gesellschaftliche Konstruktion der Umwelt« in einen handlungstheoretischen und sozialstrukturellen Ansatz zu setzen.

Dieser untersucht das Aufbrechen der ökologisch sinnvollen Lebensweisen, ökologisch belastende sozioökonomische Prozesse sowie die Destabilisierung der ländlichen Produktions- und Sozialsysteme, wobei sich zeigt, daß der Handlungsspielraum für ökologisch sinnvolles Handeln nicht vorhanden ist und aufgrund des Verlustes der Flexibilität und der Notwendigkeit kurzfristiger Überlebenssicherung das Handeln zwangsweise umweltzerstörend wird. Die Anomie auf der mittleren Ebene der Ressourcennutzung sowie die Widersprüche auf der nationalen und internationalen Ebene hinsichtlich der Zwänge durch Weltmarktintegration führen zu Ressourcenzerstörung.

2. Methodologische Grundpositionen: Die gesellschaftliche Konstruktion der Umwelt

2.1 Elemente eines Systemansatzes

Der hier vertretene soziologische Ansatz kann nicht, wie dies oft der Fall ist, von dem Konzept des Ökosystems ausgehen (Lachenmann 1990: 71 ff.), in dem Natur und Mensch als verschiedene Elemente zusammenwirken und dessen Gleichgewicht sicher- bzw. wiederhergestellt werden muß. Ein solcher Ansatz bedeutet im Hinblick auf die Erfassung des sozialen Gegenstandes einen »Biosoziologismus«, in dem der Mensch als eines von vielen Elementen, die Gesellschaft als ein Organismus, das Ökosystem als ein nach allgemeinen Gesetzen funktionierendes kybernetisches System gesehen wird.

Gerade um die besonderen Einwirkungs- und Veränderungsgefahren durch die menschliche »Aneignung der Natur« im Produktions- und Reproduktionsprozeß zu erfassen, ist die Subsumption der menschlichen Gesellschaft unter dieses Konzept nicht sinnvoll. Ein systemtheoretischer Ansatz erscheint zwar angemessen, insofern komplexe Zusammenhänge und Strukturen aufgedeckt werden müssen, reicht jedoch nicht aus im Hinblick auf eine Erklärung des menschlichen Handelns sowie der ständig ablaufenden Wandlungsprozesse. Dazu ist ein verstehender Ansatz erforderlich.

Umwelt wird dabei als gesellschaftlicher Begriff verwendet und die »gesellschaftliche Konstruktion« (in Anlehnung an Berger/Luckmann) dieser Umwelt als Wirklichkeit der handelnden Menschen als entscheidender methodologischer Ansatzpunkt gesehen. Zwar lassen sich dabei Gedankenelemente aus den systemtheoretischen Ansätzen finden, insbesondere der Begriff der Selbstorganisation ist sehr nützlich. Das Problem ist jedoch, daß der mit ökologisch relevantem Handeln verbundene Sinn, Interessen etc. sowie die Einbindung in größere Zusammenhänge außerhalb der Betrachtung bleiben. Die Vorstellung der Notwendigkeit der Selbstorganisation leuchtet ein und findet in dem vorliegenden Ansatz im Sinne der Handlungsfreiheit und -autonomie als Analysekriterium Verwendung. Hier zeigt sich jedoch klar ein soziologisches Defizit. Auf welcher Ebene soll die Selbstorganisation und -regulierung erfolgen? Von der Tendenz her soll natürlich Regulierung so dezentral und so differenziert wie möglich stattfinden. Aber wo bleibt die Definition der Systemgrenzen, denn jede Funktionalität benötigt einen Bezugsrahmen.

Es erstaunt, daß dieser Begriff der Selbstorganisation neuerdings dem Planungsbegriff gegenübergestellt wird. Planung ist aber doch der Intention nach nichts anderes als (»rationale«) geregelte Selbstorganisation. Wichtig ist, zu analysieren, wie sie in der bürokratischen, technokratischen Art gehandhabt wird. Obwohl überall tendenziell der Ruf nach Liberalisierung, nach Aufgabe der autoritären Regulationsformen des »Kommandostaates« laut wird - gerade für Entwicklungsländerwirtschaften als »Auflage« von den Industrieländern vertreten -, wird dagegen im Umweltbereich auf eine zentralistische hoheitliche Umweltpolitik und -regulierung gesetzt (Tropenwaldaktionsplan etc.). Am Beispiel Afrika zeigt sich, daß diese technokratische Regelungsmöglichkeit nicht greift.

Hier wird die These vertreten, daß eine ökologische Handlungsrationalität sich so dezentral wie möglich in Autonomie niederschlagen muß und in einem öffentlichen Diskurs, der globale Probleme nicht bürokratisch regelt, sondern (im methodologischen und politischen Sinne) aushandelt. Nur so kann tendenziell die Ganzheitlichkeit eingeholt, können die unterschiedlichen Systemrationalitäten (Luhmann) überwunden werden. In dem Sinne wird hier auch nicht von ökologisch funktionalen Systemelementen oder Handlungsmustern gesprochen, sondern verschiedene Institutionen, Handlungsfelder etc. und deren Transformation auf ihre »Ökologierelevanz« hin untersucht. Nur in diesem Sinne werden auch systemtheoretische Begriffe wie »Flexibilität« oder »Mobilität« verwendet, die mit Inhalt gefüllt werden müssen, der sich nur über sinnhafte Handlungen der Betroffenen vermittelt.

Ganz konkret zeigt sich dieser Unterschied bei dem - im Grunde - systemtheoretischen Ansatz des Ecodevelopment (Glaeser 1984), wo zwar bestimmte Prinzipien wie Diversität etc. aus den »traditionellen« oder real existierenden Gesellschaften übernommen werden, jedoch von den konkreten, sinnvermittelnden Inhalten (und Formen) abstrahiert wird, weswegen ihre Umsetzung durch die Akteure nicht automatisch stattfindet; sie müssen gesellschaftlich und kulturell angeeignet werden (im Gegensatz zur Vorstellung einer »Reaktion« gar auf Reize oder »Anpassung« an extern gesetzte Veränderungen).

2.2 Die Diskussion über die Anpassung

Die bekannte Streitfrage, ob sich die gesellschaftlichen Institutionen und die Kultur insgesamt quasi deterministisch durch die Art ihrer natürlichen Umwelt erklären lassen, wird auch in bezug auf Afrika immer noch ausgetragen - allerdings oft nicht mehr in Kenntnis der methodologischen Implikationen. In der Nomadenforschung ist dieser Ansatz oft undiskutiert, d. h. implizit übernommen worden. Die klassische Diskussion führte zu einer Rechtfertigung von E. E. Evans-Pritchard (1977/1956: 320), der von den Nuern sagt, daß wir ihre Lebensweise nur verstehen können, wenn wir ihre Umwelt in Betracht ziehen, ohne sie jedoch als »Funktion ihrer Umwelt« zu erklären. In einem klassisch geographischen Ansatz wird eine eigenständige Lebensweise aufgrund der natürlichen Bedingungen definiert; die »Equipe écologie et anthropologie des sociétés pastorales«, eine der wenigen Forschergruppen, die im Anschluß an die erste Saheldürre etwas weiter disziplinübergreifend arbeiteten, sieht zwar keinen Determinismus zwischen viehwirtschaftlichen Produktivkräften und Organisationsformen, begreift jedoch den Menschen als den dynamischen und determinierenden Bestandteil des Ökosystems (Lefébure 1979: 2).

Für den im allgemeinen als humanökologisch bezeichneten Ansatz, auf den sich Sozialgeographen berufen (Scott 1984, Johnson 1977), wird von einer Anpassung an die natürlichen Bedingungen im allgemeinen hinsichtlich Landnutzungsformen, Krisen, Dürren, Naturkatastrophen etc. ausgegangen. Eine »kulturgeographische Forschungstradition« spricht von »cultural adaptation« (Unesco/UNEP/FAO 1979) und geht davon aus, daß die sogenannten traditionellen Produktionssysteme unmittelbar an die natürlichen Bedingungen angepaßt sind.

Ein interessanter Ansatz ist der der »ethno-ökologischen Zone« (Helander 1986: 96 f.), der im Rahmen einer emischen Sozialwissenschaft die sozial relevante Umgebung als die selbst wahrgenommene (perceived environment) als handlungsrelevant ansieht. Innerhalb dieses »sozialen Raumes« werden unterschiedliche Ressourcenpotentiale (z. B. Weiden) und Nutzungsmuster (z. B. Wanderbewegungen) von der Bevölkerung selbst definiert. Bei den Nomaden erfolgt diese Definition über die soziale Organisation in segmentären Systemen. Damit wird dem großen Mangel in Entwicklungstheorie und -politik begegnet, der darin besteht, daß diese Systeme als »traditional« angesehen werden und ihre entscheidende Bedeutung für die Strukturierung des Raumes sowie die Regelung des Ressourcenzugangs und der -nutzung übersehen werden.

Dies ist ein anderer Ansatz, als er in der Sozialökologie (social ecology) vertreten wird, die innerhalb der Agrarwissenschaft den Umweltaspekt einzubeziehen beabsichtigt (Coughenour 1984: 1 f.). Ihr Anliegen ist, die Interaktion der Bauern mit der Umwelt in der Produktion sowie Konzepte des Umgangs mit Variabilität und Wandel zu analysieren. Hier wird auch von einer »Anpassungsreaktion« (adaptive response) auf individueller und aggregierter Ebene ausgegangen. Hier zeigt sich die »Wahlverwandtschaft« zwischen Behaviorismus und Mikroökonomie. Es werden individuelle Strategien der Ressourcennutzung definiert und Verhaltenstypen wie »risk-takers«, »pushers« oder »plungers« gebildet. Die über den Betrieb hinausgehenden Verhältnisse werden nur als Opportunitäten bzw. Engpässe dargestellt.

In einem kulturgeographischen Ansatz wird die Fragestellung nicht nur in eine Richtung verfolgt, wie die Menschen die Umwelt beeinträchtigen, sondern nach den Auswirkungen z. B. der Dürre auf Landnutzungsmuster und Lebensweisen der nomadischen Hirten gefragt (Ibrahim 1980, Krings 1980, 1991). Dieser Ansatz überwiegt bei weitem in der deutschen Literatur. Erst allmählich wird eine Verbindung mit der oben erwähnten internationalen anthropologischen Diskussion (Galaty/Salzmann 1981, Gallais 1977, Weissleder 1978) hergestellt, die sich vor allem auf die Viehhaltergesellschaften der Sahelregion bezieht (z. B. Krings 1980).

Zwar scheint die Frage auf den Kopf gestellt zu werden, jedoch hängt damit dann auch die verschwommene Verwendung des Anpassungsbegriffes zusammen, wenn gesagt wird, die Gesellschaften hätten ihr Anpassungsvermögen (an sich ändernde Umstände) verloren, wenn sie jetzt umweltschädliche Wirtschaftsweisen betreiben. Auf diese Weise wird dann Natur mit z. B. Weltmarktbedingungen gleichgesetzt und der soziologisch so wichtige Aspekt der Macht (oder Ohnmacht) und zugestandenen Handlungsfreiheit übersehen.

Ein kulturökologischer Ansatz kann als Untersuchung der »Beziehungen zwischen sozialen Systemen und ihren natürlichen Umwelten« (Bargatzky 1986: 92) bezeichnet werden. Sicherlich gibt es viele Berührungspunkte, jedoch dürfte der Unterschied zu dem hier vertretenen soziologischen Ansatz darin bestehen, daß eben nicht diese Art der Externalisierung von Natur konzipiert wird - obwohl von Interaktion gesprochen wird -, sondern besonderer Wert darauf gelegt wird, wie Natur sozusagen vergesellschaftet, symbolisch dargestellt, wahrgenommen, damit Teil eben der sozialen Welt wird. Ausgeschlossen sind jedoch nicht solche analytischen Gedankengänge, die zeigen, wie nun wieder bestimmte Bereiche der Gesellschaft zu »Natur« definiert und degradiert werden, wie dies Claudia von Werlhof (1983) in bezug auf die Frauen tut und natürlich schon lange für die Betrachtung der »Wilden« bekannt ist.

2.3 Sozialstruktureller Ansatz und Kontextualisierung

Abgesehen von der vielfältigen Literatur im Zusammenhang mit Dürre und Hungerproblematik im sahelischen Raum wird zum Teil auf das Defizit in der Erklärung der ökonomischen und politischen Ursachen der ökologischen Ungleichgewichte hingewiesen (Copans 1983). Die Analyse der sozialen und ökonomischen Desorganisation, die z. B. zu Abwanderung und Abhängigkeit von Nahrungsmittelhilfe führte, kann natürlich auch zum Verständnis der Prozesse der Umweltzerstörung beitragen. Es gibt soziopolitische Analysen vor allem in bezug auf Viehhaltergesellschaften (vor allem skandinavische Autoren wie u. a. Dahl/Hjort 1979 oder Haaland 1980) sowie einige Ansätze zu einer politökonomischen Analyse der Bodenzerstörung vor allem im Bereich des Ackerbaus (Blaikie 1985, Redclift 1984). Hier wird vertreten, daß ökonomische Ausbeutungsstrategien gleichzeitig Ausbeutungsstrategien der Natur sind. Dieser Erklärungsansatz besagt, daß der Prozeß der Eingliederung in die nationale und internationale Wirtschaft, mit den begleitenden Erscheinungen der Abhängigkeit und der Benachteiligung im Hinblick auf Ressourcenzugang, einerseits zu ökologischen Degradationserscheinungen führt, andererseits jedoch durch ökologische Katastrophen beschleunigt wird. Die Dürre konnte nur aufgrund vorhandener Strukturschwächen zu derartigen Einbrüchen und dem kumulativen Zerstörungsprozeß führen.

Daraus ergibt sich die Notwendigkeit, den Prozeß des Aufbrechens und des Zusammenbruchs quasi geschlossener Lebensweisen zu analysieren, wobei auch die kritischen Punkte (»Bruchstellen«) vom Standpunkt der Ökologierelevanz aus zu betrachten sind.

2.4 Handlungstheoretischer Ansatz

Ein soziologischer, handlungstheoretischer, verstehender Ansatz zur Analyse der Umweltproblematik versucht im wesentlichen

- die Einbettung des ökologisch relevanten Handelns in Weltsicht, die symbolische Repräsentation von Natur im Rahmen der Lebenswelt zu sehen;
- die gesellschaftlichen Transformationen, d. h. Veränderung von Institutionen und kulturellen Elementen sowie Sozialstruktur, z. B. Geschlechterverhältnis oder Landzugang, in bezug auf ihre Umweltrelevanz aufzuschlüsseln;
- dabei ein altes soziologisches Problem, die Vermittlung von Mikro- und Makroebene, die Verortung des Handelns innerhalb der gesellschaftlichen Strukturen, anzugehen, d. h. eine analytische Verbindung von Strukturveränderung, Gesellschaftsanalyse und ihre Konstitution durch Handlungen zu sehen;
- als übergreifenden theoretischen Bezugspunkt den Handlungsspielraum für ökologisch sinnvolles Handeln zugrundezulegen.

Als operationaler Ansatz für empirische Untersuchungen der Handlungsrationalität, des Handlungsspielraums und der Handlungsautonomie werden drei gesellschaftliche Ebenen vorgeschlagen: die der Produktions- und Sozialsysteme, die mittlere Ebene der sozialen Organisation sowie die des Staates bzw. weiterer Systeme.

Aus einer derartigen Analyse heraus können auch vorhandene Lösungsansätze auf ihre methodologischen und theoretischen Implikationen hin betrachtet werden. Im Hinblick auf die Umweltproblematik des Sahels sind sie bisher eher technokratisch, können die Komplexität und die unterschiedlichen Systemrationalitäten nicht bewältigen.

These ist, daß tendenziell soziale Bewegungen (hier Ökobewegung) am ehesten geeignet sind,

- auf der dezentralen, alltäglichen Ebene die ganzheitliche Integration der verschiedenen Problemstränge vorzunehmen;
- im gesellschaftlichen Diskurs politische, wissenschaftliche, wirtschaftliche Stimmen zusammenzubringen.

Der Mensch, sein Handeln und seine Vergesellschaftung werden nicht als biologisch geprägtes (vielleicht nur analoges) Verhalten des Reagierens und Interagierens erfaßt, sondern das Handeln wird als von seinem sozialen Sinn aus gesteuertes angesehen, der »sinnhafte Aufbau der sozialen Welt« (Alfred Schütz) aufgezeigt. Auch »Natur« ist ein gesellschaftliches Konstrukt des Menschen. Bei dieser Art des sinnhaften Aufbaus kann der Vorwurf des Anthropozentrismus des Weltbildes nicht im alten Sinne greifen, denn entscheidend sind die aus einer solchen gesellschaftlichen Konstruktion des Gegenstands - und der Beeinflußbarkeit durch Politik - abgeleitete Analysemethode und die Politikempfehlung, die von dem Handeln der Menschen ausgehen müssen.

Diese wissenschaftstheoretische Position bedeutet auch nicht, daß der Standpunkt der notwendigen »Aneignung oder Beherrschung« der Natur durch den Menschen eingenommen wird. Im Gegenteil, ein entscheidender Analysegegenstand ist die Interaktion des Menschen mit der Natur, nicht im Sinne eines biologischen Verhältnisses, sondern im Sinne der symbolischen Repräsentation und Interpretation der Natur durch den Menschen. Auf diese Art können überhaupt erst unterschiedliche und sich wandelnde Interaktionsmuster analysiert werden - z. B. als reziprokes Austauschverhältnis Natur-Mensch, als ausbeuterische Aneigung, als »book-keeping« (Galtung 1984), als Reparaturansatz oder als Nachhaltigkeit.

Ausgangspunkt der Betrachtung muß die Lebenswelt - die sinnhaft verwobenen Interaktions- und Handlungsmuster - der Bevölkerung sein. Die Handlungen sind aus der immanenten Logik der Produktions- und Sozialsysteme heraus zu erklären. Ein individueller Ansatz, der Einstellungen und Werte entweder absolut setzt oder einseitig verändern will, berücksichtigt nicht, daß es um soziales Handeln geht, das durch strukturelle Bedingungen, soziale Beziehungen und Institutionen geprägt ist. Die Handlungsrationalität kann dabei nicht nach allgemeingültigen Modellen (z. B. der ökonomischen Marktrationalität oder der Nutzenmaximierung), sondern muß aus den jeweils unterschiedlichen Konstellationen rekonstruiert werden.

Es geht darum, das Umweltwissen, dessen soziale Entstehung und Verteilung zu erfassen. Interessant ist hier der Ansatz des »Ethnoscience«

(Richards 1985), d. h. der Versuch der Rekonstruktion lokaler Wissenssysteme (Geertz 1983) und ihrer Ökologierelevanz. Die Tatsache, daß dieses Wissen in keiner Weise zur Kenntnis genommen wurde und wird (z. B. in der von außen übertragenen Agrartechnologie), kann in einem wissenssoziologischen Ansatz aufgeschlüsselt werden, indem «systems of ignorance« (Systeme des Nicht-Wissens, Lachenmann 1991) analysiert werden.

3. Gesellschaftliche Transformation und Prozesse im Sahel

3.1 Angebliche »Irrationalität der Landnutzung« oder eingeschränkte Handlungsautonomie der Bevölkerung

In dem methodologisch verkürzten Diskurs wird die Ursachenzuschreibung - Abholzen der Wälder, unangepaßte Landnutzungsmuster, Überweidung etc. - zu einer Schuldzuschreibung an die arme Bevölkerung. Man geht von einem »irrationalen« Umgang der Bevölkerung mit der Natur aus, die traditionellen Landbaupraktiken seien unangemessen, eine Anpassung an die natürlichen Verhältnisse finde nicht (mehr) statt.

Tatsächlich sind die ursprünglich ökologisch sinnvollen Praktiken aufgebrochen worden, die Lebensgrundlage wurde so destabilisiert, daß nur noch kurzfristig das Überleben gesichert werden muß. Der Handlungsspielraum der Bevölkerung in den Entwicklungsländern ist so gering geworden, daß ökologisch sinnvolles Handeln nicht mehr möglich ist.

Es geht hier nicht darum, wie manchmal vereinfacht argumentiert wird, die »traditionellen« Landnutzungsweisen geradezu zu einem ökologischen Mythos zu erheben, da empirisch solche Idealfälle kaum existiert haben. Natürlich können bestimmte, relativ geschlossene Systeme nicht mehr so funktionieren wie bisher, wenn sie in einen größeren Zusammenhang eingebunden werden oder ihre Grundvoraussetzungen (z. B. genügend Land) nicht mehr gegeben sind. Es kommt zu »agricultural involution« (Geertz 1983), d. h. Intensivierung der gleichen Produktionsform ohne gesellschaftliche Wandlungsprozesse. Auch sind die meisten traditionellen komplexen Landnutzungssysteme gestört, es gibt kaum noch Nischen, in denen sie nach ihren eigenen Prinzipien funktionieren können. Tatsächlich haben jedoch viele agrarische Gesellschaften ein anderes und besonderes Verhältnis zur Natur als industrielle Gesellschaften, und es geht darum, dieses schonende Austauschverhalten wieder einzuführen und bestimmte Prinzipien zu übernehmen (z. B. Flexibilität oder Vielfalt).

Gemäß den afrikanischen Weltanschauungssystemen sind die natürlichen Ressourcen Teil der Lebenswelt, von den Ahnen zur pfleglichen Behandlung überlassen. Der auf Kontinuität gerichtete Zeitbegriff, der die regelmäßige Wiederkehr der Naturerscheinungen beinhaltet, bedeutet eine fortlaufende Sicherung der gleichbleibenden Ressourcen. Weltanschauungssystem und Produktionsform zielen weder auf eine Aneigung der Natur, noch implizieren sie Raubbau. Der Animismus impliziert - ohne daß dies empirisch immer der Fall war, es gibt auch Nomadismus als Beutesysteme - eine umweltadäquate Landnutzung, z. B. Schutz von Quellen oder Wäldern und gesicherte Landrechte als Zuständigkeiten. Die animistische Weltanschauung ist nicht von dem alltäglichen Handeln abgehoben, sondern bestimmt gleichzeitig die soziale Organisation der Produktion, ist daher unmittelbar mit institutionellen Regelungen wie Bodenrecht und Agrartechniken und -praktiken verbunden. Das entsprechende Erfahrungswissen hatte sich in Kulten und in institutionalisierten Regelungen der Landbebauung niedergeschlagen. Erst der Geltungsverlust des komplexen Wissens dieser Kulturen über Natur, das durch die Übertragung »modernes« Wissen als das allein richtige in Vergessenheit gerät, und der Entzug der Zuständigkeit für die Ressourcennutzungsregelung sowie die Unterbrechung tradierter Praktiken durch externe Interventionen führen zur Auflösung.

Hier wird die These vertreten, daß es keineswegs um irrationale Landnutzung oder direkte Folgen einer Bevölkerungsexplosion geht, sondern durch Prozesse der sozialen Differenzierung und ökonomischen Veränderung eine Destabilisierung eingetreten ist, aufgrund derer der Handlungsspielraum der Bevölkerung so gering geworden ist, daß sie das Risiko von außen an sie herangetragener Neuerungen nicht eingehen und ökologische Gesichtspunkte nicht mehr in Betracht ziehen kann. Wegen des Verlusts der Sicherheit, der Flexibilität und der Autonomie geht die Nahrungsmittelproduktion zurück, die Anfälligkeit für Dürre steigt, die Übernutzung der natürlichen Ressourcen im Sinne kurzfristiger Überlebensstrategien nimmt zu. Der Staat ist aufgrund seines abschöpfenden Charakters der Herrschaftsausübung weder in der Lage, eine ökologisch sinnvolle Agrartechnik zu fördern, noch eine umfassende Ökologiepolitik voranzutreiben.

Grundsätzlich wird das in den Industrieländern vorherrschende Paradigma des Umgangs mit der Umwelt in die Entwicklungsländer übertragen: Die Zerstörung der Umwelt wird als Kosten betrachtet in einem »bookkeeping approach« (Galtung 1984) oder »Reparaturansatz«. Wie die Umwelttheorie gezeigt hat, ist ein ökologische Rationalität in unserem System nicht integrierbar als systemübergreifende Gesamtrationalität (Luhmann 1986), bzw. die unterschiedlichen Interessen verhindern eine gemeinsame Übernahme der Verantwortung.

3.2 »Bevölkerungsexplosion« oder Verdrängung und Marginalisierung

Das Bevölkerungswachstum ist global gesehen ein wichtiger Umweltfaktor, unmittelbar gesehen ist er jedoch nicht das eigentliche Problem bzw. reicht als Erklärungsfaktor nicht aus. Die herkömmlicherweise als ursächlich angesehenen Faktoren - Bevölkerungsdruck, Überstockung, Überweidung - müssen über eine Reihe komplexer sozioökonomischer Wandlungsfaktoren differenziert werden; z. B. führen[2] Wanderungs- und Verdrängungsprozesse sowie soziale Differenzierungsprozesse zur Beeinträchtigung des Zugangs zu Ressourcen und der räumlichen und ökonomischen Flexibilität. Im Sahel halten nicht die Nomaden unsinnig große Viehherden, sondern die reiche Bevölkerung - Händler, Funktionäre etc. - akkumuliert in Vieh.

Ökologisch problematisch sind vor allem Prozesse der Verdrängung bestimmter armer Bevölkerungsgruppen und die verstärkte Herausbildung sozialer Unterschiede, weswegen dann die ersteren auf marginale Ressourcen verwiesen sind und diese zwangsweise übernutzen (ohne daß sie wirtschaftlich in der Lage wäre, neue intensivere Technologien einzuführen) und die anderen Gruppen die Ressourcen zu intensiv nutzen (soil mining).

---

2 In der Sudan-Sahelzone (insgesamt 530 Millionen Hektar, davon ackerbaulich nutzbar 62 Millionen Hektar = 12 %, viehwirtschaftlich nutzbar 150 Millionen Hektar = 28 %) lebten 1980 ca. 31 Millionen Einwohner. Die durchschnittliche Bevölkerungsdichte ist niedrig, jedoch ist die Verteilung sehr ungleich: 80 % leben auf 25 % der Gesamtfläche im Süden der Sahelzone, 40 % leben auf 6 % der Gesamtfläche. In Ballungszonen wie das Erdnußbecken im Senegal, in Gambia und das Mossi-Plateau in Burkina Faso leben 2 % der Gesamtbevölkerung auf nur 2 % der Gesamtfläche, wobei die Bevölkerungsdichte 60 Einwohner/km^2 erreicht, die der ländlichen Bevölkerung 45/km^2. Insbesondere im Sudan-Sahelraum geht man davon aus, daß die Tragfähigkeit 15 Einwohner/km^2 beträgt, gegenüber der tatsächlichen Zahl von 20/km^2; in bezug auf Feuerholz sogar 10,0 gegenüber tatsächlich 23,0.

3.3 Veränderung der Geschlechterverhältnisse

Das Gleiche gilt für die Armutsbedingtheit der Ressourcenzerstörung, auf die z. B. mit dem Bild der armen Frau, die für den Brennholzbedarf der Familie angeblich die Wälder abholzt, hingewiesen wird. Strukturell gesehen sind die Vermarktung von Brennholz und die Entfernung von Baum- und Strauchbewuchs durch die Einführung von Monokulturen und Mechanisierung der Landwirtschaft viel entscheidender. Auf diese Weise werden die »Opfer« zu »Tätern« gemacht. Meist wird die Forderung nach »Aufklärung«, »Sensibilisierung« oder »Bildung« gestellt, wo doch die Ursachen viel tiefer liegen. Frauen sind in der Tat in vielen, vor allem ländlichen Gesellschaften Afrikas für die Bereitstellung von Energie zuständig, da sie praktisch ausschließlich für die Nahrungsmittelzubereitung und Heizung für die Familie sorgen müssen. Tatsächlich wird dadurch zu der übermäßigen Ausbeutung und Zerstörung von natürlichen Ressourcen beigetragen. Jedoch wird meist nicht die Frage gestellt, weshalb in vielen Situationen keine Strukturen mehr da sind, die eine nichtausbeuterische Nutzung der Ressourcen ermöglichen.

Frauen haben keinen ausreichenden Zugang mehr zu Land und damit zu Holzressourcen - beide werden in immer höherem Maße zu Privateigentum (von Männern). In Landwirtschaftsprojekten, einschließlich der Förderung von Obst- und sonstigen Nutzbäumen, erhalten die Frauen keine ausreichenden Rechte und werden nicht gleichberechtigt einbezogen.

Die Energieversorgung betrifft den Subsistenzbereich; Frauen haben bei Schwinden der frei verfügbaren natürlichen Ressourcen kein Geld (-Einkommen) für den Zukauf. Die den Dorfgemeinschaften und Kommunen direkt zustehenden Baumbestände gehen immer mehr zurück und werden durch Privat- und Staatseigentum eingeschränkt.

Die zunehmende Ausbreitung der Forstverwaltung und die Einführung administrativer Regelungen (einschließlich Gebührenerhebung z. B. für Holzeinschlag) verwehren der Bevölkerung, insbesondere den armen Frauen, die Nutzung öffentlicher Wälder. Dadurch treten kontraproduktive Wirkungen ein - ungeregelte Ausbeutung durch die arme Bevölkerung, übermäßige Ausbeutung durch kommerzielle Nutzung.

Die Erfahrungen von Ressourcenschutzprojekten haben gerade auch Probleme in bezug auf die Einbeziehung von Frauen gezeigt, insbesondere hinsichtlich der Verfügbarkeit neuer Ressourcen auch für Frauen sowie der Ausbeutung der Arbeitskraft der Frauen in »Selbsthilfe«-Maßnahmen, z. B. Dorfaufforstungsmaßnahmen, ohne daß sie Verfügungsgewalt erhalten.

3.4 Geltungsverlust der gesellschaftlichen Nutzungsregeln - Anomie

Ebenfalls zu kurz gegriffen ist die Begründung für die Ressourcenzerstörung durch fehlendes Privateigentum an Boden. Einerseits führt oberflächlich gesehen Freiverfügbarkeit von Land zu negativen ökologischen Auswirkungen, andererseits ist diese freie Landverfügbarkeit nicht traditional, sondern staatlich verordnet und Symptom des Machtvakuums. Das heißt, nicht die traditionalen Rechte als solche, die durchaus eine soziale Regelung des Zugangs zu Boden und Wasser und Weide bedeuteten, sondern der Verlust ihrer Geltungsvoraussetzungen und der Mißbrauch führen zu Ressourcenzerstörung. Es kommt zu chaotischer individueller Aneignung von Boden bzw. zur Verdrängung der kollektiven Zuständigkeit durch Staatseigentum. Durch koloniale und nationalstaatliche Interventionen sind räumliche Flexibilität und Regelungen des Zugangs außer Kraft gesetzt worden. Traditionelle Rechte gelten offiziell nicht mehr, der Staat verfügt nicht über genügend Legitimität, um neue Regelungen durchzusetzen, moderne Schichten erhalten ungehindert Ressourcenzugang.

Ein soziologisch wichtiger Analyseansatz ist hier der der Anomie, der fehlenden Geltung von Normen und Regeln in bezug auf Umweltrelevanz. Die demonstrative Bedeutungslosigkeit z. B. des Schutzes von heiligen Wäldern oder bestimmten Bäumen kann als ein ganz wichtiges Element des Verlustes der kulturellen und sozialen Identität betrachtet werden. Diese wurde und wird zum Teil aus einem Fortschrittsglauben heraus hergestellt, der sich jetzt genauso unproduktiv und unreflektiert in administrativ verordneten Ressourcenschutzmaßnahmen niederschlägt. Er besteht daraus, daß z. B. Wald vom Staat, d. h. der zentralen abschöpfenden Verwaltung bewirtschaftet werden muß, wodurch die Zuständigkeit für die Ressourcennutzung insbesondere auf der mittleren Ebene verloren geht. Angesichts des »Systems des Nicht-Wissens« (Lachenmann 1991), das traditionelle, ökologisch sinnvolle Praktiken und Nutzungsrechte und Regelungen betrifft, hat dies fatale Folgen, wenn z. B. in der Theorie der »tragedy of the commons« (Hardin 1968) angenommen wird, es gäbe überhaupt keine gesellschaftlichen Regeln der Naturressourcennutzung.

3.5 Destabilisierung und Aufbrechen von Lebensweisen

Als Hintergrund der ökologischen Zerstörungen sind die strukturellen Veränderungen in den Entwicklungsländern zu betrachten, die als Destabilisierung der Existenzgrundlage, Einbeziehung in Marktsysteme mit Monokulturanbau, Verdrängung und Marginalisierung bestimmter Bevölkerungsgruppen, Soil-mining durch »moderne« Bauern (Kulaken, Staatsbedienstete oder aufgrund von Strukturanpassungsprogrammen aus dem »modernen« Sektor Entlassene) angesehen werden können. Tatsächlich sind die extremen ökologischen Einbrüche, die zu rapider Degradation führen, nicht bei der »traditionellen« Bevölkerung zu suchen, die die Umwelt ruiniert; nicht die Brandrodung ist das Problem, sondern das Abbrennen zu Jagdzwecken; nicht der Nahrungsmittelanbau für die Subsistenz, sondern die Plantagen-Monokulturen für den Export (Tabak in Malawi, Sorghum im Sudan etc.); nicht das Brennholzsammeln der Frauen, sondern der Holzkohlehandel in großem Stil durch eine Schicht von Kulakenbauern und Händlern; nicht die Prestige-Herden[3], sondern Mastbetriebe für den Export.

Die Systemzusammenhänge sind so, daß es zu Raubbau an der Umwelt und zu kumulativen Prozessen der Ressourcenzerstörung kommt. Soziopolitische Verzerrungen und der ungleiche sozioökonomische Wandel führen zu Umweltzerstörung durch Verlust an Macht und Ressourcenverfügbarkeit. Es erfolgt ein Prozeß des Aufbrechens und des Zusammenbruchs quasi geschlossener Lebensweisen.

Die Krise ist so weit fortgeschritten, daß es teilweise nur noch um reine Überlebensstrategien geht. Diese bestehen einerseits in einer zwangsweisen und übermäßigen Produktion für den Markt, wodurch das Produktions- und Sozialsystem destabilisiert wird und ökologisch aus dem Gleichgewicht gerät (Redclift 1984: 61), andererseits in der unmittelbar destruktiven Nutzung der Umwelt in der Notsituation, die die zukünftige Subsistenzbasis zerstört.

---

3 Der von Herskovits (1926) entwickelte Begriff des »cattle complex« stellt ein extrem hartnäckiges Alltagstheorem in der Entwicklungspolitik dar, gemäß welchem »traditionelle« Viehhalter irrational ihre Tiere maximieren. Eine breite Literatur über Austauschsysteme, Sicherheitsstrategien und Viehfreundschaften konnte dieses Vorurteil, das von den nicht-sozialwissenschaftlichen Disziplinen übernommen wurde, nicht ausräumen.

4. Die begrenzte Rationalität bisheriger Lösungsansätze

4.1 Unbeabsichtigte ökologische Folgen der Wirtschafts- und Entwicklungspolitik

Die ökologisch sinnvollen nomadischen Lebensweisen gehen durch Brunnenbau, Seßhaftmachungsprogramme und Aufkündigung des symbiotischen Verhältnisses mit dem Ackerbau - nicht zuletzt durch dessen Marktintegration - verloren. Die Viehhaltung verändert ihre soziale Struktur und wird dadurch ökologisch schädlicher. Seßhafte Bauern betreiben keine mobile Viehhaltung, die Weidewanderwege sind eingeschränkt, urbane Schichten investieren in Vieh. Der Ackerbau dringt vor, teilweise durch moderne Produktionssysteme einschließlich Bewässerungslandwirtschaft (die von bürokratischen Apparaten ineffizient betrieben wird und daher zu Bodenzerstörung führt), und es kommt zu Bodenerschöpfung nicht zuletzt auch durch Exportmonokulturen.

Auch entwicklungspolitische Maßnahmen im weitesten Sinne hatten und haben ungewollte ökologisch negative Folgen, da die Vernachlässigung von Gesamtzusammenhängen nicht nur gesellschaftlicher, sondern selbst technologischer Art total ist: Brunnenbaumaßnahmen bewirken Schäden im Einzugsbereich zentraler Wasserstellen, örtlichen Überbesatz mit Vieh und Abkürzung der Weidewanderwege sowie feste Ansiedlung mit Ressourcenübernutzung. Landwirtschaftliche Bewässerungseinrichtungen führen zu Konzentration von Landbesitz in den Händen weniger, zu Zerstörung der Tausch- und Kooperationsbeziehungen zwischen Ackerbauern und Viehhaltern sowie Abschneiden der Weidewanderrouten und -reserven. »Moderne« Tiermastbetriebe benachteiligen die Nomadengruppen.

Viele Ansätze, z. B. die der sogenannten kontrollierten Weidewirtschaft, sind gescheitert, da sie meist eindimensional auf Produktivitätssteigerung ausgerichtet waren bzw. künstliche Systemgrenzen aufbauten (wobei dann die Projektlogik aufgebrochen wurde, indem von Verwandten zusätzlich Vieh hereingebracht wurde). Insgesamt haben die vor allem nach der ersten großen Saheldürre und Hungerkatastrophe 1972 bis 1975 gestarteten massiven Versuche der Entwicklungszusammenarbeit, eine zwischen den betroffenen Staaten koordinierte Bekämpfung der Sahelproblematik (durch CILSS, Comité International de Lutte contre la Sécheresse au Sahel) zu unterstützen, nicht zum Erfolg geführt. Nach der ersten Dürre wurden Ernährungssicherungsstrategien als entscheidende

Stoßrichtung verfolgt, die angesichts der zweiten Dürre 1982 bis 1985 und vor allem angesichts der Verschuldungs- und Wirtschaftsstrukturkrise stark ins Hintertreffen gerieten, auch wenn offiziell eine Umorientierung aller Entwicklungskonzepte auf Ressourcenschutz und Nachhaltigkeit propagiert wird.

Die Art der Einbeziehung der Entwicklungsländer in den Weltmarkt hat ökologische Bedeutung: Sie sind nach wie vor auf die Ausfuhr von Primärprodukten und Rohstoffen angewiesen, jedoch befinden sie sich in einem Teufelskreis aus abnehmender Produktivität und damit Expansion der Produktion (z. B. Monokulturen) und Zerstörung der Produktionsgrundlagen sowie sich verschlechternden Terms of Trade bei zunehmender Konkurrenz für Rohstoffexporte (z. B. Baumwolle). Im Senegal beispielsweise beruhte die gesamte koloniale und postkoloniale Wirtschaft auf dem Erdnußanbau und -export, der nun aus ökologischen und ökonomischen Gründen darniederliegt. Die natürlichen Ressourcen sind nach zwei Dürren erodiert, der Weltmarktpreis zusammengebrochen und die Nutzungsfähigkeit des Erdnußöles substitutiert worden. Die Erdnußwirtschaft wird nun - im Rahmen der wirtschaftlichen Strukturanpassungsmaßnahmen - nicht mehr gefördert; weder für die bäuerlichen Produktions- und Sozialsysteme noch für die nationale Wirtschaft besteht jedoch eine machbare Alternative. Implizit wird in Kauf genommen, daß die Mehrheit der ländlichen Bevölkerung keine Perspektive hat und daß die Ressourcendegradation weiter voranschreitet, da die Bauern nicht mehr in der Lage sind, den früher subventionierten und in staatlichen Kredit- und Verteilungssystemen gelieferten Handelsdünger einzusetzen.

Die Exportinteressen der Industrieländer fördern eine eindimensionale technologische Entwicklung (»grüne Revolution«). Im Agrarbereich werden aufgrund der subventionierten Agrarpolitik die Entwicklungsländer mit Nahrungsmittelexporten überschwemmt, wodurch ihre eigene Produktion verdrängt wird, differenzierte Mischkultursysteme aufgegeben werden und »soil mining« betrieben wird. Die Importinteressen der Industrieländer führen dazu, daß billige landwirtschaftliche Rohstoffe ökologisch ausbeutend angebaut bzw. produziert werden (z. B. Viehfutter, Fleisch).

Aufgrund der Übertragung eines unangemessen eng verstandenen Effizienzkalküls auf die Entwicklungspolitik werden bei den Rentabilitätsberechnungen für Projekte in Entwicklungsländern, die von außen finanziert werden, die billigen Lösungen aufzwungen, die nicht umweltfreundlich sind. Gleichzeitig wird die globale Forderung nach nachhaltiger Entwicklung (sustainable development), wie sie im Brundtland-Bericht ohne Analyse der hier angedeuteten gesellschaftlichen Faktoren[4] erhoben wird, überall geteilt.

Die Externalisierung der »Umweltkosten« von den Industrie- in die Entwicklungsländer wird geradezu symbolisiert durch die Giftmüllexporte. Das heißt, das Problem wird auf die Entwicklungsländer verschoben, aber gegen besseres Wissen, denn eigentlich ist bekannt, daß es dort nicht gelöst werden kann (und auf uns zurückschlägt). Diese Exporte werden jetzt von den Empfängerländern gestoppt, sie stellen jedoch ein Glied in einer ökologischen Nötigung der Entwicklung dar, ihre eigene Existenzbasis zu zerstören infolge ihrer verzweifelten Finanzsituation; sie sind zur Erwirtschaftung von Devisenerlösen durch umweltzerstörerische Exportwirtschaft gezwungen.

4.2 Ecodevelopment

Aufgrund des ökologischen Scheiterns der Entwicklungspolitik wurde das Konzept der Ökoentwicklung (Ecodevelopment; vgl. Glaeser 1984) erstellt, das die Notwendigkeit integrierten, systemorientierten Vorgehens betont, vor allem die Partizipation der Bevölkerung und den Ansatz an vorhandenen lokalen Technologien (angesichts des Scheiterns großangelegter, technologischer Lösungsansätze) und ihre Weiterentwicklung. Es wurden verschiedene ökologisch orientierte Ansätze erarbeitet, die im Bereich der Forstwirtschaft und des Ressourcenschutzes, der Viehhaltung und des Landbaus in unterschiedlichen Ausprägungen in der Entwicklungszusammenarbeit vertreten und in Anfängen umgesetzt werden - Agroforstwirtschaft, integrierte Viehhaltung bzw. Agropastoralismus, standortgerechter Landbau (Ecofarming; vgl. Egger 1987). Sie stellen die Überwindung der klassischen sektoralen Herangehensweise dar, betreiben neben umweltschonendem Ackerbau zur Verhinderung von Bodenerosion und Absinken der Bodenfruchtbarkeit Weidekontrolle, Nutzung von Wildpflanzen und Nutzbäumen für menschliche und tierische Ernährung sowie Brenn- und Nutzholzbeschaffung.

---

4 Zur Entstehung des Konzepts vgl. Harborth (1989), zur Kritik dessen fehlender gesellschaftstheoretischer Dimension vgl. z. B. Pietilä (1990), Trainer (1990), Galtung (1990). Dieses Argument gilt auch für den kürzlich erstellten Bericht einer Enquete-Kommission zum »Schutz der Tropenwälder« (Deutscher Bundestag 1990, Drucksache 11/7220).

Auf die Frage hin, ob dieses Konzept der Ökoentwicklung eine Chance hat, den Prozeß der ökonomischen, sozialen und ökologischen Destabilisierung aufzuhalten und den Handlungsspielraum der Bevölkerung im Hinblick auf mehr Eigenständigkeit, Sicherheit und damit ökologisch vernünftige Handlungsmöglichkeiten zu erhöhen, zeigt sich, daß zwar eine »low input-Strategie« die Nachteile einer extremen Marktintegration verbunden mit Raubbau an der Natur bekämpft, jedoch auch Ökokonzepte die Subsistenzlogik aufbrechen, die Prinzipien der sozialen Solidarität und des Austausches hinfällig machen. Die implizierte geringe Produktivitätssteigerung verleiht keine neue Sicherheit, nicht zuletzt aufgrund der Individualisierung der Produktion und des Bodeneigentums bei Nichtbeachtung der biographischen Dimension des Lebenszyklus. Man setzt Selbsthilfeorganisation voraus, ohne soziale Unterschiede und Klientelbeziehungen zu berücksichtigen; die genannte Problematik der Anomie, d. h. Geltungsverlust der Ressourcennutzungsregelung auf mittlerer Ebene, wird nicht beachtet. Es ist nicht klar, wie die Förderung von Subsistenzsystemen (Verbesserung der Nahrungsmittelproduktion für den Eigenkonsum, Arbeitserleichterung für die Nahrungsmittelverarbeitung der Frauen, Energiequellen, Ressourcenschutz) durch externe Entwicklungszusammenarbeit zu finanzieren ist, denn es wird immer eine klassisch-betriebswirtschaftliche Rentabilität gefordert. Die Zwänge der nationalen Agrarpolitik (z. B. zum Export von Agrarrohstoffen, nicht zuletzt zur Schuldentilgung) und das Fehlen einer angepaßten nationalen Agrarforschung stehen der Entwicklung und Umsetzung ökologisch und sozial vernünftiger Agrarsysteme entgegen. Die wirtschaftlichen und politischen Interessen von Gruppen, die Soil-mining betreiben, sind stärker als die der marginalisierten »traditionellen« Viehhalter und Bauern. Es müßte darum gehen, den Handlungsspielraum der Bevölkerung zu stärken, so daß ökologisch vernünftiges, ökonomisch dynamisches Handeln wieder möglich wird.

4.3 »Grüner Wall gegen die Wüste« und Naturschutz

Technokratische Lösungen[5] haben sich im Ökologiebereich als besonders erfolglos erwiesen, so die lange Zeit verfolgte Idee des »grünen Walls gegen die Wüste« (oder auch nur die sogenannte industrielle Aufforstung). Er wäre viel zu teuer, und niemand wäre für die Wartung und Bewirtschaftung zuständig. Erforderlich ist eine Integration von Produktionsorientierung und Ressourcenschutz, d. h. die Entwicklung einer ökologisch angemessenen Produktionsweise, die der Bevölkerung die erforderliche Handlungsautonomie gibt. Ressourcenschutzmaßnahmen müssen immer mit produktionsorientierten Maßnahmen für die Bevölkerung verbunden werden, gegebenenfalls muß eine Subventionierung stattfinden (z. B. zum Erhalt marginaler Räume, Verhinderung von Abwanderung, Aufhebung der starren Trennung zwischen Nahrungsmittelhilfe an Katastrophenopfer und Produktionsförderung).

Der herkömmliche Naturschutz nimmt meist einen repressiven Charakter gegenüber der alteingesessenen oder armen Bevölkerung an und hat oft kontraproduktive Wirkungen. Die mit externer Hilfe expandierende Forstverwaltung dient vor allem der Ressourcenabschöpfung durch (ausländische) Privatindustrie, auf jeden Fall dem Staat, und entzieht der örtlichen Bevölkerung die Zuständigkeit für die Bewirtschaftung und damit die Nutzung. Dadurch werden Desinteresse, fehlende Wartung und Hintergehen von Vorschriften vorprogrammiert. Wenn z. B. Holzeinschlag an den Kauf einer Lizenz gebunden ist, werden die Armen sich keine leisten können und sind dann auf illegale und damit zerstörerische Umweltnutzung angewiesen, und die Kommerzialisierung der Ressourcennutzung wird gefördert.

5 So handelt es sich bei der Umweltverträglichkeitsprüfung um ein administratives Planungsverfahren bei Projekten, bei dem nicht von vornherein eine aktive, umweltfreundliche Technologie und Bewirtschaftungsweise angestrebt wird, sondern lediglich ex post der Grad der Umweltzerstörung oder -neutralität beurteilt (und bestenfalls das Projekt aufgegeben oder additiv Maßnahmen durchgeführt) wird. Dies entspricht dem Umweltparadigma der »Reparatur«. Der Ansatz ist zu stark projektbezogen statt systembezogen, in vielen Bereichen ist schon lange die (globale) Umweltproblematik bekannt und müßte gar nicht noch einmal geprüft werden (z. B. die langfristigen und großräumigen Auswirkungen von Staudämmen).

4.4 Auflagenpolitik

Bei der - angesichts der Problematik natürlich angemessenen - Diskussion über die globale Dimension der Umweltzerstörung und damit notwendigen Lösungsansätze (dazu auch Lembke 1991) zeigt sich sehr stark eine interventionistische, mechanistische Vorstellung über die Möglichkeit der Behandlung von Gesellschaft und Umwelt. Die von der internationalen Gebergemeinschaft als vermeintlich sinnvolle Lösung diskutierten umweltpolitischen Auflagen für die Erteilung von Krediten, Schuldenerlaß (z. B. debt for nature) oder sonstiger Entwicklungshilfe entsprechen dem geschilderten patriarchalischen, schuldzuschreibenden Ansatz, in dem keine Handlungszwänge und strukturellen sowie Systemzusammenhänge betrachtet werden. Die eigene Rolle gerät völlig aus den Augen, und Venalität - Käuflichkeit, zumindest der »book-keeping«-Ansatz - wird eingeführt. Die Entwicklungsländer werden als Umweltzerstörer angeprangert und ermahnt, die Umwelt zu schonen. Damit wird der Diskurs entgegen dem Gesamtinteresse zu einer Konfrontation und Diskussion um Souveränitätsprobleme verzerrt und vom Thema abgelenkt. Klar müßte sein, daß dies nicht eine Frage des reinen Willensentscheids oder der Sensibilisierung ist, sondern die Handlungsfreiheit zu ökologisch vernünftigem Handeln auf allen Ebenen - von Regierung bis zum kleinen Bauern - geschaffen werden muß. Auflagen sind eine typische Art, von der eigenen Involviertheit abzulenken und zu glauben, einer Lösung sei Genüge getan (wie in Industrieländern z. B. durch hohe Grenzwerte), obwohl im Grunde jeder weiß, daß diese Auflagen unrealistisch sind und sicher nicht eingehalten werden. Es wird dann lediglich von Umsetzungsproblemen gesprochen.

5. Basisbewegungen und Globalisierung

Statt Auflagen wäre ein »herrschaftsfreier Diskurs«, ein politischer Dialog über eine gemeinsame Lösung auf allen Ebenen zu führen, über die gemeinsame Schaffung der entsprechenden Voraussetzungen zu diskutieren, damit überhaupt der Handlungsspielraum für ökologisch angemessenes Handeln entstehen kann.

5.1 Selbstverpflichtung und Internalisierung der Ressourcenzerstörung

An erster Stelle müßte eine Selbstverpflichtung der Industrieländer stehen, um an den strukturellen und indirekten oder tieferliegenden Ursachen, die in den Industrieländern, ihrer Wirtschaftsweise und der Übertragung ihres ökologischen Paradigmas liegen, anzusetzen. Und an zweiter Stelle müßte das Angebot stehen, gemeinsam ökologisch sinnvolle Alternativen zu entwickeln, die entsprechenden Institutionen in den Entwicklungsländern zu schaffen und dafür massive Hilfe zu leisten. Von einem wissenssoziologischen Standpunkt aus betrachtet ist die globale Verteilung des Umweltwissens sehr kopflastig und damit auch die politischen Argumentationsmöglichkeiten. Notwendig ist vor allem die Schaffung von Umweltwissen, d. h. Forschungseinrichtungen sowie Einrichtungen für eine dezentrale Kontrolle (Galtung 1990) der Umweltproblematik.

Anderenfalls ist es eine Frage der Venalität, daß z. B. die Verschuldungssituation der Entwicklungsländer ausgenutzt wird, um ihnen quasi ihre Umwelt - zum globalen, aber eben auch unserem partikularen langfristigen Wohlergehen - abzukaufen. Denn wenn Umweltzerstörung oft armuts- und weltmarktlogikbedingt ist, muß diese Art von Umwelterhaltung, die nicht vorhandene Industriemodelle verändert, sondern nur einfach knappe Ressourcen für einige wenige reserviert, zwangsläufig »Naturschutz« im herkömmlichen Sinne betreiben. »Menschenschutz« oder -verträglichkeit von Modernisierungsmodellen wäre angemessener.[6]

Erst wenn dieser Diskurs wirklich gleichberechtigt ist, kann auch das Argument der Souveränität, die die Entwicklungsländer gegenüber den Industrieländern gegen deren Einmischung in Umweltfragen für sich in Anspruch nehmen, hinterfragt werden und die Umweltproblematik als tatsächlich globales Problem diskutiert und behandelt werden. Dann ist es möglich, auch das in den Industrieländern erarbeitete Wissen zu vermitteln und zu verhindern, daß sie in ihrem Entwicklungsmodell die gleichen Fehler machen, also einen gemeinsamen Lernprozeß zu initiieren. Denn für dieses globale Problem besteht die Notwendigkeit einer globalen Lösung, und die jetzt vorhandenen Einsichten und Kenntnisse - wenn es nicht überhaupt schon zu spät ist und die Umweltzerstörung nicht bereits auf dem Weg zur Selbstzerstörung ist - müssen genutzt werden.

---

6 Allerdings ist der Begriff der »Verträglichkeit«, sei es Umwelt- oder Sozialverträglichkeit, ein statischer Begriff, der nicht dem hier angerissenen Ansatz der gesellschaftlichen Konstruktion von Umwelt entspricht, sondern beide Systeme konfrontativ gegenüberstellt.

Dies bedeutet eine Rücknahme der Externalisierung (symbolisiert durch die Giftmüllexporte in Entwicklungsländer), d. h. Internalisierung der »Umweltkosten« des Modernisierungsmodells der Industrieländer.

5.2 Dezentralisierung und soziale Bewegungen

Zum globalen Diskurs muß eine Dezentralisierung hinzukommen, zur ordnungsstaatlich autoritären und sozialtechnologischen sowie bürokratischen Lösung der Versuch der Aufhebung der begrenzten Handlungsrationalität in sozialen Bewegungen: Technokratische Lösungen haben sich als wirkungslos erwiesen, überall können die wenigen Erfolgsansätze nur bei sozialen Bewegungen ausgemacht werden, die die Ursachenanalyse, die Lebensbedingungen der betroffenen Bevölkerung, die politischen und ökonomischen Interessen aufgreifen und in politisches Handeln - quasi als Systemansatz - umsetzen. Umwelt kann nicht durch zentrale Planung geschützt werden, die Verantwortung muß dezentralisiert werden. Soziale Bewegungen spielen hier eine bekanntermaßen wichtige Rolle, auch in den Entwicklungsländern müssen eine kritische Öffentlichkeit geschaffen, dezentrale Informations- und Kontrollsysteme aufgebaut, an konkreten Bereichen angesetzt und ökologisch sinnvolles Handeln z. B. von externen Wirtschaftsakteuren erzwungen werden. Gerade in Afrika ist sicherlich ein wichtiger Aspekt für das Fehlen von sozialen Bewegungen und das praktisch völlige Scheitern von Umweltpolitik und Regelungsansätzen, daß die Regime und die entwicklungspolitischen Ansätze so autoritär sind. Auch für eine vernünftige Umweltpolitik ist eine Zivilgesellschaft (»civil society«) erforderlich (Galtung 1990).

5.3 Integration

Ressourcenschutzmaßnahmen, die sich auf einen Faktor oder Sektor beziehen, haben sich als völlig wirkungslos erwiesen bzw. sogar zu ungewollten (auch ökologischen) Folgen geführt. Eine Integration ist erforderlich, wobei sich extrem das Problem der notwendigen Internalisierung, d. h. der Systemgrenzen stellt. Tendenziell haben Integrationsmaßnahmen bisher diese reduziert und Umweltprobleme externalisiert - z. B. Ackerbau und Viehhaltung in einzelnen Betrieben und nicht mehr innerhalb von ökologisch und ethnisch/sozial definierten Räumen, beispielsweise in der Zusammenarbeit von Bauern und Viehhaltern/Nomaden. Das Gleiche gilt für kontrollierte Weidesysteme und Aufforstungsmaßnahmen. Die Komplexität der Problematik hat sich auch in Afrika als nicht geringer als in den Industrieländern erwiesen. Und trotzdem versuchen soziale Bewegungen, in das alltägliche Handeln einen sinnvollen Umweltbezug einzubringen und gleichzeitig den Diskurs für eine globale Steuerung zu beeinflussen. Hier gibt es in der Entwicklungspolitik Ansätze für die Schaffung neuer, kreativer Ansätze für Trägerstrukturen und -förderung, vor allem in der Zusammenarbeit mit Selbsthilfeorganisationen, wissenschaftlichen Institutionen, und Frauenorganisationen sowie sozialen Bewegungen (z. B. Green Belt Movement in Kenia, Chipko-Bewegung zum Schutz von Bäumen in Indien).

Es gibt unter anderem auch in der Frauenbewegung Ansätze, die versuchen herauszuarbeiten, wie in den weiblichen Lebensbereichen der pflegliche Umgang mit der Natur sehr viel selbstverständlicher ist - indem z. B. die scharfe Trennung zwischen Produktion/Markt und Konsum/Haushalt nicht gemacht wird. Maria Mies spricht in diesem Zusammenhang von »Lebensproduktion«. Auf jeden Fall ist ein Charakteristikum, daß im Frauenbereich ein stärkerer ganzheitlicher Bezug vorhanden ist und oft die Notwendigkeiten des Subsistenzbereichs vor die der Gewinnmaximierung gestellt werden. Dieser Ansatz trifft sich mit solchen, die zur Lösung der Agrarkrise eine radikale Rückkehr zur Subsistenzwirtschaft nicht im Sinne einer Nischenstrategie, sondern einer radikalen (Gegen-) Modernisierung und damit dezentrale Komplexitätserhöhung anstreben.

Neuerdings gibt es auch im wissenschaftstheoretischen Bereich Ansätze der Wissenschafts- und Industriekulturkritik aus der Dritten Welt, z. B. von der Inderin Vandana Shiva (1989), die den zerstörerischen Charakter des einseitig entwickelten »rationalen« Denkens herausarbeitet, ohne daß dies im Widerspruch zu einer »Globalisierung des Wissens« (Albrow/King 1990) stünde.

Literatur

Albrow, Martin/King, Elizabeth (Hg.) (1990): *Globalization, Knowledge and Society*. Readings from International Sociology. London: Sage

Beck, Ulrich (1988): *Gegengifte*. Die organisierte Unverantwortlichkeit. Frankfurt a. M.: edition suhrkamp

Blaikie, Piers (1985): *The Political Economy of Soil Erosion in Developing Countries*. London: Longmans

Conze, Peter/Labahn, Thomas (Hg.) (1986): *Somalia*. Agriculture in the Winds of Change. epi-Dokumentation Nr. 2. Saarbrücken

Copans, Jean (1983): »The Sahelian Drought: Social Sciences and the Political Economy of Underdevelopment«. In: K. Hewitt (Hg.): Interpretations of Calamity from the Viewpoint of Human Ecology. London: Allen & Unwin, S. 83-97

Coughenour, C. Milton (1984): »Social Ecology and Agriculture«. In: *Rural Sociology*, 49 (1), S. 1-11

Dahl, Gudrun/Hjort, Anders (1979): *Pastoral Change and the Role of Drought*. SAREC report R2. Stockholm: Swedish Agency for Research Cooperation with Developing Countries

Deutscher Bundestag (1990): »Handlungs- und Forschungsempfehlungen zum Schutz der tropischen Wälder«. In: *11. Wahlperiode Drucksache 11/7220*. Bonn, S. 15-27

Egger, Kurt (1987): Ein Weg aus der Krise. Möglichkeiten des ökologischen Landbaus in den Tropen«. In: Henning Heske (Hg.): *Ernte-Dank?* Landwirtschaft zwischen Agrobusiness, Gentechnik und traditionellem Landbau. Gießen

Elwert, Georg (1984): »Die Verflechtung von Produktionen: Nachgedanken zur Wirtschaftsanthropologie«. *Kölner Zeitschrift für Soziologie und Sozialpsychologie*, Sonderheft 26, Ethnologie als Sozialwissenschaft, S. 379-402

(L') Equipe écologie et anthropologie des sociétés pastorales (Hg.) (1979): *Pastoral Production and Society*. Proceedings of the international meeting on nomadic pastoralism, Paris, 1. bis 3. Dezember 1976. Cambridge: Cambridge University Press

Evans-Pritchard, E. E. (1956/1977): *Nuer Religion*. Oxford: Oxford University Press

Förster, Till (1987:) *Umwelt und Gesellschaft in Afrika*. Methodologische Vorbemerkungen, Sozialanthropologische Arbeitspapiere FU Nr. 1. Berlin: Das Arabische Buch

Galaty, John G./Salzman, Philip C. (Hg.) (1981): *Change and Development in Nomadic and Pastoral Societies*. Leiden: E. J. Brill

Gallais, Jean (Hg.) (1977): *Stratégies pastorales et agricoles des Sahéliens durant la sécheresse 1969-1974*. Elevage et contacts entre pasteurs et agriculteurs. Centre National de la Recherche Scientifique, Centre d' Etudes de Géographie Tropicale, Travaux et documents de géographie tropicale no. 30. Bordeaux

Galtung, Johan (1984): »Perspectives on Environmental Politics in Overdeveloped and Underdeveloped Countries«. In: B. Glaeser (Hg.): *Ecodevelopment*. Concepts, Projects, Strategies. Oxford: Pergamon Press, S. 9-22

Galtung, Johan (1990): »Beyond Brundtland: Linking Global Problems and Local Solution. *EADI* (European Association of Development Institutes) *Newsletter*, 2, S. 17-18

Geertz, Clifford (1983): *Local Knowledge*. Further Essays in Interpretative Anthropology. New York: Basic Books

Glaeser, B. (Hg.) (1984): *Ecodevelopment*. Concepts, Projects, Strategies. Oxford: Pergamon Press

Glaeser, B. (Hg.) (1989): *Humanökologie*. Grundlagen präventiver Umweltpolitik. Opladen: Westdeutscher Verlag

Haaland, Gunnar (Hg.) (1980) *Problems of Savannah Development«: The Sudan Case*. University of Bergen, Occasional Paper, Department of Social Anthropology, No. 19. Bergen

Hardin, Garrett (1968): »The Tragedy of the Commons«. *Science*, 162, S. 1243-1248; auch abgedruckt in: G. H. E. Daly (Hg.) (1972): *Towards a Steady-State Economy*. San Francisco: W. H. Freeman

Harborth, Hans-Jürgen (1989): *Dauerhafte Entwicklung (sustainable development)*. Zur Entstehung eines neuen ökologischen Konzepts. Berlin: Wissenschaftszentrum Berlin

Helander, Bernhard (1986): »The Social Dynamics of Southern Somali Agro-Pastoralism: A Regional Approach«. In: P. Conze/ Th. Labahn (Hg.): *Somalia*. Agriculture in the Winds of Change. epi-Dokumentation Nr. 2. Saarbrücken, S. 93-114

Herskovits, M. J. (1926): »The Cattle Complex in East Africa«. *American Anthropologist*, 28, S. 655 ff.

Hewitt, Kenneth (Hg.) (1983): Interpretations of Calamity from the Viewpoint of Human Ecology. London: Allen & Unwin

Ibrahim, Fouad N. (1980): *Desertification in Nord-Darfur*. Untersuchungen zur Gefährdung des Naturpotentials durch nicht angepaßte Landnutzungsmethoden in der Sahelzone der Republik Sudan. Hamburger Geographische Studien, Heft 35. Hamburg: F. Hirt

Johnson, D. L. (1977): »The Human Dimensions of Desertification«. In: *Economic Geography*, 53 (4), S. 317-321

Krings, Thomas (1980): *Kulturgeographischer Wandel in der Kontaktzone von Nomaden und Bauern im Sahel von Obervolta*. Am Beispiel des Oudalan (Nordost-Obervolta). Hamburger Geographische Studien, Heft 36. Hamburg: F. Hirt

Krings, Thomas (1991): *Agrarwissen bäuerlicher Gruppen in Mali/Westafrika*. Standortgerechte Elemente in den Landnutzungssystemen der Senoufo, Dwa, Dogon und Somono. Berlin: Dietrich Reiner

Lachenmann, Gudrun (1990): *Ökologische Krise und sozialer Wandel in afrikanischen Ländern*. Handlungsrationalität der Bevölkerung und Anpassungsstrategien in der Entwicklungspolitik. Mit einer empirischen Studie über Mali. Saarbrücken: Breitenbach

Lachenmann, Gudrun (1991): *»Systems of Ignorance«: Alltags-/Expertenwissen*. Wissenssoziologische Aspekte im Kulturvergleich. Sozialanthropologische Arbeitspapiere, Institut für Ethnologie FU, Nr. 38. Berlin

Lefébure, Claude (1979): »Introduction. The Specificity of Nomadic Pastoral Societies«. In: (L') Equipe écologie et anthropologie des sociétés pastorales (Hg.) (1979): *Pastoral Production and Society*. Proceedings of the international meeting on nomadic pastoralism, Paris, 1. bis 3. Dezember 1976. Cambridge: Cambridge University Press, S. 1-14

Lembke, Hennes H. (1991): *»Umwelt« in den Nord-Süd-Beziehungen*. Machtzuwachs im Süden, Öko-Diktat des Nordens oder Globalisierung der Verantwortung? Berlin: Deutsches Institut für Entwicklungspolitik

Luhmann, Niklas (1986): *Ökologische Kommunikation*. Kann die moderne Gesellschaft sich auf ökologische Gefährdungen einstellen? Opladen: Westdeutscher Verlag

Pietilä, Hilkka (1990): »Environment and Sustainable Development. Reflections on the Brundtland Report, Our Common Future«. *Ifda dossier*, 77, S. 61-70

Redclift, Michael (1984): *Development and the Environmental Crisis*. Red or Green alternatives? London: Methuen

Richards, Paul (1985): *Indigenous Agricultural Revolution: Ecology and Food Production in West Africa*. London: Hutchinson

Scott, Earl P. (Hg.) (1984): *Life before the Drought*. Boston: Allen & Unwin

Shiva, Vandana (1989): *Staying Alive*. Women, Ecology and Development. London: Zed Books

Spittler, Gerd (1989): *Handeln in einer Hungerkrise*. Tuaregnomaden und die große Dürree von 1984. Opladen: Westdeutscher Verlag

Teherani-Krönner, Parto (1989): »Humanökologisch orientierte Entwicklungsprojekte«. In: B. Glaeser (Hg.): *Humanökologie*. Grundlagen präventiver Umweltpolitik. Opladen: Westdeutscher Verlag, S. 191-205

Trainer, Ted (1990): »A Rejection of the Brundtland Report«. *Ifda dossier*, 77, S. 71-84

Unesco/UNEP/FAO (1979): *Tropical Grazing Land Ecosystems*. A State-of-Knowledge Report. Paris

Weissleder, Wolfgang (Hg.) (1978): *The Nomadic Alternative, Modes and Models of Interaction in the African-Asian Deserts and Steppes*. The Hague/Paris: Mouton

Werlhof, Claudia von (1983): »Zum Natur- und Gesellschaftsbegriff im Kapitalismus«. In: C. von Werlhoff/V. Bennholdt-Thomsen/M. Mies: *Frauen, die letzte Kolonie*. Reinbek, S. 140-163

Werlhof, Claudia von/Mies, Maria/Bennholdt-Thomsen, Veronika (1983): *Frauen, die letzte Kolonie*. Reinbek

Beziehung zur domestizierten Natur: Intensivtierhaltung in Norddeutschland

Parto Teherani-Krönner

Inhalt

1. Viehbestände als Statussymbol in Afrika und in Europa

Ökologische Krisen sind auch Krisen der Gesellschaft (Lachenmann 1990 und Teil IV in diesem Band), sie weisen auf ein gestörtes Verhältnis zwischen Natur und Kultur hin. Die Genese eines solchen Konflikts im Beziehungsgefüge der Menschen mit ihrer natürlichen wie sozialen Umwelt wird nicht nur im Rahmen naturwissenschaftlicher Ökologieforschung zu ermitteln sein, sondern bedarf der Einbeziehung sozialwissenschaftlicher Ansätze, um sowohl die anthropogene Verursachung als auch die gesellschaftlichen Lösungsmöglichkeiten zu reflektieren. Dies gilt gleichermaßen für ökologische Belastungen in den »fortgeschrittenen Industrieländern« wie in Ländern der Dritten Welt.

Trotz gravierender Unterschiede der Lebensbedingungen in verschiedenen Gesellschaften begegnen wir auf sehr unterschiedlichen Stufen technologischer Entwicklung Eingriffen in ökologische Kreisläufe, die eine Gefahr für die Sicherung der Lebensgrundlage der Menschen darstellen. Hierzu zwei Beispiele zur Tierhaltung (domestizierte Natur) in sehr unterschiedlichen Regionen.

> »In Hirtengesellschaften, in denen Tierhaltung die Hauptbeschäftigung ist, werden Tiere vorwiegend als Kapital (Bank) betrachtet; eine Vergrößerung der Herde kommt einem Zinsertrag gleich. Tiere zu haben, bedeutet auch Liquidität. In diesen Kulturen erfüllt das Tier über die rein ökonomische Funktion hinaus auch eine soziale und emotionelle/kulturelle Funktion. So wird die soziale Stellung der Besitzer und damit ihr Prestige von der Anzahl ihrer Tiere bestimmt. Die Herden sind deshalb meist größer, als für die Selbstversorgung notwendig wäre. Dies kann eine Überweidung der vorhandenen Fläche zur Folge haben, die auf Grenzstandorten eine Gefahr für die Umwelt darstellt. Es kommt zum Schwund der Grasnarbe und des Humus sowie zu einer Zerstörung der ohnehin geringen Krümelverbauung, wobei die Anfälligkeit für Winderosion stark ansteigt.« (Bick u. a. 1983: 111)

Das Problem fortschreitender Desertifikation in der Sahelzone wird mit Überweidung wachsender Viehbestände, die ein Statussymbol darstellen, erklärt. Rinder, die auf individueller Ebene zur Sicherung der Existenzgrundlage dienen, führen auf regionaler Ebene zu starken Belastungen der Weideflächen. Im Rahmen der Modernisierungstheorien werden - aus einem eurozentrischen Blickwinkel - Entwicklungsprobleme in Ländern der Dritten Welt, auch ökologische, auf Rückständigkeit oder Irrationalität der dort lebenden Bevölkerung zurückgeführt und nicht aus dem ökonomischen und kulturellen Kontext erklärt und verstanden (vgl. Lachenmann 1990: 27 ff. und ihren vorangegangenen Beitrag).

Doch müssen wir nicht erst nach Afrika schauen, um ökologische, sozioökonomische und soziokulturelle Zusammenhänge zu erkennen, die zu irreversiblen Umweltschäden führen. Nur gelingt es anscheinend eher, Wechselwirkungen und Zusammenhänge, insbesondere aber die Bedeutung soziokultureller Normen unter anderen Gesellschaften aufzuzeigen, so zum Beispiel auf die Symbolik der Herden in Afrika hinzuweisen, als diese aus dem Selbstverständnis im eigenen Kulturraum heraus wahrzunehmen (Douglas 1966/1976: 28).

Am Beispiel einer Fallstudie im Landkreis Vechta läßt sich aufzeigen, wie über den Import von Futtermitteln eine regional konzentrierte Tierhaltung ermöglicht wurde, die ökologische Kreisläufe erheblich stört. Das Zurückbleiben der Stallabfälle - Gülle, ein Gemisch aus Kot- und Harnausscheidungen der Tiere - in diesem Raum führt zur Überdüngung landwirtschaftlicher Flächen. Die hohen Stickstoffgaben, die auf sandigen, sorptionsschwachen Böden dieser Region leicht in tiefere Bodenschichten ausgewaschen werden, bewirken eine Steigerung der Nitratwerte im Grundwasser, das als Quelle der Trinkwasserversorgung der Bevölkerung dient. Nitrat im Trinkwasser wird als gesundheitliches Risiko eingestuft.

Können wir nicht auch in diesem Fall - analog zu dem Beispiel aus Afrika - feststellen, daß durch Anstieg der Tierbestände in einem Raum zwar keine Überweidung, wohl aber eine Überdüngung der Flächen erfolgt, die eine Gefahr für die Umwelt und Gesundheit darstellt? Auch in diesem nördlichen Kulturraum ist das Ansehen eines Landwirts nicht unabhängig von seinen Tierbeständen, der Tierart, der Stallhaltung, dem Grad der Modernisierung des Betriebs und anderen Statussymbolen.

Doch wer würde Landwirten in diesen belasteten Regionen Rückständigkeit oder irrationales Handeln unterstellen? Gerade Landwirten in Vechta, einer Region mit dem höchsten Stand der technologischen Entwicklung auf dem Gebiet der Tierproduktion (Windhorst 1989), kann weder Rückständigkeit noch fehlende instrumentelle Rationalität ihres Wirtschaftens vorgehalten werden. In Vechta wird auf einzelbetrieblicher Ebene durch Intensivierung und Rationalisierung eine Produktionssteigerung erreicht, die den Kriterien einer zweckrationalen Wirtschaftsführung entspricht, nur sind die Folgen für die Umwelt dabei nicht ins Kalkül einbezogen.

2. Tierbestände im agroindustriellen Raum Vechta

2.1 Der ökologische Kreislauf ist gestört!

Neben den bekannten und heftig diskutierten Überschüssen in der Agrarwirtschaft treten infolge der regionalen Konzentration von Tierbeständen im norddeutschen Raum Gülleüberschüsse auf, die zu erheblichen Umweltbelastungen führen (NVN 1984).

Gülle ist ein Gemisch aus Kot- und Harnausscheidungen von Tieren, das bei der modernen Aufstallung der »Veredelungswirtschaft« als Nebenprodukt anfällt. Die in der Gülle enthaltenen Stickstoffverbindungen sind ein kostbarer Nährstoff für das Pflanzenwachstum, aber das von den Pflanzen nicht aufgenommene Nitrat wird, insbesondere auf leichten und sorptionsschwachen Böden, in der Periode der Grundwasserneubildung über das Sickerwasser ins Grundwasser ausgewaschen, das als Quelle der Trinkwasserversorgung der Bevölkerung dient.

In Vechta wurde der jährliche Mischfutterbedarf in den achtziger Jahren auf 1 Million Tonnen geschätzt, das im Kreisgebiet selbst erzeugte Futter erreicht kaum 10 Prozent. Nach dem Export der gemästeten Tiere bleibt die Gülle im Kreisgebiet zurück und führt zur Überdüngung der Flächen. Es ist mit einem Gülleüberschuß von 1 bis 2 Millionen Kubikmetern im Jahr zu rechnen, auch wenn die Flächen im Kreisgebiet mit 2 bis 3 Dungeinheiten pro Hektar versorgt werden (1 Dungeinheit [DE] entspricht einem Stickstoffaufkommen von 80 Kilogramm).

2.2 Geld stinkt nicht!

Die »Veredelungswirtschaft« kann in diesem Raum auf eine lange Tradition zurückblicken. In der Gegend des Dümmers existierten bereits zur Jahrhundertwende Betriebe mit einer Anzahl von 1 000 Schweinen, die andernorts undenkbar gewesen wären (Windhorst 1975).

Auf den sandigen, unfruchtbaren Geest-Böden im Landkreis Vechta konnten früher nur geringe Ernteerträge erwirtschaftet werden. Erst mit dem Anschluß an das Eisenbahnnetz und dem Import von Futtermitteln gelang es, die Tierhaltung auszubauen und die landwirtschaftliche Produktion so zu steigern, daß auch flächenschwache Betriebe ein relativ hohes Einkommen erwirtschaften konnten.

Die ersten Ansätze zur Schweinemast werden dem Heuerlingswesen und der Arbeit von Frauen zugeschrieben, die selbst fast keine eigenen landwirtschaftlichen Flächen zur Verfügung hatten. Die bis heute auffällig hohe Geburtenrate in diesem Kreis zwang zur Auswanderung oder der Übernahme von saisonaler Arbeit in Holland. Die zurückgelassenen Frauen sahen in der Schweinemast einen Ausweg aus ihrer Not.

> »Bemerkenswert ist, daß die Veredelungswirtschaft ihren Ursprung in der unterbäuerlichen Schicht (Heuerlinge) hat, denn diese hatten vordem in besonders ärmlichen Verhältnissen leben müssen. Als die Bauern jedoch erkannten, daß sich durch die Mast Bargeld erwerben ließ, griffen sie die Neuerung sehr schnell auf.« (Windhorst 1984: 11)

Die Schweinemast, die zunächst Frauenarbeit war, wurde später auch von Großbauern als lukratives Geschäft erkannt. Bis heute wird von Schweinemästern selbst das Sozialprestige von Großviehbesitzern höher als das eigene eingestuft (Interview mit Kreislandwirt von Vechta und Landwirten aus Borken). Rinder bzw. Großviehbestände, die vor einer ganzjährigen Stallhaltung mehr Weideflächen erforderten, waren im Besitz der wohlhabenden Bauern mit mehr landwirtschaftlichen Flächen und höherem Sozialprestige; mit der Schweinemast gaben sie sich nicht ab. Da sich jedoch auch mit »stinkenden Schweinen« Geld machen ließ, wurde zumindest in einigen Regionen und Kulturräumen ein gesellschaftliches Tabu gegenüber der Schweinemast unter der landwirtschaftlich tätigen Bevölkerung überwunden, wenn auch nicht völlig gebrochen. In Vechta jedenfalls muß eine solche Überwindung den Landwirten - auch aufgrund des ökonomischen Drucks - leichter gefallen sein als z. B. den Großbauern im Artland, der Nachbarregion, die bis heute kaum Schweinemast betreiben.

2.3 Wohin mit den Gülleüberschüssen aus Vechta?

Mit dem Gülleerlaß von 1983 wurden mengenmäßige und zeitliche Empfehlungen zur Gülleaufbringung (3 DE/ha entsprechen 240 Kilogramm Stickstoff - Vermeidung der Düngung in den Wintermonaten) an die Kreisverwaltungen weitergeleitet. Landwirte haben die sinnlich wahrnehmbaren zeitlichen Vorgaben des Erlasses weitgehend berücksichtigt, die mengenmäßige Gülleaufbringung blieb aber eher im dunkeln. Mit dem Aufbau eines Güllekatasters im Landkreis Vechta ist es theoretisch möglich, auch mengenmäßige Normen des Gülleerlasses (seit 1990 gibt es auch eine Gülleverordnung in Niedersachsen) zu überprüfen. Dies hat den Handlungsdruck erhöht, eine Güllegenossenschaft nach holländischem Modell zu errichten und den Transport von Gülleüberschüssen in die Nachbarregionen zu organisieren und finanziell zu unterstützen.

Doch der Export von Gülle in die Umgebung macht Schwierigkeiten. Nachbarkreise haben sich gegen die Gülleabnahme aus Südoldenburg (Vechta und Cloppenburg) solidarisiert. Sogar die landwirtschaftlichen Organisationen, die ansonsten geschlossen auftreten, rufen in den Nachbarkreisen zum Boykott der Gülleabnahme aus Vechta auf. Der Landkreis Diepholz z. B. verweigerte die Erteilung von Baugenehmigungen zur Errichtung von Güllelagerbehältern, obgleich die Landwirtschaftskammer 31 Standorte als geeignet ausgewiesen hatte. Die Gülle aus Vechta will keiner haben, obwohl Vetter, Vorsitzender der VDLUFA (Verein landwirtschaftlicher Untersuchungs- und Forschungsanstalten in Oldenburg) sie als »Gold« anpreist (Teherani-Krönner 1988 und 1992).

2.4 Die konfessionelle Abgrenzung kommt zum Tragen

Zum Verstehen der agrarwirtschaftlichen Prozesse in Vechta, die zu ökologischen Belastungen in diesem Raum geführt haben, ist die Berücksichtigung soziokultureller Zusammenhänge mindestens genauso wichtig wie die naturräumlichen Gegebenheiten dieser Region, z. B. der sandige, relativ unfruchtbare Boden. Dies zu erwähnen scheint wichtig, da die kulturelle Abgrenzung dieser katholischen Diaspora sowohl in ökonomischer als auch in politischer Hinsicht die historische Entwicklung und Sonderstellung des Kreises in den vergangenen Dekaden begleitet hat. Autonomiebestrebungen des Oldenburger Münsterlandes machen sich - nun, wo es um die Solidarität mit Landwirten aus Vechta geht - auch bei der Implementation des Gülleerlasses und Bemühungen zur Gülleumverteilung in die Nachbargemeinden bemerkbar.

Die relativ abgeschottete historische Entwicklung des Oldenburger Münsterlandes (Vechta und Cloppenburg) als katholische Diaspora in einem protestantischen Umland hat zu einer starken Distanzierung von den Nachbarn geführt. Noch in den siebziger Jahren votierte ein Großteil der Bevölkerung in Vechta für einen Freistaat Oldenburg (Kuropka 1982). Im Alltag, in den Kommunikationsbeziehungen, den Einkaufsgewohnheiten und der Präferenz für die lokale Presse sind alte traditionelle Identitäten und Abgrenzungen lebendig (vgl. auch Pellenwessel 1981).

Aus meiner Feldforschung in diesem Raum habe ich erfahren, daß es einer Beleidigung gleichkommt, einen Diepholzer mit einem Vechtaer gleichzusetzen. Auf Stichworte wie Vechta und Gülle bleibt ein Naserümpfen kaum aus.

3. Kulturökologische Handlungsspielräume

Nicht einzelne Faktoren: hohe Geburtenrate, sandiger Boden, billige Futtermittelimporte, Konzentration auf intensive Tierhaltung und konfessionelle Abgrenzung zu den Nachbarregionen, sondern deren Zusammenspiel haben das besondere Profil des Landkreises Vechta und das Handeln der Bevölkerung in diesem Kulturraum geprägt. Auf der Grundlage eines kulturökologischen Handlungsmodells, das in Anlehnung an human- und kulturökologische Ansätze entwickelt und ergänzt wurde, können vier Untersuchungsbereiche unterschieden werden (Teherani-Krönner 1992):

I *Beziehung zwischen Mensch und Naturraum:*
naturräumliche Ressourcen und Engpässe
technologische Entwicklung
instrumentales Handeln[1]

II *Sozialstruktur:*
gesellschaftliche Organisation und Arbeitsteilung
Machtstrukturen und Kooperation
akkommodatives Handeln

III *Handlungsebene:*
Interaktion und Kommunikation
gesellschaftlicher Diskurs
kommunikatives Handeln

IV *Symbolebene:*
Bedeutung und Bewertung
Normen, Werte und Tabus
Sinnkonstituierung

Für konkrete empirische Untersuchungen sind zu den jeweiligen Untersuchungsbereichen zum einen Ressourcen und Potentiale, zum anderen li-

1 Habermas (1979: 62 f. und 1981) unterscheidet zwischen instrumentalem und kommunikativem Handeln; diese Handlungsbegriffe berücksichtigen nicht die Reziprozität von Natur und Kultur. Als Ergänzung zur üblichen Handlungstypologie habe ich - in Anlehnung an Park/Burgess (1921) - das »akkommodative Handeln« als ökologisch relevante Dimension des Handelns eingeführt (Teherani-Krönner 1992 und dieselbe in Teil I in diesem Band).

mitierende Faktoren bzw. Barrieren und Restriktionen eines Kulturraums auszuarbeiten. Damit sollen Grenzen, aber auch mögliche Optionen für Wandlungsprozesse erkennbar werden. Denkbar ist, daß Entwicklungsmöglichkeiten in einem Kulturraum aufgrund der Betrachtung vorhandener Ressourcen (I) zunächst als sehr weitreichend eingeschätzt werden, dann jedoch unter Berücksichtigung lokaler Gesellschafts- und Machtstrukturen (II) zum Teil eingegrenzt werden und unter Einbeziehung der Kommunikationserfahrungen (III) sich trichterförmig auf die real vorhandenen Handlungsspielräume verengen, indem die Symbolebene miteinbezogen wird (IV). Zur Einschätzung von Ökologisierungsprozessen ergibt sich damit ein Modell sukzessiver Eingrenzungen, wenn neben den naturräumlichen Gegebenheiten und der Sozialstruktur einer Region bisherige Gewohnheiten und Erfahrungen der Menschen in ihren Aktionsräumen hinzugezogen werden und die Symbolik der Umwelt nicht vernachlässigt wird. Zum Verstehen des gesellschaftlichen Handelns ist auf diese Erfahrungsbereiche, insbesondere aber auch auf die Alltagswelt und auf die Problemperzeption unter Berücksichtigung von Werten, Normen und Tabus einzugehen. Wichtig dabei sind die Symbolik und die Bedeutung, die die Umwelt für die handelnden Personen (Subjekte) auszeichnet (vgl. auch die Uexküllsche Bedeutungslehre in Teherani-Krönner Teil II in diesem Band).

Untersuchungsbereiche

kulturökologische Handlungsspielräume

I Möglichkeiten und Spielräume naturräumlicher Gegebenheiten

II Optionen und Spielräume der Arbeits- und Sozialstruktur

III Handlungsspielräume aufgrund der Untersuchung der Kommunikations- und Handlungsebene

IV real mögliche Handlungsspielräume unter Berücksichtigung der Symbolebene: Werte, Normen und Tabus

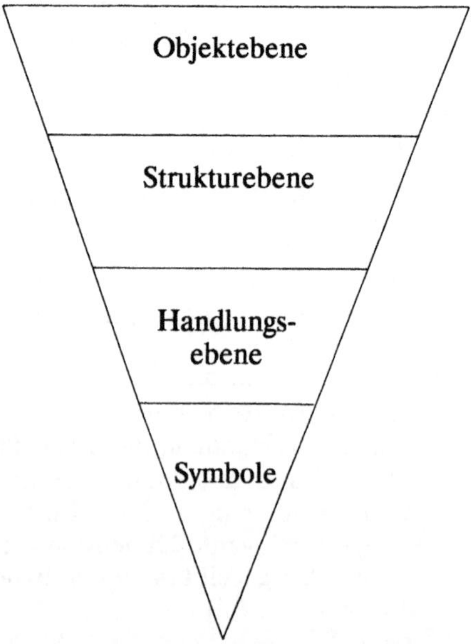

Dieses Modell einer trichterförmigen Zuspitzung der Handlungsspielräume stellt die humanökologische Pyramide von Park (1936/1952, Teherani-Krönner, Teil I in diesem Band) vom Kopf auf die Füße. Auch werden die vier Ebenen bei Park (ecological, economical, political and moral order) handlungsbezogen variiert und neu definiert. Es dient der methodischen Anleitung zur Durchführung kulturökologisch orientierter empirischer Untersuchungen, wie sie hier angedeutet und am Beispiel des Landkreises Vechta aufgezeigt wurde (vgl. Teherani-Krönner 1992: 187-325).

Insgesamt ist der Handlungsspielraum für Ökologisierungsprozesse in dieser Region, die sich auf die intensive Tierhaltung spezialisiert hat, als gering einzuschätzen. Der Handlungsdruck kam dann auch eher von außen, durch den Gülleerlaß, aber auch durch die Kritik an den Tierhaltungspraktiken in diesem Kreis in Presse und Medien. Vechta wurde als Gülleland durch Filme wie: »... und ewig stinken die Felder«, mit Arbeiten von Eimler und Kleinschmidt: »Wer hat das Schwein zur Sau gemacht« und »Tierische Geschäfte« bekannt (Kleinschmidt/Eimler 1984, Eimler/Kleinschmidt 1987).

Über Hindernisse und Barrieren zu einer ökologisch verträglichen Agrarproduktion in diesem Raum können viele Punkte aus den Bereichen I und II zusammengetragen werden. Hier möchte ich aber auf einen nicht unwichtigen »positiven« Anknüpfungspunkt zur Gülleregulierung in Vechta verweisen. Es geht um den entscheidenden Handungsspielraum auf der Erfahrungsebene III unter Einbeziehung der Symbolebene IV.

4. Kulturelle Normen im Umgang mit Fäkalien: Die Symbolik von »Gülle« und »Wasser«

Trotz des schwachen Vollzugsinstrumentariums eines Gülleerlasses in Niedersachsen wurden die zeitlichen Vorgaben weitgehend eingehalten, obwohl dies mit erheblichem Kostenaufwand zur Errichtung von Speicherkapazitäten für die landwirtschaftlichen Betriebe verbunden war. Hierfür gab es auch Zuschüsse (bis zu 25 Prozent) von seiten der Landesregierung. Dennoch waren mindestens die restlichen 75 Prozent der Kosten von den Betrieben selbst zu tragen.

Zu beachten ist, daß seit den siebziger Jahren in diesem Raum bereits ein Gülleausbringungsverbot zur Vermeidung von Geruchsbelästigung an Sonn- und Feiertagen durch eine »Gülleverordnung« fest etabliert war.

Diese Bestimmung richtete sich nur gegen die Geruchsbelästigung an symbolisch wichtigen Wochentagen und Zeiten, ökologische Kriterien der Belastung von Wasser, Luft und Boden spielten dabei keine Rolle. Diese Reglementierung wurde von den Landwirten ohne Protest akzeptiert, da der Gestank der Gülle offensichtlich als unverträglich mit der kulturellen Wertschätzung von Feiertagen angenommen wurde. An eine solche Erfahrung in diesem besonders betroffenen Landkreis konnte der Gülleerlaß (1983) von Niedersachsen zur Durchsetzung zeitlicher Vorgaben im Umgang mit Stallabfällen anknüpfen. Der Gülleerlaß wurde dann mit dem Schutz des Grundwassers vor Nitrateintrag begründet. Bei einer Mengenbegrenzung auf 3 DE bzw. 2,5 DE/ha seit 1990 auf leicht durchlässigen Böden ist ein positiver Effekt zum Grundwasserschutz mehr als fraglich (SRU 1985). Die Gülleregulierung ist somit eher Symbolpolitik als substantielle Agrarumweltpolitik.

Auf kommunaler Ebene jedoch wurde der Gülleerlaß teilweise ernster genommen, als er von der Landesregierung gemeint war (Teherani-Krönner 1989b). Aus der rechtlichen Norm der zeitlichen Ausbringungsbeschränkung ist unter dem Druck der Öffentlichkeit eine soziale Norm im Umgang mit Stallabfällen geworden (vgl. auch Corbin 1984 zur Geschichte des Geruchs). Von der Einhaltung der beobachtbaren - sinnlich wahrnehmbaren - zeitlichen Beschränkungen zur Gülleausbringung ist auch das gesellschaftliche Ansehen von Landwirten abhängig.

Im Umgang mit ökologischen Belastungen kommt es auch auf die Problemperzeption und normative Bewertung an (Douglas 1966/1976). Dies wird gerade bei der Regulierung tierischer Fäkalien und der Einschätzung der Gefahr für die Grundwasserqualität und Gesundheit deutlich. Es ist auffällig, daß bisher in der Bundesrepublik zwar der Umgang mit Gülle, nicht aber die mineralische Stickstoffanwendung einer Regulierung zugeführt wurde, obgleich auch diese Düngung aus ökologischer Sicht als Emission steigender Nitratwerte im Grundwasser zu identifizieren ist. Die kulturelle Symbolik von »Gülle« und »Wasser« mit all den Assoziationen, die damit geweckt werden, haben den gesamten Diskurs über Nitratbelastung des Grund- und Trinkwassers in der Bundesrepublik geprägt und konkrete politisch administrative Maßnahmen - wie Gülleerlaß und Gülleverordnungen - eingeleitet.

5. Kulturökologische Rationalität im Umgang mit der domestizierten Natur

Ökologische, ökonomische und soziokulturelle Zusammenhänge spielen in diesem Landkreis Niedersachsens, genauso wie in der Sahelzone von Afrika, eine wichtige Rolle zum Verstehen gesellschaftlichen Handelns im Bereich der Tierhaltung. Dabei ist die Tierhaltung nur ein Beispiel, das auch auf andere Wirtschaftsbereiche übertragen werden könnte. Es mangelt, wie aus den zwei exemplarischen Fällen - Tierbestände in Afrika (vgl. auch Lachenmann, Teil IV in diesem Band) und Massentierhaltung in Vechta - zu entnehmen ist, an einer ökologische Folgen des Handelns einbeziehenden Rationalität, die über eine zweckrationale Handlungsorientierung auf individueller Ebene hinausgeht, auf kollektiver Ebene auf Ressourcenschutz zielt und ein ausgewogenes Arrangement zwischen Natur und Kultur anstrebt. Die bisher vernachlässigte Dimension des Handelns in bezug auf die Naturumwelt wurde im Prozeß der Modernisierung und technologischen Entwicklung zunächst bis weit in dieses Jahrhundert entweder nicht registriert oder weitgehend ignoriert; sie erfuhr aber auch im Rahmen gesellschaftswissenschaftlicher Theorieansätze keine Beachtung. Dabei stellt das »akkommodative« Arrangement mit der Natur die Lebensgrundlage menschlicher Gesellschaften dar, das auf dem jeweiligen Stand technologischer Entwicklung und Gesellschaftsstruktur immer wieder in modifizierter Form neu zu definieren und zu gestalten ist.

Legende zum Umgang mit der domestizierten Natur

Zwischen der Heiligen Kuh in Indien (Harris 1989b) und den Kühen und Kälbern, den Schweinen und Hühnern, die zu Produktionsmaschinen eines agroindustriellen Betriebs gemacht (umdefiniert) worden sind, liegen Welten. Der Umgang mit der Kuh ist zwar im durchtechnisierten und durchrationalisierten Landwirtschaftsbetrieb in einem Kreis wie Borken oder Vechta teilweise noch unter der Kategorie instrumentales Handeln[2] einzugruppieren, in Indien aber wohl kaum. In beiden Fällen aber geht es dabei um ein akkommodatives Handeln im Umgang mit Natur bzw. mit

2 Unzulänglichkeiten der Habermasschen Handlungskategorien (instrumentales und kommunikatives Handeln) werden insbesondere bei der Übertragung auf den Agarsektor (Umgang mit dem Tier bzw. mit der Natur) deutlich, da Habermas in erster Linie den Industriesektor im Auge hatte.

dem domestizierten Tier. Diese akkommodative Dimension des Handelns mag durch das Selbstverständnis innerhalb einer Kultur nicht immer deutlich hervortreten. Auch aus diesem Grund sind kulturvergleichende Untersuchungen wichtig. Erst dadurch wird das kulturspezifische Arrangement mit der Naturumwelt erkennbar.

Bei der Kuh handelt es sich beispielsweise:

- in Borken, eines der tierstärksten Gebiete Nordrhein-Westfalens, um Produktionssteigerung im Bereich der Fleisch- oder Milcherzeugung;
- in Indien hingegen um eine Kreatur, die hohe rituelle Verehrung erfährt und damit unersetzbare Funktionen zur Sicherung der Existenzgrundlage breiter Bevölkerungsschichten übernimmt.

Harris hat in seinen Arbeiten auf die lebensnotwendige Bedeutung der Kuh für die Ernährungssituation in Indien hingewiesen und die Heiligsprechung der Kuh als langfristig ökologisch und auch ökonomisch sinnvoll herausgearbeitet (Harris 1989b, vgl. auch Röpke 1970). Dabei schreibt Harris:

> »Ich ziehe nicht die Symbolmacht der heiligen Kuh in Zweifel. Ich bezweifle nur, daß es einer willkürlichen und mutwilligen Entscheidung im Kopf entspringt und nicht einer bestimmten Konstellation praktischer Zwänge, wenn eine bestimmte Tierart und eine bestimmte Fleischsorte mit symbolischer Macht ausgestattet wird.« (Harris 1989b: 48)

Rappaport behandelt den ritualisierten Umgang mit Schweinen auf Neu Guinea auf ähnliche Weise und begründet die zeremoniellen Schlachtungen aus ökologischer Sicht als notwendige Maßnahme zur Herstellung des ökologischen Gleichgewichts (Reduzierung der Schweinepopulation) und zur Sicherung der Existenzgrundlage der Bevölkerung auf dieser Insel (Rappaport 1967).

Wichtig für die Interaktion mit der Natur, erläutert am Beispiels des Umgangs mit den Tieren, ist die Symbolik der Naturumwelt, die kulturell geprägt wird:

- In Nordrhein-Westfalen, in Niedersachsen, aber auch in den Niederlanden genauso wie in Indien oder auf Neu Guinea ist auch der Umgang mit einem Tier kulturökologisch und unter dem Aspekt des akkommodativen Handelns zu betrachten. Zu berücksichtigen ist, daß das Handeln soziokulturell geprägt, traditionsgebunden oder routiniert abläuft;
- In Borken und Vechta wird instrumentell zweckrational gehandelt und weiterproduziert, auch wenn »Gülle« die Qualität des Grundwassers und damit eine wichtige Quelle der Trinkwasserversorgung der Bevölkerung erheblich beeinträchtigt.

Handlungsrationalität kann nicht auf Zweckrationalität eingeengt werden. Es bedarf der Berücksichtigung eines kulturökologischen Gesamtzusammenhangs und eine stärkere Betonung der ökologischen bzw. akkommodativen Rationalität.

Literatur

Bick, H. u. a. (1983): »Bevölkerungsentwicklung und Welternährung«. In: Universität Tübingen (Hg.): *Ökologie und ihre biologischen Grundlagen*. Heft 7b. Tübingen

Corbin, A. (1984): *Pesthauch und Blütenduft*. Eine Geschichte des Geruchs. Berlin

Douglas, M. (1966/1976): *Purity and Danger*. An Analysis of Concepts of Pollution and Taboo. London

Eimler, W.-M./Kleinschmidt, N. (1987): *Tierische Geschäfte, barbarische Methoden im Fleisch- und Eierland*. München

Glaeser, B. (Hg.) (1989): *Humanökologie*. Grundlagen präventiver Umweltpolitik. Opladen

Habermas, J. (1968/1979): *Technik und Wissenschaft als »Ideologie«*. Frankfurt a. M.

Habermas, J. (1981): *Theorie des kommunikativen Handelns*. 2 Bände. Frankfurt a. M.

Harris, M. (1989a): *Wohlgeschmack und Widerwillen*. Die Rätsel der Nahrungstabus. Stuttgart

Harris, M. (1989b): »Heilige Kühe«. In: M. Harris (Hg.): *Wohlgeschmack und Widerwillen*. Die Rätsel der Nahrungstabus. Stuttgart, S. 44-65

Harris, M. (1989c): «Das abscheuliche Schwein«. In: M. Harris (Hg.): *Wohlgeschmack und Widerwillen*. Die Rätsel der Nahrungstabus. Stuttgart, S. 66-88

Kleinschmidt, N./Eimler, W.-M. (1984): *Wer hat das Schwein zur Sau gemacht? Mafia-Methoden in der deutschen Landwirtschaft*. München

Kuropka, J. (1982): *Zur historischen Identität des Oldenburger Münsterlandes*. Münster

Lachenmann, G. (1990): *Ökologische Krise und sozialer Wandel in afrikanischen Ländern*. Saarbrücken

ML - Der Niedersächsische Minister für Ernährung, Landwirtschaft und Forsten (1983): *Maßnahmen gegen die Überdüngung mit Gülle und Geflügelkot*, 13. 4. 1983 (Gülleerlaß). Hannover

NVN/BSH - Naturschutzverband Niedersachsen und Biologische Schutzgemeinschaft Hunte Weser-Ems (Hg.) (1984): *Gülle-Mais-Bodenfruchtbarkeit*. Wardenburg

Park, R. E. (1936/1952): »Human Ecology«. In: R. E. Park (1952): *Human Communities*. The City and Human Ecology. Glencoe, Ill., S. 145-164

Park, R. E. (1952): *Human Communities*. The City and Human Ecology. Glencoe, Ill.

Park, R. E./Burgess, E. W. (1921/1969): *Introduction to the Science of Sociology*. Chicago

Pellenwessel, A. (1981): *Sozialgeographische Aspekte des Heiratsverhaltens der Bevölkerung im Kreis Vechta*. Abschlußarbeit an der Universität Osnabrück, Abteilung Vechta. Vechta

Rappaport, R. A. (1967): *Pigs for the Ancestors*. Ritual in the Ecology of a New Guinea People. New Haven

Röpke, J. (1970): *Primitive Wirtschaft*, Kulturwandel und die Diffusion von Neuerungen. Tübingen

SRU - Der Rat von Sachverständigen für Umweltfragen (1985): *Umweltprobleme der Landwirtschaft*. Sondergutachten. Stuttgart

Teherani-Krönner, P. (1988): *Nitratpolitik vor Ort*. Wohin mit den Gülleüberschüssen aus Vechta? FS II 88-305. Wissenschaftszentrum Berlin für Sozialforschung

Teherani-Krönner, P. (1989a): »Humanökologisch orientierte Entwicklungsprojekte«. In: B. Glaeser (Hg.): *Humanökologie*. Grundlagen präventiver Umweltpolitik. Opladen, S. 194-208

Teherani-Krönner, P. (1989b): *Nitratpolitik im Landkreis Osnabrück*. So ernst war der Gülleerlaß nicht gemeint! Wissenschaftszentrum Berlin für Sozialforschung

Teherani-Krönner, P. (1992): *Human- und kulturökologische Ansätze zur Umweltforschung*. Ein Beitrag zur Umweltsoziologie: mit einer Fallstudie zur Grundwasserbelastung mit Nitrat, zur Problemperzeption und Gülleregulierung im Landkreis Vechta. Wiesbaden

Universität Tübingen (Hg.) (1982-1985): *Ökologie und ihre biologischen Grundlagen*. Institut für Chemische Pflanzenphysiologie der Universität Tübingen, Hefte 0-12 und Beihefte 1-8. Tübingen

Windhorst, H.-W. (1975): *Spezialisierte Agrarwirtschaft in Südoldenburg, eine agrargeographische Untersuchung*. Leer

Windhorst, H.-W. (1984): »Der Agrarwirtschaftsraum Südoldenburg im Wandel«. *Die violette Reihe*, 3

Windhorst, H.-W. (1989): *Industrialisierte Landwirtschaft und Agrarindustrie*. Vechta

Humanökologie und Stadtforschung: Lebensräume in Salzburg

Peter Weichhart

Inhalt

1. Die Stadt als multidisziplinäres Forschungsobjekt - Probleme der fachspezifischen Sektoralisierung

In unserem Kulturkreis lebt mehr als die Hälfte bis über zwei Drittel der Bevölkerung in Städten. Die Stadt ist quantitativ gesehen gegenwärtig der weitaus wichtigste Lebensraum des Menschen. Die Stadt besitzt als Innovations- und Entscheidungszentrale, als kultureller, gesellschaftlicher, politischer und wirtschaftlicher Mittelpunkt auch qualitativ eine hervorgehobene Bedeutung. Es kann daher nicht verwundern, daß diese Siedlungsform von mehreren wissenschaftlichen Disziplinen als Forschungsobjekt reklamiert und unter den verschiedensten Perspektiven analysiert wird.

Für jedes der beteiligten Fächer stellt sich die Stadt als ganz spezifischer Aspekt von Wirklichkeit dar, werden unterschiedliche Erkenntnisziele verfolgt. So befaßt sich etwa die Stadtgeographie (vgl. z. B. Lichtenberger 1986) vor allem mit der physisch-materiellen Struktur dieser Siedlungsform, also mit den Baulichkeiten, Verkehrsflächen, Infrastruktureinrichtungen oder Freiflächen, die für die verschiedenartigsten menschlichen Lebensäußerungen und Tätigkeiten eine funktionale Bedeutung haben. Natürlich kommt auch der Mensch in der Stadtgeographie vor - schon auf dem Umweg über seine Nutzungsansprüche, aus denen ja die funktionalen Bedeutungen der materiellen Strukturen abzuleiten sind. Er kann auch als Einzelperson Berücksichtigung finden, sei es als Stadtgründer, Herrscher, Kommunalpolitiker oder auf irgendeine andere Weise herausragende Persönlichkeit, die aufgrund ihrer Macht oder Entscheidungskompetenz die Geschicke der Stadt maßgeblich beeinflussen kann. Ansonsten spielt der Mensch in der Stadtgeographie aber vorwiegend als anonymes Element großer statistischer Masse eine Rolle, dessen Einzelschicksal und dessen subjektive Erfahrung und Sinndeutung seiner urbanen Lebenswelt in der Regel eher außerhalb des fachlichen Erkenntnisinteresses liegen. Damit dominiert also die *makroanalytische* Perspektive, bei der mit aggregierten sozialstatistischen oder demographischen Daten operiert wird. Die Basiseinheiten der Analyse sind dabei räumliche Teilgebiete der Stadt, also Bezirke, Zählsprengel, Parzellen, Straßenzüge oder andere Areale. Sie werden auf der Grundlage ihrer spezifischen materiellen Struktur sowie der Zusammensetzung ihrer Bewohner charakterisiert und abgegrenzt. Wanderungsbewegungen, Sukzessions- oder Segregationsprozesse und ähnliche Phänomene werden primär *als Attribute statistischer Raumeinheiten* dargestellt und weniger als existentiell bedeutsame Lebensereignisse menschlicher Individuen.

Auch die Stadt*soziologie* bevorzugt den makroanalytischen Ansatz. Ihr Hauptinteresse richtet sich auf die Struktur *gesellschaftlicher Systeme,* wie sie uns im Kontext urbaner Lebensräume entgegentreten. Die Stadt dient gleichsam als ein besonders komplexes Beispiel für gesellschaftliche Systemstrukturen. Der Soziologe Jürgen Friedrichs hat daher festgestellt, daß es kaum möglich sei, soziologische Analysen der Stadt von Analysen der Gesellschaft zu trennen (Friedrichs 1977: 14). Mit zunehmender Urbanisierung werde es immer schwieriger, »Stadt« und »Gesellschaft« als spezifische und voneinander abgrenzbare Untersuchungsobjekte zu unterscheiden. Diese Dominanz der Systemebene und das Überwiegen eines methodologischen oder gar ontologischen Kollektivismus als theoretische Grundorientierung der Stadtsoziologie werden von Friedrichs im Einleitungskapitel eines neueren Sammelwerkes (Friedrichs 1988) übrigens auch als Hauptgrund für die gegenwärtige Krise der Stadtsoziologie verantwortlich gemacht. Die Fixierung auf die soziale Systemebene führt außerdem auch dazu, daß in der Soziologie die physisch-materiellen Gegebenheiten der menschlichen Umwelt weitgehend vernachlässigt werden. Dinge (also auch Häuser, Gebäude, Straßen, Plätze etc.) sind für die Soziologie kein Thema. Der Soziologe Hans Linde (1972) spricht von der *Dingblindheit* seiner Disziplin, die besonders für die funktionalistisch-systemtheoretischen Konzeptionen in der Tradition von Talcott Parsons charakteristisch ist.

Ein stadtbezogenes Forschungsinteresse kann auch für die Psychologie festgestellt werden. Als charakteristisches Beispiel für den deutschen Sprachraum können etwa die Arbeiten des Nürnberger Psychologen Joachim Franke (vgl. z. B. Franke/Herr 1987) angeführt werden, die sich mit der Wahrnehmung und Bewertung städtischer Umwelt durch die Bewohner befassen. Verschiedene Autoren, etwa der Berner Psychologe Alfred Lang (z. B. 1988), haben darauf hingewiesen, daß bei derartigen Ansätzen das komplexe Phänomen der städtischen Umwelt auf schlichte Input-Variablen reduziert wird. Im Zentrum des Interesses bleibt das *menschliche Individuum als psychisches System*. Der urbane Lebensraum selbst stellt in der psychologischen Stadtforschung nur eine Art Staffage oder äußere Rahmenbedingung dar, deren modifizierende Einflüsse auf den eigentlichen Untersuchungsgegenstand interessieren, und das sind eben psychische Gegebenheiten, Geist, Seele, Bewußtsein oder wie immer wir diesen Gegenstand benennen wollen. Dahinter steht meist ein Menschenbild, bei dem das Individuum als *reaktives System* konzipiert ist, das auf irgendwelche Anregungen von außen mit Zustandsänderungen der eigenen Struktur und Befindlichkeit antwortet. Das Individuum als Subjekt und die städtische Umwelt als Objekt sind hier gleichsam als Polarität oder Dichotomie gedacht, stehen einander in Form säuberlich getrennter Seinsbereiche gegenüber.

Wir können also festhalten, daß die Stadtforschung sich einerseits überwiegend auf materielle Strukturen und Funktionalzusammenhänge bezieht und dabei den Menschen vernachlässigt. Andererseits ist ihr Interesse entweder auf soziale oder auf psychische Systeme fokussiert, wobei die physischen und funktionalen Gegebenheiten der Stadt selbst nur als äußere Rahmenbedingungen berücksichtigt werden. *Was demnach weitgehend fehlt, ist ein Ansatz, bei dem die materiell-funktionale Struktur, das Sozialsystem und das mentale System nicht als dreifache Polaritäten und gleichsam unvereinbare Seinsbereiche einander gegenüberstehen, sondern als ganzheitlicher Zusammenhang ein und derselben Wirklichkeit interpretiert werden.* Dies würde paradoxerweise *gleichzeitig* eine stärkere Anthropozentrierung *und* die Aufhebung allzu anthropozentrischer Modelle voraussetzen.

Ein derartig holistisch und übergreifend orientiertes Konzept der Stadtforschung ist derzeit aber nicht in Sicht. Im folgenden soll versucht werden, aus einer *humanökologischen Perspektive* einige Überlegungen darüber anzustellen, wie ein solches Programm aussehen könnte.

2. Konzeptionelle Leitlinien einer humanökologischen Stadtforschung

Humanökologische Konzepte und Ansätze, die seit einigen Jahrzehnten von unterschiedlichsten fachlichen Positionen her entwickelt wurden, weisen unter anderem folgende Gemeinsamkeiten auf:

1. Ausgangspunkt ist in der Regel der Versuch, Denkmodelle der naturwissenschaftlichen Ökologie auf den Menschen zu übertragen. Im Kontext unseres Themas sind dabei vor allem jene Entwürfe von Interesse, die ausdrücklich auch die geistbestimmten Dimensionen der Mensch-Umwelt-Beziehungen aufgreifen und *sozialwissenschaftliche Interpretationen* des naturwissenschaftlichen Ökologiekonzepts darstellen.
2. Derartige Ansätze sind in der Regel disziplinübergreifend und von den Themenstellungen und auch Methoden her genau an den Grenzbereichen zwischen den etablierten Fächern angesiedelt. Häufig werden dabei auch gängige Denkstrukturen der betreffenden Disziplinen modifi-

ziert oder verworfen und durch unübliche oder neuartige Modelle ersetzt. Humanökologen sind daher nicht selten bei den Kollegen ihrer »Mutterdisziplinen« eher etwas unbeliebt, werden als unbequem empfunden, weil sie den gängigen fachspezifischen Problematisierungsstil in Frage stellen.

3. Damit sind diese Ansätze auch in hohem Maße eklektisch, zeichnen sich durch einen Drang zur Synthese aus und können insgesamt als »holistisch« charakterisiert werden. Dies entspricht zwar dem »Zeitgeist«, provoziert aber meist heftigen Widerspruch vor allem aus der Richtung eines orthodoxen Neopositivismus.
4. Ein weiteres häufig vorkommendes Merkmal ist eine Vorliebe für *relationale* Konzepte. Die verschiedenen Grundeinheiten der Analysen werden vielfach nicht als eigenständige und atomare Elemente konzipiert, die für sich allein genommen untersucht oder behandelt werden können, sondern durch den relationalen Rückbezug auf *andere* Grundeinheiten definiert. Das läßt sich beispielsweise am Umweltkonzept zeigen. Während von Naturwissenschaftlern und Technikern »Umwelt« in der Regel als eindeutig objektivierte und absolute Größe angesehen wird, tendieren viele Humanökologen dazu, »Umwelt« konzeptionell auf etwas anderes, nämlich das dazugehörige Lebewesen zu beziehen. Aus dieser Sicht kann es »Umwelt« als absolute und inhaltlich eindeutig bestimmbare Größe gar nicht geben (vgl. z. B. Weichhart 1979). Humanökologen sehen sich daher häufig mit dem Vorwurf des methodologischen und ontologischen *Relativismus* konfrontiert.

Der Autor hat an anderer Stelle versucht, einige der Forschungsgebiete zu identifizieren und zu besprechen, die als Beispiele für eine erfolgreiche Umsetzung humanökologischer Ideen anzusehen sind (Weichhart 1989: 52-56). Im Rahmen all dieser Forschungsfelder werden natürlich auch *städtische Lebensräume* als Mensch-Umwelt-Systeme erforscht. Als konkretes Beispiel sei etwa für den Ansatz der Energie- und Materialflußanalysen das bekannte »Hong Kong Human Ecology Programme« genannt, das von einer australischen Forschergruppe unter der Leitung von Stephen Boyden als Teil des MAB (Man and Biosphere) 11-Projektes durchgeführt wurde (Boyden u. a. 1981). Für eine umfassende humanökologisch orientierte Stadtforschung, in der alle entscheidenden Aspekte der Mensch-Umwelt-Beziehung Berücksichtigung finden, dürften aber vor allem die handlungstheoretisch fundierten Komplexmodelle die interessantesten und weitreichendsten Forschungsperspektiven bieten.

Im Zentrum dieser Modelle (vgl. Weichhart, 1986, 1990a, besonders Abbildung 3) steht der *handelnde Mensch*, der nicht auf irgendwelche Stimuli bloß reagiert, sondern als eigentlicher Akteur Wechselwirkungen zwischen ihm und seiner Umwelt erst in Gang setzt. Für diesen Akteur ist zu einem bestimmten Zeitpunkt eine bestimmte Konstellation von Zielen und Sinnkonfigurationen gegeben, die mit Bedürfnissen und Werten, aber auch mit Emotionen in Zusammenhang stehen. Werte und Ziele stammen aus dem Repertoire der im jeweils übergeordneten Sozialsystem verfügbaren Wertestrukturen oder müssen von diesem zumindest toleriert sein. Die Genese der Ziele und Sinnzuweisungen ist auf individueller Ebene im Zusammenhang mit dem Sozialisationsprozeß zu sehen. Hier bekommt der Sozialisand die Werte und ihre Variationsbreite vermittelt und macht sie sich selbst zu eigen.

Zur Verwirklichung seiner Ziele setzt der Akteur bestimmte Handlungen. Dabei werden Gegebenheiten der materiellen Kultur und des sozioökonomischen Systems sowie des Naturraums als Werkzeug, Handlungsbühne und Arbeitsmaterial verwendet. Andererseits können solche Gegebenheiten als Widerstände oder Constraints den Handlungsvollzug behindern.

Handlungen haben Folgen. Durch Handlungen werden also Zustandsänderungen in der materiellen Welt und im Sozialsystem verursacht, die in Beziehung zu den jeweiligen Handlungszielen stehen. Im erfolgreichen Fall kommt es zu einer Verwirklichung der Ziele, im negativen Fall zu einem Scheitern des Projekts. Die Frage des Erfolgs oder des Scheiterns ist dabei nicht objektiv zu beantworten, sondern hängt von der subjektiven Interpretation des Akteurs bzw. seiner sozialen Umgebung ab.

Es steht wohl außer Frage, daß die handlungstheoretischen Modelle sehr vielversprechend sind und Erkenntnisfortschritte erwarten lassen. Es bleiben aber auch einige Fragen offen. Zuerst zu den Vorzügen:

1. Mit der Handlungstheorie ist ein wichtiger Schritt hin zur Überwindung der Subjekt-Objekt-Dichotomie getan. Durch den Akt des Handlungsvollzugs, der Realisierung intentionaler Strukturen, kommt es auf konzeptioneller Ebene zumindest zu einer sehr starken Verquickung zwischen dem Akteur und seiner Umgebung. Materielle Strukturen, wie etwa die Stadtgestalt oder die Kulturlandschaft, lassen sich so als Ergebnisse gegenwärtiger und vergangener Handlungsvollzüge und damit als *physische Korrelate von Sinnzusammenhängen und psychischen Konstrukten begreifen*.

2. Ein Fortschritt ist auch in der Verringerung der Spannung zwischen individuellem Akteur und Sozialsystem zu sehen. Handlungstheoretiker wie Benno Werlen (1987) betonen zu Recht die *Soziogenese* von Handlungszielen.
3. Bei diesem Ansatz wird die Wichtigkeit der subjektiven oder gruppenspezifischen Deutung und Wertung des sozialen und physischen Handlungskontextes herausgestellt. Es wird also die kognitiv-emotive Repräsentation des Handlungskontextes berücksichtig. Dies entspricht in der Terminologie B. Werlens der »Situationsdefinition 1 und 2« (1987: 14/15).
4. In diesen Ansatz können problemlos einige gut bewährte sozialwissenschaftliche Teiltheorien wie etwa die Attributionstheorie eingebracht werden, die uns hilft, jene eigenartige subjektive oder ideologische *Uminterpretation* von Wirklichkeit zu verstehen, die bei der Beurteilung von Handlungsfolgen durch den Akteur so charakteristisch sind und in denen eine subjektive bzw. gruppenspezifische Kausalität und Rationalität zum Ausdruck kommt.

Es bleiben aber doch einige Probleme bestehen, mit denen die handlungstheoretischen Modelle nicht so recht zurande kommen. Dies gilt etwa für die charakteristische Verabsolutierung von Intentionalität. Handeln wird ja definiert als absichtsvolles, zielgerichtetes, also intentionales Tun. Nun gibt es aber zahllose Folgen menschlichen Tuns, die keinerlei Beziehungen mit den eigentlichen Handlungszielen aufweisen und die im Handlungsentwurf auch gar nicht antizipiert werden konnten. Der Attentäter von Sarajewo hat gewiß nicht absichtsvoll und intentional den Gaskrieg in Flandern bewirken wollen. Die humanteleologischen Erklärungsmodelle der Handlungstheorie haben also gewisse Probleme, die unintendierten Folgen menschlichen Tuns in den Griff zu bekommen. Außerdem muß man in Betracht ziehen, daß nicht immer eine klare zeitlich-kausale Abfolge von Handlungsziel, Handlungsentwurf, Handlungsvollzug und Handlungsfolgen existiert. Denn Handlungsziele entstehen oft erst nachträglich, werden im Handlungsvollzug erst generiert. Auch aus diesem Grund wird von verschiedenen Theoretikern versucht, den Handlungsbegriff vom Konzept der Intentionalität abzulösen. Anthony Giddens (1984) betont, daß Handeln durch Intention nicht erschöpfend charakterisiert werde.

Ein weiteres Problem der handlungstheoretischen Modelle ist paradoxerweise ein tendenzielles Ausblenden des Individuums. Nicht das Individuum, so sagt Werlen, sondern *Handlungen* seien in diesem Ansatz die zentralen Grundkategorien der sozialen Welt und damit auch die Basiseinheiten der durchzuführenden Analysen.

Zur Bewältigung derartiger Schwierigkeiten bietet sich mit den *transaktionistischen Modellen* ein neues humanwissenschaftliches Konzept an, das mit der Handlungstheorie durchaus kompatibel ist, in einigen wesentlichen Punkten aber eine grundlegende Erweiterung bringt. »Transaktionismus« nennt man ein neues ontologisches und erkenntnistheoretisches Weltbild, eine neue Kosmologie, die gegenwärtig in verschiedenen Disziplinen entsteht und vor allem in der Umweltpsychologie ganz methodisch diskutiert wird (vgl. Altman/Rogoff 1987). Der Transaktionismus geht in seinem radikal holistischen Anspruch noch viel weiter als alle anderen Programme, die man der Humanökologie zurechnen kann. Auf eine ganz knappe Formel gebracht: Mit dem Transaktionismus wird versucht, genau jenes Problem in den Griff zu bekommen, das in der Einleitung angesprochen wurde, nämlich die Überwindung der bereits konzeptionell fixierten dreifachen Dichotomie zwischen Person, Gesellschaft und Umwelt, die auch für die gegenwärtige Stadtforschung so charakteristisch ist.

Der Transaktionismus steht in Zusammenhang mit der sogenannten »kontextuellen Revolution« in den Sozialwissenschaften. In dieser Perspektive wird ein unauflösbarer Zusammenhang postuliert zwischen komplexen Phänomenen und dem raum-zeitlichen Kontext, in den sie eingebunden sind: Die interessierenden Phänomene oder Prozesse *und* ihr Kontext werden als *Aspekte von Ganzheiten* angesehen. Die Grundkategorie der Analysen ist das *Ereignis*, das als komplex organisierte Einheit aufgefaßt wird, die durch das raum-zeitliche Zusammentreffen von Personen, Phänomenen, Prozessen und Settings konstituiert wird. Dabei wird dezidiert ausgeschlossen, daß bestimmte Elemente der untersuchten Ganzheit als unabhängige Entitäten begriffen oder dargestellt werden können. Diese Ganzheiten bestehen also nicht aus separierbaren Elementen oder Subsystemen, sondern werden als unauflösbarer Zusammenhang oder Zusammenfluß von Aspekten aufgefaßt, die wechselweise voneinander vollständig abhängig sind, als Einzelelemente also gar nicht existieren könnten. Man denke etwa an die Mutter-Säugling-Dyade, die als Beispiel für eine derartige wechselseitige Bedingtheit dienen kann.

Im Transaktionismus würde man also nicht - wie in der Handlungstheorie - auf einzelne Handlungen oder einzelne Akteure eingehen. Statt dessen müßte man sich auf komplexe *Handlungszusammenhänge* konzentrieren, und das bedeutet, daß die Handlung einer Person nur relational zu den Handlungen anderer Personen *und* zu den situativen Rahmenbedingungen verstanden werden kann. Das beinhaltet natürlich auch eine fundamentale Abkehr von gängigen Modellen der Kausalität. Denn die Beziehungen zwischen den Aspekten von Ganzheiten können nun nicht mehr als mechanistische Ursachen-Wirkungs-Ketten interpretiert werden, sondern sind als intrinsische Qualitäten der Ganzheiten zu verstehen.

Die im gängigen Weltbild der Sozialwissenschaften mit Selbstverständlichkeit postulierten *und absolut gesetzten* Grenzen zwischen Person und physischer Außenwelt, aber auch die Grenzen zwischen Person und Sozialsystem werden also im Transaktionismus in dieser Form als nicht existent angesehen. Sie werden in ihrem Absolutheitsanspruch als wissenschaftliche Artefakte entlarvt. Das gleiche gilt für die aus dieser Sicht künstlichen Grenzen zwischen Gesellschaftssystem und materiellen Strukturen. Bezogen auf das Verhältnis zwischen Individuum und physischer Außenwelt entspricht dieses Konzept genau dem, was Alfred Lang (1988) als »kopernikanische Wende« bzw. als »Dezentrierung des Forschungsobjekts« für die Psychologie fordert. In einer viel zuwenig beachteten Arbeit haben Mihaly Csikszentmihalyi und Eugene Rochberg-Halton (1981) sehr überzeugend die Bedeutung von *materiellen Dingen* für die personale und soziale Identität des Menschen belegt und damit einen beachtlichen Schritt in Richtung auf eine Dezentrierung des Forschungsobjekts gemacht. Seymor Wapner (1981), einer der Begründer des Transaktionismus, stellt fest, daß nicht das Individuum oder die Person das zentrale Objekt der Umweltpsychologie sein könne. Als *unteilbare* Untersuchungs*einheit* müsse vielmehr die Größe »person in environment« gelten. Maurice Halbwachs (deutsche Veröffentlichung 1967) hat schon vor Jahrzehnten die physische Stadtgestalt und die in ihr zum Ausdruck kommende Materialisation sozialer Werte als »kollektives Gedächtnis« der Gesellschaft bezeichnet und damit die Durchlässigkeit der Grenzen zwischen Sozialsystem und der physischen Welt zum Ausdruck gebracht. Eine der wichtigsten und anspruchsvollsten neueren sozialwissenschaftlichen Entwürfe, die man dem Transaktionismus zuordnen kann, ist Anthony Giddens' (1984) »Theorie der Strukturation«. Diese Theorie bietet mit dem Konzept der »Kontextualität« nicht nur eine soziologische Entsprechung zu Alfred Langs »Dezentrierungsthese«, sondern auch einen weit entwickelten Ansatz zur Überwindung der Dichotomie zwischen Individuum und Gesellschaft.

Das transaktionistische Verständnis der Beziehungen zwischen Person und Sozialsystem sieht etwa folgendermaßen aus:

1. So etwas wie »Persönlichkeit«, »Person«, »Selbst« oder »Ich-Identität« gibt es nur deshalb, weil - zumindest in unserem Kulturkreis - gesellschaftlich tradierte lebensweltliche Theorien über das Selbst existieren, die das Individuum schon im Verlaufe der Primärsozialisation internalisiert und dann gleichsam auf sich selbst anwendet.
2. Die spezifische Struktur unserer Gesellschaftssysteme setzt umgekehrt die Existenz von Ich-Identität mit Notwendigkeit voraus. So können beispielsweise die von der Rollentheorie beschriebenen sozialen Systemzusammenhänge nur deshalb funktionieren, weil soziale Rollen in der Ich-Identität des Rollenträgers verankert sind.

Die scheinbare Widersprüchlichkeit oder besser die Zirkularität dieser beiden Aussagen löst sich auf, wenn man den Zusammenhang zwischen Individuum und Gesellschaft nicht als Polarität, sondern als *Komplementarität* begreift: Ohne Individuen kann es Gesellschaft nicht geben, ohne Gesellschaft aber auch nicht die Ich-Identität des Individuums. Im Argumentationszusammenhang der Psychologie hat darauf vor allem Romeo Harré (1983) verwiesen, im Rahmen der Soziologie stellt diese Auffassung ein zentrales Theorem von Anthony Giddens' Strukturationstheorie dar. Beide verwenden zur Konzeptionalisierung dieser wechselseitigen Verschränkung das Denkmodell von der »Dualität der Struktur«: Soziale Strukturen sind *gleichzeitig das Medium und das Resultat* individuellen Handelns. Die Strukturmomente sozialer Systeme haben außerhalb des Handelns gar keine Existenz, sie werden erst im Handeln der Personen produziert und reproduziert (vgl. z. B. Giddens 1984: 374).

Akzeptiert man diesen Denkansatz, der die Polarität zwischen Person und Sozialsystem zum Verschwinden bringt, dann erweist sich übrigens auch der »Uralt-Disput« zwischen methodologischem/ontologischem Individualismus und methodologischem/ontologischem Kollektivismus als Scheinproblem.

Mit dem Aufgreifen derartiger Konzepte könnte eine humanökologisch orientierte Stadtforschung eine wesentlich stärkere Verklammerung und Integration der bisher doch eher unverbunden nebeneinander arbeitenden Disziplinen bewirken und die multidisziplinären Bemühungen in eine im eigentlichen Wortsinn *inter*disziplinäre Zusammenarbeit umwandeln. Vor allem aber sollte es damit möglich sein, eine dem Phänomen »Stadt« angemessenere Fassung des Erkenntnisobjekts zu erarbeiten, in dem die wechselseitige Verschränktheit von physisch-materieller Struktur, sozialem System und individuellen Stadtbewohnern zum Ausdruck kommt.

Nun ist es zweifellos ein sehr weiter und mühevoller Weg, wenn man sich von den eher ätherischen Gefilden metatheoretisch-kosmologischer Spekulationen in die dornenvollen Niederungen der Empirie begeben möchte. Dem Autor ist bisher kein einziges konkretes Forschungsprojekt bekannt geworden, das den eben andeutungsweise skizzierten programmatischen Entwurf in der Forschungspraxis verwirklichen konnte. Auch die eigenen stadtbezogenen Arbeiten sind noch sehr weit davon entfernt, ein derartiges Programm überzeugend umzusetzen. Im folgenden Abschnitt soll über erste Ergebnisse einer noch nicht abgeschlossenen Untersuchung berichtet werden, in dem aber zumindest der Versuch unternommen wurde, den einen oder anderen Teilaspekt einer humanökologisch orientierten Stadtforschung zu berücksichtigen.

3. Das Projekt »Viertelsbewußtsein[1] in stigmatisierten und elitären Salzburger Stadtteilen« - ein Versuch der Anwendung humanökologischer Konzepte in der Stadtforschung

In diesem 1987 begonnenen und noch nicht abgeschlossenen Projekt[2] war nicht Salzburg selbst als gleichsam objektivierte siedlungsgeographische Größe das Ziel der Untersuchung. Wir wollten vielmehr der Frage nachgehen, wie sich denn Salzburg als alltäglicher Lebensraum der Bewohner darstellt. Was bedeutet diese wunderschöne Stadt mit dem Flair der großen weiten Kulturwelt, was bedeuten ihre einzelnen Quartiere und »behavior settings« für die Menschen, die hier leben und arbeiten? Man kann wohl davon ausgehen, daß Salzburg mit den herrlichen baulichen Ensembles der Altstadt und der einmaligen landschaftsästhetischen Wirkung der Einbindung des Siedlungskörpers in den umgebenden Naturraum für den Bewohner eine ganz andere und eher prosaische Art von Wirklichkeit repräsentiert als für den gleichsam kulinarisch eingestellten Festspielbesucher oder Touristen.

Wie jede andere Stadt ist Salzburg durch eine klar erkennbare innere Differenzierung gekennzeichnet: Die einzelnen Teilbereiche des Siedlungskörpers, der durch die Salzach und die Stadtberge sektorenförmig

1 »Viertelsbewußtsein« (»Quartiersbewußtsein«, »Stadtteilsbewußtsein«) wird in Anlehnung an »Raumbewußtsein« verwendet (vgl. folgende Ausführungen).

2 Nähere Angaben zu diesem Projekt bei Weichhart/Weixlbaumer (1988) und (1990).

gegliedert wird, weisen eine unterschiedliche bauliche Struktur, unterschiedliche Nutzung und Funktionen sowie eine verschiedenartige soziodemographische Zusammensetzung der Bewohner auf. Daraus ergeben sich mehr oder weniger deutlich voneinander abgrenzbare Stadtviertel, die in sich relativ homogen sind und sich von benachbarten Arealen oft sehr markant unterscheiden. Die gängigen Ortsbezeichnungen oder Stadtteilsnamen beziehen sich meist auf Raumausschnitte, die vor allem historische Entwicklungsphasen und administrative Teileinheiten der Siedlung abbilden. Ein sehr wichtiges Kriterium für die Erfassung dieser räumlichen Differenzierung ist zweifellos der Sozialstatus der jeweiligen Viertelsbewohner. Die durchschnittliche Statusposition der Bewohner kann recht gut zur Charakterisierung der Wohnquartiere herangezogen werden.

Abbildung 1: Index der sozialen Ranglage in Salzburg

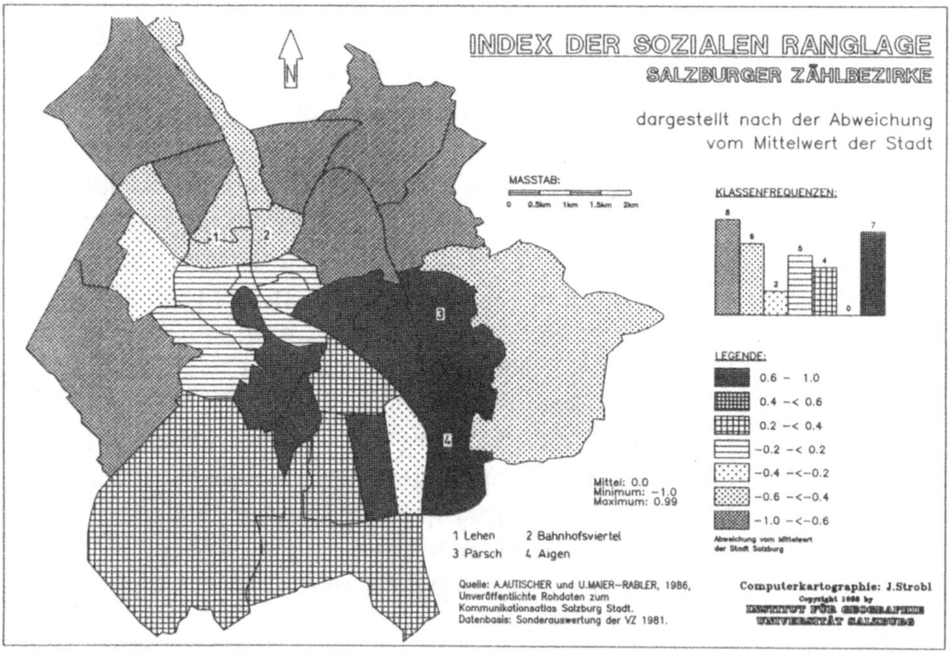

Wenn man dies für Salzburg durchführt, dann ergibt sich auf der Basis dieses Indikators ein sehr klares und eindeutig interpretierbares Muster (Abbildung 1). Der Index der sozialen Ranglage wird als Durchschnittswert aus der Stellung der Bewohner im Beruf und in ihrem Bildungstatus berechnet. In der Abbildung ist die Abweichung dieses Indikators vom

Mittelwert der Gesamtstadt dargestellt. Man erkennt eine klare Zweiteilung mit einem Bereich unterdurchschnittlicher Statusausprägungen im Norden und Nordwesten und überdurchschnittlichen Werten im Südosten.

Auch eine ganze Reihe anderer gängiger Parameter der Stadtbeschreibung weist ein ähnliches Verteilungsmuster auf. In guter Übereinstimmung mit der sozialen Ranglage wiederholt sich dieses Bild eines »negativ« ausgeprägten Nordwesten und eines »positiv« ausgeprägten Südosten auch bei Indikatoren wie der Fremdarbeiterquote, der Bevölkerungsdichte oder der Wohnungsdichte pro Gebäude.

Neben solchen aus der Statistik abzuleitenden oder kartierbaren Kriterien der sozialräumlichen Differenzierung läßt sich aber auch eine völlig andersartige Kategorie von Aussagedimensionen zur Gliederung des Stadtkörpers einsetzen. *Man kann nämlich die Frage stellen, wie denn diese Stadt in ihrer ganzen Vielfalt und Komplexität im Denken der Bewohner repräsentiert ist.* Welche Vorstellungen, Gefühle und symbolischen Bezüge sind mit den einzelnen Teilräumen für bestimmte Bevölkerungsgruppen verknüpft? Mit solchen Fragen kommt man schon etwas näher an die lebensweltliche Wirklichkeit primärer Erfahrungen heran.

Aus den Ergebnissen einer Untersuchung über Wohnungsfragen kann etwa die räumliche Verteilung von *Wohnsitzpräferenzen* über das Stadtgebiet abgeleitet werden (Weichhart 1987, Karte 29). Diese *Wertungstopographie* wurde aus einzelnen subjektiven Urteilen von Wohnungssuchenden abgeleitet, die in einen Stadtplan jene Gebiete einzuzeichnen hatten, die sie als Wohnstandort besonders bevorzugen oder besonders ablehnen. Die individuellen Aussagen können in einer Karte zusammengefaßt werden, die dann gleichsam das kollektive Urteil der mobilen Bevölkerung der Stadt repräsentiert.

Betrachtet man nun das räumliche Muster dieser Wertungstopographie, dann kann eine erstaunlich hohe Übereinstimmung zwischen den subjektiven Einzelurteilen festgestellt werden. Die Probanden dieser Erhebung kamen völlig unabhängig voneinander zu einem höchst einhelligen Ergebnis: Zentrum der höchsten Begehrtheit als Wohnstandort ist der Osten und Südosten der Stadt (vor allem die Stadtviertel Aigen und Parsch), völlig abgelehnt werden die Gebiete im Norden und Nordwesten. Eindeutiger Schwerpunkt der Ablehnung sind dabei das Bahnhofsviertel und der Stadtteil Lehen (zur Lage vgl. Abbildung 1). Es existiert offensichtlich ein im Sozialsystem verankerter hoher Konsens über die Wertigkeit der einzelnen Stadtteile, die damit ein eindeutig fixiertes öffentliches Image besitzen, das vom Individuum spontan reproduziert werden kann.

Die Wertungstopographie weist also auf den ersten Blick eine verblüffend hohe Übereinstimmung mit jenem Bild auf, das die Darstellung des »objektiven« Index der sozialen Ranglage (Abbildung 1) vermittelt hat. Bei genauerer Betrachtung erkennt man aber doch deutliche Unterschiede zwischen Image und sozialer Realität:

1. Die Bewertungstopographie ist stärker pointiert und akzentuiert.
2. Die Schwerpunkte und Extremwerte der subjektiven Geringschätzung stimmen *nicht* mit der Intensitätsausprägung bei der sozialen Ranglage überein.

Der Stadtteil Lehen und das Bahnhofsviertel liegen vom Sozialstatus der Bewohner her gesehen zwar unter dem Durchschnittswert der Gesamtstadt, sie stellen aber keineswegs ausgesprochene Unterschichtquartiere dar, sondern sind deutlich vom unteren Ende der sozialen Rangskala abgesetzt. Genau diese beiden Gebiete werden aber am stärksten als Wohnstandorte abgelehnt. Das *soziale Image* dieser Stadtteile erscheint demnach als *negative Übersteigerung und Übertreibung der sozialen Realität*.

Wenn man nun noch andere Quellen zur Erfassung des öffentlichen Images von Stadtteilen heranzieht, so kann man ein erstaunliches Phänomen erkennen: Das extrem negative, aber auch das extrem positive Urteil in der sozialen Wertschätzung konzentriert sich auf einige wenige, scharf abgegrenzte und relativ kleine Gebiete, über deren Beurteilung völlige Einhelligkeit in der öffentlichen Meinung besteht. Andere Stadtteile, die aus objektiver Sicht mindestens genauso negativ oder mindestens genauso positiv dargestellt werden müßten, besitzen dagegen ein eher durchschnittliches Image. Besonders gut ist dieses Phänomen für die Quartiere Lehen (im Sinne der Ablehnung) und Aigen-Parsch (im Sinne der Zustimmung) zu belegen. Diese beiden Gebiete wurden für die Untersuchungen des Projekts »Viertelsbewußtsein ...« ausgewählt. Im folgenden soll über einige Ergebnisse zum Stadtteil Lehen berichtet werden.

Am Beispiel dieses Quartiers kann demonstriert werden, wie derartige soziale Urteilsstereotype entstehen und wie hartnäckig sie sich im Zeitverlauf behaupten können. So zeigt etwa eine inhaltsanalytische Untersuchung der Lokalteile Salzburger Printmedien, daß Lehen seit geraumer Zeit als »vermurkstes«, »städtebaulich danebengeratenes« Stadtviertel gilt, das man »zum Glück nicht noch mehr verschandeln könne«. Lehen wird als »vom Verkehr eingeschnürter« »Problemstadtteil« und als »sozial benachteiligtes Quartier« bezeichnet. Auch in der Raumvorstellung Salzburger Kinder und Jugendlicher kommt das extrem negative Image dieses Gebietes als markantes und griffiges Vorurteil deutlich zum Ausdruck. In seiner Diplomarbeit hat Rudolf Otavnik (1987: 64-75) nachgewiesen, daß schon Volks- und Hauptschüler diesen Bezirk völlig spontan und ohne jede Vorgabe oder Beeinflussung mit folgenden Attributen charakterisieren: »Proletenviertel«, »Dreck«, »verrufen«, »brutal«, »unsicher«, »hohe Kriminalität« oder »zu viele Leute«. Dieses Stigma der Häßlichkeit, der Benachteiligung und der sozialen Minderwertigkeit läßt sich für Lehen sogar in der schönen Literatur belegen. Thomas Bernhard hat sich in dem autobiographischen Roman »Der Keller. Eine Entziehung« mit einem Kernbereich des Lehener Wohngebietes auseinandergesetzt. Sein Urteil über diesen Raum läßt an Deutlichkeit nichts zu wünschen übrig: »Lehen« ist für ihn der »tagtägliche fürchterliche Schönheitsfehler Salzburgs«, »ein Schmutz- und Schandfleck, dessen sich die ganze Stadt schämt«.

Die Ursprünge für derartige Urteilsstereotype gehen weit in die baulich-soziale Vergangenheit Lehens zurück. Seit Beginn unseres Jahrhunderts, vor allem aber in den dreißiger Jahren, kann für diesen Stadtteil eine gezielte Ansiedlungspolitik für die Unterschicht beobachtet werden. Auch nach dem Zweiten Weltkrieg war Lehen wegen der relativ günstigen Bodenpreise ein bevorzugter Standort für Billigwohnbauten. In den Printmedien finden wir zur Charakterisierung dieser städtebaulichen Entwicklung immer wieder Schlagworte wie »Bauspekulation«, »Wohnsilos« »Massenquartiere« oder »Bausünden«. Dies alles führte zu einer sozialen Selektion der Bevölkerung und einer sehr hohen Verbauungsdichte. In diesem kleinen Gebiet wohnen heute fast 20 000 Menschen. Objektiv läßt sich eine sehr hohe Verkehrsbelastung feststellen. Als städteplanerische Meisterleistung wurde dann noch ein großes Fußballstadion mit Flutlichtanlage mitten im Wohngebiet errichtet.

Bedenkt man die hohe Einhelligkeit der negativen Bewertung durch die Gesamtbevölkerung der Stadt und die auch objektiv faßbaren Mängel an Wohnqualität, dann erscheint es durchaus gerechtfertigt, Lehen als »stigmatisiertes Stadtviertel« zu bezeichnen. Wie bereits angedeutet, stimmt aber die soziale Komponente dieses Images mit der Realität *nicht* überein. Denn die Unterschichtbevölkerung der dreißiger und vierziger Jahre und ihre Kinder sind in der Zwischenzeit zur Mittelschicht aufgestiegen.

Wir wollten nun in unserem Projekt den Versuch unternehmen, für diesen stigmatisierten Stadtteil Fragen der Raumwahrnehmung, der Raumbewertung und der emotionalen Bindung aus einer Insider-Perspektive zu bearbeiten. Wie reagieren denn die Bewohner eines stigmatisierten Viertels auf die öffentliche Geringschätzung ihres Quartiers, wie empfinden sie selbst die Lebensqualität des eigenen Wohnstandortes? Teilen sie das vernichtende Urteil der Gesamtbevölkerung? Identifizieren sie sich mit ihrem Wohnviertel? Besitzen sie, bezogen auf die Maßstabsebene des Quartiers, das ja den räumlichen Ankerpunkt ihrer Existenz darstellt, so etwas wie »emotionale Ortsbezogenheit« oder »Heimatgefühl«?

Ehe dieser Fragenkreis behandelt werden kann, muß zuvor aber überprüft werden, ob das von uns so selbstverständlich verwendete gedankliche Konstrukt »der Stadtteil Lehen« tatsächlich auch in den Köpfen der Bewohner vorkommt. Vor allem aber ist zu erheben, welche inhaltlichen Attribute jenem Raumausschnitt zugeschrieben werden, der im alltäglichen Sprachgebrauch den Namen »Lehen« trägt. Es interessiert also jetzt nicht der Inhalt öffentlicher Imagezuschreibungen, sondern die Frage, wie diese Bestimmung aus einer *Insider-Perspektive* aussieht. Bezogen auf die im letzten Kapitel besprochenen handlungstheoretischen Modelle geht es um den Versuch einer Rekonstruktion jenes kognitiv-emotiven Konzepts »Lehen«, das für die Bewohner dieses Gebietes als Bestandteil der jeweiligen Situationsdefinition einen Orientierungshintergrund für ihr Alltagshandeln abgibt.

Zur Bezeichnung aller gedanklichen, geistigen oder seelischen Zugriffe auf ein bestimmtes räumlich umschreibares Objekt, das damit im Bewußtsein eines Menschen vorkommt, wird in der Geographie seit einiger Zeit der Begriff »Raumbewußtsein« verwendet. (Das ist sicher keine sehr glückliche Terminologie, sie hat sich aber eingebürgert, daher wird sie hier weiter verwendet. Bezieht man den Begriff auf unseren konkreten Maßstabsbereich von Stadtteilen, dann soll von »*Viertelsbewußtsein*« gesprochen werden.) Aus analytischen Gründen müssen wir mindestens drei Aspekte des Viertelsbewußtseins unterscheiden (Weichhart 1990b: 20-23):

- Ein erster Aspekt wäre die kognitiv-emotive Repräsentation eines Stadtteils im Denken eines Individuums. Es geht also um die *subjektiv oder gruppenspezifisch erfahrene Identität eines Raumausschnittes*. Was bedeutet dieses Viertel inhaltlich, welche Eigenschaften werden ihm zugeschrieben, wie wird es von anderen Raumausschnitten abgegrenzt?
- Der zweite Aspekt bezieht sich dagegen auf die Ich-Identität eines Individuums, das einen bestimmten Raumausschnitt gleichsam *als Teil seiner selbst* wahrnimmt, mit seinem Selbst-Konzept in Beziehung setzt.
- Und schließlich ist noch ein Zugriff anzunehmen, bei dem ein bestimmter Raumausschnitt in das »Wir-Konzept« einer sozialen Gruppe

eingebunden wird, deren Mitglieder das Gebiet als ein Element oder eine Bezugsgröße des Zusammengehörigkeitsgefühls wahrnehmen.

Diese analytische Differenzierung ist sehr wichtig, wir dürfen aber nicht übersehen, daß diese drei Aspekte in einer sehr engen Wechselwirkung stehen.

Zum Thema »Viertelsbewußtsein als kognitive Repräsentation der Identität eines Raumausschnittes« sollen exemplarisch nur zwei Facetten herausgegriffen und kurz besprochen werden. Beginnen wir mit der *subjektiven Viertelsabgrenzung*. Die Probanden unserer Untersuchung bekamen unter anderem die Aufgabe gestellt, in einen vorgelegten Stadtplan von Salzburg einzuzeichnen, wo ihrer Meinung nach die Grenzen von Lehen gegenüber anderen Stadtteilen verlaufen. (Natürlich wurde vorher das Kartenverständnis der Befragten überprüft.) Das ist eine sehr wichtige Frage, den die auf »Lehen« bezogenen Denkinhalte müssen ja entscheidend davon abhängen, welcher konkrete Raumausschnitt mit diesem Lokalnamen assoziiert wird.

Das »offizielle« Lehen, wie es als Gebietseinheit der kommunalen Verwaltung oder als statistischer Zählbezirk verwendet wird, ist ein Stadtteil, der sehr markant durch gut objektivierbare Grenzen vom Rest des Siedlungskörpers abgesetzt ist. Das Gebiet hat eine etwa dreiecksförmige Gestalt. Es ist im Osten durch die Süd-Nord verlaufende Salzach, im Süden durch die stark befahrene Westbahnstrecke und im Nordwesten durch den Glankanal begrenzt. Diese Grenzen können nur an wenigen Stellen (Brücken bzw. Unterführungen) überschritten werden. Man sollte daher annehmen, daß sie als Wahrnehmungs- und Handlungsbarrieren von den Lehenern ohne große Abweichungen reproduziert werden. Tatsächlich ist dies aber nur für die Ostgrenze des Viertels der Fall (Abbildung 2). Die Gesamtdarstellung aller subjektiven Abgrenzungen zeigt, daß vor allem über den Verlauf der Nord- und Westgrenze keine Einhelligkeit besteht. Im Südteil des Viertels wird Lehen durch eine wichtige und stark befahrene Hauptverkehrslinie, die Ignaz-Harrer-Straße, durchschnitten, die ungefähr parallel zur Westbahnstrecke verläuft. Auch der Bereich zwischen diesen beiden Verkehrsachsen wird sehr unterschiedlich wahrgenommen. Aus Abbildung 2 ist ersichtlich, daß ein erheblicher Teil der Probanden große Flächen des östlich anschließenden Nachbarviertels Liefering in ihre Abgrenzung einbezieht und damit dem Stadtteil Lehen einverleibt hat.

Abbildung 2: Subjektive Viertelsabgrenzung des Stadtteils Lehen aus einer Bewohnerperspektive

Man kann diese subjektive Viertelsabgrenzung nun flächenbezogen quantifizieren, indem man die von den Grenzlinien umschlossenen Gebiete nach Zählrasterfeldern über die gesamte Stichprobe aufsummiert (Abbildung 3). Der von mehr als 90 Prozent der Probanden angeführte »kognitive Kernraum« von Lehen, über den es also kaum Auffassungsunterschiede gibt, umfaßt nur etwa die Hälfte der Fläche des »offiziellen« Stadtteils. Immerhin mehr als ein Drittel der Probanden schlägt weite Bereiche des Nachbarviertels Liefering (darunter das Gebiet der Landesnervenklinik) zu Lehen, andererseits rechnen 20 bis 30 Prozent der Befragten das Gebiet südlich der Ignaz-Harrer-Straße nicht dazu.

Abbildung 3: Das kognitive Raumkonzept »Lehen« aus der Sicht der Viertelsbewohner

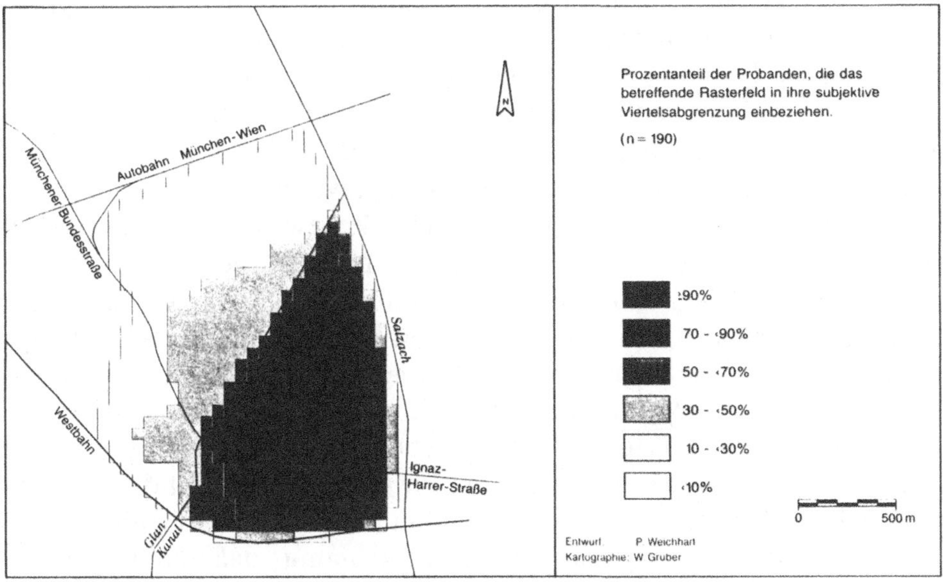

Wie kommt es zu dieser eigenartigen Ausweitung oder »Ausdehnung« von Lehen, das in der Vorstellung seiner Bewohner weit in das Nachbarviertel hineinreicht? Eine Erklärungsmöglichkeit ist darin zu sehen, daß das Raumkonzept »Lehen« dem Wandel der sozialräumlichen Gegebenheiten angepaßt wird. Das Image Lehens ist sehr stark durch den Charakter eines Unterschichtquartiers geprägt. Nun wurde bereits darauf verwiesen, daß das Viertel seit den fünfziger Jahren eine deutliche *soziale Aufwertung* erfahren hat. Die tatsächliche Sozialstruktur ist also viel besser, als das Image unterstellt. Der Westteil von Liefering dagegen, der nach dem Zweiten Weltkrieg als Siedlungsgebiet für Flüchtlinge aus Siebenbürgen und Bessarabien ausgebaut wurde, stellt von der heutigen Sozialstruktur her gesehen in wesentlich stärkerem Maße ein Unterschichtviertel dar als Lehen. Wir erkennen hier eine sehr charakteristische Entwicklungsmöglichkeit der kognitiven Struktur: Es wird nicht das Image von Lehen an die veränderte soziale Realität angepaßt, sondern es werden die Grenzen des Stadtteils in der Vorstellung eines Teils der Bewohner räumlich so verschoben, daß das Attribut der sozialen Minderwertigkeit, das Lehen als Vorurteil anhaftet, den heutigen Gegebenheiten entspricht.

Es gibt in der einschlägigen Literatur einige Hinweise darauf, daß derartige »Grenzverschiebungen« als Mittel der Dissonanzbewältigung für kollektive Raumwahrnehmungen oder Imageprojektionen nicht untypisch sind. In einem ganz anderen räumlichen und maßstäblichen Kontext wird ein ähnliches Phänomen etwa von James R. Shortridge (1985) beschrieben. Er befaßte sich mit der Wahrnehmung und dem Image des amerikanischen Mittelwesten. »Middle West« ist in den USA ja eine gängige, umgangssprachlich fixierte Regionsbezeichnung (»vernacular region«). Traditionellerweise setzt man diese Region mit den zwölf Bundesstaaten von Ohio im Osten bis Kansas im Westen und nach Norden bis zur kanadischen Grenze gleich. Bei einer landesweiten Befragung ließ Shortridge durch seine Probanden deren subjektive Abgrenzung des Mittelwestens in vorgegebene Karten eintragen. Die Auswertung erbrachte das Ergebnis, daß auch für diese »Mental Map« eine klare Westverschiebung gegenüber dem ursprünglichen Raumkonzept gegeben ist. Als Kernraum erwiesen sich die Staaten Kansas, Nebraska und Iowa, zum Teil reicht die Regionszuschreibung bis weit in die Rocky Mountains hinein. Shortridge erklärt diese Grenzverschiebung sehr überzeugend damit, daß die Regionsbezeichnung »Middle West« eng mit dem Image des *ländlichen* Amerika verknüpft ist, auf Landwirtschaft, ländliche Kleinstädte, Pastoralismus und das Bild des »Yeoman«, des freien Farmers, verweist. Da aber nun der Ostteil der ursprünglich gemeinten Region längst ein hochentwickelter urban-industrieller Raum geworden ist, stimmt dieses Image nicht mehr mit der Realität überein. Anstatt nun das regionale Image an die veränderte Wirklichkeit anzupassen, wird die kollektive Raumvorstellung so abgewandelt, daß der Kern der Region westwärts in die Great Plains verlagert wird, wo die sozioökonomische Struktur noch am ehesten den Inhalten des Images entspricht.

Zurück nach Lehen. Für die weitere Interpretation der Ergebnisse ist es von Interesse, die kumulierten Viertelsabgrenzungen für verschiedene Teilgruppen der Probanden miteinander zu vergleichen. So spielt offensichtlich und erwartungsgemäß der Wohnstandort innerhalb des Untersuchungsgebietes für die Abgrenzung eine erhebliche Rolle. Aus der Sicht der Bewohner des Nordteils wird der Bereich zwischen Bahn und Ignaz-Harrer-Straße sehr stark ausgeblendet, wird zum Teil nicht zu Lehen gerechnet. Umgekehrt ignorieren die Bewohner dieses Gebietes den Nordteil des Viertels.

Abbildung 4: Der Einfluß der Wohndauer auf das kognitive Raumkonzept »Lehen«

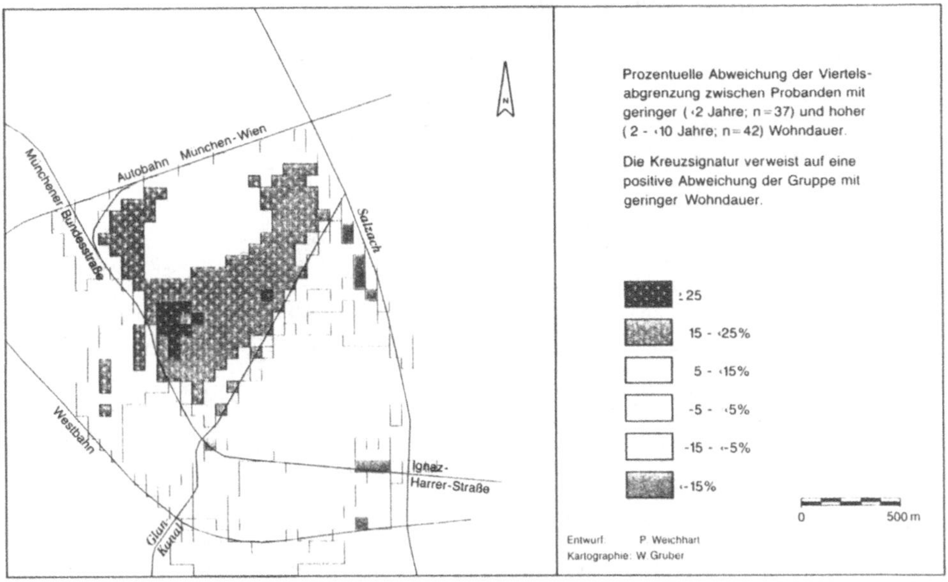

Abbildung 4 stellt die Differenz oder Abweichung des Urteils von zwei Probandengruppen dar: Verglichen wird hier die Abgrenzung von Personen mit unterschiedlicher Wohndauer. Die weißen Flächen bedeuten Übereinstimmung, die Kreuzsignatur zeigt die positive Abweichung im Urteil von Probanden mit geringer Wohndauer (kleiner gleich zwei Jahre). Man erkennt, daß Personen, die noch nicht lange im Quartier leben, sehr stark zu einer umfassenderen Gebietsabgrenzung neigen. Offensichtlich teilen gerade die »Neubürger« stärker das negative Image im Urteil der Gesamtbevölkerung. Sie sind daher besonders anfällig für die oben beschriebene »Grenzverschiebung« in Richtung auf die Lieferinger Unterschichtgebiete.

Welche *inhaltlichen Attribute* werden dem Stadtteil nun von den eigenen Bewohnern zugeschrieben? Dominieren auch bei der im Viertel ansässigen Bevölkerung jene extrem abwertenden Charakterisierungen wie im öffentlichen Image? Da es bei dieser Frage sehr wesentlich um emotional gefärbte Komponenten der Objektbedeutung geht, wurde als Erhebungsinstrument das semantische Differential oder Polaritätsprofil verwendet, das für derartige Problemstellungen als besonders geeignet angesehen wird.

Abbildung 5: Semantisches Differential Lehen - Gesamtstichprobe (arithmetisches Mittel)

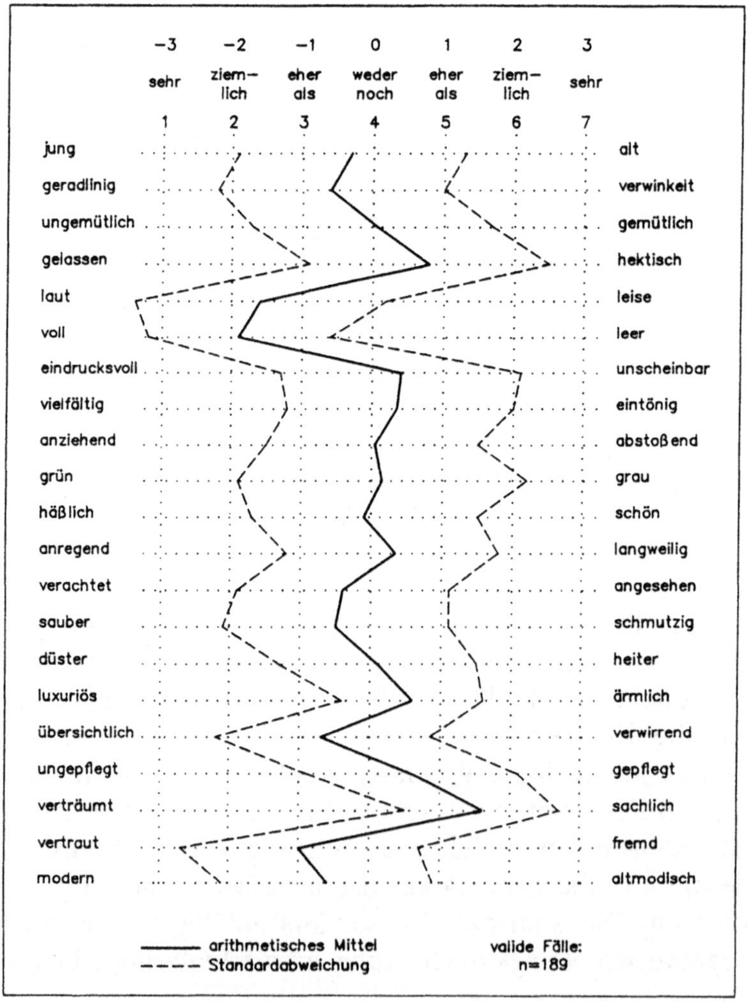

Aus dem Profilverlauf für die Gesamtstichprobe lassen sich keine Hinweise auf ausdrücklich negativ getönte Gefühle gegenüber dem eigenen Wohnviertel entnehmen (Abbildung 5). Zwar haben die deutlich vom Neutralwert 4 abweichenden Skalenelemente - laut, voll, sachlich und vertraut - zum Teil auch negative Konnotationen, die Möglichkeit, das eigene Quartier als besonders ungemütlich, abstoßend, häßlich, verachtet oder ungepflegt zu charakterisieren, wurde im durchschnittlichen Probandenurteil aber nicht genutzt. Das Profil vermittelt den Eindruck einer eher distanziert-wertneutralen Beschreibung.

Abbildung 6: Semantisches Differential Lehen - Gesamtstichprobe (Median)

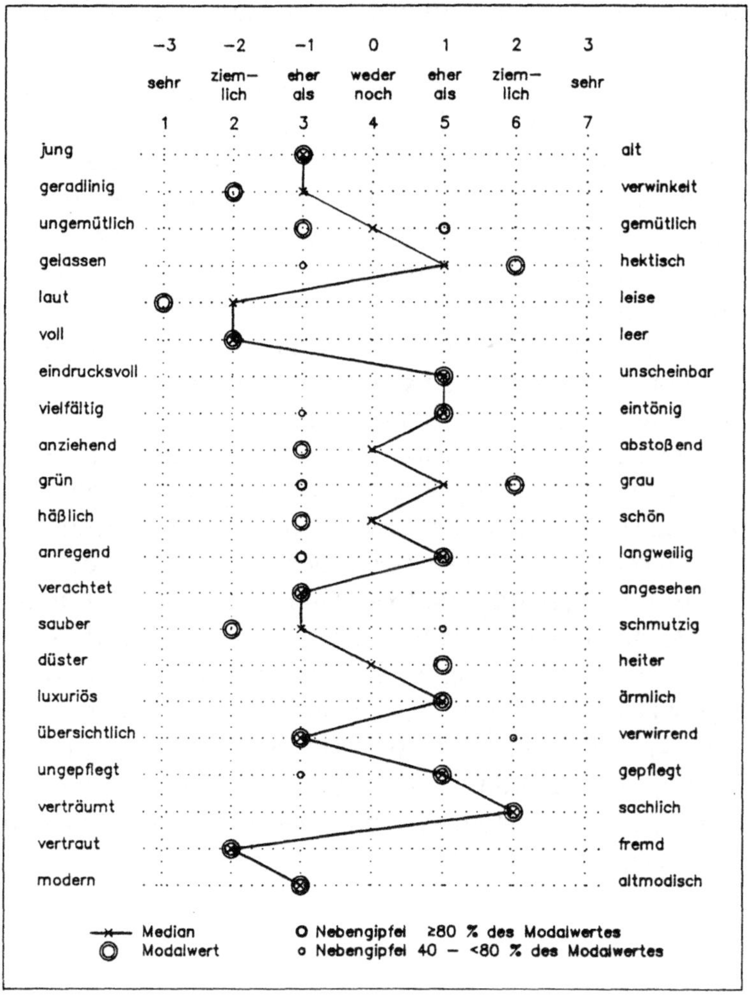

Nun muß man bei der Interpretation semantischer Differentiale sehr vorsichtig und sorgfältig vorgehen. Aus Abbildung 5 läßt sich ablesen, daß die Standardabweichung der einzelnen Skalen eher hoch ausfällt. Die Schwankungsbreite der Probandenreaktion ist also erheblich. Verwendet man anstelle des Mittelwerts eine dem Datenniveau angemessenere Darstellung nach Median und Modalwert (Abbildung 6), dann fällt auf, daß bei einigen Skalen ausgeprägte Nebengipfel in der Antwortverteilung existieren. Dies gilt für die Begriffspaare »ungemütlich-gemütlich«, »gelassen-hektisch«, »vielfältig-eintönig«, »grün-grau«, »anregend-langweilig«, »sauber-schmutzig«, »übersichtlich-verwirrend« und »ungepflegt-gepflegt«. Für diese besonders wertbeladenen Skalen ist das Probandenurteil also keineswegs so neutral, wie es das arithmetische Mittel vermuten läßt. Es kann vielmehr eine markante Ambivalenz der assoziativen Bedeutungszuweisung festgestellt werden.

Ein Teil dieser Ambivalenz im Urteil läßt sich auflösen, wenn man die Probanden in soziodemographisch definierte Teilstichproben zerlegt. So ergeben sich erwartungsgemäß etwa beim Bildungsniveau (Abbildung 7) klare Unterschiede in der Reaktion - und zwar gerade bei den eindeutig wertenden Skalen: Personen mit hohem Bildungsniveau sind in ihrem Urteil offensichtlich kritischer, ihre Profilkurve weist jeweils eine regelhafte Akzentuierung des negativen Skalenendes auf.

Wesentlich schwieriger als die bisher besprochenen Detailfragen ist die empirische Handhabung von Problemstellungen, die auf jenen Aspekt des »Raumbewußtseins« bezogen sind, bei dem eine Verknüpfung räumlich-sozialer Gegebenheiten mit der Ich-Identität des Menschen postuliert wird. Es ist uns bis jetzt nicht gelungen, eine überzeugende erhebungstechnische Operationalisierung dieses Problems zu bewerkstelligen. Jedenfalls existieren zahlreiche sozialwissenschaftliche Einzeltheorien, aus denen sich sehr plausible Argumente und Begründungen für die Annahme eines solchen Zusammenhangs ableiten lassen und die auch mit dem gegenwärtigen Stand der psychologischen Identitätstheorie in Übereinstimmung stehen (zur zusammenfassenden Darstellung der hier relevanten Theorieelemente vgl. Weichhart 1990b). Wie man aber auf wirklich überzeugende Weise diesen Zusammenhang - oder besser diese *Einheit* - von Subjekt und Außenwelt »erhebungs-« oder »meßtechnisch« in den Griff bekommt, muß noch offen bleiben.

Abbildung 7: Semantisches Differential Lehen nach dem Bildungsniveau

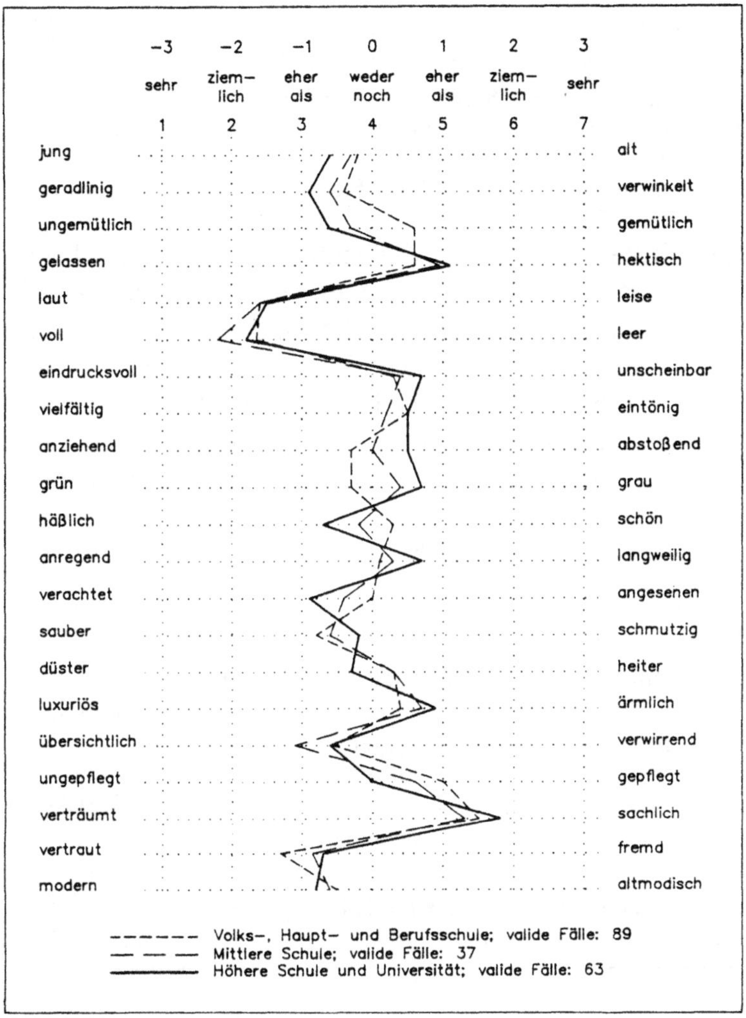

Der bisher am weitesten entwickelte Versuch einer Operationalisierung wurde vom Darmstädter Psychologen Marco Lalli (1989) vorgelegt. Er hat ein standardisiertes und nach allen Regeln der Kunst auf Validität und Reliabilität getestetes Meßinstrument entwickelt. Die letzte Version dieses Instruments besteht aus 20 Items, die als fünfstufige LIKERT-Skalen konzipiert sind. Die Probanden einer Untersuchung werden mit diesen Aussagen konfrontiert und sollen ihre Einschätzung der Items auf einer fünfstufigen Skala zwischen den Extrempolen »trifft völlig zu« und »trifft gar nicht zu« markieren. Aus den Ergebnissen werden dann verschiedene Kennwerte für das Maß der Identifikation berechnet. Zu den vorgegebenen Stimuli zählen etwa folgende Aussagen (Lalli 1989: 42):

> »Für mein tägliches Leben ist diese Stadt äußerst wichtig.«
> »Ich habe heimatliche Gefühle für diese Stadt.«
> »Diese Stadt ist wie ein Teil von mir selbst.«
> »Ich kann mir nicht vorstellen, in einer anderen Stadt zu leben, weil ich zuviel von mir selbst aufgeben würde.«

Für das Salzburger Projekt wurde ein viel einfacheres, aber im Prinzip durchaus ähnliches Verfahren verwendet. Unseren Probanden wurden fünf vorformulierte Aussagen vorgelegt (Tabelle 1), zu denen sie ihre Zustimmung oder Ablehnung auf einer ebenfalls fünfteiligen Antwortskala zum Ausdruck bringen sollten. Die Stimuli 1, 2 und 5 sollten auf der Zieldimension »bejahendes Zugehörigkeitsgefühl« oder »Heimatgefühl« messen, also die positive Identifikation mit dem Stadtteil abschätzen lassen.

Tabelle 1: Einstellungsfragen zum Viertelsbewußtsein

»Ich wohne sehr gerne in Lehen.«	(*Einst 1*)
»In Lehen leben eigentlich sehr nette und angenehme Menschen, mit denen ich mich recht gut verstehe.«	(*Einst 2*)
»Wir Lehener müssen zusammenhalten, um gegenüber der Stadtverwaltung und der Planung unsere Interessen gemeinsam vertreten zu können.«	(*Einst 3*)
»Lehen ist eigentlich ein sehr häßlicher, verschandelter und benachteiligter Stadtteil.«	(*Einst 4*)
»Lehen ist zwar nicht das schönste Wohngebiet Salzburgs, aber für mich bedeutet es so etwas wie Heimat.«	(*Einst 5*)

Es wird übrigens nicht behauptet, daß diese Methodik der Problemstellung besonders gut angemessen ist. Man muß sogar bezweifeln, daß wir auf diesem klassisch-neopositivistischen Weg standardisierter Skalen wirklich weiterkommen werden. Größere Hoffnungen sind für zukünftige Arbeiten wohl eher auf eine Kombination verschiedener methodischer Ansätze der qualitativen Sozialforschung zu setzen.

Dennoch lassen sich sogar auf diesem höchst simplen und nur provisorischen methodischen Weg zumindest erste Indizien für die Plausibilität der Hypothese eines Zusammenhangs zwischen personaler Identität und physisch-materiellen Siedlungsstrukturen erarbeiten. So kann man bei einer Betrachtung der Probandenreaktion auf diese fünf Stimuli feststellen, daß sich die Einstellung der Lehener zu ihrem eigenen Wohnviertel sehr wesentlich vom öffentlichen Image (Lehen, der Schand- und Schmutzfleck ...) unterscheidet (vgl. Tabelle 2). 77 Prozent der Befragten stimmen der Aussage »Ich wohne gerne in Lehen« zu (Einst 1), nur 12 Prozent lehnen sie ab. In zwei Drittel der Antworten wird der Stadtteil als »Heimat« (Einst 5) angesprochen. Immerhin knapp 60 Prozent der Probanden sind mit dem sozialen Umfeld ihres Wohnstandortes zufrieden und bestätigen, sich mit den anderen Lehenern »recht gut zu verstehen« (Einst 2). Erstaunliche 40 Prozent sind ausdrücklich *nicht* der Meinung, daß Lehen ein häßlicher und benachteiligter Stadtteil sei (Einst 4). Das klare Dominieren der Zustimmung bei Stimulus 3 deutet auf Gruppensolidarität und viertelsspezifische Loyalität hin. Insgesamt zeigt die Probandenrektion ein doch sehr beeindruckendes Votum für das eigene Wohngebiet, das völlig im Gegensatz zu dessen Negativimage in der öffentlichen Meinung steht. Es verweist uns auf den *Domizentrismus* menschlicher Umwelterfahrung: Selbst in einem stigmatisierten Stadtteil bleibt die Wohnung und ihre unmittelbare Umgebung die subjektive »Mitte der Welt«.

Tabelle 2: Verteilung der Probandenantworten über die Einstellungsfragen zum Viertelsbewußtsein

	Einst 1	Einst 2	Einst 3	Einst 4	Einst 5
völlige Zustimmung	77	57	102	31	86
stimme mit Einschränkung zu	68	55	28	59	39
neutral	22	65	48	24	24
lehne ich eher ab	15	9	8	44	22
lehne ich völlig ab	7	4	4	32	18

Als vorläufiger Hinweis auf ein Viertelsbewußtsein im Sinne der Verknüpfung des Stadtteils mit der personalen und sozialen Identität eines Bewohners wurde ein kombinierter Indikator verwendet. Dazu wurden die Reaktionen auf die Stimuli 1 (»Bejahung«), 2 (»soziale Integration«) und 5 (»Heimatgefühl«) zusammengefaßt und zur Typisierung der Probanden herangezogen. Wir haben unterstellt, daß Personen, die auf *alle drei* Aussagen zustimmend reagieren, eine hohe Identifikation mit dem Stadtteil Lehen besitzen. Anders formuliert: *Wir nehmen an, daß für diese Personen die Zugehörigkeit zum Viertel Lehen ein bedeutsames Designat ihrer*

Ich-Identität darstellt. Umgekehrt wird behauptet, daß Probanden, deren Antwort in allen drei Fällen neutral bis ablehnend war, *kein* derartiges Zugehörigkeitsgefühl besitzen, das im Selbst-Konzept verankert ist. Die Auszählung nach diesem Indikator ergibt für 43 Prozent der Probanden eine hohe Identifikation mit dem Stadtteil, nur 11 Prozent äußern eine völlig abweisende Einstellung.

Abbildung 8: Semantisches Differential Lehen - Personen mit hohem und ohne Viertelsbewußtsein

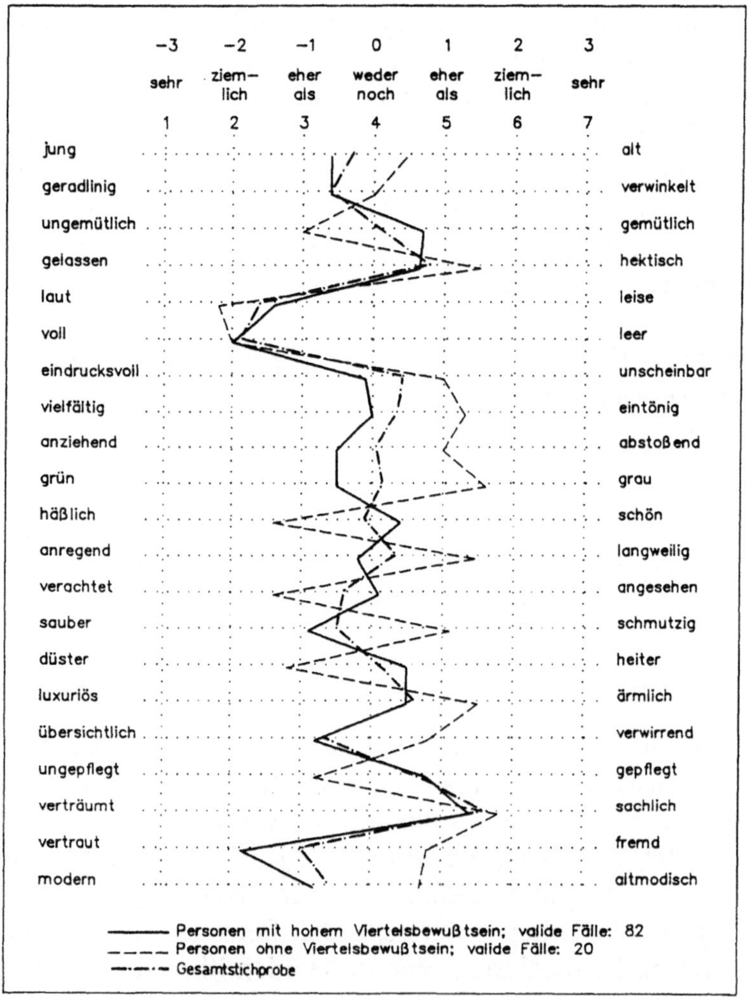

Diese beiden Gruppen unterscheiden sich in einigen soziodemographischen Merkmalen sehr deutlich voneinander. Befragte mit hoher Identifikation sind eher älter, weisen ein niedrigeres Bildungsniveau auf und leben schon länger in Lehen oder sind sogar hier geboren. Markante Gegensätze ergeben sich auch beim semantischen Differential (Abbildung 8). Der Vergleich der Profilverläufe zeigt die mit Abstand höchsten Unterschiede, die in unserem Datenmaterial zwischen Teilstichproben festgestellt werden können. Für die Gruppe mit hoher Identifikation läßt sich eine gute Annäherung an das Profil der Gesamtstichprobe (strichpunktierte Linie) feststellen, wobei die Abweichungen bei den eindeutig wertenden Skalen am höchsten sind und in jedem Falle in die Richtung des positiv interpretierbaren Skalenendes zielen. Der Profilverlauf für die Kontrollgruppe bietet demgegenüber gleichsam die Antithese. Die geringsten Differenzen finden sich bei den eher beschreibenden Gegensatzpaaren (z. B. voll-leer), besonders hoch fallen sie bei den eindeutig wertenden Skalen aus (z. B. ungemütlich-gemütlich, anziehend-abstoßend).

Ein gegensätzliches Urteil findet sich auch bei der Viertelsabgrenzung (Abbildung 9). Für die Gruppe mit fehlender Identifikation (Kreuzsignatur) ergibt sich eine besonders massive Ausdehnung der Raumvorstellung in Richtung Liefering und eine Überbetonung des Südteils von Lehen.

Auf zahlreiche andere der bisher erarbeiteten Ergebnisse unseres Projekts kann hier nicht näher eingegangen werden (vgl. dazu Weichhart/Weixlbaumer 1988, 1990). So wurde etwa auch versucht, die Vorstellung der Lehener Bevölkerung zum Themenkreis Lebens- und Wohnqualität zu erfassen. Dabei zeigte sich unter anderem, daß die Probanden über ein sehr einhelliges kognitives Konzept von »Lebensqualität« verfügen, das weitgehend unabhängig ist von soziodemographischen Zugehörigkeiten und nur geringe gruppenspezifische Unterschiede aufweist. Insgesamt reflektieren die von den Probanden geäußerte Vorstellungen zu dieser Frage sehr genau die Potentiale und Defizite des eigenen Wohnumfeldes und bieten damit ein treffendes Abbild der Wohnqualität in Lehen. Die Lebensbedingungen, Nutzungspotentiale und Constraints des eigenen Standortes beeinflussen also in hohem Maße die lebensweltlichen Wahrnehmungs- und Wertungshorizonte. Die Bedingungen am wichtigsten Standort der eigenen Lebenspraxis werden zu den entscheidenden Definitionskriterien für verallgemeinernde Problemsichten. Das eigene Viertel wird damit zum Maß und Richtwert für generalisierte Wertungen und Problematisierungsstile, die vom räumlichen Kontext offensichtlich stärker geprägt sind als von sozialen oder demographischen Gruppierungen.

Abbildung 9: Der Einfluß der Identifikation mit dem Viertel auf das kognitive Raumkonzept »Lehen«

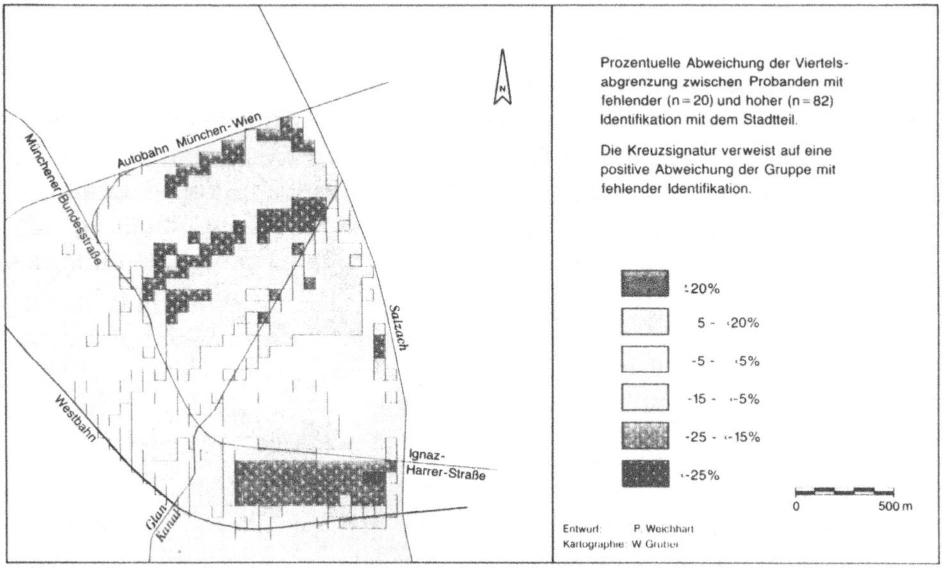

Eine ähnliche Verquickung zwischen dem räumlich-sozialen Kontext und subjektiver Sinnzuschreibung bzw. alltäglicher Lebenspraxis kann auch für den Bereich der Kultur und Kulturteilhabe festgestellt werden. Während das Verständnis der Probanden von »Hochkultur« mit »besonderen« und »herausragenden« Kulturstätten verknüpft ist, die ihren Ort außerhalb des eigenen Quartiers haben, ordnet man den Bereich der Alternativkultur (»zweite Kultur« als progressive oder oppositionelle Variante der Hochkultur) durchaus dem engeren Bereich des Stadtteils zu, was in konkreten Ausstattungswünschen (Stadtteiltheater, Kinos, Ausstellungen) seinen Niederschlag findet. Noch deutlicher ist die für unsere Probanden relevante dritte Dimension des Kulturbegriffes auf den eigenen Stadtteil relativiert. Diese »dritte Kultur« (gehobene Alltagskultur) bezieht sich auf das Konzept eines »kultivierten Lebensstils«, in dem ein »gepflegter Umgang mit Menschen und Dingen« zum Ausdruck kommt und der vor allem für die alltägliche soziale Interaktion und Kommunikation von Bedeutung ist. Dieser Aspekt des Kulturverständnisses findet nach Auffassung der Probanden seine praktische Realisierung vor allem in der engeren Wohnumgebung, der Nachbarschaft sowie dem Wohnviertel und ist auf die dort vorfindbaren kontextuellen Bedingungen bezogen. Auch an diesem Beispiel wird klar, daß derartige kognitive Strukturen der Sinndeutung städtischer Umwelt auf dem Wege über die an eben diesen Denkmustern orientierte aktuelle Inanspruchnahme der Nutzungspotentiale Rückwirkungen auf die materiellen Gegebenheiten des Quartiers haben müssen - was durchaus im Sinne von Giddens' Dualitätstheorem verstanden werden kann.

Insgesamt scheinen derartige Befunde doch mit einiger Nachdrücklichkeit darauf hinzudeuten, daß die transaktionistische Grundhypothese einer *lebensweltlichen Einheit* von Individuum, materieller Außenwelt und Sozialsystem eine bedenkenswerte Plausibilität besitzt. Für die Forschung sollte daraus auch die Forderung plausibel sein, das Phänomen »Stadt« nicht nur als eine bestimmte Siedlungsform mit einer spezifischen physisch-materiellen Struktur zu begreifen, sondern gleichzeitig als eine spezifische gesellschaftliche Struktur, ein spezifisches Spektrum von Lebensformen, Befindlichkeiten, sozialen Lagen, Karrieremustern, sozialen Entwicklungschancen und Gefährdungspotentialen, als System von »behavior settings« und sozialen Interaktionsmöglichkeiten und wohl auch als Potentialstruktur für die Ausdifferenzierung von Persönlichkeitsmustern zu verstehen. Materielle Gegebenheiten, soziale Inwertsetzung und subjektive Deutung sind also analytisch gar nicht zu trennen, sondern müßten in ihrer wechselseitigen Bedingtheit dargestellt werden.

Mit diesem kurzen Bericht über einige Ergebnisse eines noch nicht abgeschlossenen Forschungsprojekts konnten natürlich nur erste bescheidene Hinweise auf Möglichkeiten der empirischen Verwirklichung einer humanökologisch orientierten Stadtforschung gegeben werden. Der Autor hofft, daß es ihm mit diesem Beitrag wenigstens gelungen ist, dem Leser eine Vorstellung nahezubringen, die vor nunmehr bereits 15 Jahren Edward Relph, ein Vertreter der »humanistischen Geographie«, sehr prägnant formuliert hat. Er sagte:

> »People *are* their place and a place is its people, and however readily these may be seperated in conceptual terms, in experience they are not easily differentiated.« (Relph 1976: 43; Hervorhebung P. W.).

Literatur

Altman, I./Rogoff, B. (1987): »World Views in Psychology: Trait, Interactional, Organismic and Transactional Perspectives«. In: D. Stokols/I. Altman (Hg.): *Handbook of Environmental Psychology*. Vol. 1. New York, S. 7-40

Bernhard, T. (1976): *Der Keller*. Eine Entziehung. Salzburg.

Boyden, S. u. a. (1981): *The Ecology of a City and Its People*. The Case of Hong Kong. Canberra

Csikszentmihalyi, M./Rochberg-Halton, E. (1981): *The Meaning of Things*. Domestic Symbols and the Self. Cambridge

Franke, J./Herr, D. (1987): *Klassifikation von Wohngebieten durch Laien*. Weinheim

Friedrichs, J. (1977): *Stadtanalyse*. Soziale und räumliche Organisation der Gesellschaft. Reinbek

Friedrichs, J. (Hg.) (1988): »Soziologische Stadtforschung.« *Kölner Zeitschrift für Soziologie und Sozialpsychologie*, Sonderheft 29. Opladen

Giddens, A. (1984): *The Constitution of Society*. Outline of the Theory of Structuration. Cambridge

Halbwachs, M. (1967): *Das kollektive Gedächtnis*. Mit einem Geleitwort von Prof. Dr. H. Maus. Marburg

Harré, R. (1983): *Personal Being*. A Theory for Individual Psychology. Oxford

Lalli, M. (1989): *Stadtbezogene Identität*. Theoretische Präzisierung und empirische Operationalisierung. Institut für Psychologie der TH Darmstadt, Berichte 89-1. Darmstadt

Lang, A. (1988): »Die kopernikanische Wende steht in der Psychologie noch aus! Hinweise auf eine ökologische Entwicklungspsychologie«. *Schweizerische Zeitschrift für Psychologie*, 47, S. 93-108

Lichtenberger, E. (1986): *Stadtgeographie*. Band 1: Begriffe, Konzepte, Modelle, Prozesse. Teubner Studienbücher der Geograpie. Stuttgart

Linde, H. (1972): *Sachdominanz in Sozialstrukturen*. Tübingen

Lynch, K. (1960): *The Image of the City*. Cambridge, MA

Otavnik, R. (1987): *Salzburg - Das Bild der Stadt in der Wahrnehmung von Kindern und Jugendlichen*. Geographische Diplomarbeit. Salzburg

Relph, E. (1976): *Place and Placelessness*. Research in Planning and Design. London

Schoggen, P. (1989): *Behavior Settings*. A Revision and Extension of Roger G. Barker's Ecological Psychology. Stanford, CA

Shortridge, J. R. (1985): »The Vernacular Middle West«. *Annals of the Association of American Geographers*, 75, S. 48-57

Wapner, S. (1981): »Transactions of Persons-in-Environments: Some Critical Transitions«. *Journal of Environmental Psychology*, 1, S. 223-239

Weichhart, P. (1979): »Remarks on the Term 'Environment'«. *GeoJournal*, 3 (6), S. 523-531

Weichhart, P. (1986): »Das Erkenntnisobjekt der Sozialgeographie aus handlungstheoretischer Sicht«. *Geographica Helvetica*, 41, S. 84-90

Weichhart, P. (1987): *Wohnsitzpräferenzen im Raum Salzburg*. Subjektive Dimensionen der Wohnqualität und die Topographie der Standortbewertung - Ein mikroanalytischer Beitrag zur Propädeutik der Wanderungstheorie. Salzburger Geographische Arbeiten, Bd. 15. Salzburg

Weichhart, P. (1989): »Die Rezeption des humanökologischen Paradigmas«. In: B. Glaeser (Hg.): *Humanökologie. Grundlagen präventiver Umweltpolitik*. Opladen, S. 46-56

Weichhart, P. (1990a): »Humanökologische Modelle als Ansätze der Territorialprognose«. *Petermanns Geographische Mitteilungen*, 134, S. 11-19

Weichhart, P. (1990b): *Raumbezogene Identität*. Bausteine zu einer Theorie räumlich-sozialer Kognition und Identifikation. Erdkundliches Wissen, Heft 102. Stuttgart

Weichhart, P./Weixlbaumer, N. (1988): »Lebensqualität und Stadtteilsbewußtsein in Lehen - ein stigmatisiertes Salzburger Stadtviertel im Urteil seiner Bewohner«. In: H. Riedl (Hg.): *Beiträge zur Geographie von Salzburg*. Zum 25-jährigen Bestehen des Institutes für Geographie der Universität Salzburg und zum 21. Deutschen Schulgeographentag in Salzburg. Salzburger Geographische Arbeiten, Heft 17. Salzburg, S. 271-310

Weichhart, P./Weixlbaumer, N. (1990): »Partizipative Planung auf der Stadtteilebene. Nutzerspezifische Problemsichten am Beispiel kulturbezogener Infrastruktur in Lehen (Salzburg)«. In: *Berichte zur deutschen Landeskunde*, 64, S. 105-130

Werlen, B. (1987): *Gesellschaft, Handlung und Raum*. Grundlagen handlungstheoretischer Sozialgeographie. Erdkundliches Wissen, Heft 89. Stuttgart

Zur sozialen und kulturellen Ökologie der Drogenepidemie

Felix Tretter

Inhalt

1. Sozialökologische Perspektive

Unter *Sozialökologie* soll hier ein sozialwissenschaftlicher Ansatz verstanden werden, der den gesamten Beziehungshaushalt zwischen einem soziokulturellen oder personellen Aggregat und der Umwelt untersucht (siehe Glossar). Der wissenschaftspraktische Vorteil der Sozialökologie besteht einerseits in der Möglichkeit, einen Problemzusammenhang umfassend zu untersuchen, mit dem Erfordernis und der Möglichkeit, integrierte multidisziplinäre Antworten auf Forschungsfragen geben zu können. Andererseits muß die Sozialökologie an konkreten Forschungsproblemen zeigen, daß sie komplexe Fragestellungen adäquater als die traditionelle Addition der einzelwissenschaftlichen Forschungsansätze erfassen kann. Dabei führt eine humanökologische Analyse zu einer systemwissenschaftlichen Betrachtung auf der Grundlage eines heuristischen Rahmenmodells des »ökologischen Komplexes« (vgl. Glossar; Duncan 1959 und Schmid, Teil III in diesem Band). Derzeit ist allerdings häufig erst nur eine sozialökologische *Perspektivierung* eines Forschungsgegenstandes möglich.

Hier interessiert das Problem der *Drogenepidemie* von Industriegesellschaften, das die Suchtforschung mit ihrer disziplinären Differenzierung überfordert, insofern zu wenige fundierte *integrative* Beschreibungs- und Erklärungsmodelle erstellt wurden. So bestehen nur wenige Versuche zur Synopse von Erkenntnissen der Medizin, Psychologie, Kultur- und Sozialgeographie, Soziologie, Ökonomie, Kriminologie und Sozialpädagogik. Auch im Bereich der empirischen Sozialforschung der Sucht ist anzumerken, daß enorme Erkenntnisdefizite bestehen - es handelt sich bei vielen wichtigen Daten um Schätzzahlen.

Die Sozialökologie der Drogenepidemie untersucht also das Drogenproblem in bezug auf das Verhältnis von Risikogruppen und Betroffenengruppen in der Bevölkerung (Epidemiologie), Kultur (»Hauptprogramme« und Drogenideologien), Soziales (institutionelle Voraussetzungen von Wirtschaft, Politik, Gesundheit und entsprechende Reaktionen), Technik (Produktionstechnik) und natürlich-örtliche Faktoren (Pflanzengeographie, Klimafaktoren). Eine einfache These besagt, daß die Drogenepidemie eine Folge der kulturellen Entwicklung ist. Demnach müßten überörtliche Gesetzmäßigkeiten zu finden sein. Aber bereits Stadt-Land-Differenzen der Drogenepidemiologie innerhalb einer Kultur zeigen die Verflechtung von Raum, Kultur und Bevölkerungsmerkmalen.

Diese Fragen sind insofern brisant, als aufgrund der hohen Zahl der Drogentoten derzeit in Deutschland an manchen Orten der Trend besteht, eine neue, eher permissive Drogenpolitik zu entwickeln. Opiate sollen als Ersatzstoffe zugelassen, Spritzen an Heroin-Fixer verteilt sowie Drogenparks eingerichtet werden, in denen sich Fixer aufhalten. Wenngleich jede dieser einzelnen Maßnahmen ihre positiven Seiten hat, so sind sie bereits so stark in parteipolitische Diskussionen eingebunden, daß eine notwendige umfassende, kulturbezogene, wissenschaftliche Untersuchung dieser Fragen bereits jetzt kaum noch möglich erscheint. An dieser Stelle wird dennoch ein differenzierter, aber integrativer Orientierungsrahmen für die weitere Forschung formuliert.

2. Epidemiologie, Wirtschaft und Politik

Die epidemiologischen Schätzzahlen zur Abhängigkeit von illegalen Drogen für die Bundesrepublik ergeben ca. 100 000 Heroinabhängige mit etwa 1 000 Drogentoten (ca. 1 Prozent) für 1989. Die (zusätzliche) Kokainabhängigkeit ist schlechter abzuschätzen (Mehrfach-Stoffabhängigkeit). Wenn nun jeder Abhängige ca. 0,5 Gramm Heroin (oder opiatähnliche Ersatzstoffe) täglich zu sich nimmt, dann ist unter Einberechnung von Versorgungslücken und unterschiedlichen Reinheitsgehalten der Droge ein Gesamtjahresverbrauch von ca. 17,5 Tonnen Heroin (100 000 x 350 x 0,5 Gramm) zu veranschlagen. Wenn, je nach Angebotslage, 1 Gramm Heroin ca. 200 DM kostet, ergibt sich daraus ein Jahresbedarf pro Fixer von etwa 35 000 DM. Der Gesamtfinanzierungsbedarf aller Fixer beträgt daher ungefähr 3,5 Milliarden DM, die illegal in den Wirtschaftskreislauf eingehen.

Die Beschaffungsmethoden (Raub, Diebstahl, Dealen, Prostitution) kanalisieren Gelder in illegale Finanzströme, die über internationale Organisationen mit teilweise bester Reputation (z. B. Edelsteinhändler) wieder in legale Finanzströme einfließen. Für die USA ist vor allem das Kokainproblem relevant, mit annähernd 6 Millionen Kokainkonsumenten und um 2 Millionen Kokainabhängigen. Auf diese Weise fließen nach kriminalstatistischen Kalkulationen etwa 200 Millionen Kokain-Dollar in den allgemeinen Wirtschaftskreislauf. Hinzu kommt der Cannabis-Konsum (Haschisch, Marihuana) bei ca. 16 Millionen US-Amerikanern.

Da die Wirtschaft den funktionalen Primat der Gesellschaft ausmacht, sind die politischen Reaktionen auf dieses soziale Phänomen vor allem kriminalpolitisch mit dem Schwerpunkt »organisiertes Verbrechen« und

»Wirtschaftskriminalität« ausgerichtet, wie das Drogenbekämpfungsprogramm der Bundesregierung. An Anti-Drogen-Initiativen der amerikanischen Regierung ist der mit militärischen Mitteln geführte »Kokainkrieg« gegen einige süd- und mittelamerikanische Länder bemerkenswert. Darüber hinaus sind die USA in der UNO auch starke Betreiber der Agrarhilfen für Länder der Dritten Welt, damit die Koka-, Mohn- und Hanfbauern der Entwicklungsländer auf andere Nutzpflanzen umsteigen, obwohl dort über Jahrhunderte Anbautraditionen bestehen.

An dieser Stelle ist aber auch anzumerken, daß die besondere öffentliche Aufmerksamkeit, die die Medien und die Politik dem Drogenproblem widmen, sachlich unangemessen ist, da alle Industrieländer ein gravierendes Problem mit Alkohol haben, der ja eine legale Droge ist: In Deutschland gibt es etwa 2 Millionen Alkoholabhängige, deren körperliche und soziale Folgeprobleme etwa 40 Milliarden DM ausmachen, mit etwa 20 000 Toten pro Jahr (1 Prozent), die an den medizinischen Komplikationen des Alkoholkonsums sterben. In den USA sollen die Alkoholfolgeschäden ca. 150 Milliarden Dollar betragen. Die Alkoholproblematik müßte daher medizinisch und volkswirtschaftlich gesehen mindestens ebenso kritisch diskutiert werden. Ähnliches trifft die Medikamentenabhängigkeit mit mindestens 300 000 Betroffenen.

Hier zeigt sich bereits eine industriekulturspezifische Unterbewertung der Suchtgefahren der legalen Drogen, was sich auch in der Sprachgebung äußert: In Bayern wird das Bier in der Alltagskultur den »Nahrungsmitteln« zugeordnet, Wein und Kaffee sind »Genußmittel« (Kokablätter in Peru), zu »Rauschmitteln« wird Schnaps, Kokain und Heroin gezählt, sedierende Medikamente wie Benzodiazepine, die ein deutliches Suchtpotential zeigen, zählen zu den »Heilmitteln«.

Die stimulierenden Drogen wie Kokain und Amphetamine sind mit der Industriekultur grundlegend kurzzeitig gut verträglich: Die Kultur der Industriegesellschaften läßt sich durch die Merkmale der *Effektivitäts- und Effizienzsteigerung*, der Produktivitätsmaximierung, Kostenminimierung, Profitmaximierung, Ausnutzung aller Ressourcen oder als Instrumentalisierung begreifen. Damit deckt sich der Effekt von Drogen, zu einem Größenerleben führend, gut mit diesen Hauptmerkmalen der Industriegesellschaft. Auch andere Merkmale der führenden Industriekulturen wie der *Materialismus*, etwa in Form der Monetarisierung aller Werte, korrespondiert mit Drogeneffekten, insofern Drogenkonsum ein verdrängtes Bedürfnis nach geistigen Erleben befriedigt. Auch die *Konsumorientierung* mit ihrer Passivierung korrespondiert mit süchtigem Verhalten. Dennoch können die Drogenepidemie und ihre Drogensubkultur nicht einfach als Reaktion auf Merkmale der Industriekultur interpretiert werden. Es ist vielmehr ein komplexeres Bedingungsgefüge in Betracht zu ziehen, das den Hintergrund der Sucht ausmacht.

3. Die Entwicklung der Drogensubkultur

Die Drogenepidemie der beginnenden neunziger Jahre ist eng mit der Entwicklung der *Drogensubkultur* verknüpft, die sich in den sechziger bis siebziger Jahren insbesondere in Kalifornien formierte. Der Psychologe Timothy Leary, der Schriftsteller Aldous Huxley und der Ethnologe Carlos Castaneda waren die führenden Drogenideologen, die den Konsum von Drogen als Kritik an der Industriekultur und zur Bewußtseinserweiterung für eine Gesellschaftsveränderung propagierten (vgl. Scheerer/Vogt 1989).

Die Drogensubkultur stand auch in Opposition zum Einzug in den Vietnamkrieg, wo übrigens auch ausgiebig Heroin und andere Drogen konsumiert wurden. Im Vordergrund standen aber zunächst Drogen, die halluzinatorische und paranoide Erfahrensweisen provozierten, d. h. Halluzinogene wie Meskalin und Marihuana, die häufig in indianischen Kulturen Südamerikas beheimatet sind. Dort bestehen jahrhundertealte kulturelle und soziale Einbindungen der Drogen und ihres Konsums, der Bewertung der Drogenräusche und der Behandlung von Komplikationen des Drogenkonsums. Dies alles fehlte der kalifornischen Drogensubkultur, deren bekanntestes eskapistisches Handlungsprogramm lautete: »turn on, tune in, drop out« (Leary 1970). Modedroge war das synthetische Halluzinogen LSD. Auch die damals aufkommende Rockmusik und die psychedelische Kunst zeigten hohe Affinitäten zur Drogenideologie. Sie trugen als »Unterhaltungs- und Freizeitindustrie« zur weltweiten Verbreitung der Drogenideologie bei. Der Drogentod von Janis Joplin und Jimmy Hendrix war Symbol für das »sweet short life«, das sich zu einem zunehmenden Leitbild der Drogenkultur entwickelte.

In den achtziger Jahren und nun in die neunziger Jahre hinein sind bei den Einsteigern in die Drogenszene keine gesellschaftsverändernden Ansprüche mehr zu erkennen, sondern eher eine Aussteigermentalität. Die jugendlichen Drogenprobierer treffen sich häufig in Aussteigercliquen, also anderen Subkulturen, die sich gegenüber der normierten Alltagsgesellschaft abgrenzen. Viele Studien der Einstellungsmuster jugendlicher Drogenabhängiger ergeben, daß Fixer-sein ein Lebensgefühl und ein Lebensstil ist. Es entspricht weitgehend der Ideologie des »provozierten Lebens« von Benn, die etwas vereinfacht darauf abzielt, lieber kurz, aber intensiv zu leben (vgl. Tretter 1983). Häufig sagen jugendliche Drogenkonsumenten im Probierstadium und in beginnenden psychischen Abhängigkeitsphasen der Suchtentwicklung, daß sie gar nicht alt werden, sondern eben lieber viel erleben und dann sterben wollen.

In den USA ist in den Gettos das Heroin eine besonders verbreitete Droge, während in Berufen mit hohem Leistungsstreß Kokain eindeutig die Droge der Wahl ist. Es gibt daher auch eine schichtenspezifische Verteilung der Drogenpräferenz. In jüngerer Zeit stehen zunehmend synthetische Drogen (»Designer-Drogen«) im Vordergrund des Interesses. Sie beruhen chemisch auf Stimulantien wie Amphetaminen und werden im Untergrund verteilt. Es gibt nur wenige epidemiologische Informationen darüber. Es ist zu erwarten, daß sich in Zukunft die Suchtproblematik stärker auf die unauffälliger konsumierbaren Medikamente ausweitet, womit der spezifischen Suchtform der Industriekultur entsprochen wäre. Dennoch spricht das Überwiegen der Frauen (3 : 1) bei Medikamentenabhängigen gegen die einfache These, daß eine High-Tech-Kultur auch von High-Tech-Drogen belastet ist, denn Frauen sind keineswegs die dominanten Träger der High-Tech-Kultur.

Die *geographische* Ausbreitung der illegalen Drogen ging von urbanen Regionen Kaliforniens aus und verlagerte sich teilweise in ländliche Regionen der Weststaaten. Später, in den achtziger Jahren, dominierte die Gegend um New Orleans und vor allem nun Florida mit dem Kokainhandel. In Europa sind London und Amsterdam »Zentren« der Drogenszene. In Deutschland ist es neben Berlin vor allem Frankfurt. Mehrere Städte in Spanien gelten als europäische Hauptumschlagplätze für Kokain in Europa.

Eine rein soziologische oder ethnologische Erklärung ist hier unzureichend - ökonomische, verkehrstechnische (Häfen), ethnische, religiöse, politische, urbane Faktoren wirken hier zusammen: Diese Zentren sind vor allem durch ihren »multikulturellen« Charakter gekennzeichnet, insofern sie wichtige Verkehrsknotenpunkte sind oder von vielen unterschiedlichen ethnischen Gruppen bewohnt werden. Diese Aspekte einer »vergleichenden Stadtökologie der Drogenszene« wären eine eigene Studie wert (vgl. Welz 1983).

Ein weiterer Gesichtspunkt sind die den Drogenepidemien entgegengerichteten *medizinischen Versorgungssysteme* (vgl. Tretter 1978). Dazu ist auszuführen, daß gerade Deutschland ein besonders gut ausgebautes Versorgungssystem für Suchtkranke aufweist. Daher sind beispielsweise Programme mit Methadon als Ersatzdroge für Heroinabhängige, wie sie in manchen Städten Europas und den USA angewendet werden, unter dieser Perspektive in Deutschland nicht nötig: Nur dort, wo wenige Therapieeinrichtungen bereitstehen oder wo wenig Geld für die Behandlung Drogenabhängiger ausgegeben wird, wird Methadon angewendet, wodurch sich einige der Methadon-Erfolge erklären lassen. Dies ist ein *versorgungsökologischer* Aspekt der Drogenepidemie und ihrer Bewältigung.

4. Kulturgeschichte wichtiger Drogen

In kulturgeschichtlich frühen Phasen der menschlichen Zivilisationen wurden bereits Pflanzen gezielt angebaut, die in verschiedenen Zubereitungsformen psychoaktiv wirksam sind, wobei vor allem der Anbau von Wein, Mohn, Hanf und Koka wichtig ist (vgl. Völger/Welck/Legnaro 1981). Geographisch-klimatische Bedingungen ermöglichten und begrenzten den Anbau. Mit dem Aufkommen von Kriegen, Handel und Verkehr wurden die lokalen Drogenanbau- und Drogenkonsumkulturen verändert. Die Distribution der Drogen und ihre entfremdete Verwendung, abgekoppelt von der lokalen Kultur, hatten verheerende Konsequenzen. Mit zunehmender Entwicklung der Industriekultur - und damit von analytisch-chemischen Techniken - wird dann häufig viele Jahrzehnte später jeweils das Extrakt, das Konzentrat, d. h. der Wirkstoff an sich interessant. Es zeigen sich also eine »Effizienzsteigerung« in der Nutzung der natürlichen Pflanzen und eine Bagatellisierung der medizinischen Gefahren durch die industrielle Nutzung als Heilmittel und Genußmittel. Die zunehmende Nachfrage in den Industrieländern nach Drogen hat die lokalen Drogenkulturen der Eingeborenen der Entwicklungsländer zerstört und durch die Entwicklung der Drogenkartelle in weiträumige kriminelle Entwicklungen hineingezogen. Die Drogenepidemie, so scheint es, ist auch eine Folge imperialistischer Phasen der westlichen Zivilisation (Opiumkrieg Englands gegen China, Kokainkrieg der USA gegen Südamerika).

Als Beispiel kann das *Kokain* dienen. Kokablätter haben in Südamerika, insbesondere in Kolumbien, Peru und Bolivien, eine jahrhundertelange Tradition in der Produktion, Distribution und der Konsumtion. Erst in den letzten Jahren wurden Kokainraffinerien aufgebaut, und damit stieg auch in diesen Ländern die Kokainabhängigkeit deutlich an. Dazu einige Details (vgl. Täschner/Richtberg 1982, Stone/Frommer/Kagan 1989):

Historisch ist bekannt, daß in der Zeit vor der Inka-Hochkultur bereits in weiten Bevölkerungskreisen das Kauen von Kokablättern verbreitet war. In der Inka-Kultur wurde dann zunächst die Droge nur für Adelige und Priester und nur unter bestimmten Umständen für andere Bevölkerungskreise - etwa für Arbeiter am Königshof oder für Soldaten - zugelassen. Als die Spanier im 16. Jahrhundert Südamerika eroberten, fanden sie bei vielen Indios den Koka-Konsum vor, was sich bis heute in den ländlichen Regionen erhalten hat. Die Spanier verurteilten diesen Brauch als unchristlich, obgleich er es den Indios ermöglichte, größte körperliche Strapazen für die Subsistenzsicherung zu ertragen.

Der anschließende Koka-Transfer nach Europa durch die Spanier führte zunächst nicht zum Koka-Gebrauch. Erst im 19. Jahrhundert trat die medizinische Nutzung ein, zunächst durch die Isolierung des Wirkstoffes Kokainhydrochlorid, dann durch die Propagierung als Heilmittel gegen Morphiumsucht, Depressionen, Erschöpfung. Dies geschah vor allem durch Freud, der erst später aufgrund negativer Folgen der Kokain-Applikationen seine Empfehlungen revidierte.

Um 1890 gab es bereits industrielle Kokain-Zubereitungen, wobei insbesondere Apotheker eine wichtige Rolle spielten. Ein spektakuläres Beispiel ist das Erfrischungsgetränk Coca-Cola, das zunächst Extrakte von Kokablättern und Kolanüssen enthielt, die erst aufgrund zunehmender öffentlicher und medizinischer Kritik hin durch Koffein ersetzt wurden.

In den dreißiger Jahren gab es trotz zunehmender Verbote der Kokain-Zubereitungen einen Höhepunkt der Attraktivität des Kokains in den künstlerisch-intellektuellen Eliten der europäischen Großstädte, insbesondere in Paris. Nach dem Krieg bekam Kokain erst wieder durch die Drogenideologie der siebziger Jahre und die Protestkultur in Kalifornien der sechziger Jahre Bedeutung, zunächst allerdings nur in geringem Ausmaß - Marihuana, Haschisch und LSD standen mit der bereits erwähnten Ideologie der Bewußtseinserweiterung im Vordergrund. Erst in den achtziger Jahren wurde Kokain in den USA zu einer zunehmend verbreiteten illegalen »Leistungsdroge«, was nun zum »Kokain-Krieg« der USA gegen die Herstellerländer geführt hat. Antrieb des Kokainangebots ist die 300-fache Gewinnspanne - 1 Kilogramm Kokain kostet bei einer südamerikanischen Raffinerie um 350 Dollar, in den USA im Einzelhandel auf der Straße sind damit 100 000 Dollar zu machen.

Fazit: Die Nachfrage nach Kokain in den USA und in Europa führt über kriminelle Organisationen zu einer Ausbeutung der Bauern der Herstellerländer und zur Entwicklung der lokalen »Rohstoffindustrie«. Außerdem bewirkten die Veränderungen der lokalen Konsummuster (Kokainpulver statt Kokablätter) eine Veränderung des Typs, der Größe und der Konsummuster der Konsumentenpopulation. Kolumbien bekam erst in den letzten Jahren eine rapide zunehmende Zahl von Kokainisten (ca. 30 000).

Ähnlich ist, wie wir aus Berichten der Orientreisenden aus dem 16. Jahrhundert wissen, die Situation bezüglich der *Opiate* (vgl. Kreutel 1987)! In der Türkei, im Iran, in Indien und in Pakistan, also Ländern mit jahrhundertelangen Traditionen des Mohnanbaues und des Opiumkonsums, entwickelte sich in jüngerer Zeit jeweils binnen weniger Jahre eine Heroinszene mit vielen Hunderttausenden von Abhängigen. Vor allem in der Türkei bestand eine lange Tradition des Opiumkonsums: Krieger konsumierten Opium mit Stimulantien vor Kampfhandlungen. In anderen Regionen wurde die Mohnpflanze auch als Heizmaterial und zur Herstellung von Öl genutzt. Auch hier trieb die Nachfrage aus den Industrieländern die Mohnpreise in die Höhe und steigerte damit den Mohnanbau der Bauern, die oft in ein ausbeuterisches Abgabensystem eingebunden waren.

Der kulturelle Transfer vollzog sich von der Türkei nach Ägypten und nach Persien, von dort nach Indien und schließlich nach China. Opium wurde hauptsächlich gegessen und getrunken, erst später wurde Opium geraucht. Vor allem bei den Moslems gab es eine gewisse Mäßigung im Konsumverhalten. Dennoch beschrieben die ersten europäischen Orientbesucher bereits Abhängigkeitserscheinungen.

In Europa erfolgte erst im 17. und 18. Jahrhundert eine Medizinalisierung des Opiums. Opium wurde zunächst als Heilmittel genutzt. In England wurden Opiumzubereitungen als Allheilmittel verwandt, beispielsweise als Hustensaft für Kinder. Erst in neuerer Zeit kann durch chemische Extraktionsverfahren aus 10 Kilogramm Opium etwa 1 Kilogramm Morphinbase hergestellt werden, die für die Heroinproduktion benötigt wird. Auch Heroin war von der europäischen Medizin eine Zeit lang als Heilmittel angepriesen worden.

Eine vergleichbare Zunahme der medizinischen Schädigungen zeigt sich im Bereich der *alkoholischen Getränke*, die ja in ihrer weltweiten Verbreitung direkt als internationale Basisdroge zu bezeichnen sind. Bier und Wein als Gärungsprodukte unterschiedlicher Agrarprodukte wie Getreide, Palmenfrüchte oder Weintrauben sind alkoholische Zubereitungen, die bis zu 15 Prozent Alkoholgehalt haben, so daß der Konsum von etwa einem Liter Wein 150 Gramm Alkoholaufnahme mit sich bringt, was zu 2,5 Prozent Blutalkoholkonzentration und damit zu einem mittel- bis hochgradigen Rausch führen kann. Bereits im antiken Griechenland wurde der Wein stark mit Wasser verdünnt. Die antiken Römer übernahmen diese Trinkkultur, verboten aber den Dionysos-Kult. Dennoch haben Seneca und Plinius bereits um Christi Geburt Zeichen der Alkohlabhängigkeit erkannt.

Die Ausbreitung des Weins bei den Germanen führte zu Trinkgewohnheiten, die vor allem im mittelalterlichen Deutschland zu bedenklichen Alkoholepidemien führte, gegen die dann Martin Luther scharf vorging. Dies entsprach auch der protestantischen Leistungsethik, die dem Drogenkonsum in jeder Weise ablehnend gegenüber stand. Vor allem als im 12. Jahrhundert die Destillationsmethode entwickelt worden war, gab es eine Erweiterung der alkoholischen Getränke in Richtung der Spirituosen. Dies führte zur Situation, daß der Konsum von einem Liter Flüssigkeit in Form von 50-%igen Schnaps (dies entspricht etwa 500 Gramm Alkohol) zu einer tödlichen Blutalkoholkonzentration führen kann.

Erst im 19. Jahrhundert wurde die Volksdroge Alkohol von Medizinern allmählich kritischer eingeschätzt. Doch weiterhin wird im ausklingenden 20. Jahrhundert die epidemiologische Risiko-Nutzen-Relation des Alkohols allgemein noch lax und zu unkritisch beurteilt. Die Prohibition in den dreißiger Jahren forcierte in den USA eine extensive illegale Alkoholwirtschaft, da es damals in Amerika bereits eine hohe Anzahl von Gewohnheitstrinkern gab. Insgesamt ist festzustellen, daß die industriekulturspezifische Effizienzsteigerung bereits gefährliche Konsequenzen hat. Eine Flasche Schnaps - relativ rasch getrunken - kann tödliche Folgen haben (Schnapsleichen).

5. Anthropologie des Rausches

Hier wird der Drogenkonsum als gesellschaftliches und kulturelles Problemthema diskutiert. Jede Sucht beruht in irgendeiner Weise auf dem Phänomen des Rausches. Medizinisch betrachtet ist jede objektive oder subjektive Veränderung des Erlebens durch die Konsumtion einer psychoaktiven Substanz ein Rausch. Der Zustand unmittelbar nach dem Konsum einer solchen Substanz wird als Intoxikation bezeichnet. Der alltagssprachliche Ausdruck Rausch bezeichnet bereits eine mittelgradige Intoxikation.

Kulturgeschichtlich ist die positive Bedeutung des Rausches zumindest zu einzelnen festlichen Anlässen in beinahe allen Epochen und Regionen zu erkennen. Es ist anzunehmen, daß ein Bedürfnis nach Rausch, nach Ekstase, Transzendenz oder Spiritualität ein anthropologisches Grundbedürfnis ist, das in den verschiedenen Kulturen unterschiedliche Ausformungen erfährt (vgl. Legnaro 1981).

In unterschiedlichen kulturellen Epochen, wie etwa der europäischen Romantik, wurde dem Rausch als Abhebung von Vernunft eine besondere Bedeutung zugemessen. Die Orientierung der Romantik am Traum und am Transzendenten führte auch bei Goethe zum Kommentar: »Das Klassische nenne ich das Gesunde, die Romantik das Kranke.« Dazu einige Beispiele aus der Literaturgeschichte (vgl. Dieckhoff 1981):

Novalis nahm Opium und schrieb darüber:

> »Es gibt so manche Blumen auf dieser Welt, die überirdischen Ursprungs sind, die in diesem Klima nicht gedeihen und eigentlich Herolde, rufende Boten eines besseren Daseins sind.«

Etwa zur gleichen Zeit, um 1800, verfaßte Coleridge seine Opiumliteratur wie »Kubla Khan«. De Qunicey gab die »Bekenntnisse eines Opiumessers« heraus, ein Text, der als Apologie des Rausches angesehen wird. Hoffmann und Poe zeigten ebenfalls eine »Polytoxikomanie«. Baudelaire setzte sich in seinen Werken mit der Moderne auseinander und propagierte den Opium- und Haschisch-Genuß. Der Surrealismus setzte in mancher Hinsicht die Rausch-Apologie der Romantiker fort. Schließlich sind Struktur und Inhalte der Rockmusik der sechziger Jahre stark vom Drogenrausch geprägt. Festzuhalten bleibt, daß Räusche nur selten in Hochkulturen breit und anhaltend akzeptiert, sondern meistens nur zu bestimmten Zeitpunkten und in bestimmten Situationen erlaubt waren.

Aus psychologischer Sicht ist das Rauschgeschehen und Rauscherleben in einem Koordinatensystem begreifbar, das unterschiediche Grade der Lust und Grade der Nähe bzw. Distanz erfaßt: Normalerweise beherrrscht der einzelne Mensch im Laufe seiner Entwicklung effektive Lust-/Unlust- und Nähe-/Distanz-Regulationsstrategien. So kann im Rausch ein Freiheitserleben (Distanz) als Aufhebung von Gefühlen der Einengung im nüchteren Zustand entstehen. Aber auch viel Freiheit im Alltag (z. B. bei freiberuflich Tätigen) kann rasch zu einem Gefühl der Isolation führen, verbunden mit dem Bedürfnis nach Geborgenheit und Sicherheit (Nähe), das sich im Rausch befriedigen läßt.

Aufschlußreich sind dazu literarische Zeugnisse der Phänomenologie des Rausches (Zitate nach Tretter u. a. 1989). Jack London beschreibt ein Rauscherlebnis seiner Jugend, das er gemeinsam mit zwei anderen Jugendlichen hatte:

> »Wir waren drei berauschte junge Götter, unglaublich weise, herrlich genial, und unsere Macht kannte keine Grenzen ... Wir wurden offener. Unsere Hemmungen und die schweigsamen Augenblicke schwanden. Es war, als kannten wir uns schon seit Jahren, und wir gelobten uns, in Zukunft zusammen zu fahren.« (London 1973: 29, zit. nach Tretter u. a. 1989)

Hermann Hesse, dessen »Steppenwolf« ein Kultbuch für die Drogenkultur wurde, schreibt:

> »... das Erlebnis des Festes, der Rausch der Festgemeinschaft, das Geheimnis vom Untergang der Person in der Menge, von der unio mystica der Freude atmete ich selbst diesen süßen Traum und Rausch aus Gemeinschaft, Musik, Rhythmus, Wein und Geschlechtslust ...« (Hesse 1978: 183, zit. nach Tretter u. a. 1989)

Aus der psychoanalytischen Entwicklungstheorie ist zu erwähnen, daß Störungen der Ablösung aus den symbiotischen Phasen zu starker Oralität, zu Verschmelzungswünschen führen, die die Grundlagen zur süchtigen Entwicklung darstellen. Positive Erfahrungen mit Rauschmitteln, wie sie oben beschrieben wurden, führen daher rasch zur Drogenabhängigkeit.

6. Ökologie der Sucht

Wissenschaftlich interessiert nun die Frage, ob sich Suchtprobleme durch gesellschaftliche oder individuell-biologische Faktoren allein verstehen lassen. Bei der Erforschung des Alkoholismus stellte man fest, daß bei eineiigen Zwillingen in nur ca. 50 Prozent der Fälle beide alkoholkrank werden, was auf einen hohen Anteil von Umweltfaktoren beim Zustandekommen der Sucht hinweist. Andererseits hat die Adoptionsforschung gezeigt, daß Kinder von alkoholkranken Eltern auch alkoholkrank werden, selbst wenn sie in »normale« Familien adoptiert werden und dort unauffällig aufwachsen, was wiederum für einen starken Erbfaktor spricht. Für die Abhängigkeit von illegalen Drogen sind solche Korrelationen noch nicht gesichert worden.

Diese empirischen Befunde haben in der Theorie des Alkoholismus schon seit längerem zu dem Drei-Faktoren-Modell der Suchtentwicklung geführt: Sucht entsteht aus dem Wechselspiel von individuellen Faktoren, Umweltfaktoren und Merkmalen der Droge. Damit ist das theoretische Grundmodell der Sucht ein implizit ökologisches Modell (vgl. Tretter 1987).

Daraus ergibt sich folgende Konsequenz: Die *individuelle Ökologie* der Person, der »Haushalt« von Angeboten der Umwelt und Kompetenzen der Person und von Anforderungen durch die Umwelt und die Bewältigungsmöglichkeiten durch die Person bestimmen den Hintergrund einer *Suszeptibilität* für Drogen. Zunächst spielen Drogen nur eine marginale Rolle, Drogenangebote führen nur zum Gelegenheitskonsum. Erst bezugsgruppenspezifische Konsummuster, das Opportunitätsbudget und andere konkrete *mikroökologische Variablen* leiten die *Suchtentwicklung* ein. Entscheidend ist die subjektive implizite Bilanz des Beziehungshaushalts der Person: Das Drogenproblem ist eher durch eine Nachfragerelevanz bestimmt, denn wo keine Nachfrage besteht, läßt sich auch kein Angebot länger halten. Kulturelle, soziale, geographische und andere *makroökologische* Faktoren verhalten sich als interdependente *Kofaktoren* bei der Suchtentwicklung. Die Sozialökologie kann nur in einem derartig aggregierten Ansatz der Klärung und Bekämpfung süchtigen Verhaltens adäquat nachgehen.

7. Zusammenfassung in Thesen

These 1:

Die kulturelle Umwelt beeinflußt die Risiken von Suchtentwicklungen direkt und indirekt: Die Leistungskultur unterlagert die individuelle Ökologie der Menschen und disponiert zum Drogenkonsum als Hilfe zur Beziehungsregulation.

Die Prohibition »harter Drogen« als typische Drogenkultur der Industriegesellschaften ist als Gegensteuerungsprogramm zwar nötig, sie zeigt sich aber als relativ unwirksam und kostenintensiv. Weitere Gegensteuerungsprogramme (z. B. Prävention) würden zu einer kostenintensiven und auch inhaltlich partiellen Antagonisierung der Industriekultur führen. Gegenkulturen in Form des Protagonismus dieser Drogen gewinnen daher zunehmenden Einfluß. Eine Legalisierung illegaler Drogen mit ihrem inhärenten Suchtpotential würde das Drogenproblem der Industriegesellschaften allerdings verschärfen, da eine tradierte Konsumkultur fehlt.

These 2:
Eine weitere Verbreitung des Drogenkonsums in der Industriegesellschaft mit ihrer hochgradigen Technisierung und Leistungsorientierung führt voraussichtlich zu einer Zunahme von Risiken intoxikationsbedingter Komplikationen (z. B. Haschisch-Konsum und Autofahren; Kontrollprobleme).

These 3:
Die Industrialisierung der Dritten Welt mit der Verelendung und der Entwurzelung, also dem allgemeinen Beziehungsverlust durch die Veränderung der lokalen Kultur, steigert die Empfänglichkeit der dort lebenden Menschen für Drogenabhängigkeiten. Die Unterdrückung der lokalen Kultur durch die eindringende industrielle Kultur hat in Familien und Alltagskultur den Verlust von Leitprogrammen und zu Kollisionen von Teilprogrammen der kulturellen Hauptprogramme zur Folge. Drogenkonsum hat nur dann ein geringes Schadensrisiko für den Konsumenten, wenn es sich um niederpotente Drogen handelt, die mit nur wenig Chemotechnik zubereitet sind und zu deren Umgang stabile generationsübergreifende kulturintegrierte Konsumregulationen existieren und auch eine sofortige soziale Unterstützung bei Komplikationen vorhanden ist.

Fazit
Die Entstehungs- und Verbreitungsgeschichte des Konsums einzelner Drogen beruht auf einem komplexen heterogenen Bedingungsgefüge klimatischer, geographischer, religiöser, wirtschaftlicher, verkehrstechnischer, rechtlicher, medizinisch-wissenschaftlicher, künstlerischer und alltagsweltlicher Faktoren, deren integrative Diskussion erforderlich ist, um in der aktuellen Drogenpolitik weitsichtig tätig zu werden. Es ist in dieser Hinsicht bereits »fünf vor zwölf«. Zur Ausweitung des Verständnisses der Drogenproblematik bietet sich ein sozialökologischer Ansatz an.

Literatur

Bennett, J. W. (1976): *The Ecological Transition*. New York: Pergamon

Bargatzky, T. (1986): *Einführung in die Kuluturökologie*. Berlin: Reimer

Bossel, H. (1989): *Simulation dynamischer Systeme*. Braunschweig: Vieweg

Dieckhoff, R. (1981): »Rausch und Realität - Literarische Avantgarde und Drogenkonsum von der Romantik bis zum Surrealismus«. In: G. Völger/K. von Welck/A. Legnaro (Hg.): *Rausch und Realität*. Rautenstrauch-Joest-Museum. Köln, S. 404-425

Dörner, K. (Hg.) (1987): *Neue Praxis braucht neue Theorie*. Gütersloh: Van Hoddis

Duncan, O. D. (1959): »Human Ecology and Population Studies. In: P. M. Hauser/O. D. Duncan (Hg.): *The Study of Population*. Chicago, S. 678-716

Glaeser, B. (Hg.) (1989): *Humanökologie*. Opladen: Westdeutscher Verlag

Glaeser, B./Phillips-Howard, K. (1983): »Comparative Investigation of Conceptual Models in Human Ecology«. *Science and Public Policy*, Februar, S. 10-20

Hauser, P. M./Duncan, O. D. (Hg.) (1966): *The Study of Population*. Chicago

Hawley, A. H. (1974): »Theorie und Forschung in der Sozialökologie«. In: R. König (Hg.): *Handbuch der empirischen Sozialforschung*, Bd. 4. Stuttgart: Thieme, S. 445-448

Knötig, H. (Hg.) (1976): *Proceedings of the First International Meeting on Human Ecology*. Vienna 1975. St. Saphorin: Georgi

Knötig, H. (Hg.) (1979): *Proceedings of the Second International Meeting on Human Ecology*, Vienna 1977. St. Saphorin: Georgi

König, R. (Hg.) (1974): *Handbuch der empirischen Sozialforschung*, Bd. 4. Stuttgart: Thieme

Kreutel, M. (1987): *Die Opiumsucht*. Stuttgart: Deutscher Apotheker Verlag

Leary, T. (1970): *Politik der Ekstase*. Hamburg: Wegener

Legnaro, A. (1981): »Soziologie des Rausches«. In: G. Völger/K. von Welck/A. Legnaro (Hg.): *Rausch und Realität*. Rautenstrauch-Joest-Museum. Köln, S. 52-63

Scheerer, S./Vogt, I. (Hg.) (1989): *Drogen und Drogenpolitik*. Hamburg: Neuland

Steward, J. H. (1955): *Theory of Cultural Change: The Methodology of Multilinear Evolution*. Urbana: University of Illinois Press

Stone, E./Frommer, M./Kagan, D. (1989): *Leistungsdroge Kokain*. Weinheim: Beltz

Täschner, K. L./Richtberg, W. (1982): *Kokain Report*. Wiesbaden: Akademische Verlagsgesellschaft

Teherani-Krönner, P. (1989): »Humanökologische Entwicklungsprojekte«. In: B. Glaeser (Hg.): *Humanökologie*. Opladen: Westdeutscher Verlag, S. 194-208

Tretter, F. (1976): »Integrale Humanökologie - Synopsis von Human- und Umweltwissenschaften«. *Humanökologische Blätter*, 3, S. 89-125

Tretter, F. (1978): *Medizinsystem und Umwelt*. Dissertation. Universität München

Tretter, F. (1979): »Cybernetics - A Revised Conception and its Relevance for Theoretical Human Ecology«. In: H. Knötig (Hg.): *Proceedings of the Second International Meeting on Human Ecology*, Vienna 1977. St. Saphorin: Georgi, S. 209-232

Tretter, F. (1983): »Filmgenie Fassbinder - Kreativität durch Drogen?« *Deutsches Ärzteblatt*, 22 und 23, S. 52-58, S. 56-59

Tretter, F. (1987): »Perspektiven einer psychiatrischen Ökologie der Sucht«. In: Dörner, K. (Hg.): *Neue Praxis braucht neue Theorie*. Gütersloh: Van Hoddis, S. 144-171

Tretter, F. (1988): »Humanökologie«, *Psychosozial*

Tretter, F. (1989): »Grundprobleme des Begriffs 'Umwelt'«. *Natur- und Ganzheitsmedizin*, 7, S. 193-201

Tretter, F./Schmid, J. (1979): On the Development of a New Conception of Social Ecology. In: H. Knötig (Hg.): *Proceedings of the Second International Meeting on Human Ecology*, Vienna 1977. St. Saphorin: Georgi, S. 233-242

Tretter, F./Lehmann, A./Aurin, O./Merfert-Diete, C./Schneider, K. (1989): *Sucht und Literatur*. Freiburg: Lambertus

Völger, G./Welck, K. von/Legnaro, A. (Hg.) (1981): *Rausch und Realität*. Rautenstrauch-Joest-Museum. Köln

Welz, R. (1983): *Drogen, Alkohol und Suziol*. Stuttgart: Enke

Glossar

Das folgende Glossar bietet kein umfassendes Wörterbuch zur Human- und Kulturökologie, vielmehr dient es als Wegweiser und Wegbereiter zur Lektüre der Beiträge in diesem Sammelband. Zentrale Begriffe der Beiträge werden zusammengestellt und kurz erläutert. Die Quellenhinweise auf die jeweiligen Autorinnen und Autoren mit teilweise ergänzenden Angaben zur Lektüre verweisen auf die ausführlichere Behandlung der verwendeten Begriffe. In Einzelfällen wurden überdies Literaturangaben hinzugefügt, die in den Beiträgen zwar nicht enthalten sind, die jedoch als einschlägig und bedeutsam erachtet werden.

Agrargesellschaft -> Gesellschaft, rurale

ist ein traditioneller soziologischer Begriff, der eine produktionsbezogene Sichtweise auf die mit der Landwirtschaft verbundenen sozialen Strukturen (Agrarproduzenten, Eigentumsverhältnisse, landwirtschaftliche Arbeits- und Lebensformen) hervorhebt. In historisch-evolutionärer Typologie werden Agrargesellschaften als früh- oder hochkulturelle Gesellschaften, als vorindustrielle Gesellschaften erfaßt. Die Differenzierung der Sozialstrukturen und der Funktionswandel in ländlichen Räumen industrialisierter Gesellschaften werden als Rückgang der Dominanz der Agrarwirtschaft und des Anteils der landwirtschaftlichen Bevölkerung sichtbar.
Quelle: Bruckmeier, Teil IV i. d. B.

Akkommodation (engl. »accommodation«)

Der Prozeß der spezifisch kulturellen Auseinandersetzung mit der Natur. Von Park und Burgess als Abgrenzung zur biologischen -> Anpassung in die sozialwissenschaftliche Humanökologie eingeführt; der Begriff ist jedoch in den späteren human-, sozial- und kulturökologischen Arbeiten übergangen oder nicht übernommen worden. Im Gegensatz zur Genetik in der Biologie bezeichnet A. die Dynamik der gesellschaftlichen Interaktion zwischen Mensch und Natur durch aktive Gestaltung der Kultur.
Quellen: Park/Burgess (1921/1969), Teherani-Krönner (1992) in: Teherani-Krönner, Teil I i. d. B., sowie Beiträge in Teil III.

Anpassung (engl. »adaptation«)

Teilvorgang der –> biologischen Evolution, der im wesentlichen auf Mutation und Selektion beruht (siehe auch –> Umweltanpassung). Der Begriff A. spielt eine große Rolle im –> Kulturmaterialismus und in umweltdeterministischen Ansätzen mit einer starken Affinität zum biologischen Anpassungsbegriff. Park und Burgess und später auch einige Ethnolgen, u. a. Bargatzky, lehnen ihn als ungeeignet zur Erfassung der Interaktion zwischen Kultur und Umwelt ab, da A. die spezifisch gesellschaftliche (anthropogene) Dynamik der Auseinandersetzung mit der Umwelt nicht zum Ausdruck bringt. Daher auch plädiert Teherani-Krönner für eine Revitalisierung des Begriffs –> Akkommodation.
Quelle: Bargatzky, T. (1984): »Culture, environment and the ills of adaptationism«. In: *Current Anthropology*, 25, S. 399-415.

Anthropologie

A. untersucht unterschiedliche Konfigurationen menschlichen Zusammenlebens, die kulturelle Vielfalt und die verschiedenen Ausdrucks- und Gestaltungsformen der Menschen, u.a. in Interaktion mit ihrer Umwelt (vgl. –> Kultur und –> Kulturkern).
»Ethnologie«, »Cultural Anthropology«, »Social Anthropology« im englischen Sprachraum entspricht in etwa dem, was im deutschsprachigen mit »Ethnologie«, im älteren Wortschatz mit »Völkerkunde« oder auch mit »Kulturanthropologie« bezeichet wird. Oft wird statt von Ethnologie von «Anthropologie« gesprochen, was hierzulande eher physische oder auch philosophische Anthropologie meint. Bei der Verwendung von angelsächsischen Ansätzen - wie im vorliegenden Band - wird weitgehend der Terminus A. benutzt.
Quelle: Helmers, S. (1990): *Theoretische und methodische Beiträge der Ethnologie zur Unternehmenskultur.* Berlin: Wissenschaftszentrum Berlin für Sozialforschung; vgl. auch Steiner, Teil III i. d. B.

Arché (griech. »Anfang«, auch Urgrund, Prinzip, Urstoff)

A. bezeichnet nach Hübner eine Ursprungserzählung, die ihren Anfang in der Gegenwart wirksam werden läßt. Sie ist damit nicht nur eine Erzählung über Vergangenes, sondern begründet zugleich auch gegenwärtige Ereignisse (z. B. den täglichen Sonnenaufgang, die Entstehung der Nahrungspflanzen, die soziale Ordnung in ihrer kultischen Legitimierung). Hübner zufolge entspricht die A. im –> Mythos dem Gesetz in der wissenschaftlichen Erklärung.
Quelle: Hübner (1985) in: Bargatzky, Teil II i. d. B.

Behavior Setting

Ein Schlüsselbegriff der von R. G. Barker begründeten »ökologischen Psychologie«. Darunter wird ein zeitlich relativ konstanter Zusammenhang von Verhalten und Milieu verstanden. Eine spezifische raum-zeitliche Konfiguration physisch-materieller und sozialer Strukturen (z. B. ein Klassenzimmer), die untereinander in einer wechselseitigen Abhängigkeit stehen, erweisen sich als korrelate bzw. synomorphe Struktur bestimmter Verhaltensmuster (z. B. Schüler-Lehrer-Interaktionen im Unterricht bei P. Schoggen [1989]).
Quelle: Schoggen (1989) in: Weichhart, Teil IV i. d. B.

Bewertungstopographie -> ethno-ökologische Zone

Die subjektive und gruppenspezifische Bewertung eines Raumes (z. B. im Hinblick auf Wohnstandortpräferenzen, für die Freizeitnutzung oder für Betriebsansiedlungen) kann auf dem Weg über Einstellungsmessungen erfaßt und in Karten dargestellt werden. Gebiete mit positiver Bewertung bzw. hoher Begehrtheit erscheinen im Kartenbild als Präferenzkegel oder -plateaus, negativ bewertete oder abgelehnte Gebiete als Depressionen (vgl. Weichhart 1987: 305-325).
Quelle: Weichhart (1987) in: ders., Teil IV i. d. B.

Desertifikation

Fortschreitender Prozeß der Entwaldung, Wüstenausbreitung, Bodenerosion und Grundwasserschädigung, die letzlich anthropogen verursacht, d.h. vom Menschen gemacht, ist.
Quelle: Ibrahim (1980) in: Lachenmann, Teil IV i. d. B.

Domizentrismus

Die kognitiv-emotive Zentrierung subjektiver Welterfahrung auf die unmittelbare Nahumgebung der Wohnung eines Menschen. Die Wohnung und ihre Umgebung stellt damit für das Individuum einen markanten Bezugspunkt für die Auseinandersetzung mit der Umwelt dar, der eine streßreduzierende Erfahrungs- und Wertungssicherheit gewährleistet (vgl. Weichhart 1990: 35-37).
Quelle: Weichhart (1990) in: ders., Teil IV i. d. B.

Ethik, humanökologische Ethik

Thema der Ethik ist das »richtige« Handeln. Ihre systematische Stellung bestimmt Kant so: »Alles Interesse meiner Vernunft ... vereinigt sich in folgenden drei Fragen: 1. Was kann ich wissen? 2. Was soll ich tun? 3. Was darf ich hoffen?« (I. Kant 1781 [1787]: *Kritik der reinen Vernunft*, S. 804 f. [832 f.]). Die erste Frage verweist auf Theorie und Wissenschaft, die zweite auf Ethik - die sogenannte »praktische« Philosophie - und die dritte auf Glückseligkeit und Theologie. *Tà ethikà* - auf griechisch dasjenige, was das Sittliche oder den Charakter betrifft - bezieht sich auf *praxis*, das menschliche Handeln. Ethik oder Sittenlehre ist somit als »praktischer« Teil der Philosophie diejenige Wissenschaft, die sich das sittliche Wollen und Handeln des Menschen zum Gegenstand nimmt und es auf seine Bedingungen untersucht. Humanökologische Ethik ist demnach eine auf das richtige Umwelthandeln eingeschränkte Sittenlehre, wobei das Bedingungsfundament den Ergebnissen der Humanökologie entnommen wird.
Quelle: Glaeser, Teil II i. d. B.

Ethno-ökologische Zone (-> Bewertungstopographie)

Endemische Vorstellungen über räumliche Einheiten. E. wird nicht nach naturwissenschaftlich/administrativen Einteilungen von ökologischen Zonen vorgenommen, sondern als sozial definierte von der Bevölkerung selbst wahrgenommene (perceived environment) Grenze betrachtet und ist kulturökologisch als handlungsrelevant anzusehen.
Quelle: Helander (1986) in: Lachenmann, Teil IV i. d. B.

Evolution, kulturelle Evolution

Biologisch-genetische oder historisch-kulturelle Weiterentwicklung von Strukturen in der Zeit. Nach der Hominisation, d. h. nach dem Herauswachsen des Menschen aus der biologischen Evolution, die Weiterentwicklung der Menschheit aufgrund einer Tradierung von erlernten Wissensvorräten und Fähigkeiten nach dem lamarckistischen Prinzip der »Vererbung« erworbener Eigenschaften.
Neben der bekannten biologischen Evolution (Darwin) bezeichnet die sehr viel schneller verlaufende historisch kulturelle Evolution die Entstehung von Strukturen durch aktives menschliches Handeln. Diese Evolution umfaßt alle geistigen, sozialen und kulturellen Systeme, die in sich vernetzt im Raum weiterbestehen, z. B. Kommunikationsnetze, Landwirtschaftssysteme oder urbane Systeme, ebenso Wertesysteme sowie kulturelle Identität. -> Superstruktur -> Anpassung -> Akkommodation.
Quelle: Egger/Rudolph und Steiner, Teil III i. d. B.

Funktionskreis

Die modellhafte Darstellung des Beziehungszusammenhangs von Subjekt und Objekt in der Umweltlehre und -> subjektbezogenen Biologie nach Jakob von Uexküll. Die Verbindungen zwischen spezifischen Wahrnehmungsfähigkeiten des Subjekts und selektiv wahrgenommenen besonderen Eigenschaften des Objekts werden durch -> Merkwelt und -> Wirkwelt hergestellt. Merkwelt und Wirkwelt bilden gemeinsam eine geschlossene Einheit, -> die Umwelt. Mit dem Funktionskreis skizziert Uexküll ein neues, subjektbezogenes Paradigma in der Biologie und -> Umweltlehre.

Funktionskreis nach Uexküll

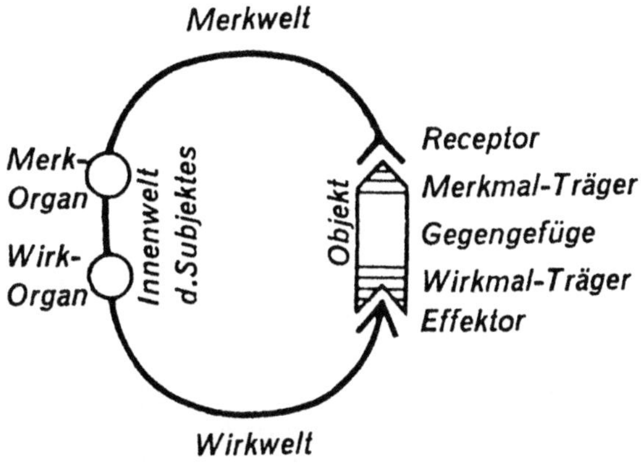

Quelle: von Uexküll/Kriszat (1933/1970) in: Teherani-Krönner, Teil II i. d. B.

Gesellschaft: archaische, politische, ökonomische

Archaische Gesellschaften kennzeichnen die ersten Formen der menschlichen Gemeinschaft, die seit 2 bis 3 Millionen Jahren bis ungefähr vor 12 000 Jahren überall auf der Erde existierten und später immer weiter zurückgedrängt wurden. A. zeichnen sich aus durch Nutzung einfacher Werkzeuge, durch Jagd und Sammeln zur Sicherung der Existenzgrundlage. Die soziale Organisation beruht auf verwandtschaftlichen Beziehungen mit mystischer Weltinterpretation und kultischer Praxis.
Politische Gesellschaften sind Formen menschlicher Sozialsysteme, die aus der neolithischen Revolution (ca. 10 000 bis 2 000 Jahre v. Chr.) hervorgegangen sind. Die Entstehung von Landwirtschaft und Handwerk sowie die Gründung von Dörfern und Städten markieren diese Zeitepoche. Die dominierende Gesellschaftstruktur ist gekennzeichnet durch eine politisch-staatliche Organisation mit territorialen Aspekten (Bürgerschaft) und hierarchischen Aspekten (Klassenzugehörigkeit). Die -> Superstruktur

wird (neben der Religion) von rational-spekulativer, philosophischer Weltinterpretation beeinflußt.
Ökonomische Gesellschaft bezeichnet das Sozialsystem der Neuzeit, das sich ab ca. 1750 im Rahmen der industriellen Revolution entwickelt hat. Typische Merkmale sind die industrielle Produktion (die auch die Landwirtschaft erfaßt), Massenkonsum, globaler Handel und Verkehr, mit Tendenzen zur Machterweiterung auf eine Weltgesellschaft. Kennzeichnend sind großer Energieumsatz und allgemeine Urbanisierung. Schlüsselinstitutionen sind ökonomische Unternehmen, die Lohnarbeit und Markt beherrschen. Die Weltinterpretation ist stark durch ein rational-empirisches Wissenschaftsverständnis geprägt.
Quelle: Steiner, Teil III i. d. B.

Gesellschaft, Krise der –> Krise der Natur

Quelle: Glaeser, Teil II i. d. B.

Gesellschaft, rurale

oder ländliche Gesellschaft meint im Unterschied zum traditionellen und engeren Begriff –> Agrargesellschaft ein lokal oder regional begrenztes soziokulturelles System, das in industrialisierten Gesellschaften als Teilgesellschaft aufgefaßt werden kann. In der kulturökologischen Analyse ruraler Gesellschaften werden drei Perspektiven ausgezeichnet: die räumliche Perspektive (Interaktion Gesellschaft/Umwelt), die evolutionäre Perspektive (Eigendynamik ruraler Gesellschaften, die sich nicht in die Dichotomie von traditional/modern fassen läßt) und als integrierende die kulturelle Perspektive (Rekonstruktion der kulturvermittelten Beziehungen zwischen Gesellschaft und Natur, sozialen Institutionen, Lebensformen und kulturellen Wertsystemen).
Quelle: Bruckmeier, Teil IV i. d. B.

Humanökologie

Im weitesten Sinne die Lehre der Beziehung des Menschen zu seiner Umwelt. In den Natur- und Sozialwissenschaften bestehen unterschiedliche Zugänge zur Erforschung der Interaktion zwischen Mensch und Natur.
Im engeren Sinne ein Zweig der Chicagoer Schule der Soziologie in den Anfängen des 20. Jh. zur Untersuchung gesellschaftlicher Prozesse in Groß-Städten der USA. H. erforscht Veränderungen in Interaktionsbeziehungen der Gesellschaftsmitgliedern, ihre Sozialstruktur, Machtstrukturen und Kommunikationsbeziehungen in der städtischen

Umwelt. -> humanökologische Pyramide -> humanökologischer Komplex -> Sozialökologie und Stadtökologie -> Neue Humanökologie -> Sukzession -> Invasion.
Quellen: Park/Burgess (1921/1969), McKenzie (1968), Duncan (1959) in: Teherani-Krönner, Teil I i. d. B., und Glaeser (1989) in: ders., Teil II i. d. B., sowie Steiner und Schmid, Teil III i. d. B.

Humanökologie, neue (engl. »New Human Ecology«)

Renaissance der -> Humanökologie der Chicagoer Schule, die einen Paradigmenwechsel anstrebt, da ökologische Aspekte der Gesellschaft in soziologischen Theorien im allgemeinen kaum Beachtung erfahren haben. Frühere Ansätze der dominanten westlichen Wissenschaft werden wegen des »human exemptionalism paradigm« (Aussnahmestellung des Menschen bzw. des anthropozentrischen Weltbildes) für den neuen Ansatz der H. als inadäquat angesehen. Daher wird ein neues humanökologisches Paradigma unter besonderer Berücksichtigung der Natur gefordert.
Quellen: Catton/Dunlap (1980), Buttel (1987) in: Teherani-Krönner, Teil I i. d. B.

Humanökologische Pyramide

von Park zur Darstellung des Forschungsgebietes der -> Humanökologie konstruiert. Das Fundament der Gesellschaft wird durch die Ökologie gebildet. Auf dieser »biological substructure« steht die »cultural superstructure« (-> Superstruktur). Humanökologische Forschungen sollten die Wechselwirkungen von »ecological, economical, political and moral order« untersuchen. Nach Park nimmt die individuelle Freiheit tentativ von der ökologischen zur moralisch-weltanschaulichen Ebene ab (vgl. -> Ökologischer Komplex).
Quellen: Park (1936/1952b) und Teherani-Krönner (1992) in: dies., Teil I i. d. B.

Identität

Ein Individuum erlangt als Mitglied einer menschlichen Gesellschaft eine Identität, indem es einerseits die Regeln dieser Gesellschaft internalisiert, d. h. sich damit identifiziert, andererseits aber sich im Bereich der sozialen Organisation von andern durch seine Position unterscheidet. In -> archaischen Gesellschaften ist die Identität durch die Einordnung im Verwandtschaftssystem geben, in -> politischen Gesellschaften durch Bürgerschaft und Klassenzugehörigkeit, in der -> ökonomischen Gesellschaft durch den beruflichen Status.
Quellen: Steiner, Teil III, und Weichhart, Teil IV i. d. B.

Idiographisch; idiographisches Denken

aus d. griech. idios = eigentümlich, einmalig. Konstitutionsweise des Bewußtseins, in welchem dem Einzelnen, der Individualität, Allgemeinheit zugesprochen wird. Philosophische Basis der Kultur- und Geisteswissenschaften; wissenschaftstheoretisch ausformuliert im Neukantianismus und im Historismus. Gegenprinzip zur Verallgemeinerung durch Subsumtion des Einzelereignisses unter ein allgemeines Gesetz und zu den sogenannten Konstruktionswissenschaften wie z. B. der Physik (nomothetisches = generalisierendes Denken).
Quelle: Eisel, Teil II i. d. B.

Invasion

In der Entwicklung eines Ökosystems bezeichnet I. das Eindringen neuer Arten in einen Lebensraum. Dadurch wird ein neues Stadium des Ökosystems in der –> Sukzession erreicht. Der Begriff I. hat auch in der humanökologischen Forschung der Chicagoer Schule bei der Untersuchung der Neuansiedlung von Gruppen im Stadtteil (Getto) Anwendung gefunden.
Quellen: Park, R. E./Burgess, E. W./McKenzie, R. D. (1925/1967): *The City*. Chicago; Teherani-Krönner, Teil I i. d. B.

Klimax

Nach der –> Sukzessionstheorie bezeichnet K. das Endstadium eines Ökosystems. Angenommen wird, daß nach Ablauf einer stufenweisen Entwicklung ein Zustand relativer Stabilität im Bestand eines Ökosystems erreicht wird. Einige Ökologen sprechen von diesem Prozeß als »Reifung« oder sogar als »Strategie« (Odum 1969), was im Sinne eines planmäßigen, zielgerichteten Ablaufs verstanden werden könnte (Haber 1983). Kritisiert wird das Klimax-Konzept wegen idealistischer Annahmen (Drouin 1989) und des damit einhergehenden ideologischen Gehaltes (vgl. Trepl 1987) und des angenommenen »Harmoniemodells« der Natur (Teherani-Krönner 1992).
Quelle: Odum, E. P. (1969): »The Strategy of Ecosystem Development«. *Science*, 164, S. 262-270; Drouin, J.-M. (1989): *Un Equilibre Controverse*. Contribution à l'Histoire du Concept Climax. Colloque International: Les experts sond formels: Controverses scientifiques et décisons politiques dans le domaine de l'environment. Arct et Semans, Septembre 1989; weitere Angaben in Teherani-Krönner, Teil II i. d. B.

Klimax-Ökosysteme –> Klimax

Hierunter werden insbesondere Wälder mit den entsprechenden Biozönosen, die eine relative Stiabilität aufweisen, verstanden (Wald-Klimax). K.-Ö. sind aufgrund ihrer langen Wachtumsperiode für eine ständige, ertragreiche Nutzung als Lieferant von Nahrungsmitteln nicht geeignet. Die in die Nahrungskette der Menschen einbezogenen Tier- und Pflanzenarten entstammen den Zwischenstadien der –> Sukzession. Damit stellen sich alle Aktivitäten zur Ernährung und Versorgung der Menschen quasi als ein Aufhalten des vermeintlichen Fortgangs der Natur »wider die Natur« dar. Agar-Ökosysteme sind daher in sich nicht stabil, sondern bedürfen der ständigen Abwehr und des Eingriffs zur Vermeidung des Verlaufs zu einem Stadium relativer Stabilität.
Quelle: Haber (1983) in: Teherani-Krönner, Teil II i. d. B.

Kultur –> Kultur-Kern

wird hier im Sinne der ethnologischen und kulturanthropologischen Forschung als umfassende Ausdrucksform der Interaktion zwischen Umwelt und Gesellschaft verstanden. Nicht nur Kunst und Ästhetik, die häufig verengend im deutschsprachigen Raum, so z. B. in der Kulturpolitik, mit diesem Begriff bezeichnet werden, sondern alle Bereiche des Lebensvollzugs sind damit gemeint. K. umfaßt beide Bereiche dessen, was in einem Modell von Basis-Überbau gesondert wurde. Der Begriff wird damit nicht für die ideelle Produktion (Ideologien und Weltanschauungen) reserviert, da in der Kulturanthropologie von starken Wechselwirkungen und Durchdringungen ideeller und materieller Erscheinungen ausgegangen wird.
Quelle: Steward (1955/1972) in: Teherani-Krönner, Teil I i. d. B.

Kultur-Kern (engl. »culture core«) –> Kulturökologie

Nach Steward besteht der Kern einer Kultur, wie ihn die Kulturökologie rekonstruiert,

- aus materieller Kultur: Nutzung (naturräumlicher) Ressourcen, Techniken und Instrumente
- aus sozialer Organisation: gesellschaftliche Arbeitsteilung und Strukturen im Bereich der Produktion und Reproduktion
- aus immaterieller Kultur: Weltanschauungen und Ideologien, sofern sie sich in der Sphäre der Produktion und Subsistenz auswirken und mit den zuvorgenannten kulturellen Prozessen verwoben sind.

Der K.-K. sprengt damit das herkömmliche Basis-Überbau-Modell.
Quellen: Steward (1955/1972), Teherani-Krönner (1992) in: dies., Teil I i. d. B., sowie Steiner und Bruckmeier, Teil III i. d. B.

Kulturalistischer Ansatz

-> Kulturdeterminismus, Gegensatz zu -> Umweltdeterminismus

Kulturanthroplogie (engl. »cultural anthropology«)

-> Anthropologie

Kulturdeterminismus

Die Vorstellung in der Kulturanthropologie, daß das Verhältnis zwischen einer -> Kultur (i. w. S.) und ihrer Umwelt einseitig durch die Kultur dominiert wird, bzw. daß Kultur nur historisch, gewissermaßen aus ihr selbst, erklärt werden kann. Es gibt dazu in der Geschichte der Kulturanthropologie verschiedene Varianten. Besonders hervorstechend ist die von Franz Boas begründete Richtung in den ersten Jahrzehnten dieses Jahrhunderts. Gegensatz: -> Umweltdeterminismus.
Quelle: Bargatzky (1986) in: Teherani-Krönner, Teil I i. d. B., und Steiner, Teil III i. d. B.

Kulturmaterialismus

1. Sieht als ethnologische Theorie die sozialen und ökonomischen, kulturellen und religösen Systeme von Gesellschaften als Anpassungsprozeß an die materiellen Existenzbedingungen, die als Wechselwirkung von Produktionsweise und natürlicher Umwelt begriffen werden. Der Kulturmaterialismus faßt Kulturwandel als -> Anpassung (vgl. auch -> Akkommodation) auf, unterstellt Systemcharakter der untersuchten Wirklichkeitsebene und unterstreicht die adaptive Rolle des Ideellen im Evolutionsprozeß und soziokulturellen Wandel.
2. Lehre des Ethnologen Marvin Harris, die vom Primat materieller (ökologischer und technisch-ökonomischer) Grundlagen einer Gesellschaft ausgeht. Sie besagt, daß bei vergleichbaren Umwelten und gleichartigen Techniken zum Zweck der Nahrungsgewinnung und Umweltaneignung auch vergleichbare Formen der Arbeitsteilung entstehen. Handlungen der Mitglieder sozialer Gruppen werden dann auch durch ähnliche Werte und Überzeugungssysteme geleitet.

Quellen: Harris, M. (1979): *Cultural Materialism.* The Struggle for a Science of Culture. New York; Bargatzky (1986) in: ders., und Teherani-Krönner, Teil I i. d. B., Chruscz, Teil III i. d. B.

Kulturökologie (engl. »cultural ecology«)

Als naturwissenschafliche Disziplin befaßt sich die -> Ökologie mit den vielfältigen Beziehungen der Tiere und Pflanzen untereinander und zu ihrer belebten wie unbelebten Umwelt. Die ethnologische (-> Kulturanthropologie) Forschungstradition der K. im weiteren Sinne bezieht den Menschen in die Erörterung dieser Beziehungen als kulturschaffendes Wesen und *zoon politikon* (sozial und politisch handelnd) mit ein.
Im engeren Sinne (wie in diesem Band) bezeichnet »cultural ecology« die von dem amerikanischen Anthropologen Julian H. Steward (1902 - 1971) vertretene Lehre eines reziproken Verhältnisses zwischen einem -> »Kulturkern« genannten Komplex soziokultureller und demographischer Faktoren und der natürlichen Umwelt. Daraus resultieren bestimmte -> Anpassungen (bzw. -> Akkommodationen) der Kultur an die natürliche Umwelt.
Quellen: Steward (1955/1972), Bargatzky (1986) in: Teherani-Krönner, Teil I i. d. B., sowie Schmid, Teil III, und Bruckmeier, Teil IV i. d. B.

Merkwelt

In der Uexküllschen -> Umweltlehre der wahrgenommene Bereich der -> Umwelt. Komplementär zu -> Wirkwelt. Auf der Grundlage der physikalischen, physiologischen oder chemischen Eigenschaften des Subjekts oder Objekts wird -> Umwelt subjektspezifisch wirksam und aufgenommen. -> Funktionskreis
Quelle: von Uexküll/Kriszat (1933/1970) in: Teherani-Krönner, Teil II i. d. B.

Mythos

(griech.) »Erzählung«, auch »wahre Rede«, entfaltet sich in den *Archái* (Pl. von -> Arché). Nach Hübner ist das mythische Weltbild dem wissenschaftlichen gleichwertig; mythische Ausssagen können nicht durch wissenschaftliche entkräftet oder widerlegt werden. Der cartesischen Trennung von Geist (res cogitans) und Materie (res extensa) entspricht im Mythos die Aufhebung dieser Trennung; in beiden Fällen handelt es sich aber um weder bestätigbare noch widerlegbare Prämissen. Nach Hübner ist auch der M. ein rationales Verfahren der Welterklärung, da Rationalität ein formales Kriterium ist, das sich auf die Schlüssigkeit eines Zusammenhangs von Aussagen bezieht und dem Mythos Rationalität in diesem Sinne nicht abgesprochen werden kann.
Quelle: Hübner (1985) in: Bargatzky, Teil II i. d. B.

Natur

lat. »natura«, von »nasci«: geboren werden, entstehen. Die griechischen Korrespondenzbegriffe *physis* und *phyein* stehen in demselben Sinnzusammenhang. Natur ist demnach »alles, was ohne fremdes Zutun wird und sich nach den ihm innewohnenden Kräften und Gesetzen entwickelt«. Aus diesem sprachlichen Ursprung resultiert die Doppeldeutigkeit des Naturbegriffs: Zum einen bedeutet N. das Gewordene eines Gegenstandes, was ihm wesentlich ist, den Kern der Sache (innere Natur). Zum anderen umfaßt N. die Gesamtheit der Wirklichkeit, sofern sie ohne menschliches Zutun entstanden und nur den eigenen Gesetzen unterworfen ist (äußere Natur).
Quellen: J. Hoffmeister (1955): *Wörterbuch der philosophischen Begriffe*. Hamburg: F. Meiner, S. 421 f.; Glaeser, Teil II i. d. B.

Natur, konkrete

Trivialer Gegenbegriff zu »abstrakte Natur« im Sinne allgemeiner Naturgesetze; diejenige Natur, die lebensweltlich beobachtbar und erfahrbar ist, z. B. als »Landschaft«. K. ist für jeden Beobachter als Erfahrung unmittelbar, obwohl sie eine ästhetische oder teleologische Konstruktion von Welt darstellt. »Konkrete Natur« steht ideengeschichtlich für die Basis aller Vernunft-, Abstraktions- und Konstruktions-Kritik und verbindet –> »Ökologismus« mit –> »idiographischem Denken«.
Quelle: Eisel, Teil II i. d. B.

Natur, Krise der

Das Wort Krise - von griechisch »krinein«: scheiden, trennen - bezeichnet eine Entscheidungssituation, einen Wendepunkt. In der Medizin ist damit jenes Stadium einer fiebrigen Infektion gemeint, in welchem sich entscheidet, welchen Verlauf die Krankheit nehmen wird.
Von Naturkrisen wird gesprochen, wenn das Gleichgewicht ökologischer Systeme so nachhaltig gestört ist, daß es durch Selbstregelungsprozesse nicht mehr hergestellt werden kann, und das Natursystem in einen »ärmeren« Zustand übergeht.
Allerdings scheint es fraglich, ob - in strenger epistemologischer Redeweise - der Begriff K. überhaupt auf Natur angewendet werden kann. Sofern Natur den Subjektstatus nicht zugeschrieben bekommt, sollte von einer (subjektzentrierten) Naturkrise ebensowenig gesprochen werden wie von einer kranken Natur. Krank ist allenfalls die Gesellschaft, welche die Naturbasis des eigenen Überlebens zerstörend in Frage stellt. In diesem Sinne sollte eher von einer Krise der Kultur als von einer Krise der Natur gesprochen werden.
Quelle: Glaeser, Teil II i. d. B.

Noosphäre

»Nous«, griechisch = Geist. Nach Teilard de Chardin die »denkende Schicht » der Biosphäre. Durch das Heraustreten des Menschen aus der tierisch - instinktiven Handlungsmotivation (Noogenese) begann die Reflexion des Selbst, mit ihren umfassenden Folgen für die Wahl und Verantwortlichkeit menschlichen Handelns. Seitdem findet ein (geistiges) soziokulturelles Wirken auf die Gestaltung der Erde statt.
Quelle: Egger/Rudolph, Teil III i. d. B.

Ökologie

Nach Haeckel (1866) die Wissenschaft von den Beziehungen der Organismen zur umgebenden Außenwelt, worunter alle Existenbedingungen zu rechnen sind. In der Biologie können zwei grundlegend unterschiedliche Modelle der Ökologie unterschieden werden.

1. Die Ö., die die Materie zum objektivierbaren Gegenstand der Analyse erhebt. In der Stufenfolge der Organisationsebenen der Materie wird der Abschnitt zwischen Organismus (Individuum) und der Biosphäre als Arbeitsgebiet der Ökologie bezeichnet.
   Quellen: Haeckel (1866) und Haber (1983) in: Teherani-Krönner, Teil II i. d. B.
2. Die Ö., die von einer jedem Subjekt eigenen Wahrnehmung der Umwelt ausgeht und auf die Reziprozität von Subjekt und Objekt auch im Bereich der naturwissenschaftlichen Forschung verweist. Der methodologische Ansatz der –> subjektbezogenen Biologie hat eine stärkere Affinität zu phänomenologischen Ansätzen in den Sozialwissenschaften als zu den konventionellen Ansätzen der Naturwissenschaften. Dieser Ansatz in der Ö. kann für die zukünftige –> Umweltlehre von besonderer Bedeutung sein.
   Quelle: von Uexküll/Kriszat (1933/1970) in: Teherani-Krönner, Teil II i. d. B.

Ökologische Handlungsrationalität

Die Rekonstruktion des sinnhaften Zusammenhangs unseres - kulturell, politisch, ökonomisch vermittelten - Handelns im Umgang mit der Natur. Die Ö. H. wurde durch die Dominanz der Ökonomie zum Zwecke der Produktionssteigerung im Modernisierungsprozeß der Industriegesellschaften vernachlässigt, ist jedoch als wichtige Handlungsorientierung im Umgang mit natürlichen Ressourcen zu berücksichtigen.
Quelle: Lachenmann, Teil IV i. d. B.

Ökologischer Diskurs

Argumentative Auseinandersetzung in Wissenschaft und Öffentlichkeit über Umweltbelastungen, deren Ursachen und Lösungen diskutiert werden. Zu beachten ist die unterschiedliche Bedeutung und Wahrnehmung der Umwelt durch verschiedene Akteure und in verschiedenen Kulturen. In der Außen- und Entwicklungspolitik wird Ö. D. verstanden als Voraussetzung für gesellschaftliches und politisches Aushandeln zwischen Gleichen anstelle hierarchischer Regelungen im Nord-Süd-Dialog.
Quelle: Lachenmann, Teil IV i. d. B.

Ökologischer Komplex

Anknüpfend an die –> humanökologische Pyramide von Park entwickelt Duncan 1959 ein Modell zur umfassenden Untersuchung der Gesellschaft. Nach Duncan bedürfen sozialwissenschaftliche Untersuchungen der Berücksichtigung des Zusammenspiels und der Wechselwirkungen folgender Faktoren: Bevölkerung, Umwelt, Technologie und Organisation. Dieser Untersuchungsansatz, der in späteren Jahren weiter differenziert wurde, wird als Ö. K. bezeichnet und wie folgt skizziert:

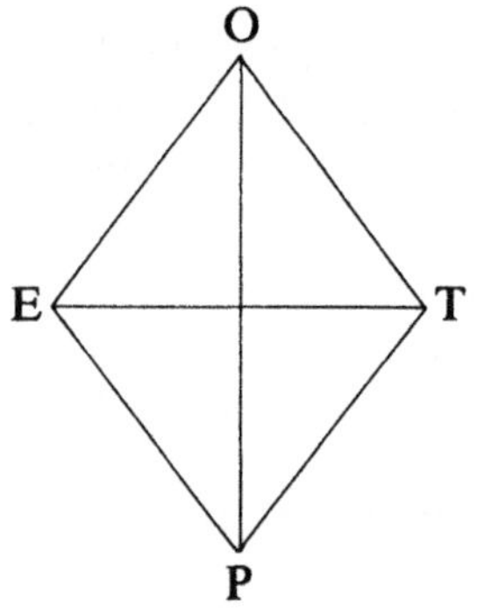

P = Population
E = Environment
T = Technology
O = Organisation

Quellen: Duncan (1959), Mackensen (1978) in: Teherani-Krönner, Teil I i. d. B.; Schmid, Teil III, sowie Tretter, Teil IV i. d. B.

Ökologismus

Nach Eder: Kennzeichnung für die soziale Bewegung, die eine stets vorhandene aber marginalisierte jüdische Tradition aufleben läßt und der Reinheitssymbolik wachsende Bedeutung beimißt. Damit werden die Dominanz des Gerechtigkeitsgedankens gebrochen und der »neue Geist des Kapitalismus« angekündigt.
Nach Eisel: Politische Bewegung und übergreifendes modisches Bewußtsein, das Gesellschaft als mit der Natur »vernetzte« »Ganzheit« auffaßt und aufzufassen vorschreibt. In letzter Konsequenz sollen - im ökologistischen Fundamentalismus - politische und ökonomische Prinzipien aus der biologischen Ganzheitslehre abgeleitet bzw. direkt übernommen werden.
Quellen: Eisel und Eder, Teil II i. d. B.

Physis

griech. »Wuchs«. Ph. kennzeichnet all das, was entsteht und wieder vergeht, auch Qualitäten und Sinnstrukturen können damit erfaßt werden. Ph. ist also weiter gefaßt als die Natur (vgl. ->Natur, konkret). Auch die Götter sind in der Ph., sie stehen nicht, wie der christlich-jüdische Gott, jenseits der Natur.
Quelle: Picht (1989) in: Bargatzky, Teil II i. d. B.

Possibilismus -> Kulturdeterminismus und -> Kulturalismus

Gegenposition zum -> Umweltdeterminismus. Den Umweltfaktoren wird keine aktive Rolle bei der Ausgestaltung der menschlichen Gesellschaften und den Strategien der Daseinsvorsorge zugeschrieben, sondern nur eine begrenzende. Bekannter Vertreter des P. in den 20er Jahren dieses Jh. in USA war Clark Wissler.
Quellen: Wissler, C. (1929): *An Introduction to Social Anthropology*. New York; Bargatzky (1986) und Teherani-Krönner (1992) in: Teherani-Krönner, Teil I i. d. B.

Raumbewußtsein -> ethno-ökologische Zone

Ein in der Humangeographie verwendeter Begriff, der sich auf verschiedene alltagsweltlich relevante Sinnzuschreibungen bei der Interaktion des Menschen mit seiner räumlichen Umwelt bezieht. Dabei wird zwischen den kognitiven und den mit der Ich- bzw. Gruppenidentität zusammenhängenden Aspekten von Raumbewußtsein unterschieden. Der Begriff beinhaltet einerseits jene Denkinhalte, die auf einen bestimmten Raumausschnitt verweisen und ihm eine abgrenzbare räumliche Position sowie cha-

rakteristische Eigenschaften zuschreiben. Andererseits wird der Begriff auch im Sinne eines »Bewußtseins der *Zugehörigkeit* zu einem bestimmten Raum« verwendet (z. B. Quartiersbewußtsein). Damit wird der Raumausschnitt zu einem Bestandteil der Selbstidentität einer Person bzw. zu einem Aspekt der Gruppenidentität. R. bezeichnet damit die gedankliche Präsenz jener räumlichen Ausschnitte der Umwelt, die ein Individuum in sein Selbstkonzept einbezieht und die auch als Bestandteil des Zusammengehörigkeitsgefühls einer Gruppe wirksam werden.
Quelle: Weichhart (1990, S. 14-24) in: ders., Teil IV i. d. B.

Rekursive Systeme

Das Wechselspiel zwischen handelnden Individuen und gesellschaftlichen -> Strukturen, die einen Handlungsspielraum für gesellschaftliche Prozesse bieten. Die Individuen reproduzieren (oder transformieren) die Strukturen durch ihre Teilnahme an diesen Interaktionen und Praktiken. Im Zusammenhang mit einer -> evolutionären Perspektive steht die Rekursivität verschiedener Ebenen von Realität im Vordergrund. Auf einer abstrakten Ebene besteht die Vorstellung, daß Ergebnisse von Operationen (Outputs) zu Inputs für neue Operationen auf einer anderen Ebene werden.
Quelle: Steiner, Teil III i. d. B.

Sozialökologie

Aufbauend auf die -> Humanökologie soll der soziale Aspekt der Interaktion mit der Umwelt hervorgehoben werden. Die Untersuchung der Mensch-Umwelt-Beziehung erfolgt insbesondere unter dem Aspekt der Interaktion mit der sozialen Umwelt unter Berücksichtigung des Raumbezugs. S. wurde vorwiegend im deutschsprachigen Raum synomym mit -> Humanökologie und -> Stadtökologie verwendet, um den unterstellten Biologismus der Humanökologie zu vermeiden, hat aber auch dazu geführt, daß der Bezug zur Naturumwelt (-> Umwelt und Ökologie) nicht zum Tragen kam. Auch im -> ökologischen Komplex (Duncan) ist im Begriff Umwelt der Aspekt der Ressourcenschonung nicht präsent.
Quellen: Teherani-Krönner, Teil I, Schmid, Teil II, Weichhart und Tretter, Teil IV i. d. B.

Soziogenese von Handlungszielen

Handlungstheoretische Forschungsansätze gehen davon aus, daß jedes menschliche Tun im Kontext des umgebenden sozialen Systems interpretiert werden muß. Dies gilt auch für individuelle Handlungsziele, die in der Regel nicht beliebig generierbare Größen darstellen, sondern auf jene Werte und Sinnzusammenhänge eingegrenzt sind, die im jeweiligen Sozial- und Kultursystem als zulässige normative Strukturen zur Verfügung stehen. Die Spielräume individueller Handlungsziele beschränken sich damit auf die Freiheitsgrade der Sinnfindung, die im betreffenden Sozialsystem möglich und erlaubt sind. Dabei sind die Bezugsgruppe und die spezifische Rollenkonfiguration des Akteurs bedeutsam. Die Übertragung der Werte und Normen vom Sozialsystem zum Individuum erfolgt im Verlaufe des Sozialisationsprozesses durch Internalisierung.
Quelle: Werlen (1987) in: Weichhart, Teil IV i. d. B.

Struktur

1. Allgemein alle formellen oder informellen Regeln, die bestimmen, wie die in einer Gesellschaft bzw. Kultur lebenden Menschen untereinander oder mit Objekten der Umwelt interagieren. Nach Steiner lassen sich die drei Bereiche der Infrastruktur –> Struktur i. e. S. und der –> Superstruktur unterscheiden, die sich auf die materielle, soziale und geistige Komponente einer menschlichen Gesellschaft beziehen. Die drei Strukturbereiche stehen in Wechselwirkung miteinander.
2. Nach Steiner umfaßt S. im engeren Sinne das Geflecht der Regeln für die soziale Organisation und betrifft somit die Arten von institutionalisierten Beziehungen, in die Menschen untereinander eintreten können, sowie die Positionen und Identitäten, die sie dabei annehmen können.

Quelle: Steiner, Teil III i. d. B.

Subjektbezogene Biologie

Die vom Subjekt ausgehende Betrachtungsweise der Umwelt bei Jakob von Uexküll. Er hat seine –> Umweltlehre als pointierte Gegenposition zur »objektiven Biologie« –> als »subjektive Biologie« gekennzeichnet, um gegen den postulierten Absolutheitsanspruch objektiver Erkenntnismöglichkeit der Naturwissenschaft anzugehen. Da es von Uexküll nicht um eine subjektivistische Betrachtungsweise, sondern um einen methodischen Ansatz der Subjekt-Objekt-Beziehung in der Biologie (–> Funktionskreis) geht, hat Teherani-Krönner den Ausdruck »subjektbezogene Biologie« als zutreffender herausgestellt.
Quelle: Teherani-Krönner (1992) und Teil II i. d. B.

Subjektive Biologie –> subjektbezogene Biologie

Quelle: von Uexküll (1936/1949) in: Teherani-Krönner, Teil II i. d. B.

Sukzession –> Klimax

1. Änderung im Artenbestand und in der Struktur der Vegetation eines bestimmten Standortes. In der biologisch orientierten Ökologie bezeichnet S. die Vorstellung von der gesetzmäßigen, stufenweisen Entwicklung eines stabilen Ökosystems durch Besiedelung eines bisher unbelebten Ortes der Erde (primäre Sukzession) und der Umwandlung eines bestehenden Ökosystems, dessen Stabilität durch äußere Einwirkungen aufgehoben wurde (sekundäre Sukzession).
   Den raschwüchsigen »Pionierarten« der ersten Besiedlungsphase folgen artenreiche Stadien mit hoher Vielfalt, die, als Zwischenstufen aufgefaßt, zu einem Endstadium überleiten. Dieses Endstadium wird als mit den Standortbedingungen im Einklang stehend angesehen und als –> Klimax bezeichnet.
   Quelle: Haber (1983) in: Teherani-Krönner, Teil II i. d. B.
2. In der humanökologischen Forschung wurde die Bezeichnung Sukzession bei der Untersuchung von Stadtteilen benutzt, um Gesetzmäßigkeiten für die Wanderungsbewegungen in der Stadt zu suchen und charakteristische Eigenschaften für räumlich abgrenzbare Bezirke (z. B. die Gettoisierung) zu formulieren. Die ersten Untersuchungen entstanden im Rahmen der Chicagoer Schule Anfang des Jahrhunderts, –> Humanökologie, –> Sozialökologie
   Quellen: Park, R. E./Burgess, E. W./McKenzie, R. D. (1925/1967): *The City*. Chicago; Teherani-Krönner, Teil I i. d. B.

Superstruktur (engl. »super structure«)

1. Nach der –> humanökologischen Pyramide von Park baut sich die Gesellschaft mit den Bereichen Ökonomie, Politik und moralische Weltanschauung (economic, political, and moral order) als Superstruktur auf einer ökologischen Grundlage (ecological order) auf. Damit stimmt dieser Begriff weitgehend mit dem überein, was im Bereich der Human- und Kulturökologie unter –> Kultur verstanden wird (–> humanökologische Pyramide).
   Quelle: Park (1952) in: Teherani-Krönner, Teil I i. d. B.
2. Mit Superstruktur erfaßt Steiner den Bereich, der bei Park als »moral order« bezeichnet wurde. Seine Definition lautet: »eine die Gesellschaft tragende Geistesverfassung, die auf einem Weltbild gründet und sich in Werten, Normen, Gesetzen, Ideologien usw. niederschlägt, aber auch künstlerische Ausdrucksweisen finden kann. Ein Weltbild kann von der Religion, der Philosophie und/oder der Wis-

senschaft geprägt sein.« Superstruktur ist in diesem Fall in einem engeren Sinne als bei Park definiert worden.
Quelle: Steiner, Teil III i. d. B.

System-Integration

Im Gegensatz zur sozialen Integration, die unter den Mitgliedern einer Gesellschaft personenbezogene Beziehungen betrifft, ist S.-I. auf das Gesellschaftssystem orientiert und anonymer Art. Die –> kulturelle Evolution zeichnet sich durch ein zunehmendes Maß an S.-I. aus.
Quelle: Steiner, Teil III i. d. B.

Transaktionismus

Ein neues erkenntnistheoretisches Weltbild, das vor allem in der Umweltpsychologie diskutiert wird, gegenwärtig aber auch in andere Sozialwissenschaften Eingang findet. T. ist durch eine radikal holistische Perspektive charakterisiert und betont die Einbindung psychischer und sozialer Prozesse in ihrem zeit-räumlichen Kontext. Als Basiseinheit der Analyse wird die nicht weiter in Teilsysteme auflösbare Größe »person *in* environment« angesehen. Der Transaktionismus kann als Versuch einer Überwindung der klassischen Subjekt-Objekt-Dichotomie in den Sozialwissenschaften angesehen werden.
Quelle: Altman/Rogoff (1987) in: Weichhart, Teil IV i. d. B.

Transrationalität

Vor- oder unbewußte Erkenntnisinhalte. In Anlehnung an C.G. Jung handelt es sich hierbei um einen weniger überprüfbaren, individuellen und kollektiven Informationsbereich, der als implizite Ebene bei den bewußten Leistungen rationaler Erkenntnis »mitschwingt«. Sowohl bei den kreativen Leistungen des Kulturschaffens, als auch bei der Ausprägung von Ethik und Religion liefert der transrationale Bereich die maßgeblichen Wirkimpulse:

- für die kulturelle Kreativität,
- für die ethischen und religiösen Bewußtseinsinhalte.

Quelle: Egger/Rudolph, Teil III i. d. B.

Umwelt

1. In Abgrenzung zum Organismus oder zum Individuum die jeweilige Außenwelt.
2. Mit U. können sowohl die soziale U. als auch die natürliche U. gemeint sein. U. kann auch die kulturelle Überformung der Natur z. B. in Form der gestalteten Landschaft und der gebauten Stadt beinhalten.
3. U. wird im -> ökologischen Diskurs unter dem Aspekt ihrer Bedeutung für die Sicherung der Existenzgrundlage der menschlichen Gesellschaft besonders hervorgehoben. -> Ökologie.

Umweltanpassung

U. der Kultur in der Kulturökologie bezieht sich nicht auf die (passive) genetisch-biologische Anpassung, sondern auf die aktive Rolle des Menschen bei der Gestaltung seiner Kultur in einer bestimmten natürlichen Umwelt. -> Anpassung und -> Akkommodation -> Umweltdeterminismus.
Quelle: Bargatzky, T. (1984): »Culture, environment and the ills of adaptations«. *Current Anthropology*, 25, S. 399-415.

Umweltdeterminismus

1. Die Vorstellung in der Kulturanthropologie (und auch in der Geographie), daß das Handeln der Menschen und damit ihre Kultur von Umweltfaktoren bestimmt seien. Epistemologisch ist damit die kulturanthropologische Richtung in den USA der Jahrhundertwende gemeint, wonach kulturelle Erscheinungen durch Umweltbedingungen zu erklären sind. Mit U. können auch Ansätze gemeint sein, die die kulturelle Entwicklung als Fortsetzung der biologischen Evolution ansehen.
2. Nach Bargatzky besagt U. im wesentlichen, daß das Sozialverhalten, die psychische Konstitution und die körperliche Erscheinungsweise der Menschen auf geographische, insbesondere auf klimatische Unterschiede zurückgeführt werden können. In der Ethnologie und Kulturanthropologie gilt Friedrich Ratzel (1844-1904) als Begründer des U.; die Gegensposition wird -> Possibilismus oder auch -> Kulturalismus genannt.

Quellen: Ellen, R. (1982): *Environment, Subsistence and System*. Cambridge; Ratzel, F. (1982/1891): *Anthropo-Geographie oder Grundzüge der Erdkunde auf die Geschichte.* Stuttgart; vgl. auch Eisel, Teil II i. d. B., sowie Bargatzky, T. (1986): *Einführung in die Kulturökologie*. Umwelt, Kultur und Gesellschaft. Berlin; Steiner, Teil III i. d. B.

Umweltlehre

Jakob von Uexküll geht in seiner U. nicht von einer objektiv eindeutig festlegbaren Umwelt aus, sondern betont die Subjektabhängigkeit der Umwelten, je nachdem, aus welcher Perspektive die Welt wahrgenommen wird. Die U. nach Uexküll betrachtet auch Tiere als Subjekt und nicht nur als Objekt der biologischen Forschung. In der Reziprozität und Interaktion zwischen Subjekt und Objekt haben beide gleichermaß an den Welten -> Wirkwelt und -> Merkwelt teil, die erst gemeinsam die Umwelt bilden. -> Funktionskreis
Quelle: von Uexküll/Krisszat (1933/1970) in: Teherani-Krönner, Teil II i. d. B.

Wertungstopographie

-> Bewertungstopographie

Wirkwelt

Komplementär zu -> Merkwelt, die gemeinsam nach Uexküll die -> Umwelt darstellen. W. kennzeichnet die Auswirkungen (Reize) des Objekts auf das Subjekt in Abhängigkeit von seiner Wahrnehmunsfähigkeit -> Funktionskreis.
Quelle: von Uexküll/Krisszat (1933/1970) in: Teherani-Krönner, Teil II i. d. B.

Wissenssysteme, lokale

Kenntnisse oder Alltagswissen von sozialen Gruppen (z. B. Bauern), die über Jahrhunderte tradiert und sich als adäquat in ihrer Umwelt herausgestellt haben. W. werden z. B. in der Entwicklungspolitik von moderner Verwaltung und Wissenschaft häufig ignoriert und als »Systeme des Nichtwissens« behandelt.
Quellen: Geertz (1983) und Richards (1985) in: Lachenmann, Teil IV, und Salas, Teil IV i. d. B.

Adressen der Autorinnen und Autoren

Prof. Dr. Thomas Bargatzky
Universität Bayreuth
Ethnologie
Geschwister-Scholl-Platz 3
Postfach 10 12 51
D - 8580 Bayreuth

Dr. Karl Bruckmeier
c/o Wissenschaftszentrum Berlin für Sozialforschung
Reichpietschufer 50
D - 1000 Berlin 30

Dr. Detlef Chruscz
Otto-Friedrich-Universität Bamberg
Lehrstuhl für Bevölkerungswissenschaft
Hornthalstraße 2
D - 8600 Bamberg

Prof. Dr. Klaus Eder
European University Institute
Badia Fiesolana
Via dei Roccetini, 9
I - 50016 San Domenica di Fiesole (Firenze)

Prof. Dr. Kurt Egger
Botanisches Institut Heidelberg
Im Neuenheimer Feld 360
D - 6900 Heidelberg 1

Prof. Dr. Ulrich Eisel
Technische Universität Berlin
FB 14, Institut für Landschaftsökonomie
Franklinstraße 28-29
D - 1000 Berlin 10

Dr. Bernhard Glaeser
Wissenschaftszentrum Berlin für Sozialforschung
Reichpietschufer 50
D - 1000 Berlin 30

PD Dr. Gudrun Lachenmann
Deutsches Institut für Entwicklungspolitik
Fraunhofer Straße 33-36
D - 1000 Berlin 10

Dr. Bernd Neugebauer
Trees for People
Institute for Ecological Landuse in Development Areas
Johnsallee 62
D - 2000 Hamburg 13

Dr. Susanne Rudolph
Botanisches Institut Heidelberg
Im Neuenheimer Feld 360
D - 6900 Heidelberg 1

Dr. Maria Salas
Gomaringer Straße 6
D - 7413 Gomaringen-Stockach

Prof. Dr. Josef Schmid
Otto-Friedrich-Universität Bamberg
Lehrstuhl für Bevölkerungswissenschaft
Hornthalstraße 2
D - 8600 Bamberg

Prof. Dr. Dieter Steiner
Geographisches Institut ETH
Universität Zürich-Irchel
Winterthurerstrasse 190
CH - 8057 Zürich

Dr. Parto Teherani-Krönner
Technische Universität Berlin
FB 15, Internationale Agrarentwicklung
Podbielskiallee 64
D - 1000 Berlin 33

Dr. Dr. Felix Tretter
Bezirkskrankenhaus Haar
D - 8013 Haar

Ass. Prof. Univ.-Doz. Dr. Peter Weichhart
Abteilung für Humanökologie
am Institut für Geographie
Universität Salzburg
Hellbrunner Straße 34
A - 5020 Salzburg

GPSR Compliance

The European Union's (EU) General Product Safety Regulation (GPSR) is a set of rules that requires consumer products to be safe and our obligations to ensure this.

If you have any concerns about our products, you can contact us on ProductSafety@springernature.com

In case Publisher is established outside the EU, the EU authorized representative is:

Springer Nature Customer Service Center GmbH
Europaplatz 3
69115 Heidelberg, Germany

Batch number: 10809468

Printed by Printforce, the Netherlands